**Reichweiten**
Band 2

# Abhandlungen der Akademie der Wissenschaften zu Göttingen

Neue Folge

## Band 49/2

# Reichweiten

Dynamiken und Grenzen
kultureller Transferprozesse in Europa, 1400 – 1520

---

Band 2:
Grenzüberschreitung und Partikularisierung

Herausgegeben von
Berndt Hamm, Frank Rexroth und Christine Wulf

DE GRUYTER
AKADEMIE FORSCHUNG

Vorgestellt am 20.07.2021.

ISBN 978-3-11-074037-0
e-ISBN (PDF) 978-3-11-074050-9
e-ISBN (EPUB) 978-3-11-074058-5
ISSN 0179-0986

**Library of Congress Control Number: 2021940527**

**Bibliografische Information der Deutschen Nationalbibliothek**
Die Deutsche Nationalbibliothek verzeichnet diese Publikation in der Deutschen Nationalbibliografie; detaillierte bibliografische Daten sind im Internet über http://dnb.dnb.de abrufbar.


Satz: Michael Peschke, Berlin
Druck und Bindung: CPI books GmbH, Leck

www.degruyter.com

MIX
Papier aus verantwortungsvollen Quellen
FSC www.fsc.org
FSC® C083411

Berndt Hamm, Frank Rexroth, Christine Wulf

# Reichweiten kultureller Transferprozesse (II)

## Zur Einführung

Bei der Untersuchung kultureller Phänomene stellt sich schnell die Frage nach deren lokaler, regionaler, nationaler, transnationaler oder gar globaler Reichweite. Es ist die raumbezogene Frage nach Verbreitungs-, Wirkungs- und Rezeptionsbereichen, die von Personen, Gruppen, Institutionen, Ideen, Verhaltensweisen und Techniken abgesteckt werden. 13 Studien, die sich aus unterschiedlichsten, disziplinär und thematisch bestimmten Perspektiven dieser Frage annahmen, haben wir vor kurzem in einem Band der wissenschaftlichen Öffentlichkeit vorgestellt.[1] Hier folgen 12 weitere Arbeiten, die das Problem kultureller „Reichweiten" im Rahmen des gewählten Forschungsprogramms erweitern und abrunden sollen.

Wie schon im Vorgängerband, so soll auch hier unsere Forschungsperspektive durch einige wenige exemplarische Überlegungen gesucht werden. So ist in der Vergangenheit beispielsweise nach der Reichweite der Devotio moderna gefragt worden, nach derjenigen der Reformnetzwerke von Orden wie etwa der observanten Dominikanerinnen, nach der geographischen Reichweite künstlerischer Konzeptionen wie der geschnitzten Christus-Johannes-Gruppen, nach der Verbreitung des kollektiven religiösen Stiftungsverhaltens von Adels- oder Patrizierfamilien wie von ländlichen Kommunen, nach den Entstehungsorten spezifischer Formen der Manuskriptkultur wie etwa der Tauler-Handschriften im 15. und frühen 16. Jahrhundert, nach der Diffusionsdichte nominalistischer und realistischer Logikhandbücher oder nach der Ausstrahlung von Bauhütten und Werkstätten. Solche raumbezogenen Fragestellungen bieten sich etwa auch von Seiten der Musik- und Liturgiewissenschaft, der Schul- und Bildungsgeschichte oder der Inschriftenkunde, aber auch der politischen, der Wirtschafts-, der Rechts- oder der Kirchengeschichte an. Analog könnte man umgekehrt von einer bestimmten Region (z. B. dem Oberrhein zwischen Basel und Heidelberg) ausgehen und nach dominierenden kulturell-geistigen Profilen vor und nach 1500 fragen, nach ihren Einzugs- und Ausstrahlungsbereichen: Unter welchen Einflüssen und mit welchen Wirkungen entstanden hier welche technischen, künstlerischen oder literarischen Innovationen (etwa die Kupferstichtechnik)?

In der Forschung stößt man einerseits auf eine Fülle von lokal eingegrenzten Detailstudien ohne den Vergleiche ermöglichenden, relativierenden Bezugsrahmen weiterer Raumkoordinaten. Andererseits herrscht nach wie vor eine starke Tendenz

---

1 Reichweiten. Dynamiken und Grenzen kultureller Transferprozesse in Europa, 1400–1520. Bd. 1: Internationale Stile – Voraussetzungen, soziale Verankerungen, Fallstudien. Hg. von Nikolaus HENKEL, Thomas NOLL und Frank REXROTH (Abhandlungen der Akademie der Wissenschaften zu Göttingen, Neue Folge Bd. 49/1). Berlin/Boston 2020.

https://doi.org/10.1515/9783110740509-201

zu universalisierenden Aussagen über Kulturphänomene (wie etwa „Augustinismus", „Via antiqua/Via moderna", „Beginentum") ohne Raumkoeffizienten. Der Göttinger Tagungszyklus soll dazu beitragen, diese Diastase zu überwinden und Erkenntnisse über das Verhältnis zwischen ortsspezifischen, translokalen bzw. weiträumigen Verfahrensweisen, Mentalitäten, Ideen und Materialisierungen zu gewinnen.

Der Begriff der kulturellen Reichweite lädt zu einem ganzen Bündel wichtiger Fragestellungen ein, die bei den einzelnen Vortragsthemen der Tagungen jeweils akzentuiert werden. Einige seien besonders hervorgehoben:

1. Die Frage nach Verdichtungen und Zentren bestimmter Kulturphänomene im Unterschied zu eher peripheren Räumen mit geringerer Dichte, Intensität und Qualität.
2. Die Frage nach grenzüberschreitenden Transgressionen und nicht-überwundenen kulturgeographischen, insbesondere sprachlichen, nationalen und sozialen Grenzen.
3. Die Frage nach den raumüberbrückenden Verbreitungsmedien und weiteren Verbreitungsbedingungen: Wegenetze und Verkehrssysteme, urbane Siedlungsverdichtungen, politische Ordnungsstrukturen, Verfügbarkeit von Ressourcen etc.
4. Die Frage nach sozialen Gebilden als Resonanzkörpern für das Verbreitungsphänomen: Welche Milieus bzw. sozialen Schichten bzw. sozialen Stände befördern die Ausbreitung, welche behindern sie?
5. Die Frage nach dem Zeitfaktor der Reichweite: In welcher Zeitspanne, wie schnell oder wie langsam werden Raumdistanzen überbrückt und Räume kulturell durchdrungen?
6. Die Frage nach der Transformation, die mit der räumlichen Ausbreitung verbunden sein kann: Welche Quantitäten, Qualitäten und Intensitäten verändern sich, wenn z. B. dasselbe Buch in einem anderen räumlichen Kulturkontext verbreitet und gelesen wird? Welche Art von kultureller Umgestaltung verbindet sich mit welcher Art von kultureller Distribution und Diffusion? Wie verändern sich durch Raumöffnungen die Horizonte und Perspektiven der Weltwahrnehmung?
7. Die Frage nach dem Verhältnis von intendierter und realisierter bzw. nicht realisierter Reichweite: Wie weit reichte der intendierte Raumhorizont, wie viel Universalität konnte lokal oder regional präsent sein?

Diese Fragen sind für alle wissenschaftlichen Disziplinen, die über den Zeitraum 1400 bis 1520 arbeiten, in gleicher Weise interessant. Sie laden zu einem raumbezogenen interdisziplinären Austausch ein. Jedes Fach kann Orte, Regionen, Personen, Ideen, Techniken, Praktiken etc. vorschlagen, nach deren kultureller Reichweite gefragt wird: Wie weit reichen Vorstellungen und Einflüsse, welche Grenzen können sie überwinden und wie verändern sich dabei die kulturellen Phänomene? Um die inhaltliche Kohärenz der geplanten Symposien und Tagungsbände zu gewährleisten und einem Auseinanderdriften in weit auseinanderliegende Zeiträume entgegenzuwirken, werden sich alle Vorträge an den pragmatischen zeitlichen Rahmen 1400 bis

1520 halten – was selbstverständlich flexible Überschreitungen an den Rändern, die ein starres Epochendenken überwinden, nicht ausschließt.

In vier Tagungen, die von 2015 bis 2018 in den Räumen der Göttinger Akademie stattfanden, behandelten wir diese Fragen mit jeweils unterschiedlichem Zugriff. Die Beiträge zu den ersten beiden (2015/16), die „Grundlegenden und exemplarischen Studien" und den sogenannten „Internationalen Stilen" gewidmet waren, sind in einem Anfang 2020 erschienenen Band vereint. Der vorliegende Band enthält die Referate der dritten und vierten Tagung (2017/18). Auf diesen ging es zunächst um die „Transgression von Grenzen", dann um Phänomene der „Partikularisierung".

Die Herausgeber danken jenen Mitarbeiterinnen und Mitarbeitern, die sie bei der Erstellung des druckfertigen Textes engagiert unterstützt haben. Bei der Geschäftsstelle der Akademie stand uns Frau Gabriele Röder zur Seite. Unser Dank gilt weiterhin dem Verlag Walter de Gruyter, insbesondere Herrn Andreas Brandmair, für die gute Zusammenarbeit und die sorgfältige Drucklegung.

Erlangen/Ulm und Göttingen, im April 2021

# Inhalt

Christiane Wiesenfeldt

# „The West and the Rest“?

## Musik-Konzepte im böhmischen Codex Speciálník (ca. 1485–1500)

Wer sich mit mehrstimmigen, westeuropäischen Musikquellen um 1500 befasst, hat es in den meisten Fällen mit mehr oder weniger homogenen Phänomenen zu tun. Wenn die Quellen aus einem institutionellen Kontext (kirchlich, monastisch, höfisch, schulisch usw.) stammen, enthalten sie Repertoire für den jeweiligen Funktionskontext, die institutionelle Memoria oder einen mit der Institution verbundenen Adressaten. Wenn die Quellen einen lokalen Bezug zu einer Stadt oder einer Region haben, so dokumentieren sie oft die einheimische Musikpraxis, manchmal aus krisenbegründeten Kontexten motiviert, manchmal auch aus rein historiographischen Motiven über lange Zeiträume hinweg. Seltener, aber ebenso vergleichsweise homogen modelliert, sind Quellen wie die Trienter Codices, die als jahrzehntelang angelegte Mammutsammlung knapp 1.600 Kompositionen aus vielen Ländern und diversen Gattungen enzyklopädisch bündeln. Sie bilden als grenzüberschreitende Projekte, die vermutlich auf die Initiative Einzelner zurückgehen, eine Art modellhafte Repertoiresicherung, einen editorischen ‚status quo‘ jenseits spezifischer funktionaler oder lokaler Kontexte. Den meisten dieser mehrstimmigen Quellen ist ferner gemein, dass sie einer gewissen nutzen- und entstehungsorientierten Ordnung, einem Programm unterliegen, sortiert etwa nach Gattungen, Kalendarien, Vorlieben oder Komponisten, um nur die wichtigsten Gliederungskonzepte zu nennen. Zudem bieten sie in den meisten Fällen abgeschlossene Werke oder Sätze an, liefern also – ob mit oder ohne Autorzuschreibung – einen definitiven Werktext, der oft durch Konkordanzen in anderen Quellen bestätigt und/oder als weitere Variante in der Überlieferungsgeschichte des Werkes oder Satzes verbucht werden kann. Diese Quellentypen bilden ein westeuropäisches Kunst-Netzwerk um 1500, in dem die Kompositionen zwar in Varianten von Quelle zu Quelle diffundieren, doch en gros einen einigermaßen stabilen Kern bilden. Fragmente sind in der Regel überlieferungsgeschichtlichen Unfällen und nicht absichtsvollen (protoromantischen) Konzepten geschuldet, kompositorische Experimente, Skizzen oder gar Werkstadien sind hier nicht zu finden.[1]

Die Musikforschung hat mit diesem recht heimeligen Bild ihre von abgeschlossenen Textcorpora getragene, aus dem frankoflämischen Raum stammende, später in Italien perfektionierte Musikgeschichte als emphatische Werkgeschichte recht lange aufrechterhalten können. Dies änderte sich fundamental mit dem Fall des Eisernen Vorhangs in den frühen 1990er Jahren, umso mehr, als eines der großen US-amerikanischen Verzeichnisprojekte, der Census Catalogue of Musical Manuscripts,

1 Vgl. dazu Thomas Schmidt, Private or Institutional – Small or Big? Towards a Typology of Polyphonic Sources of Renaissance Music. In: Journal of the Alamire Foundation 1 (2009), S. 13–26.

https://doi.org/10.1515/9783110740509-001

just 1989 seine Arbeit abschloss. Einerseits tauchten auf dem Gebiet der ehemaligen DDR und des sogenannten Ostblocks unbekannte oder längst vergessene Bestände auf, die außerhalb der Zuständigkeit des westeuropäischen Säkularisierungs-Radars eben nicht in Zentralbibliotheken verfrachtet, sondern in mehr oder weniger gutem Zustand auf Dorfkirchen- oder Klosterdachböden oder in kleineren Regionalbibliotheken verblieben waren. Das zuvor recht übersichtliche, meist transalpine Nord-Süd-Raster musikalischer Transferwege musste nun um zahlreiche Routen nach Polen, Tschechien, Rumänien oder Kroatien, aber auch etwa via Mitteldeutschland Richtung Osten erweitert werden, von der Berücksichtigung vieler ‚neuer' Werke ganz zu schweigen. Andererseits irritierten nach 1990 viele der ‚neuen', ‚vergessenen' oder der dem westeuropäischen Zugriff zuvor schlicht entzogenen Quellen das vorherrschende Bild nicht nur quantitativ, sondern auch qualitativ im Sinne der eingangs grob zusammengefassten Kriterien – ein Prozess, der in der Musikforschung bis heute als noch nicht abgeschlossen bezeichnet werden darf.

Eine solche, von der westlichen Musikforschung lange ‚vergessene' Quelle mit einem enormen, bislang nicht zufriedenstellend gelösten Irritationspotenzial, die dieses selbst schon in ihrer historischen Titulierung als ‚Codex Speciálník' / ‚Spezial-Codex'[2] mit sich führt, und die sowohl bezogen auf ihr Repertoire, ihre Systematik und ihr gleichermaßen historisch wie territorial weit gespanntes Textcorpus historiographisch geliebte Konzepte anzukratzen imstande ist, ist im Folgenden vorzustellen. Sie ist mit ihrer in jeder Hinsicht grenzüberschreitenden Disposition auch geeignet, Grenzmodellierungen in der Musikgeschichtsschreibung als Reflex auf das Thema des vorliegenden Bandes zu überdenken. Dazu seien einleitend – in aller gebotenen Verkürzung – einige Lesarten der Musik um 1500 vorausgeschickt.

## 1 Grenzmodellierungen in der Musikgeschichtsschreibung

Die Musikgeschichtsschreibung geht seit dem 19. Jahrhundert (und mancherorts noch immer) von einer kulturellen Transferleistung westlicher Hochkulturen untereinander und damit einhergehend von einer Hegemonie und Superiorität des Westens aus, wenn August Wilhelm Ambros die „Künste der Niederländer" als Errungenschaf-

2 Königgrätz, Muzeum východních Čech v Hradci Králové (Ostböhmisches Museum Hradec Králové), Hr-7 II A7 (= Codex Speciálník). Der Name ‚Speciálník' ist einer Inskription des frühen 17. Jahrhunderts in der Quelle entnommen. Prof. Dr. Lenka Hlávková (Prag) machte mich darauf aufmerksam, dass der Begriff ‚Speciálník' für frühneuzeitliche Quellen aus Böhmen nicht ungewöhnlich sei, sondern zumeist außerliturgische Sammlungen – und damit zugleich die Unsicherheit, die Quelle klar zuzuordnen – bezeichnet. Ich danke der Prager Kollegin herzlich für ihre hilfreichen Hinweise und Kommentare zum vorliegenden Aufsatz.

ten einer „große Kulturepoche“ tituliert, die sodann „auf die Italiener übertragen“ wurden.[3] Die Nord-Süd-Diffusionsachse kehrt sich später im 16. und 17. Jahrhundert um, wenn die italienische Kunst als Exportschlager andere, wiederum nordwestliche Kulturen beeinflusst.[4] Der grenzüberschreitende Musiktransfer um 1500, den die Musikforschung in den Blick nimmt, vollzieht sich also vorwiegend auf einer Nord-Süd-Achse Europas, die Richtung Westen als Grenze die Pyrenäen hat – die reiche Quellenlandschaft Spaniens und Portugals rückt auch nur langsam in das europäische Gesamtbild –, in Richtung Osten weitgehend noch von den immerhin seit 30 Jahren gefallenen Grenzen des ehemaligen Ostblocks bestimmt ist. In dieser Nord-Süd-Achse sind die bekannten Quellenportfolios verortet, die das historiographische Fundament eines Musik-Bildes um 1500 bilden. Und hier, in der Nähe der Quellen, wirkten zudem jene Autoren ästhetischer, humanistischer Konzepte – Lorenzo Valla (1407–1457), Pietro Bembo (1470–1547) usw. –, meist italienische Intellektuelle des 15. und frühen 16. Jahrhunderts, die sich als flankierende Deutungsautoritäten anboten. Ihre zumeist aus der antiken Rhetorik gespeisten Konzepte zur Nachahmungsästhetik und Stillehre waren lange unter dem Schlagwort ‚imitatio‘ ein Schlüssel für das Verständnis künstlerischer Produktion und Rezeption.[5] Sie fügten sich als ‚top down‘-Konzepte von Kunstproduktion gut in die hegemoniale Vorstellung der westeuropäischen Quellenlandschaft und erhoben diese Quellen und Werke gleichsam zu kulturellen Fixpunkten und Modellen in einem fortschrittsgeleiteten Überbietungs-Wettstreit. Jede ‚neue‘ Quelle außerhalb des bekannten Nord-Süd-Transfergürtels wurde entsprechend zunächst an diesen etablierten Kriterien geprüft und einer Bewertung unterzogen, ausgehend von der selbstverständlichen Annahme, den Wert der Novität an westeuropäischen ‚Standards‘ messen zu können.

So erging es zunächst auch dem Spezial-Codex. Die Handschrift unbekannter Herkunft tauchte 1901 in einem Prager Antiquariat auf und geriet 1914 zum Objekt einer Wiener Dissertation von Dobroslav Orel.[6] Seine Forschung war dabei von dem

---

3 August Wilhelm Ambros, Geschichte der Musik. Hier Bd. IV: Musik in Italien von Palestrina bis gegen 1650. Leipzig 1878, S. 10.

4 Hierfür einschlägig: Fernand Braudel, Modell Italien 1450–1650. Berlin 1999 (Übersetzung der französischen Ausgabe 1989).

5 Lorenzo Valla, Inauguralrede vom 18. Oktober 1455 über ‚imitare – aemulare – superare‘. Ediert von Silvia Rizzo, Lorenzo Valla. Orazione per l'inaugurazione dell'anno accademico 1455–1456. Atti di un seminario de filologia umanistica. Rom 1994; Pietro Bembo, De imitatione. Brief des Jahres 1512 an Giovan Francesco Pico, gedruckt 1530. Ediert in: Le Epistole „De Imitatione“ di Giovanfrancesco Pico della Mirandola e di Pietro Bembo. Hg. von Giorgio Santangelo. Florenz 1954.

6 Dobroslav Orel, Der Mensuralkodex Speciálník: Ein Beitrag zur Geschichte der Mensuralmusik und Notenschrift in Böhmen bis 1540. Dissertation, Universität Wien, 1914. Vgl. zur kritischen Auseinandersetzung der tschechischen Musikwissenschaft mit Orels Dissertation bereits Jaromír Černy, Zur Frage der Entstehungs- und Verwandlungsprozesse des mehrstimmigen Repertoires in Böhmen. In: Trasmissione e recezione delle forme di cultura musicale, Atti del XIV Congresso della Societá Internazionale di Musicologia. Bologna 1987. Hg. von Angelo Pompilio u. a., Bd. 1. Turin 1990, S. 168–174.

Impetus getragen, einem „böhmischen Nationalstil" auf die Spur zu kommen, als Ergebnis des Valla'schen Fortschrittsparadigmas aus ‚imitare – aemulare – superare'. OREL musste den Böhmen, die seiner Lesart zufolge mit Zentraleuropa ‚mitzuhalten' versuchten, abschließend eine schlechte Note im Fach Musik geben, waren doch die Stücke in böhmischer Sprache nach gängigen Kriterien recht simpel gehalten und fielen gegenüber dem Repertoire westeuropäischer Provenienz, das sich in dem Codex auch versammelte, qualitativ deutlich ab.[7] Der Codex geriet aufgrund der politischen Wirren mit zwei Weltkriegen und dem Kalten Krieg sodann bis zum Beginn der 1990er Jahre in Vergessenheit. Seitdem sind seitens der tschechischen Musikwissenschaft mehrere Studien erschienen, die neben kodikologischer Grundlagenforschung zahlreiche Konkordanz-Nachweise zu zentraleuropäischen Quellen im Speciálník leisten konnten.[8] Mit jedem Aufsatz wächst die Verwunderung über diesen merkwürdigen Codex, der so gar nicht zum Bild westeuropäischer Musik um 1500 passen will. Spätestens hier stellte sich die Frage, ob mit dieser Quelle oder unserem Bild von Musikgeschichte etwas nicht stimmt.

## 2 Der Codex Speciálník als ‚Sonderfall'?

Der Speciálník enthält insgesamt knapp 300 Blatt Mensuralmusik – zusammen 228 mehrstimmige, bereits rhythmisch notierte Stücke in weißer Mensuralnotation –, sodann 11 Blatt Kirchenhymnen in älterer, noch lange in Böhmen üblicher Choralnotation, zwei weitere Blatt mit einem Index sowie ein letztes Blatt mit Mensuralmusik.[9] Papier-, Schreiber- und Lagenuntersuchungen haben ergeben, dass der Codex zwischen 1485 und 1500 in vier Zeitabschnitten von fünf Schreibern notiert wurde,

7 „Die größte Entfaltung der Imitationskunst weisen [im Speciálník] besonders die Kompositionen *fremder Meister* auf, die in Böhmen geschätzt und beliebt waren", OREL, Speciálník (wie Anm. 6), S. 61 (Hervorhebung im Original). Vgl. OREL, Speciálník, ab S. 248 (Kapitel: „Böhmische Komponisten und böhmische Kompositionen").

8 Vgl. zur Forschungsgeschichte seit den 1990er Jahren ausführlich Lenka MRÁČKOVÁ, Kodex Speciálník: Eine kleine Folio-Handschrift böhmischer Provenienz. In: Hudební věda 39 (2002), S. 16–84, sowie DIES., Patrem Yacten - Sanctus Elezanger. A Fragment of an Unknown Mass Ordinary from Codex Speciálník and its Milanese Context. In: Hudební věda 43 (2006), S. 147–164; DIES., Behind the Stage. Some Thoughts on the Codex Speciálník and the Reception of Polyphony in Late 15th-Century Prague. In: Early Music 37 (2009), S. 37–48; DIES., Codex Franus. A Mirror of the Musical Practice of the Bohemian Utraquist Church around 1500? In: Journal of the Alamire Foundation 1 (2009), S. 79–88.

9 Die aktuellste kodikologische Tiefenerschließung des Speciálník stammt von Ian Rumbold und wurde im Rahmen des britischen AHRC-Projektes ‚PRoMS. The Production and Reading of Music Sources' erstellt. Den Hinweis darauf sowie überhaupt die Anregung, den Speciálník einmal genauer zu beleuchten, verdanke ich mit Prof. Dr. Thomas Schmidt einem der PRoMS-Projektleiter. Vgl. http://www.proms.ac.uk/object_part/103/ (02.07.2018). Ian RUMBOLD, Hradec Králové, Muzeum Východních Čech, Knihovna, MS II A 7 (‚Speciálník Codex'). In: The Production and Reading of Music Sources. Mise-en-Page in Manuscripts and Printed Books Containing Polyphonic Music, 1480–1530. Hg. von

die erste Phase enthält das Gros der Stücke und wurde vermutlich schon in den frühen 1490er Jahren beendet. Die späteren Nachträge sind Miszellen – die Quelle weist demnach eine recht klar umgrenzte Entstehungszeit auf und ist keine spätere Kompilation. Sie enthält eine große Anzahl lateinisch textierter Musik, darunter viele liturgische Werke. Dabei mischen sich utraquistische, calixtinische Texte, hussitische Lieder und katholischer (damit weitgehend auch utraquistisch verwendbarer) Ritus; biblische und humanistische Prosa stehen also dicht beieinander und verweisen auf mehrere Nutzungsoptionen. Sämtliche Musikgattungen der Zeit sind vertreten, von Messen und Motetten über das geistliche und weltliche Lied lateinischer und volksprachlicher Prägung, es existiert Musik von einheimischen neben jener von ausländischen Komponisten. Es gibt zweistimmige Lieder mit textlosen (daher möglicherweise) instrumentalen Vor- und Nachspielen sowie dreistimmige Lieder mit Text nur in einer Stimme, so dass auch hier eine instrumentale Version denkbar wäre.

Schaut man auf die Verbindungen, die der Speciálník nach aktuellem Kenntnisstand mit anderen europäischen Quellen aufweist, so existieren geistliche Kontrafakturen französischer Chansons und sein weltliches Repertoire auch in zentralen mitteleuropäischen Quellen (z. B. den oben erwähnten Trienter Codices oder dem Glogauer Liederbuch), so dass die Musik aus Burgund über Italien und Süddeutschland oder direkt aus Italien nach Böhmen gelangt sein könnte. Seit 1994 sind durch Prager Forschungen mehr als 100 konkordante Handschriften und über 25 konkordante Drucke belegt.[10] Darunter befinden sich auch 12 Konkordanzen zu anderen bedeutenden Quellen böhmischer Mehrstimmigkeit, wie dem sog. Strahov-Codex.[11] Viele Werke der 1480er und 90er Jahre sind zudem in bedeutenden kleinformatigen Handschriften des deutschsprachigen Raumes vertreten – heute verwahrt in Berlin, Leipzig, München, Warschau –, in denen sie etwa zeitgleich notiert wurden.[12] Vor diesem Hintergrund kann der Speciálník – so würde eine überbietungsdynamische Argumentation lauten – problemlos mit einigen Hauptvertretern der zentraleuropäischen Überlieferungstradition ‚mithalten'.

---

Thomas SCHMIDT und Christian Thomas LEITMEIR. Turnhout 2018, S. 349–395. Die Digitalisate des Speciálník sind komplett verfügbar unter: http://www.manuscriptorium.com (02.07.2018).

10 Vgl. dazu MRÁČKOVÁ, Kodex Speciálník (wie Anm. 8), sowie die Grundlagenforschung im Rahmen einer Magisterarbeit von Jitka PETRUSOVÁ, Rozbor tzv. Speciálníku královéhradeckého (rkp. II A 7 Muzea v Hradci Králové) s přihlédnutím k dalším hudebním pramenům z doby okolo r. 1500. Magisterarbeit, Karls-Universität, Prag 1994.

11 Eine direkte Verwandtschaft der beiden Codices ist bislang umstritten, vgl. MRÁČKOVÁ, Kodex Speciálník (wie Anm. 8), S. 176, sowie (für einen Zusammenhang plädierend) Paweł GANCARCZYK, Musica scripto. Kodeksy menzuralne II połowy XV wieku na wschodzie Europy Łacińskiej. Dissertation, Warschau 2001, S. 45ff.

12 Vgl. Martin JUST, Bemerkungen zu den kleinen Folio-Handschriften deutscher Provenienz. In: Quellenstudien zur Musik der Renaissance I. Formen und Probleme der Überlieferung mehrstimmiger Musik im Zeitalter Josquins Desprez. Hg. von Ludwig FINSCHER. München 1981, S. 25–43.

Über seine bunte, keiner klaren Programmatik folgende, nach bisherigem Untersuchungsstand keinem Stifter, Kloster oder regionalen Einzugsbereich eindeutig funktional zuordenbare Stückesammlung hinaus bietet der Codex indes noch eine weitere Sonderbarkeit: Er enthält Aufstockungen ein- und zweistimmiger Stücke aus regional nahen Cantionalia des gesamten 15. Jahrhunderts, beginnend mit Hinzukompositionen einer dritten Stimme zu insgesamt acht andernorts zweistimmig überlieferten Stücken[13] – dabei wird nicht selten das bereits existierende Stimmenmaterial auch rhythmisch neu gefasst –, bis hin zu mehrstimmigen Fassungen einstimmiger Melodien aus dem Hohenfurther Kodex MS. 42 von 1410.[14] Diese auf den ersten Blick ‚modernisierende' Auseinandersetzung mit Repertoire, deren Ergebnisse – zumindest nach bisherigem Kenntnisstand – nur im Speciálník überliefert sind, könnte gemäß des ‚imitare & superare'-Denkmodells und in der 1914er-Lesart Orels nun einem innerböhmischen Fortschrittsparadigma zugeschrieben werden, in dem sich das emphatische Ringen böhmischer Komponisten mit eigenen, älteren Werken zum Zwecke ihrer Überbietung dokumentiert. Indes scheint hier weniger ein rezeptions-, denn ein produktionsästhetisches Konzept von Variantenbildung zu greifen, denn das derart kreative Auseinandersetzen mit Repertoire beschränkt sich keineswegs auf eigene Werke, sondern entfaltet ein systematisches Eigenleben. Ja, es entsteht der Eindruck, als sei neben dem Konservieren einer breiten historischen Palette an Stilen und Werken ein zentrales Anliegen des Codex gewesen, tief in die Werkstatt von musikalischer Produktion selbst zu schauen. Das ist im Folgenden an ausgewählten Beispielen zu diskutieren.

Besonders sticht zunächst die Hinzukomposition einer fünften Stimme zu Antoine Brumels berühmtem Agnus Dei III-Satz aus der ‚Missa Ut re mi fa sol' heraus, eine Messe, die seinerzeit quasi noch mit feuchter Tinte nach Böhmen gelangt sein muss, ist sie doch nach aktuellem Kenntnisstand auf um 1500 datiert.[15] Einer der Hauptschreiber des Speciálník hat nun auf den fol. 117v–118r die vier bekannten Stimmen übernommen und eine fünfte, reichlich ausgezierte, auf den ersten Blick eher harmonisierend denn melodisch angelegte Bassstimme ergänzt (vgl. Abb. 1). Die Stimme ist absolut eigenständig, sie orientiert sich weder an der hexachordalen Struktur des sechstönigen Soggettos im Cantus (oben links), noch an der existierenden Bassstimme (Akkoladen 3 und 4 auf der linken Seite), mit der sie allenfalls die sprunghafte Faktur teilt. Auch ignoriert die neue Stimme Brumels imitatorische Strukturen von

13 Das stellte bereits Orel in seiner Dissertation 1914 fest, vgl. Orel, Speciálník (wie Anm. 6), S. 76f.

14 Vyšší Brod – Hohenfurth, Knihovna Cisterciáckého opatství Blahoslavené Panny Marie ve Vyšším Brodě (= Zisterzienserabtei Vyšší Brod – Hohenfurth), MS. 42.

15 Teile existierten schon 1492/93 in Florenz (Florenz, Biblioteca Nazionale Centrale, MS. Banco Rari 229), gedruckt wurde die Messe komplett 1503 bei Petrucci in Venedig (‚Misse Brumel') und sodann weit verbreitet; für das Agnus III existiert eine bemerkenswerte Einzelüberlieferung, die die Bedeutung des Satzes untermauert: Verona, Biblioteca Capitolare, 757 (ca. 1500); Siena, Biblioteca Comunale degli'Intronati, K. I. 2 (ca. 1500); Bologna, Civico Bibliografico Musicale, Codex Q 18 (frühes 16. Jahrhundert).

Altus und Tenor (rechte Hälfte der Doppelseite). Hier – das wird rasch deutlich – liegt keine ‚imitare & superare'-Versuchsanordnung vor; es wird weder versucht, zu imitieren, noch den vierstimmigen Satz Brumels, der für sich genommen als ‚vollendet' verstanden werden darf, zu übertrumpfen. Der Komponistenname fehlt auch. Vielmehr ist eine produktive, kreative, ja vielleicht sogar experimentelle Auseinandersetzung mit den Grenzen eines anspruchsvollen vierstimmigen Satzes zu beobachten. Dies zeigt sich auch daran, dass der Messsatz nicht textiert ist; er ist daher auch kaum für eine liturgische Verwendung, sondern gewissermaßen als kompositorische Studie notiert worden. Und selbst wenn man der Argumentation folgen wollte, dass der Codex von der utraquistischen, partiell volkssprachlichen Liturgie in Böhmen beeinflusst worden sei, die die lateinischen Formulare revidierte, so bliebe die Frage unbeantwortet, warum für die Verschriftlichung hier ausgerechnet ein Agnus ausgewählt wurde, das in der utraquistischen Messe doch grundsätzlich weggelassen wurde. Für diese Kompositionsstudie ist die liturgische Funktion ebenso nebensächlich wie der Umstand, dass die restlichen Messsätze Brumels im Speciálník fehlen, es also offenbar nicht darum ging, die Messe eines frankoflämischen ‚Meisters' komplett zu überliefern: Hier wurde kein westeuropäischer Urtext ‚nachgeahmt', sondern es galt, sich produktionsästhetisch mit der modernsten mehrstimmigen Musik auseinanderzusetzen, die um 1500 in Europa überhaupt greifbar war.

Ein umgekehrter Fall, das Weglassen einer Stimme, findet sich ebenfalls am Beispiel der ca. 1492/93 komponierten, ebenfalls also sehr frisch in den Speciálník teilübertragenen ‚Missa Je ne seray plus?' auf den fol. 139v–143r. Ob die Messe von Jacob Obrecht stammt, ist bislang ungeklärt. Im textierten, hier also liturgisch verwendbaren Gloria-Satz (fol. 140v–141r, vgl. Abb. 2) sind lediglich der kanonische Tenor (linke Seite, mit signum congruentiae für den zweiten Stimmeinsatz) sowie der Bassus (rechte Seite) notiert. Es fehlt die höchste Stimme des vierstimmigen Satzes, die allerdings auch schon im Original ein Zitat, und zwar aus einem französischen Rondeau von Phillipet des Pres darstellte, und die der Messkomponist übernommen und um die drei tiefen Stimmen ergänzt hatte. Im Speciálník fehlt nun diese Oberstimme im Gloria und Credo, nur das zuvor (fol. 139v–140r) notierte Kyrie enthält das Rondeau, ist also komplett vierstimmig. Man müsste demnach, um nach dem Kyrie die textreichen Sätze der Messe vierstimmig singen zu können, entweder über eine separate Quelle mit der fehlenden Oberstimme verfügt oder diese aus dem Gedächtnis dazu gesungen haben. Beides ist als Szenario nicht wirklich überzeugend, eher noch letzteres, sofern man eine sängerische Didaktik als Notationsabsicht vermutet. Vielmehr scheint auch für dieses Notat weniger das Dokumentieren eines werkhaften ‚status quo' zu gelten, an dem die Messlatte des Komponierens anzulegen war, sondern das Begreifen von zeitgenössischer Musik als Material, dem kreativ begegnet werden kann. Spätestens hier, wenn nicht schon beim oben erwähnten Agnus, bildet die Quelle keinen Musiktext für eine bestimmte liturgische Funktion, eine bestimmte institutionelle Praxis, einen bestimmten regionalen Gebrauchskontext oder einen bestimmten Adressaten und dessen Vorlieben ab, sondern zunächst einmal nur den musikalischen Text

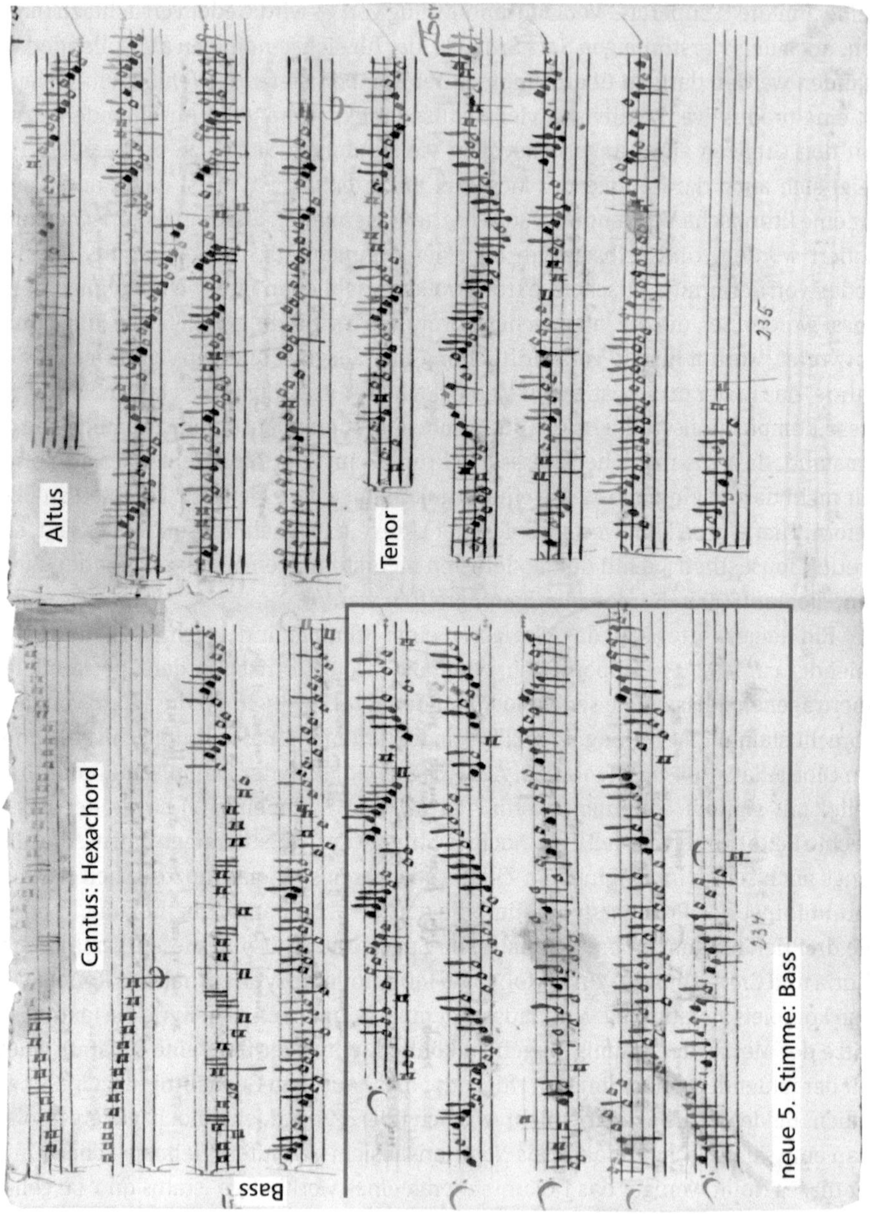


**Abb. 1:** Antoine Brumel, Agnus Dei aus der ‚Missa Ut re mi fa sol', um 1500. In: Codex Speciálník, Königgrätz, Muzeum východních Čech v Hradci Králové, Hr-7 II A7, fol. 117v–118r.

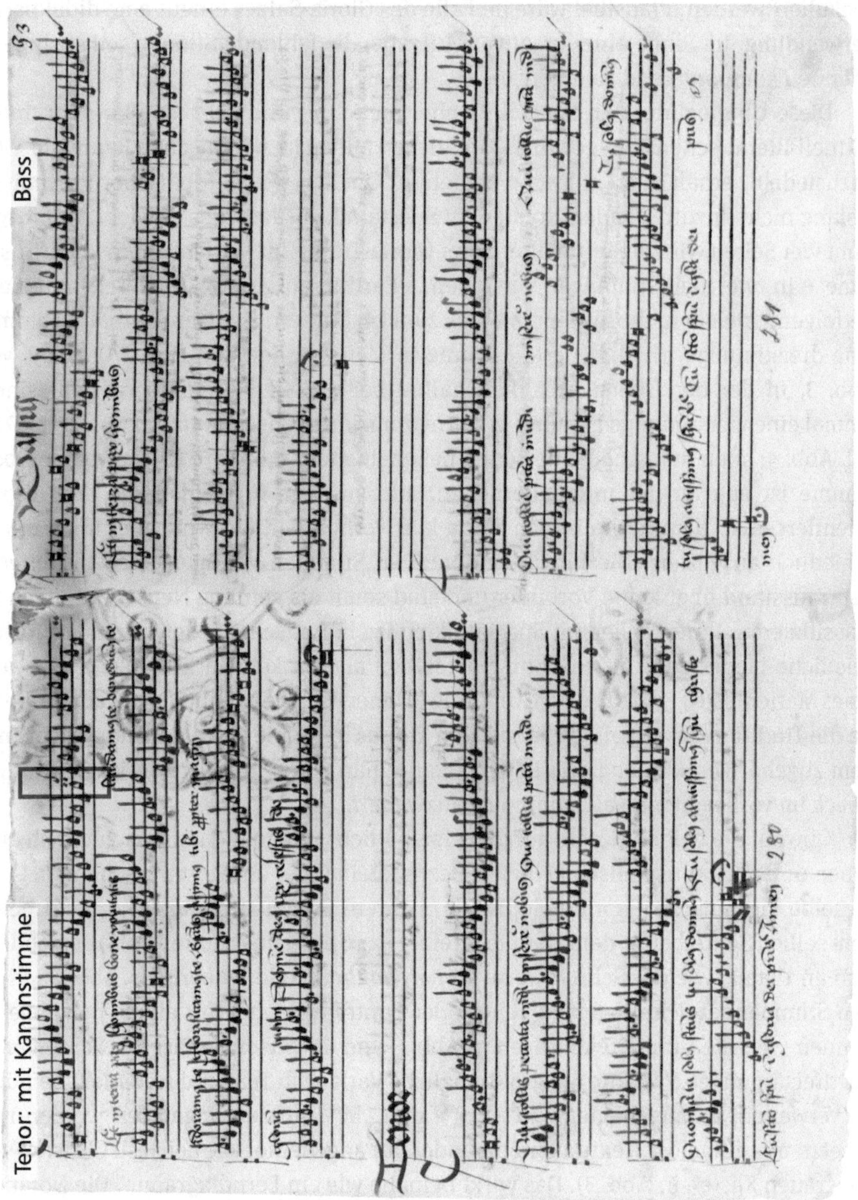


**Abb. 2:** Jacob Obrecht (?), Gloria aus der ‚Missa Je ne seray plus?‘, ca. 1492/93. In: Codex Speciálník, Königgrätz, Muzeum východních Čech v Hradci Králové, Hr-7 II A7, fol. 140v–141r.

selbst. Über den Grund kann, da die Herkunft des Speciálník bislang unklar ist, nur spekuliert werden. Plausibel wäre im Falle des Gloria-Satzes erneut eine didaktische Verwendung, im Sinne einer kreativen Aufgabe, die fehlende Stimme selbst singend oder neu komponierend zu ergänzen.

Diese Überlegung, den Speciálník eher im Schul- und Lehrkontext, denn intellektuell-literarischen bzw. geistlich-kirchlichen Milieu im böhmischen Raum um 1500 anzusiedeln, erhält auch in zwei weiteren, in Quellen westeuropäischer Provenienz bislang nicht anzutreffenden Notaten im Speciálník zusätzliches Gewicht. Auf insgesamt vier Seiten wird ein mittelalterlicher Gloria-Tropus zu Marienfesten – ‚Spiritus et alme' – in zwei mehrstimmigen Versionen in Partitur ausgesetzt. Die direkt aufeinanderfolgenden Seiten, die mitten im Stück zum Umblättern zwingen, enthalten einmal eine dreistimmige, rhythmisierte Fassung in Mensuralnotation (fol. 270r–270v, vgl. Abb. 3, in der der Übersichtlichkeit halber beide Seiten gegenübergestellt sind), einmal eine vierstimmige Fassung in unrhythmisierter Choralnotation (fol. 271r–271v, vgl. Abb. 4; auch hier sind beide Seiten nebeneinander montiert). Die jeweilige Oberstimme ist eng an der mittelalterlichen, altrömischen Choralmelodie des Tropus orientiert, also dem katholischen Ritus klar verbunden; sie wird allerdings unterschiedlich ausgeziert. Die hinzukomponierten Stimmen verfügen nach bisherigem Kenntnisstand über keine Vorbilder und sind somit als genuine Neuschöpfungen zu klassifizieren. Ihnen gehen im Speciálník einige böhmische Lieder voraus, es folgen geistliche Lieder zu Christi Geburt. Sie stehen also in keinem liturgischen Kontext eines Marienfestes – was ihre Verwendung in einem solchen freilich nicht ausschließt. Da die Tradition des ‚Spiritus et alme' den Tropus indes nie einzeln, sondern stets mit dem zugehörigen Mariengloria kennt[16], kann man einen liturgischen Verwendungszweck im vorliegenden Fall zumindest anzweifeln.

Obwohl die beiden Notate auf den ersten Blick vollkommen unterschiedlich aussehen und auch musikalisch keinerlei Bezug zueinander aufweisen – außer, dass sie dieselbe altrömische Choralmelodie um mehrere Stimmen ergänzen –, sind beide vom selben Schreiber A, dem Hauptschreiber des Speciálník, notiert.[17] Das erschließt sich an Details wie der Schreibweise von *orphanorum* oder *gubernans*, aber auch an den Stimmenbezeichnungen zu Tenor oder Contratenor, um nur einige Beispiele zu nennen (vgl. die Unterstreichungen in Abb. 3 und 4). Ansonsten ist der Schreiber in der dreistimmigen Variante um größtmögliche Varianz in Text und Notentext bemüht. So verwendet er verschiedene „S"-, „P"- und „M"-Initialen, Ligaturen werden mal gesetzt, mal aufgelöst, Texte ausnotiert oder nur angedeutet wie bei ‚Jesu Christe' (vgl. die grauen Kästen in Abb. 3). Das wirkt beinahe wie ein Lerndiagramm. Die Notation

16 Vgl. dazu Bernhold SCHMID, Der Gloria-Tropus Spiritus et alme bis zur Mitte des 15. Jahrhunderts. München 1988, sowie Christiane WIESENFELDT, Majestas Mariae. Studien zu marianischen Choralordinarien des 16. Jahrhunderts. Stuttgart 2012, hier S. 102–106.

17 Vgl. dazu PETRUSOVÁ, Rozbor tzv (wie Anm. 10), S. 29f., sodann RUMBOLD, Hradec Králové (wie Anm. 9).

bildet dabei die zeitgemäße Form mit allen um 1500 üblichen Notentypen ab, dabei wird der klanglich innenliegende Contratenor als rhythmisch avancierteste Stimme bewusst herausgestellt – das klingende Ergebnis ist also durchweg polyphon, auch wenn eine vierte (Bass-)Stimme hier fehlt.

Dagegen wird in der zweiten, vierstimmigen Fassung nicht nur die Optik einer Choralnotation gewählt, sondern die syntaktischen Texteinheiten werden übersichtlich übereinandergesetzt, der Text ist nun ausformuliert, einheitlicher geschrieben, und die Musik ist homophon auf Zusammenklänge abgestimmt. Es erklingen Dreiklänge, manchmal Parallelen. Textverständlichkeit und Gleichklang stehen hier offenbar im Vordergrund, und obwohl eine exakte Rhythmisierung fehlt, ist die musikalische Umsetzung durch die syllabische Anordnung aller vier Stimmen gut möglich, man muss eben mitten im Stück einmal blättern. Diese zweite Fassung hat zudem zwei regionale Verwandte: 1. findet sich die Oberstimmenmelodie notengetreu im Hohenfurther Codex MS. 42 von 1410[18], der aus dem Umfeld der Prager Universität stammt, 2. wurde die vierstimmige Fassung aus dem Speciálník nur wenige Jahre später, ca. 1505, in den sog. Franus-Codex in Königgrätz[19] übertragen, und zwar exakt in derselben Partituranordnung, die nun als funktional klar spezifizierte Aufführungsgrundlage dient und von den üblichen Bestandteilen eines Marienglorias eingefasst ist. Es handelt sich also im Speciálník – der selbst vielleicht aus Prag stammt[20] – um eine vierstimmige Bearbeitung einer wohl Prager Melodiefassung (sodann in das 200 km entfernte Kloster Hohenfurth verbracht), die dann in über einen professionell angefertigten liturgischen Kodex in Königgrätz (100 Kilometer von Prag und 300 km von Hohenfurth entfernt) in die böhmische Liturgie Eingang fand. Doch während die zwei verwandten Quellen klaren Nutzungsoptionen zuzuordnen sind, bleibt der merkwürdige Befund im Speciálník. Denn unabhängig von den früheren oder späteren Funktionskontexten in Hohenfurth oder Königgrätz bleibt für die doppelte ‚Spiritus et alme‘-Konstellation im Speciálník festzuhalten, dass der Schreiber hier offenbar absichtlich zwei scharf kontrastierende Schreibtypologien von Textierung, Notation, musikalischer Ausformulierung und ggf. auch des Gebrauchskontextes gewählt hat, und dies vollkommen unabhängig von einem eigenen liturgischen Funktionszusammenhang.

Erneut weisen diese beiden Tropus-Aussetzungen – und dies noch deutlicher als in den beiden vorherigen Beispielen –, auf einen didaktischen, schulischen Kontext des Speciálník hin.[21] Darauf könnte auch die in beiden Tropus-Beispielen fehlende

---

**18** Eine besonders markante Abweichung des Speciálník zum römischen ‚Spiritus et alme‘ ist die Auszierung von ‚Primogenitus‘, die im Hohenfurther Codex (wie Anm. 14) identisch ist, vgl. dort fol. 116r–116v.

**19** Königgrätz, Muzeum východních Čech v Hradeci Králové, MS. II A 6, fol. 16r–16v. Die Quelle ist digital unter http://www.manuscriptorium.com (02.07.2018) abrufbar.

**20** So die Annahme von Mráčková, Kodex Speciálník (wie Anm. 8), S. 176.

**21** Darüber, dass die Quelle möglicherweise schulischen Ursprungs sein könnte, hat bereits Martin Horyna in seiner unpublizierten tschechischen Dissertation von 2008 spekuliert (Martin Horyna, Studia a edice k dějinám české hudby 15. a 16. Století. Dissertation, Karls-Universität, Prag 2008).

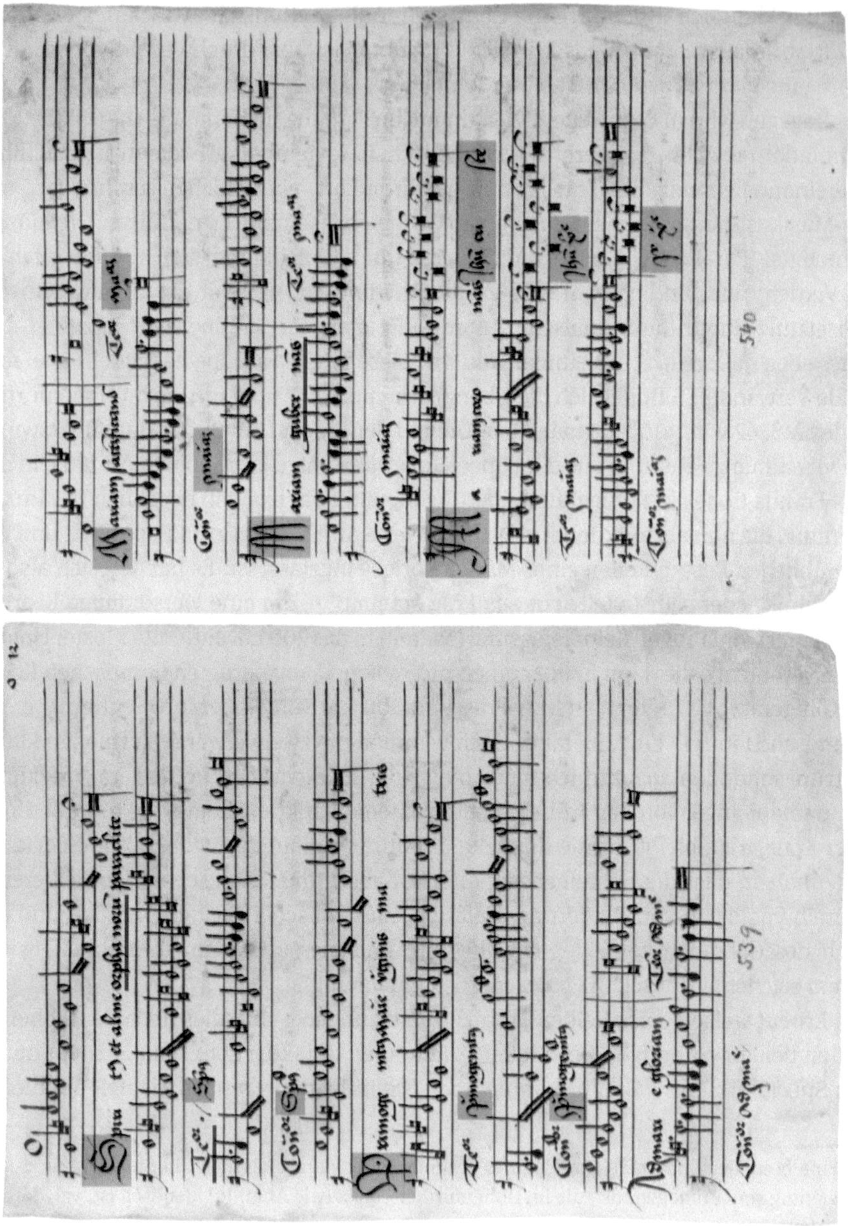

**Abb. 3:** Gloria-Tropus ‚Spiritus et alme', 3-stimmig, polyphon, Mensuralnotation. In: Codex Speciálník, Königgrätz, Muzeum východních Čech v Hradci Králové, Hr-7 II A7, fol. 270r–270v.

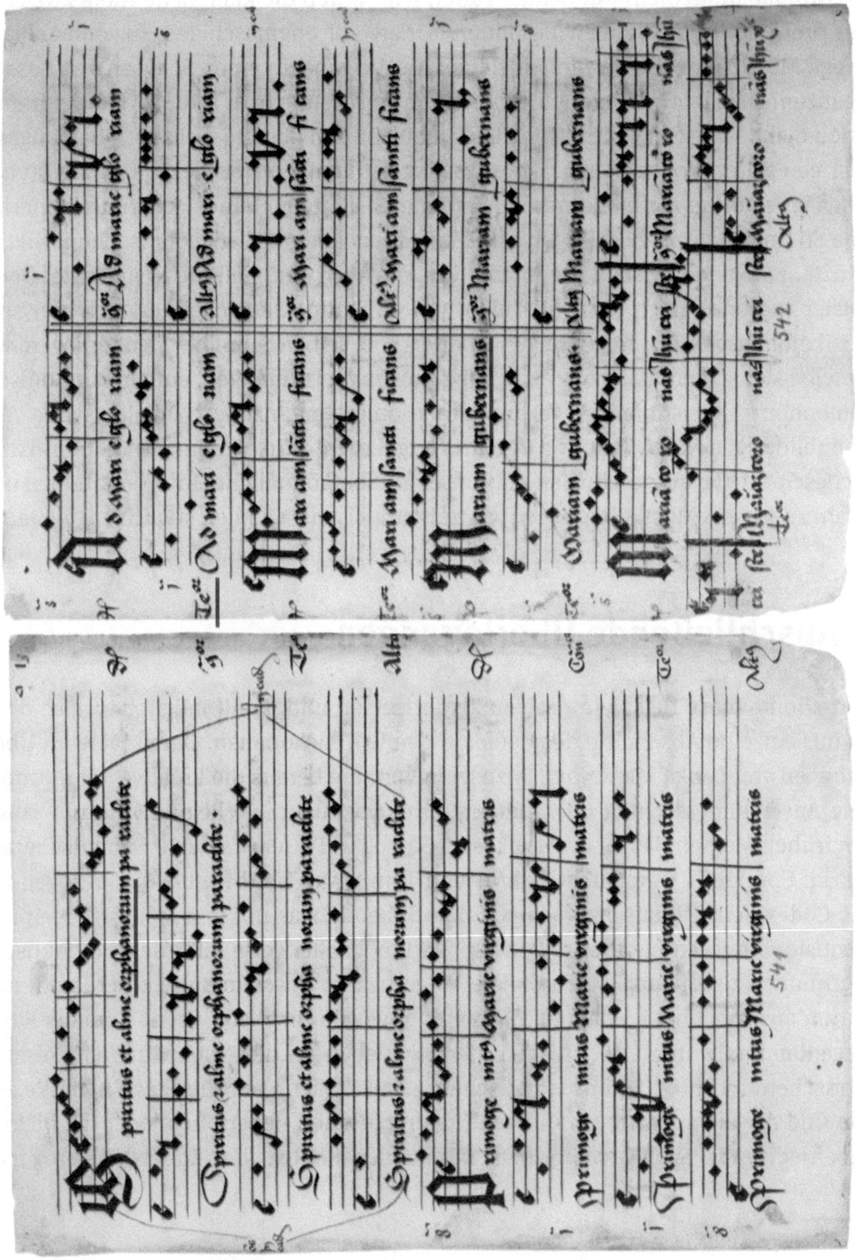

**Abb. 4:** Gloria-Tropus ‚Spiritus et alme', 4-stimmig, homophon, Choralnotation. In: Codex Speciálník, Königgrätz, Muzeum východních Čech v Hradci Králové, Hr-7 II A7, fol. 271r–271v.

Bassstimme hindeuten – in beiden Fällen wird durch die klangliche Nähe zwischen den drei oder vier Stimmen besonderen Wert auf engmaschigen Zusammenklang gelegt. Möglicherweise bestand auch hier die Aufgabe für einen Schüler, den Bass zu ergänzen? In jedem Fall bildet die vierstimmige Fassung trotz ihrer älteren Choralnotation nicht – wie Orel dies 1914 allein satztechnisch deutete – einen „Übergangsstil zum geregelten Kontrapunkt“[22] aus dem dreistimmigen Beispiel, quasi als archaisches Vorstadium zur modernen Polyphonie. Sie hat als Herausforderung immerhin eine Stimme mehr zu bewältigen und folgt einem anderen satztechnischen Strukturprinzip. Eine teleologische Argumentation, die auch dem ‚imitare & superare‘-Denkmuster zugrunde liegt, führt hier nicht weiter. Stattdessen scheinen auch hier zwei musikdidaktische Testumgebungen – notiert vom selben Schreiber – vorzuliegen, wie dieselbe Melodie einmal melodisch-polyphon im dreistimmigen, einmal harmonisch-homophon im vierstimmigen Verbund funktioniert, ergänzt durch absichtsvolle Variantenbildung in Notat, Text und Beschriftung. Erneut wird hier ein produktionsästhetisches Spektrum ausgeschritten, das unser Bild herkömmlicher Interpretationen und Erfahrungen aus Musik-Konzepten zentraleuropäischer Quellen signifikant weitet.

# 3 Abschließende Überlegungen

Man könnte diese Beispiele problemlos fortsetzen und damit möglicherweise mehr als nur einzelne Abschnitte des Codex in den Griff bekommen. Damit wäre an Überlegungen von Lenka Mráčková anzuschließen, die bereits die kreative kompositorische Auseinandersetzung mit Guillaume Dufays ‚Missa Ave Regina Celorum‘ sowie den frühen Messen Gaspar Weerbekes im Satzpaar ‚Patrem Yacten – Sanctus Elezanger‘ im Speciálník untersucht hat.[23] Auch Tom Ward hat bereits 2001 bezogen auf den Codex deutlich ausgesprochen, „that Bohemia was not just a passive recipient of music composed in other regions.“[24] Und möglicherweise hilft dieser didaktische Zugriff auch zu erklären, warum viele Messsätze im Speciálník untextiert sind, und warum ausgerechnet – was um 1500 eher ungewöhnlich ist – Credo-Sanctus-Paare aufgenommen wurden. Richtet sich der Blick eher auf diese strukturellen, kompositorischen und produktionsästhetischen Aspekte, denn auf die Frage nach Rezeption und Anverwandlung genuin zentraleuropäischen Repertoires, oder die bislang unbefriedigende Suche nach einem rahmenden Kontext der äußerst heterogenen

22 Orel, Speciálník (wie Anm. 6), S. 182.

23 Vgl. Mráčková, Kodex Speciálník (wie Anm. 8).

24 Tom Ward, Polyphonic Music in Central Europe. In: Music as Concept and Practice in the Late Middle Ages. Hg. von Reinhard Strohm/Bonnie J. Blackburn. New York 2001, S. 191–243, hier S. 228; Ward vermutet, die Quelle gehöre möglicherweise – u. a. wegen der Inskription „sociorum“ bei einigen Messen – einer *literati*-Bruderschaft an, was mittlerweile als umstritten gilt, da die Bruderschaften erst seit den 1490er Jahren und für den Speciálník damit zu spät dokumentiert sind.

angelegten Quelle, verspricht dies einigen Aufschluss. Interessant wäre zum Beispiel eine nähere Analyse der Textunterlegungs-Strategien, denn im Speciálník wird mehrfach mit neuen, bislang unbekannten Textvarianten gearbeitet. Das betrifft zum Beispiel die alternative Textierung in roter Tinte von Johannes Tourouts Marienmotette ‚Recordare virgo mater' (hier: ‚Sacerdotes incensum domini' mit einem Text für das Fronleichnamsfest, fol. 196v–198r), deren Herausforderung in einer Neuverteilung der Silben bei gleichbleibender Notation und damit einer Umstrukturierung des textlichen Zeilenfalls besteht. Ausprobiert wurde dies im Cantus und ausgewählten Passagen des Altus und Tenor, der Bass bleibt indes unberührt. Und die Marienmotette ‚Virgo Dei Genitrix' erhält im Speciálník eine nachträgliche, nun schwarze Textunterlegung nur im Cantus von fremder Hand, wie man dieselben Worte nun anders unter die Noten legen kann (fol. 208v–209r). Ein solches Vorgehen ist ebenfalls als kompositorische Übung interpretierbar, denn begegnen solche Textvarianten sonst am ehesten in konfessionell unbeständigen Umgebungen, die liturgische Anpassungen und Korrekturen nötig machten, um die Musik weiter nutzen zu können, so unterscheiden sich die Varianten im vorliegenden Fall allenfalls künstlerisch, nicht aber funktional oder inhaltlich.

Der Codex Speciálník macht – so viel dürfte deutlich geworden sein – diverse Angebote, unser an frankoflämischer und italienischer Musik- und Kulturproduktion geschultes Bild von Musikgeschichte um 1500 zu überdenken oder mindestens substanziell zu ergänzen. Zunächst einmal, auf einer allgemeinen Ebene, wäre die Debatte von Zentrum und Peripherie, also die Annahme eines europäischen Nord-Süd-Korridors an Referenzwerken und Ereignissen, an denen alles andere quantitativ und qualitativ zu messen sei, zu vermeiden. Dass der Speciálník hunderte von Beziehungen zu anderen europäischen Quellen aller Art aufweist, macht ihn nicht zu einem Sonderfall an der europäischen Peripherie, sondern weitet – wenn man überhaupt in der dialektischen Heuristik von Zentrum und Peripherie verbleiben möchte – das Zentrum erheblich. Weiterhin zeigt der Fall Speciálník, dass sprachliche, nationale und soziale Grenzen im Falle der Musik nur bedingt geeignet sind, kulturgeographische Prägekräfte zu entwickeln, es sei denn, sie sind durch kirchliche oder weltliche Obrigkeiten vorgegeben. Der Speciálník ist quasi ‚demokratisch' verfasst: verschiedene Sprachen, Musikniveaus aller Art, liturgische und weltliche Musik, didaktische Motive: Hier wird keine ‚Hochkultur', kein exemplarisches Modell von Musik für einen bestimmten Adressaten vermittelt. Freilich ist die Beschäftigung mit Musik um 1500 keine Sache aller Menschen, hier darf man nach wie vor Bildung und eine gewisse soziale Herkunft voraussetzen. Indes ist im böhmischen Raum als einem Ereignisort einer proto-reformatorischen Bildungsidee der Hussiten schon vor dem Modell lutherischer Lateinschulen des mittleren 16. Jahrhunderts die Intention verbreitet, das Gemeindesingen in der Kirche und entsprechend sein Erlernen zu ermöglichen. Selbst wenn dies noch nicht institutionell breit aufgefangen werden konnte, zeigt eine Quelle wie der Speciálník eine zunehmende Bedeutung didaktischer Strategien der Auseinandersetzung mit Musik. Hier steht weniger das ‚Werk' an sich und die Sorge um seine Lesbarkeit, Unversehrtheit und Aufführbarkeit im Fokus, als vielmehr der musikalische Text selbst als Möglichkeitsraum kompositorischen Experimentierens. Diese produktionsästhetische Argumentation, die uns zugleich einen erweiterten Musikbegriff anbietet, kann indes nur greifen, wenn der Speciálník aus seiner vermeintlichen Peripherie westeuropäischer Musik und damit der rein rezeptionshistorischen Nehmer-Perspektive herausgelöst wird. Um das Phänomen der Transgression von Grenzen am Beispiel des Speciálník adäquat einzuschätzen, müssen erst musikhistoriographische Grenzbilder transgressiert, also überschritten werden. Dies könnte schon damit beginnen, den Namen ‚Speciálník' abzulegen.

Lukas Madersbacher

# Rezeption und Resistenz

## Motive der Distanzierung und Negation im künstlerischen Austausch des 15. Jahrhunderts

Als Kardinal Luigi d'Aragona auf seiner Reise durch Europa im Sommer 1517 nach Brüssel kam, öffnete ihm auch der holländische Statthalter Heinrich von Nassau die Türen seines Hauses. Antonio de Beatis, der Sekretär des Kardinals, notierte die Eindrücke des Rundgangs durch den exquisiten nassauischen Palast in seinem berühmten Reisetagebuch.[1] Er berichtet von manch Kuriosem, das es dort zu sehen gab, von Scheintüren, die den Besucher irreleiteten, oder von einem riesigen Bett, das der Graf für fünfzig Männer zur kollektiven Ernüchterung nach seinen legendären Saufgelagen hatte zimmern lassen. Auch für die künstlerischen Qualitäten des Palastes hatte Antonio de Beatis ein Auge. Bewundernd beschreibt er den schönen deutschen (d.h. gotischen) Stil des Gebäudes und verschiedene Kunstwerke. Besonders ein Objekt der nassauischen Sammlung hatte es ihm angetan: ein gemaltes Triptychon voller „bizarrer Dinge". „(Leute), die aus einer Meer-Muschel kriechen ... Weiber und Männer, Weiße und Schwarze in diversen Stellungen und Akten, Vögel, Tiere von jeder Gattung ... Dinge, die so vergnüglich und phantastisch anzuschauen sind, dass man sie denen, die davon keine Kenntnis haben, unmöglich beschreiben kann."[2]

Dieses unbeschreibliche Kunstwerk ist heute einer der Publikumsmagneten des Madrider Prado: Hieronymus Boschs ‚Garten der Lüste' (Abb. 1).

Ein Wunderwerk der Malerei, das jeden in seinen Bann ziehen muss – sollte man denken. Drei Jahre nach der Delegation des Kardinals jedoch wurde ein anderer Reisender im Brüsseler Palast des Grafen von Nassen empfangen: Albrecht Dürer. Auch Dürer beschreibt im Tagebuch seiner niederländischen Reise die Säle und die kostbare Ausstattung dieses Palastes. Wie Antonio de Beatis faszinierte ihn „das groß beth, do 50 menschen mügen jnnen liegen". Auch ein Altarretabel des Hugo van der Goes in der Schlosskapelle erwähnt er: ein „gut gemähl in der capellen, das meister Hugo gemacht hat".[3] Kein Wort verliert Dürer jedoch zu Hieronymus Boschs ‚Garten der Lüste'. Wir haben keine Nachricht darüber, dass man das Triptychon zwischenzeitlich entfernt hätte. Und man kann auch nicht davon ausgehen, dass man Dürer gerade dieses Kunstwerk vorenthalten hätte. So kann man zum Schluss kommen, den Hans BELTING gezogen hat; nämlich, dass Dürer nicht ohne Grund schwieg: Boschs

1 Die Reise des Kardinals Luigi d'Aragona durch Deutschland, die Niederlande, Frankreich und Oberitalien 1517–1518. Hg. von Ludwig PASTOR. Freiburg i. Br. 1905, S. 116.

2 Hans BELTING, Hieronymus Bosch. Garten der Lüste. München u. a. 2002, S. 77.

3 Gerd UNVERFEHRT, Da sah ich viel köstliche Dinge. Albrecht Dürers Reise in die Niederlande. Göttingen 2007, S. 70f.

https://doi.org/10.1515/9783110740509-002

bizarre Werke hätten ihn irritiert, weil ihr Mangel an klassischen Proportionen so wenig seiner eignen Ästhetik entsprochen habe. In diesem Schweigen liege System, es drücke Missbilligung aus.[4]

**Abb. 1:** Hieronymus Bosch, ‚Garten der Lüste', Madrid, Prado, um 1500 (Ausschnitt der Mitteltafel)

Für BELTINGS These – die Joseph Leo KOERNER durch zusätzliche Argumente stützte[5] – spricht schon die Tatsache, dass Dürer, der ansonsten durchaus zum name-dropping neigt, zu Hieronymus Bosch nicht nur in seinem niederländischen Tagebuch schweigt, sondern auch in seinem sonstigen breiten Schrifttum. Dies, obwohl er mit Sicherheit gut über den Meister aus 's-Hertogenbosch Bescheid wusste. Denn dieser war alles andere als ein Außenseiter. Von den niederländischen Regenten und ihren Statthaltern abwärts bediente er die Eliten. Nicht nur Philipp der Schöne und der Graf

4 BELTING, Bosch (wie Anm. 2), S. 77. Unverfehrt hält entgegen, dass Dürer auch zu dem im Palast befindlichen Gemälde ‚Herkules und Deianeira' Jan Gossaerts schweige, obwohl dieses seinen ästhetischen Vorstellungen entgegengekommen sein müsse. Indes zieht er dabei die Tatsache nicht in Betracht, dass Dürer zu Hieronymus Bosch grundsätzlich schweigt, während er Jan Gossaert sehr wohl würdigt. UNVERFEHRT, Reise (wie Anm. 3), S. 71.

5 Joseph Leo KOERNER, Bosch and Bruegel. From Enemy Painting to Everyday Life. Princeton/Oxford 2016, S. 199f.

von Nassau, auch Dürers Mentorin Margarete von Österreich besaß Werke von Hieronymus Bosch. Dürers verehrter Wittenberger Kollege Lucas Cranach fertigte sogar eine Kopie von einem von Boschs Hauptwerken, dem heute in Wien befindlichen Weltgerichtsaltar, an.[6]

Das Staunen von De Beatis und die Hingabe Cranachs mögen uns als adäquate Reaktionen auf die Bildwelten des Hieronymus Bosch erscheinen. Doch gilt es auch das Schweigen Dürers zu beachten, um die Rezeption dieser eigenwilligen Kunst in ihrer Zeit zu verstehen. Auch die Enthaltung ist eine Haltung im Prozess kultureller Kommunikation. Sie mag zwar weniger greifbar erscheinen als aneignende Formen der Rezeption. Dies schmälert indes keineswegs ihre Aussagekraft. In diesem Sinne formuliert Hans Jürgen LÜSEBRINK in seinem Grundlagenwerk zur interkulturellen Kommunikation: „Ebenso wichtig wie Prozesse des Transfers selbst sind für die Kulturtransferforschung Phänomene der Verweigerung, der mentalen und kulturellen Resistenz."[7]

LÜSEBRINKs Postulat wird unschwer einsichtig sein. Schon die Urtexte der Kulturtransferforschung von Michel ESPAGNE und Michael WERNER hatten bekanntlich diffusionistischen Ansätzen ein Bild der Rezeption als aktiver Selektion entgegengehalten: „gerade der Auswahlmechanismus, der die Akzeptanz von ‚Fremdheit' steuert, verwandelt die Bedeutung des rezipierten Kulturguts".[8] Im Feld der Geschichtswissenschaften hat Steffen BRUENDEL 1998 den Terminus des ‚negativen Kulturtransfers' eingeführt und darauf hingewiesen, dass auch und gerade die Zurückweisung des Anderen eine Form kulturellen Austausches darstelle, die von besonders hoher Aussagekraft für die Konstruktion kultureller Selbstbilder sei. Das Fremdbild stelle in der Negation eine Folie dar, anhand derer sich eine Gesellschaft ihrer selbst versichere.[9] Weniger dialektisch formuliert ist die von Stephen GREENBLATT als Gegenkraft zur kulturellen Zirkulation benannte ‚Blockierung', „eine imaginäre Ordnung der Ausschließung", deren Funktionieren die Voraussetzung für „Kultur als eine stabile Entität" schaffe.[10] Es ließen

6 Hieronymus Bosch und seine Bildwelt im 16. und 17. Jahrhundert. Ausstellungskatalog. Hg. von Stephan KEMPERDICK. Petersberg 2016, S. 96–98.

7 Hans-Jürgen LÜSEBRINK, Interkulturelle Kommunikation: Interaktion, Fremdwahrnehmung, Kulturtransfer. Stuttgart 4. Aufl. 2016, S. 154.

8 Michel ESPAGNE/Michael WERNER, Deutsch-französischer Kulturtransfer als Forschungsgegenstand. Eine Problemskizze. In: Transferts. Les relations interculturelles dans l'espace franco-allemand (XVIII° et XIX° siècle). Hg. von Michel ESPAGNE/Michael WERNER. Paris 1988, S. 11–34, hier S. 21. Dass andererseits der Terminus ‚Transfer' zu eben dem Trugschluss einseitigen Verlaufs der Prozesse führen könne, wurde verschiedentlich festgehalten – so von Peter BURKE, der sich alternativ für den Begriff ‚cultural exchange' aussprach. Peter BURKE, Translating Knowledge, Translating Cultures. In: Kultureller Austausch. Bilanz und Perspektiven der Frühneuzeitforschung. Hg. von Michael NORTH. Köln u.a. 2009, S. 69–78.

9 Steffen BRUENDEL, Negativer Kulturtransfer. Die „Ideen von 1914" als Aufhebung der „Ideen von 1789". In: Kulturtransfer im 19. Jahrhundert. Hg. von Marc SCHALENBERG. Berlin 1998, S. 153–171. Dazu auch LÜSEBRINK, Kommunikation (wie Anm. 7), S. 151f.

10 Stephen GREENBLATT, Wunderbare Besitztümer. Die Erfindung des Fremden. Reisende und Entdecker. Aus dem Englischen von Robin CACKETT. Berlin 1998, S. 185; Werner SUPPANZ, Transfer, Zir-

sich noch weitere v.a. von den Literaturwissenschaften entwickelte Positionen nennen – etwa die Konzepte von ‚Einflussangst'[11] oder ‚Transdifferenz'[12] –, die Negation und Widerspruch als konstitutive Faktoren kultureller Rezeptionsprozesse verstehen.

In der kunsthistorischen Forschung darf eine vergleichbare methodische Ausdifferenzierung der Transferphänomene, wie sie in Literatur-, Sprach- und Geschichtswissenschaften gegeben ist, indes nicht ohne weiteres vorausgesetzt werden.[13] Es mag an der Suggestionsmacht der Bilder liegen, künstlerische Transferprozesse tendenziell an den manifesten Folgen formaler, inhaltlicher oder funktionaler Aneignung festzumachen und nach der Logik von Sender und Empfänger zu beurteilen. Zwar lässt sich in den letzten Jahrzehnten – nicht nur aufgrund der zunehmenden Befruchtung durch die Kulturtransferforschung – eine Abkehr von dem Populärkonzept der ‚Einfluss-Kunstgeschichte' hin zu dynamischeren Modellen aktiven Austauschs konstatieren.[14] Michael BAXANDALL hatte schon 1985 in seinem „Excursus against influence" dazu aufgerufen, den (eigentlich schon seit Michel Foucault zur Disposition

kulation, Blockierung. Überlegungen zum kulturellen Transfer als Überschreiten signifikatorischer Grenzen. In: Ver-rückte Kulturen. Zur Dynamik kultureller Transfers. Hg. von Federico CELESTINI/ Helga MITTERBAUER. Tübingen 2003, S. 21–35.

11 Harold BLOOM, The Anxiety of Influence. A Theory of Poetry. New York 1973; Michael C. FRANK, Kulturelle Einflussangst. Inszenierungen der Grenze in der Reiseliteratur des 19. Jahrhunderts, Bielefeld 2006.

12 Klaus LÖSCH, Begriff und Phänomen der Transdifferenz. Zur Infragestellung binärer Differenzkonstrukte. In: Differenzen anders denken. Hg. von Lars ALLOLIO-NÄCKE u.a. Frankfurt a. M. 2005, S. 26–49.

13 Anlässlich des XXVIII. Internationalen Kongresses für Kunstgeschichte, der unter dem Motto ‚Künstlerischer Austausch' 1992 in Berlin abgehalten wurde, hat Thomas W. GAEHTGENS die Entwicklung einer fachspezifischen Methodik zur Erfassung künstlerischer Transferprozesse dezidiert eingefordert. Thomas W. GAEHTGENS, Eröffnungsrede. In: Künstlerischer Austausch. Akten des XXVIII Internationalen Kongresses für Kunstgeschichte. Hg. von Thomas W. GAEHTGENS. Bd. 1. Berlin 1993, S. 11–15, hier S. 13. Indes blieben Beitrag und Wirkung des Kongresses in Hinblick auf die Einlösung dieser Forderung beschränkt. Zur defizitären Rolle des Kunstgeschichte in der Kulturtransferforschung vgl. z.B.: Johannes PAULMANN, Internationaler Vergleich und interkultureller Transfer. Zwei Forschungsansätze zur europäischen Geschichte des 18. bis 20. Jahrhunderts. In: Historische Zeitschrift 267 (1998), S. 649–685, hier S. 676; Monika HOLZER-KERNBICHLER, Das Konzept des kulturellen Transfers aus kunsthistorischer Sicht. In: Ver-rückte Kulturen (wie Anm. 10), S. 137–150; Marina DMITRIEVA, Italien in Sarmatien. Studien zum Kulturtransfer im östlichen Europa in der Zeit der Renaissance. Stuttgart 2008, S. 31–34.

14 Eine solche Wende wird verschiedentlich – allerdings ohne konkrete Untermauerung – postuliert: Kulturtransfer am Fürstenhof. Höfische Austauschprozesse und ihre Medien im Zeitalter Kaiser Maximilians I. Hg. von Matthias MÜLLER u.a. Schriften zur Residenzkultur 19. Berlin 2013, S. 7–14. Anne-Marie BONNET, „... wäre Cranach [doch] 1505 gestorben ...". Überlegungen zu der Rolle der Biographie in der wissenschaftlichen Bewertung Lucas Cranachs d. Ä. (1472–1553). Die ‚langsame' wissenschaftliche Anerkennung des schnellsten Malers der Deutschen Renaissance. In: Die Biographie. Mode oder Universalie? Zu Geschichte und Konzept einer Gattung in der Kunstgeschichte. Hg. von Beate BÖCKEM u.a. Berlin/Boston 2016, S. 61–72, hier S. 62.

stehenden[15]) Begriff ‚Einfluss' gänzlich aus der kunsthistorischen Terminologie zu eliminieren und eine lange Liste alternativer Verben angeboten, um das Spektrum rezeptiver Handlungsmöglichkeiten adäquat zu beschreiben; darunter ‚to resist', ‚to distort' oder ‚to subvert'.[16] Und Vorstöße wie dieser trugen durchaus zur Entwicklung differenzierterer Ansätze bei.[17] Dennoch blieb die gelegte Spur, Phänomene des Widerstandes und der Resistenz in die Betrachtung künstlerischer Rezeption miteinzubeziehen, bislang ohne methodisch manifeste Konsequenz. Der ‚negative Transfer' hat in der Kunstwissenschaft noch nicht die Kontur einer Kategorie angenommen.

Der folgende Beitrag steckt sich nicht das Ziel, dieses Defizit tiefergehend zu ergründen oder gar mit der Ambition zu dessen Behebung anzutreten. Er will vielmehr anhand konkreter historischer Präzedenzfälle die Umdrehung geläufiger Praxis erproben, um exemplarisch die Aussagekraft der Kehrseite aneignender Rezeption zu vergegenwärtigen.

Ausgangspunkt der heuristischen Fallstudie sind drei Künstler; ein niederländischer, ein französischer und ein deutschsprachiger, jeweils führende Maler ihrer Region. Allen dreien ist gemein, dass sie um die Mitte des 15. Jahrhunderts in den Süden reisten, in das Italien der Frührenaissance. Sie mögen unterschiedliche Ziele angesteuert haben, doch zumindest den allgemeinsten Rahmenbedingungen nach werden sich ihnen vergleichbare Eindrücke geboten haben. Ihre Reaktionen indes fielen denkbar unterschiedlich aus, so dass sich zwischen ihren Wegen nahezu ein modellhaftes Feld der Möglichkeiten von Rezeption aufspannen ließe.

Als Rogier van der Weyden anlässlich des Heiligen Jahres 1450 nach Rom aufbrach, befand er sich bereits auf dem Zenit seines Ruhms. Nicht nur in der historischen Rückschau erweist sich der Brüsseler Meister als der europaweit meist rezipierte Maler des 15. Jahrhunderts, bereits unter den Zeitgenossen und insbesondere in Italien, wo im zweiten Viertel des 15. Jahrhunderts ein reges Interesse an dem neuen Naturalismus der niederländischen Kunst erwacht war, genoss Rogier großes Ansehen. Seine Gemälde fanden sich in den fürstlichen und patrizischen Sammlungen von Neapel und Florenz, von Genua, Mailand und Pesaro. Lionello d'Este, der

---

15 Michel Foucault, Archäologie des Wissens. Frankfurt a. M. 1973, S. 33f.

16 Michael Baxandall, Patterns of Intention. On Historical Explanation of Pictures. New Haven/London 1985, S. 58–61: „the vocabulary is much richer and more attractively diversified: draw on, resort to, avail oneself of, appropriate from, have recourse to, adapt, misunderstand, refer to, pick up, take on, engage with, react to, quote, differentiate oneself from, assimilate oneself to, assimilate, align oneself with, copy, address, paraphrase, absorb, make a variation on, revive, continue, remodel, ape, emulate, travesty, parody, extract from, distort, attend to, resist, simplify, reconstitute, elaborate on, develop, face up to, master, subvert, perpetuate, reduce, promote, respond to, transform, tackle...". Grundsätzlich zur Begriffsproblematik: Robert S. Nelson, Appropriation. In: Critical Terms for Art History. Hg. von Robert S. Nelson/Richard Shiff. Chicago/London 2. Aufl. 2003, S. 160–173.

17 Beispielhaft sei ein jüngerer, die methodische Problemstellung diskutierender Ansatz genannt: David Young Kim, The Traveling Artist in the Italian Renaissance. Geography, Mobility, and Style. New Haven/London 2014, S. 11–38.

Markgraf von Ferrara, hatte gleich mehrere Gemälde bei Rogier in Brüssel bestellt und über seinen Brügger Geschäftsträger bezahlen lassen. Stolz führte der kultivierte Fürst diese Glanzstücke seiner Sammlung seinen Besuchern vor. Cyriacus von Ancona, der intellektuelle Kaufmann und Ahnherr der archäologischen Zunft, geriet 1449 in Schwärmen als ihm Gelegenheit gegeben wurde, ein Kreuzabnahme-Triptychon zu studieren, das Rogier für Lionello d'Este gefertigt hatte.[18]

**Abb. 2:** Rogier van der Weyden, ‚Medici-Madonna', Frankfurt, Städel, um 1460

18 Dirk De Vos, Rogier van der Weyden. Das Gesamtwerk. München 1999, S. 60f; Paula Nuttall, From Flanders to Florence. The Impact of Netherlandish Painting 1400–1500. New Haven/London 2004, S. 31–38.

Im Jahr darauf wurde Rogier – wohl vergleichbar wie später Dürer in den Niederlanden – in der Heiligen Stadt als geehrter Gast empfangen. Nach dem Bericht, den Bartolomeo Facio in ‚De viris illustribus' (1456) gibt, führte man ihn vor berühmte Kunstwerke, um sein Urteil zu erfahren. In San Giovanni in Laterano habe er die (nicht erhaltenen) Fresken des Gentile da Fabriano besonders bewundert. Leider wissen wir nicht, was Rogier in Rom außer der Lateransbasilika sonst noch gesehen und welche anderen Städte Italiens er besucht hat. Durch Padua, Bologna, Ferrara und Florenz wird ihn seine Reiseroute aber wohl geführt haben. Die Eindrücke, die er dort empfangen haben mag, aber bleiben weitgehend im Dunklen. Denn Rogiers Werk verrät wenig von diesen künstlerischen Begegnungen. Es ist dies ein Faktum, das die Forschung immer wieder verstörte: Der wahrscheinlich prominenteste nordische Künstler seiner Zeit reist durch das Italien der aufblühenden Renaissance. In den Werken, die er nach seiner Rückkehr in Brüssel schuf – darunter Hauptwerke wie der Columba Altar oder der Berliner Johannes-Altar – finden sich aber nur leise Erinnerungen daran. Ernst KANTOROWICZ hat einst den Schluss gezogen, Rogier sei gar nicht in Italien gewesen[19] und damit den Ehrgeiz Erwin PANOFSKYS entfacht, das Gegenteil zu beweisen.[20] PANOFSKYS Urteil hat sich durchgesetzt. Heute ist man sich weitgehend einig, dass Rogier sehr wohl in Italien war. Dafür sprechen nicht nur der Zeitzeugenbericht, sondern v.a. zwei Werke, die wohl erst nach Rogiers Heimkehr in italienischem Auftrag entstanden und die eindeutige Reflexe auf italienische Vorbilder zeigen. Die Frage der Eigenhändigkeit dieser Werke wurde zuweilen kontrovers diskutiert, ist für unseren Zusammenhang aber nicht von entscheidendem Belang:

Die sogenannte Medici-Madonna, heute im Frankfurter Städel (Abb. 2), gibt sich nicht nur durch den zentralen Lilienschild am Sockel als florentinische Bestellung zu erkennen. Das Auftreten der heiligen Cosmas und Damian, der Familienpatrone der Medici, erweist zudem einen spezifischen Zusammenhang zum Clan des Cosimo il Vecchio. Offenkundig sollte auch das ikonographische Formular der Tafel den Vorstellungen der Auftraggeber Rechnung tragen. Es folgt dem Typus der ‚Sacra Conversazione', wie er seit den 1430er Jahren durch Fra Angelico und Domenico Veneziano in Florenz populär gemacht wurde: Maria mit Kind, flankiert von einer Gruppe stehender Heiliger.[21] Diese Anleihe darf jedoch nicht falsch bewertet werden.

---

**19** Ernst H. KANTOROWICZ, The Este Portrait by Rogier van der Weyden. In: Journal of the Warburg and Courtauld Institutes 3 (1939), S. 165–180.

**20** Brief an Fritz Saxl vom 22. März 1948. Erwin PANOFSKY, Korrespondenz 1910 bis 1968. Eine kommentierte Auswahl in fünf Bänden. Hg. von Dieter WUTTKE. Bd. 2: Korrespondenz 1937 bis 1949. Wiesbaden 2003, S. 912–915.

**21** Jochen SANDER, Niederländische Gemälde im Städel 1400–1550. Mainz 1993, S. 316–335. DE VOS, Rogier (wie Anm. 18), S. 317–320; Robert SUCKALE, Rogier van der Weyden und die Kunst Italiens. In: Städel-Jahrbuch 18 (2001), S. 37–58, 46f.; NUTTAL, Flanders (wie Anm. 18), S. 85–88; Der Meister von Flémalle und Rogier van der Weyden. Ausstellungskatalog. Hg. von Stephan KEMPERDICK/ Jochen SANDER. Ostfildern 2008, S. 360–363, Kat.-Nr. 39 (Jochen SANDER); Firenze e gli antichi Paesi Bassi 1430–1530. Dialoghi tra artisti. Da Jan van Eyck a Ghirlandaio, da Memling a Raffaello. Ausstel-

**Abb. 3:** Fra Angelico, Beweinung Christi, München, Alte Pinakothek, um 1440

Sie ist ausschließlich eine ikonographische und reflektiert als solche die Vorgaben der Besteller. Eine tatsächliche künstlerische Einlassung Rogiers in die florentinische Malerei und ihre Gestaltungsprinzipien bezeugt die Medici-Madonna nicht.[22] Dies gilt auch für die ebenfalls von den Medici bestellte Grablegung Christi, heute in den Uffi-

lungskatalog. Hg. von Bert W. MEIJER. Firenze 2008, S. 106–108, Kat.-Nr. 8 (Jochen SANDER). Margaret L. KOSTERS Argument, dass Rogier nicht notwendig auf italienische Modelle zurückgegriffen haben müsse, weil schon Jan van Eycks Paele-Madonna einen Prototypus für die Ikonografie der Sacra Conversazione geliefert habe, geht an der Tatsache vorbei, dass der vielfigurige Typus, der Maria von mehr als zwei stehenden Heiligen flankiert zeigt, in der niederländischen Malerei keine Vorgeschichte hat. Margaret L. KOSTER, Italy and the North. A Florentine Perspective. In: The Age of Van Eyck. The Mediterranean World and Early Netherlandish Painting 1430–1530. Ausstellungskatalog. Hg. von Till Holger BORCHERT. Brügge 2002, S. 79–90.

**22** SUCKALE, Rogier (wie Anm. 21), S. 46f., unterstreicht die Umformulierungen, die der aus Italien übernommene Typus der ‚Sacra Conversazione', im Detail erfährt und hält insbesondere Rogiers Negation der Zentralperspektive fest: „... offensichtlich schien sie ihm keinen Zugewinn an Aussagekraft für seine Bilder zu versprechen. Vielleicht sah er in ihr auch die Gefahr einer Ablenkung ...". Vgl. auch NUTTAL, Flanders (wie Anm. 18), S. 85–88.

**Abb. 4:** Rogier van der Weyden, Beweinung Christi, Florenz, Uffizien, um 1460

zien (Abb. 4), die einer Komposition folgt, die Fra Angelico für die zentrale Tafel der Predella des Hauptaltarretabels von San Marco, Cosimo de' Medicis Florentiner Hauskloster, formuliert hatte (Abb. 3).[23]

23 De Vos, Rogier (wie Anm. 18), S. 330–333; Nuttal, Flanders (wie Anm. 18), S. 26–29. Meijer (Hg.), Firenze (wie Anm. 21), S. 98–100, Kat.-Nr. 5 (Bert W. Meijer).

Die Referenz auf dieses frühe Hauptwerk mediceischer Ikonographie[24] ist auch hier als Vorgabe der Aufraggeber zu verstehen. Wiederum aber zeigt sich, dass der Künstler diese Anweisung keineswegs als gestalterische Bindung verstand. Im Gegenteil: In der Gegenüberstellung der beiden Grablegen kann man in seltener Klarheit festmachen, was die Differenz zwischen italienischer und niederländischer ‚ars nova' ausmacht. An der gegensätzlichen Oberflächengestaltung der Grabfelsen im Bildzentrum lassen sich die differenten Funktionen des Lichts vorführen, wie sie Ernst GOMBRICH in seiner magistralen Studie auf die Dichotomie zwischen dem italienischen ‚lume' und dem nordischen ‚lustro' zuspitzte, dem Licht als Instrument dreidimensionaler Form und seiner Funktion der Differenzierung texturaler Oberfläche.[25] Gleichermaßen ließe sich Fra Angelicos ornamentale Auffassung der Vegetation der vielgestaltigen atmosphärischen Naturdarstellung Rogiers entgegenstellen oder der klare Fluss der Gewänder deren stofflicher Durchwirkung.

Der aussagekräftigste Gegensatz besteht indes in Rogiers Negation der zentralperspektivischen Logik. Fra Angelicos streng achsensymmetrische Komposition ist von der frontalperspektivischen Setzung des Grabtuchs Christi aus konzipiert. Rogier hob diese bildräumliche Systematik mittels ebenso subtiler wie effizienter Eingriffe auf: Durch Einfügung der knienden Rückenfigur der heiligen Magdalena wirkte er der figuralen Symmetrie entgegen. Des Weiteren drehte er den Körper Christi aus der Zentralachse und verstärkte diesen Torsionseffekt durch die mächtige Grabplatte, die er sehr pointiert aus der Hauptflucht winkelte. In Summe erzielte er auf diese Weise trotz weitgehender Übereinstimmung von Ikonographie und kompositioneller Matrix eine auffallend unterschiedliche Bildwirkung.

Die Signifikanz dieser Verwandlung böte sich an, die Frage nach Faktoren und Hintergründen der Differenz zwischen niederländischem und florentinischem Bildkonzept zu vertiefen. Zumal Michael ROHLMANN die These gewagt hat, Rogiers Tafel sei an ihrem ursprünglichen Aufstellungsort mit einem Werk des Florentiners Andrea del Verrocchio verbunden gewesen und diese Konfrontation als interkultureller ‚Paragone' inszeniert worden.[26] In unserem Zusammenhang soll die Grablegung des Rogier van der Weyden aber nur einen konkreten Sachverhalt verdeutlichen: die Haltung des

---

24 Julia Isabel MILLER, Medici Patronage and the Iconography of Fra Angelico's San Marco Altarpiece. In: Studies in Iconography 11 (1987), S. 1–13; William HOOD, Fra Angelico at San Marco. New Haven 1993; Wendy Leiko STOCKSTILL, Cosimo de' Medici and his Quest for Salvation as seen in the Monastery of San Marco, the Medici Palace Chapel, and the Church of San Lorenzo. Ann Arbor 2008.

25 Ernst H. GOMBRICH, Light, Form and Texture in XVth Century Painting. In: Journal of the Royal Society of Arts 112 (1964), S. 826–849.

26 MEIJER (Hg.), Firenze (wie Anm. 21), S. 94–97, Kat.-Nr. 4 (Michael ROHLMANN). ROHLMANNS Versuch nachzuweisen, dass Rogiers Grablegung in der Kapelle der Medici Villa in Careggi mit Verrochios Relief der Auferstehung Christi (heute Florenz, Bargello) zu einem Retabelensemble kombiniert war, ist indes schon angesichts der Größendifferenz der Werke angreifbar. In diesem Sinne Beverly Louise BROWN, Florence and the Netherlands. Florence and Paris. In: The Burlington Magazine 150 (2008), S. 639–641.

Flamen gegenüber einer aus der Zentralperspektive entwickelten Bildordnung. Deren gezielte Aushebelung, wie sie in der Grablegung zu beobachten ist, führt geradezu modellhaft vor, was ‚negativer Transfer' als Phänomen künstlerischen Austausches in der Praxis bedeuten kann.

Hält man sich schließlich vor Augen, dass Rogier auf seiner Italienreise nicht nur mit einzelnen Arbeiten Fra Angelicos, sondern mit einem weiten Spektrum an Kunstwerken konfrontiert gewesen sein muss – seien es nur Architektur und Ausstattung des von Michelozzo eben fertiggestellten Konvents von San Marco –, so ist es evident, dass er sich nicht nur der Ordnungsmacht der Zentralperspektive verschloss. Auch das augenfälligste Merkmal der Formensprache der Renaissance, ihr Dekor all'antica, fand keinerlei Resonanz in seinem Werk.

Rogiers Resistenz gegenüber den Prinzipien der Frührenaissancekunst wird umso deutlicher, wenn wir uns seinem französischen Zeitgenossen zuwenden. Jean Fouquet aus Tours hatte Rom eben verlassen, als Rogier dort eintraf. Im Unterschied zum Brüsseler Großmeister stand Fouquet noch am Beginn seiner Karriere, als er in den Süden reiste. Und er blieb auch länger dort als dieser, hielt sich vielleicht sogar an die fünf Jahre in Italien auf. Es muss Fouquet dort bald gelungen sein, die Aufmerksamkeit führender Kreise auf sich zu ziehen. Er arbeitete für den Papst ebenso wie wohl auch für die Este in Ferrara. Eugen IV., ein Sammler niederländischer Kunst, der sogar eine Tafel van Eycks sein Eigen nannte, erteilte dem jungen Franzosen seinen bedeutendsten frühen Auftrag: ein Bildnis des Pontifex, das leider verloren ist, dessen Wirkungsgeschichte aber die weitere Geschichte des Papstporträts bis zu Raffael und Tizian entscheidend mitprägen sollte. Fouquets Menschenbilder machten die Italiener mit einem neuen Anspruch der Lebensnähe vertraut, wie ihn das Wiener Porträt des estensischen Hofnarren Gonella offenbart, das Fouquet mehrheitlich zugeschrieben wird.[27]

Fouquet war aber beileibe nicht nur der Gebende. Er setzte sich seinerseits intensiv mit der Malerei der Frührenaissance auseinander. Auch für ihn war Fra Angelico entscheidende Bezugsgröße. Im Unterschied zu Rogier interessierte er sich aber nicht

---

27 Sandro LOMBARDI, Jean Fouquet. Florenz 1983; Claude SCHAEFER, Jean Fouquet. An der Schwelle der Renaissance. Dresden 1994, S. 24–37; Angela CIANFARINI, Consensus filaretiano per Jean Fouquet. Un fiorentino ed un oltremontano alla corte romana di Eugenio IV. In: Le due Rome del Quattrocento. Hg. von Sergio ROSSI/Stefano VALERI. Roma 1997, S. 213–224; Mark L. EVANS, Jean Fouquet and Italy. In: Illuminating the Book. Makers and Interpreters. Essays in Honour of Janet Backhouse. Hg. von Michelle P. BROWN/Scot MCKENDRIC. London 1998, S. 162–189; Fiorella Sricchia SANTORO, Jean Fouquet en Italie. In: Jean Fouquet. Peintre et enlumineur du XV$^{e}$ siècle. Ausstellungskatalog. Hg. von François AVRIL. Paris 2003, S. 50–63; John RICHARDS, Fouquet and the Trecento. In: Zeitschrift für Kunstgeschichte 70 (2007), S. 449–472; Samuel GRAS, Le voyage en Italie de Jean Fouquet et la réception du répertoire iconographique par deux de ses disciples. In: Le voyage en Italie au temps de la Renaissance. Hg. von Olfa ABROUGUI. Tunis 2014, S. 41–70. Eine kritische und differenzierte Sichtung der Fülle von der Forschung postulierter Zeugnisse von Fouquets Italienreise unternimmt jüngst Neville ROWLEY, Fouquet in Italien suchen. In: Jean FOUQUET, Das Diptychon von Melun. Ausstellungskatalog. Hg. von Stephan KEMPERDICK. Petersberg 2017, S. 50–59.

nur für die ikonographischen Konzepte des Malermönchs, sondern auch für dessen formale Lösungen. Die Werke, die Fouquet nach seiner Rückkehr schuf, spiegeln den Grad dieser Einlassung und gelten „als das wohl allererste Manifest der Renaissance des italienischen Quattrocento nördlich der Alpen".[28] Die Miniaturen des Stundenbuchs für Étienne Chevalier, den Schatzmeister der französischen Krone, geben das offenkundigste Zeugnis dieses Transfers.[29] Hier finden wir das, was wir bei Rogier vermissten, ein Aufgreifen des spezifischen Repertoires der Bildwelt der Renaissance, ihrer all'antica Architekturen ebenso wie ihrer perspektivischen Raumkonzepte.

**Abb. 5:** Jean Fouquet, Etienne Chevalier im Gebet vor Maria, Stundenbuch des Etienne Chevalier, Chantilly, Musée Condé, um 1450/60

Die doppelseitige Miniatur, die Étienne Chevalier vor dem Thron Mariens zeigt (Abb. 5), verdeutlicht, auf welch reflektierte Weise Fouquet die Kulissen der italienischen Renaissance einsetzte, mit dem Architekturvokabular der heimischen Gotik kombinierte und symbolisch differenzierte. Der Thronsaal Mariens, in dem der Stifter, sein heiliger Patron und die Engelschöre auftreten, ist als antikische Renaissancekulisse gegeben. Der Thron Mariens selbst dagegen hat die Form eines reichen goti-

28 Peter Kurmann, Renaissance im Vorraum des Himmels. Bemerkungen zu Jean Fouquets Architekturdarstellung. In: Kemperdick (Hg.), Fouquet (wie Anm. 27), S. 99–111, hier S. 100.
29 Avril (Hg.), Fouquet (wie Anm. 27), S. 193–206.

schen Kirchenportals. Eine Kontrastierung der Stile, die offenbar auf symbolische Steigerung abzielt. Den Marienthron in Anlehnung an die Eingangspforte eines Sakralraums zu gestalten, sollte diesen offenbar mit Bedeutung aufladen und gegenüber dem Renaissancesaal abheben.[30] Diese Strategie war dem Prinzip nach nicht neu.[31] Auf vergleichbare Weise hatten schon die Altniederländer der Vorgängergeneration, Jan van Eyck und der Meister von Flémalle, romanische und gotische Architektursprache gegeneinandergestellt, um über differente Settings Symbolebenen zu scheiden.[32] Neu ist jedoch, dass Fouquet nicht zwei zeitdifferente Stile derselben Kultursphäre miteinander konfrontierte, sondern zeitgleiche Stilhaltungen differenter Kultursphären – vertraute französische Spätgotik und die Renaissance Italiens.

Fouquet stellte sich auch den gestalterischen Bedingungen der italienischen Kunst, den konstruktiven Herausforderungen des perspektivischen Bildraums. Seine Ergebnisse auf diesem Feld weichen indes fundamental von der Praxis seiner südlichen Landsleute ab – eine Tatsache, die die Forschung beständig vor ein Rätsel stellte. Zwar entsprechen Fouquets Raumbilder den Bedingungen der Perspektive insoweit, als die Tiefenlinien (Orthogonalen) auf Fluchtpunkte hin konvergieren. Dass es sich dennoch verbietet, durchgängig von konsistenten zentralperspektivischen Bildern zu sprechen, hat nicht nur mit der mangelnden Systematik und Einheitlichkeit der Fluchtungen zu tun. In manchen seiner Werke erwächst ein entschieden empfindlicherer Widerspruch zu den Grundsätzen der Zentralperspektive aus der Setzung der Transversalen. Diese verlaufen zuweilen nicht als Gerade, sondern in Kurven. Im

---

**30** Für die unterschiedliche Deutung des architektonischen Settings sei stellvertretend auf die jüngste Publikation zu Fouquet verwiesen. KURMANN, Renaissance (wie Anm. 28), S. 101, 106, spricht von dem „Vorhof des ewigen Paradieses. Aber das gotische Portal, das im Stundenbuch dorthin führt ist noch verschlossen". Das Kirchenportal mache Maria zu einer Art „Kirchenmadonna". Durch die Ersetzung von Tympanon und Türen des Portals durch eine Nische in Renaissanceformen verringere sich die Distanz zum Raum des Stifters und verbinde sich das traditionelle Bild der Kirche mit dem neuartigen „Wunder" der antikischen Baukunst. Dagegen geht Eberhard KÖNIG, Étienne Chevalier als Auftraggeber Jean Fouquets. In: KEMPERDICK (Hg.), Fouquet (wie Anm. 27), S. 61–69, hier S. 62, angesichts der Putten, die am Kranzgesims das Monogramm des Étienne Chevalier vorweisen, davon aus, dass „nicht der Auftraggeber, sondern die Jungfrau Maria … hier zu Gast [sei]." Dennoch deutet er das Portal des Marienthrons als ‚Porta clausa', d.h. als Symbol der Jungfräulichkeit Mariens.

**31** Grundsätzlich zu Genese und Bedeutungsgehalt des Portalmotivs im 15. Jahrhundert: Karl M. BIRKMEYER, The Arch Motif in Netherlandish Painting of the Fifteenth Century. In: The Art Bulletin 43 (1961), S. 1–20, 99–112.

**32** Werner KÖRTE, Die Wiederaufnahme romanischer Bauformen in der niederländischen und deutschen Malerei des 15. und 16. Jahrhunderts. Wolfenbüttel 1930; Stephan HOPPE, Architekturstil und Zeitbewußtsein in der Malerei Stefan Lochners. Verwendung und Vorbilder. In: Hörsaal, Amt und Marktplatz. Forschung und Denkmalpflege im Rheinland. Festschrift für Udo Mainzer zum 60. Geburtstag. Hg. von Claudia EUSKIRCHEN u. a. Regensburg 2005, S. 57–70; Stephan HOPPE, Die Antike des Jan van Eyck. Architektonische Fiktion und Empirie im Umkreis des burgundischen Hofs um 1435. In: Persistenz und Rezeption. Weiterverwendung. Wiederverwendung und Neuinterpretation antiker Werke im Mittelalter. Hg. von Dietrich BOSCHUNG/Susanne WITTEKIND. Wiesbaden 2008, S. 351–394, Alexander NAGEL/Christopher S. WOOD, Anachronic Renaissance. New York 2010, S. 147–149.

Stundenbuch für Étienne Chevalier ist das Phänomen nicht nur am Fliesenboden der genannten Doppelminiatur, sondern, anschaulicher, in der Verkündigungs-Miniatur (Abb. 6) an der Krümmung des Bodens und der Biegung der Deckenbacken ablesbar.

**Abb. 6:** Jean Fouquet, Verkündigung des Todes Mariens, Stundenbuch des Etienne Chevalier, Chantilly, Musée Condé, um 1452/60

Noch aussagekräftiger tritt es uns in Miniaturen der etwas späteren ‚Grandes Chroniques de France' (Abb. 7) entgegen.[33]

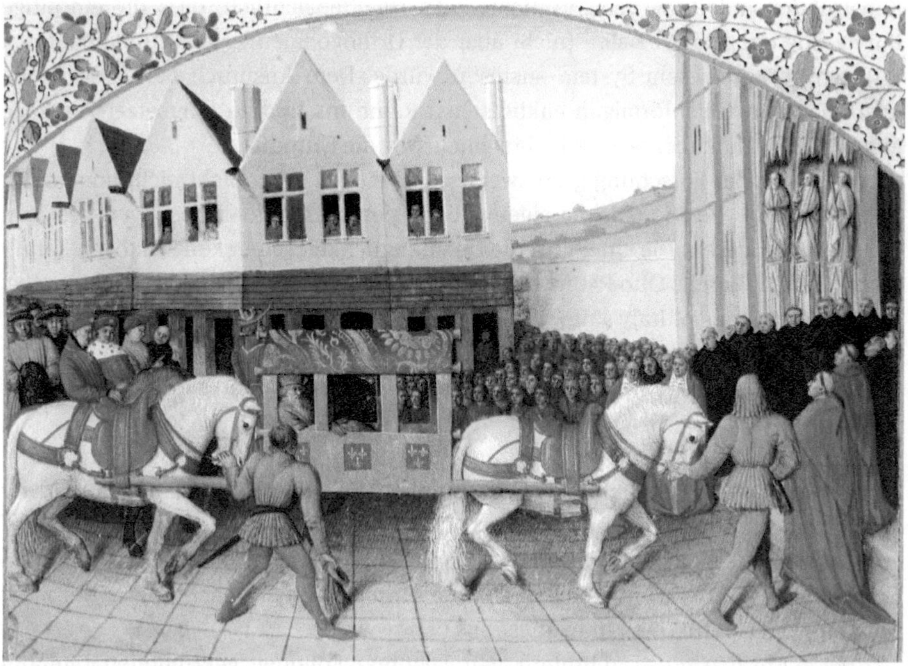

**Abb. 7:** Jean Fouquet, Die Ankunft Karl IV. in Saint-Denis, ‚Grandes Chroniques de France', Paris, Bibliothèque nationale de France, Français 6465, fol. 442, um 1460

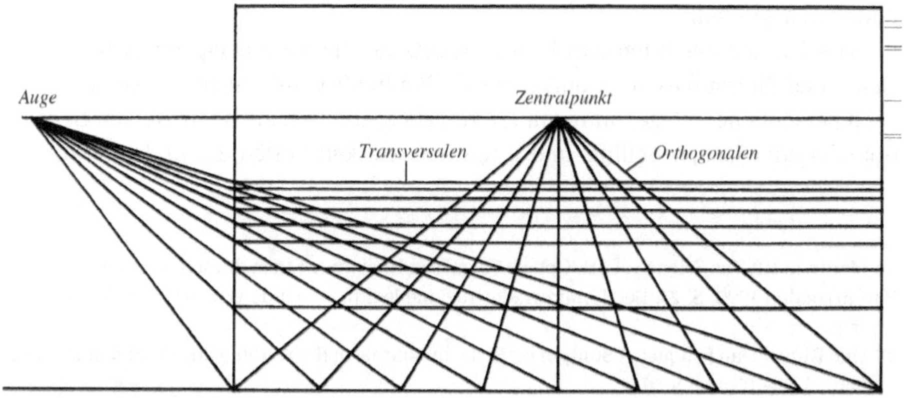


**Abb. 8:** ‚Costruzione legittima', nach Leon Battista Alberti, De Pictura, 1435

33 Avril (Hg.), Fouquet (wie Anm. 27), S. 219–248.

Um den Kontrast zum perspektivischen Strukturprinzip der Renaissance zu illustrieren, gilt es sich die ‚Costruzione legittima' (Abb. 8) vor Augen zu führen, das Modell des perspektivisch verkürzten Quadratrasters, für das Leon Battista Alberti die erste Konstruktionsanleitung verschriftlichte.[34] Es ist offensichtlich, dass die einseitige Kurvierung der Transversalen (nicht aber der Orthogonalen!) einen fundamentalen Widerspruch in diesem System auslösen würde. Dem Anspruch der ‚Costruzione legittima', den gleichförmigen euklidischen Raum ins Bild zu übersetzen, entzöge eine derartige immanente Paradoxie schlichtweg die Grundlage.

Es gibt in der Forschung grob zwei – in differenzierterer Sicht nicht immer klar zu trennende – Positionen, die eigenwilligen perspektivischen Lösungen des Jean Fouquet zu erklären. Die eine führt die Unzulänglichkeit seiner konstruktiven Kenntnisse ins Feld. Bereits Otto Pächt argumentierte: „apparently he did not acquire *theoretical* knowledge of Italy's new scientific methods, for his pictures do not conform even to the elementary law of the one and only vanishing point."[35] In jüngerer Zeit qualifizierte Joseph A. Dane derartige Krümmungen von Linienrastern als „accidents of construction".[36]

Die Gegenposition, wie sie von John White oder Martin Kemp vertreten wurde, bemisst Fouquet in diesem Punkt nicht an Italien. Seine Lösungen hätten dort weder theoretische noch praktische Wurzeln, sondern seien als „most personal inventions"[37] zu bewerten, die sich einerseits aus Fouquets Herkommen aus der frankoflämischen Buchmalerei nährten, andererseits aus der empirischen Beobachtung: „(he) must have devoted careful thought to questions of how we see".[38]

Beide Ansätze gilt es zu hinterfragen. Legt man Fouquets gekrümmten Raumbildern die Norm der italienischen Renaissance zugrunde, wird man sie als unzulänglich disqualifizieren aber ihrem eigenständigen Anspruch nicht gerecht werden. Grenzt man sie umgekehrt von diesem Bezugspunkt ab, so negiert man die Möglichkeit, sie als Ergebnisse der aktiven Auseinandersetzung mit dem Regelwerk des italienischen Bildes zu begreifen.

Das Faktum des Interesses Jean Fouquets für die neue perspektivische Organisation des Bildraumes steht außer Frage. Glaubhaft wurde nicht nur seine – wohl auch persönliche – Begegnung mit Fra Angelico, sondern auch mit Werken Benozzo Gozzolis oder Jacopo Bellinis und ihren trecentesken Vorläufern und sein Kontakt

---

34 Martin Kemp, The Science of Art. Optical Themes in Western Art from Brunelleschi to Seurat. New Haven/London 1990, S. 23. Der Terminus ‚Costruzione legittima' wurde erst 1625 von Pietro Accolti geprägt.

35 Otto Pächt, Jean Fouquet. A Study of his Style. In: Journal of the Warburg and Courtauld Institutes 4 (1940), S. 85–102, hier S. 91.

36 Joseph A. Dane, Linear Perspective and the Obliquities of Reception. In: Reading Medieval Culture. Essays in Honor of Robert W. Hanning, Notre Dame 2005, S. 428–453, hier S. 444.

37 John White, The Birth and Rebirth of Pictorial Space. London 3. Aufl. 1987, S. 231.

38 Kemp, Science (wie Anm. 34), S. 246.

zu einem der frühen Theoretiker der Perspektive, Antonio Filarete, belegt.[39] Wenn seine Konstruktionen in einen geradezu ostentativen Widerspruch zum perspektivischen Regelwerk geraten, das diese Künstler vertraten, so wird man folglich nicht von „accidents of construction" sprechen können. Nicht zuletzt auch deshalb nicht, weil Fouquet seine Mittel kontextbezogen einsetzte – er neben kurvierten Bodenrastern durchaus auch solche aus geraden Linien verwendete, wie sie der italienischen Konvention entsprachen.[40]

Hinter Fouquets Entwicklung einer kurvierten Perspektive muss folglich eine spezifische anwendungsbezogene Absicht gestanden haben. Er wird wohl kaum gegen das Postulat des Euklidischen Raumes angetreten oder über Raumkrümmung reflektiert haben. Viel eher reagierte er auf einen Umstand, den später auch Leonardo als Einengung begreifen wird, nämlich die mangelnde Eignung des zentralperspektivischen Systems, Momente von Zeit und Bewegung zu erfassen.[41] Und in der Tat belegen die genannten Anwendungsbeispiele, dass Fouquet durch die Kurvierung der Linien einen besonderen Effekt räumlicher Dynamisierung erzielte. Besonders augenfälliges Beispiel dafür gibt die Szene der Ankunft Karl IV. in Saint-Denis in den ‚Grandes Chroniques de France' (Abb. 7). Der Eindruck, das kaiserliche Gefolge würde in abrollender Bewegung am Auge des Betrachters vorbeiziehen, wird durch den nach vorne gebogenen Bodenraster entscheidend gefördert. Mit der streng bildparallelen Transversalführung der ‚Costruzione legittima' (Abb. 8) hätte sich diese räumliche Dynamik so nicht erzeugen lassen.

John White hat zwar durchaus mit Recht darauf hingewiesen, dass dieser Kunstgriff nicht voraussetzungslos war, sondern sich in ihm die Verwurzelung Fouquets in der Tradition der frankoflämischen Buchmalerei äußere.[42] Schon die Brüder Limburg hatten bildparallelen Figurenaufzügen gekrümmte Wegeführungen unterlegt, um die Wirkung räumlicher Handlungsabläufe zu erzielen. Indes erklärt diese Vorprägung zwar den Anspruch, mit dem Fouquet an das perspektivische Raumbild Italiens herantrat, nicht aber das Ergebnis seiner Auseinandersetzung. Wenn er dem perspektivischen Rasterboden, wie er ihm in italienischen Werken vor Augen stand, mit einer kurvilinearen Variante begegnete, so stellte er damit nicht Unverständnis unter Beweis. Man wird hinter dem augenfälligen Widerspruch vielmehr eine spezifische Negation der strukturellen Logik des zentralperspektivischen Konzepts erkennen müssen, in der sich Reflexion ebenso wie Kritik dokumentieren. Denn Fouquet lieferte eine Alternative und eröffnete eine über die Möglichkeit der Renaissancepers-

39 Siehe Anm. 27.

40 Wenig überzeugend ist die Position von Kirsti Andersen, die von dieser Parallelität der Modi auf mangelnde theoretische Reflexion schließt und in der kurvilinearen Gestaltung schlicht eine ästhetische Vorliebe von Jean Fouquet sieht. Kirsti Andersen, The Geometry of an Art. The History of the Mathematical Theory of Perspective from Alberti to Monge. New York 2007, S. 108.

41 Frank Fehrenbach, Der oszillierende Blick. Sfumato und die Optik des späten Leonardo. In: Zeitschrift für Kunstgeschichte 65/4 (2002), S. 522–544.

42 White, Birth (wie Anm. 37), S. 225–231.

pektive hinausgehende Dynamisierung des Bildraumes – mag sich diese für italienische Augen auch noch so paradox ausgenommen haben.

Systemkritik an der Zentralperspektive war dem Südtiroler Zeitgenossen, der uns als dritter Zeuge dient, sicher fremd. Michael Pacher aus Bruneck brach um 1460 – wie Fouquet als junger Mann – nach Italien auf. Padua, das zentrale Ziel seiner Reise, war schon für vorangegangene Generationen Tiroler Künstler ein Tor zur Kunst Italiens gewesen. Mitte des 15. Jahrhunderts hatte sich die Stadt des heiligen Antonius als oberitalienischer Brückenkopf der Frührenaissance etabliert. Die Pioniere der Florentiner ‚ars nova', Filippo Lippi, Paolo Ucello, Donatello, hatten hier gearbeitet und die regionale Kunstproduktion entscheidend beeinflusst.

Es gibt solide Indizien dafür, dass Pacher in Padua Anschluss an die große Werkstatt des Francesco Squarcione fand. In dieser *bottega*, die sich bald *studium* nannte und die im Ansatz schon Momente neuzeitlicher Akademien vorwegnahm, wurden junge Künstler in großer Zahl ausgebildet; darunter Andrea Mantegna, Nicolò Pizzolo, Giorgio Schiavone, Marco Zoppo oder Carlo Crivelli. Squarcione hatte eine umfangreiche Sammlung an antiken Skulpturen, Abgüssen, Münzen und auch an Arbeiten zeitgenössischer Künstler angelegt, die den *discipuli* als Studienobjekte dienen sollten. Pacher muss sich in diesem Milieu eine Gelegenheit geboten haben, die sich ein halbes Jahrhundert später Albrecht Dürer lange vergeblich herbeiwünschen sollte, nämlich jemanden zu finden, der ihn in die Praxis der Perspektive und ihre technischen Hintergründe einwies. Das besondere Talent des jungen Südtirolers für das konstruktive Verfahren, seine „Urbegabung" (Joseph Harnest),[43] tat ein Übriges, ihn zu einem Pionier der Zentralperspektive werden zu lassen. Er sollte sich die neue Bildtechnik der Renaissance wie kein anderer Künstler außerhalb Italiens zu Eigen machen und Zug um Zug immer komplexere und perfektere Illusionsräume daraus kreieren (Abb. 11).[44]

Nur wenige Jahre bevor Pacher in Padua eintraf, hatte Andrea Mantegna die Fresken der Ovetarikapelle der Eremitanikirche fertiggestellt. Squarciones Meisterschüler und Adoptivsohn hatte dort die Möglichkeiten vor Augen geführt, die die Zentralperspektive für neue Strategien der Bilderzählung eröffnete. Die Forschung erkannte in der Begegnung Pachers mit diesen Bildern zurecht ein Schlüsselerlebnis und trug eine Fülle an Indizien zusammen, um die Tragweite seines Padua-Aufenthalts zu belegen.[45] Dabei geriet indes erstaunlicherweise die Tatsache weitgehend

43 Joseph Harnest, Das Problem der konstruierten Perspektive in der altdeutschen Malerei (techn. Diss.). München 1971, S. 45.

44 Lukas Madersbacher, Michael Pacher. Zwischen Zeiten und Räumen. München/Berlin 2015, S. 55–63.

45 Mark Evans, Approbriation and Application. The Significance of the Sources of Michael Pachers's Altarpieces. In: The Altarpiece in the Renaissance. Hg. von Peter Humfrey/Martin Kemp. Cambridge 1990, S. 106–128; Ulrich Söding, Der Hochaltar von St. Lorenzen und die Anfänge Michael Pachers. In: Mitteilungen der Gesellschaft für vergleichende Kunstforschung in Wien 45/1 (1993), S. 1–7; Artur Rosenauer, Michael Pacher und Italien. Beobachtungen zu einigen seiner Bildkompositionen. In:

außer Acht, dass Pacher seinem Vorbild nicht nur Folge leistete, sondern ihm diese Gefolgschaft gleichzeitig auch auf ziemlich rigorose Weise verweigerte.

Um dies zu illustrieren, soll eine Gegenüberstellung dienen, die gerne und mit Recht gewählt wird, um Pachers Mantegna-Rezeption schlagend unter Beweis zu stellen: Die Szene der ‚Verteilung des Kirchenschatzes' (Abb. 10) von Pachers erstem Retabel, das er bald nach seiner Heimkehr für die Pfarrkirche von Sankt Lorenzen bei Bruneck schuf, ist ohne Zweifel direkt von Mantegnas ‚Taufe des Hermogenes' (Abb. 9) in der Ovetarikapelle inspiriert.

**Abb. 9:** Andrea Mantegna, Der hl. Jakobus tauft Hermogenes, Padua, Eremitanikirche, Ovetarikapelle, um 1450/54

Wiener Jahrbuch für Kunstgeschichte 50 (1997), S. 119–130; vgl. auch die Überblicke zur Forschungsgeschichte von Silvia SPADA-PINTARELLI, Fortuna critica. Michael Pacher in der italienischsprachigen Literatur. In: Michael Pacher und sein Kreis. Ein Tiroler Künstler der europäischen Spätgotik 1498–1998. Ausstellungskatalog. Bozen/Lana 1998, S. 81–89; Cornelia PLIEGER, Fortuna critica. Michael Pacher in der deutschsprachigen Literatur. In: Ebd., S. 90–96.

**Abb. 10:** Michael Pacher, Verteilung des Kirchenschatzes, Altar von Sankt Lorenzen, München, Alte Pinakothek, um 1465; Foto: Lukas Madersbacher

Der Schauplatz der Arkadenflucht, die auf einen Rundbogen zuführt, stimmt dem Prinzip nach ebenso überein, wie die Figurenregie. Zwar zeigte sich die Forschung nicht nur dieses offenkundigen Zusammenhangs, sondern durchaus auch der Tatsache bewusst, dass Pacher sein Vorbild auch modifizierte.[46] Der radikalste Schritt seiner Adaptierung blieb indes außer Acht. Pacher unterzog das Renaissance-Setting einer Stilbereinigung, die eine Auslöschung des gesamten Motivvokabulars der Antike zugunsten gotischer Architekturformen zur Folge hatte: Aus der klassischen

46 Artur Rosenauer, Zur Frage der europäischen Bedeutung Michael Pachers. In: Ausstellungskatalog Pacher (wie Anm. 45), S. 37–47, hier S. 40.

Pfeilerstellung wurde eine spitzbogige Arkade, kein Element des reichen antikischen Dekors erfuhr Übernahme.[47]

Diese Transformation stellt einen durchaus bemerkenswerten Vorgang der Auseinandersetzung dar. Zumal wir von einem Künstler sprechen, der sich den Bildprinzipen der italienischen Renaissance mit äußerstem Interesse und tiefgehendem Verständnis zuwandte und der sich zudem gerade Andrea Mantegna zum Vorbild nahm, der wie kaum einer seiner Zeitgenossen darauf abzielte, die Welt der Antike in seinen Bildern wiedererstehen zu lassen. Dass Pacher eben diese all'antica Formenwelt der Renaissance sein ganzes Werk hindurch konsequent vermeiden sollte,[48] bedeutete nicht zuletzt auch eine zusätzliche konstruktive Herausforderung. Ist doch die gotische Architektur, auf der er beharrte, – v.a. die komplexen zeitgemäßen Wölbungsformen, die er in seinen späteren Werken aufgriff –, perspektivisch erheblich schwieriger zu erfassen als Architekturformen der Renaissance. Und so gerieten denn auch Pachers Konstruktionen zum Anspruchsvollsten, das es in der Zeit gab (Abb. 11).

Diese Kluft zwischen totaler Aneignung des Strukturprinzips des Renaissancebildes und rigoroser Resistenz gegenüber dem Formengut der Renaissance ist erklärungsbedürftig, zumal sich eine vergleichbar selektive Rezeption für keinen anderen Italienfahrer des 15. Jahrhunderts nachweisen lässt. Selbst die Künstler aus Pachers unmittelbarem Umkreis, die sich ebenfalls in Oberitalien schulten, hielten es anders und nahmen bereitwillig Versatzstücke der Renaissancearchitektur – Muschelkonchen, venezianische Kamine oder kassettierte Tonnengewölbe – in ihre Bilder auf.[49] Wenn Pacher auf derartige Anleihen verzichtete und architektonische Settings konsequent in die Sprache heimischer Gotik kleidete, so muss ihn ein klares Kalkül geleitet haben.

Man darf dem „halb italienischen" (Erwin PANOFSKY)[50] Künstler wohl kaum eine ablehnende Haltung gegenüber dem Formengut der Renaissance unterstellen. Es fehlt jeder Anhaltspunkt für eine ideologisch motivierte antiitalienische Intention, wie sie ein halbes Jahrhundert später dem ‚Nationalismus' des deutschen Humanismus erwachsen wird.[51] Man wird in der Angleichung der Bildschauplätze an die

47 MADERSBACHER, Pacher (wie Anm. 44), S. 114.

48 Nur an einer der Flügeltafeln von Pachers Laurentiusretabel, der in der Zuschreibung umstrittenen Szene des Todes Mariens, heute in der Prager Nationalgalerie, sind im Hintergrund Architekturmotive mit Anklängen an die Renaissance zu sehen. Da diese frühe Stilallusion im gesamten Œuvre eine isolierte Ausnahme bleibt, darf sie als Zeugnis einer noch im Werden befindlichen Konzeptfindung gewertet werden. MADERSBACHER, Pacher (wie Anm. 44), S. 129.

49 Vgl. z.B. den Katharinenaltar Friedrich Pachers im Augustiner-Chorherrenstift Neustift und die Szene der Dornenkrönung vom späten Marienaltar des Meisters von Uttenheim im Museum Hofburg in Brixen. Ausstellungskatalog Pacher (wie Anm. 45), Kat.-Nrn. 39 und 20.

50 Erwin PANOFSKY, Die Perspektive als „symbolische Form". In: Vorträge der Bibliothek Warburg 1924/25. Berlin 1927, S. 258–330, hier S. 307.

51 Michael BAXANDALL, The Limewood Sculptors of Renaissance Germany. New Haven/London 1980, S. 135–142; Andrew MORRALL, The ‚Deutsch' and the ‚Welsch'. Jörg Breu the Elders Sketch for the Story of Lucretia and the Uses of Classicism in Sixteenth Century Germany. In: Drawing 1400–1600. Inven-

tion and Innovation. Hg. von Stuart CURRIE. Aldershot/Vermont 1998, S. 109–131; Larry SILVER, German Patriotism in the Age of Dürer. In: Dürer and his Culture. Hg. von Dagmar EICHBERGER/Charles ZIKA. Cambridge 1998, S. 38–68; Jürgen MÜLLER, Italienverehrung als Italienverachtung. Hans Sebald Behams „Jungbrunnen" von 1536 und die italienische Kunst der Renaissance. In: Bild-Geschichte. Festschrift für Horst Bredekamp. Hg. von Philine HELAS u.a. Berlin 2007, S. 309–318; Maurice SASS, Ungleicher Wettkampf. Nationalkodierende und regionalspezifische Bewertungsmaßstäbe im transalpinen Kulturaustausch. In: Aemulatio. Kulturen des Wettstreits in Text und Bild (1450–1620). Hg. von Jan-Dirk MÜLLER/Ulrich PFISTERER. München 2011, S. 75–133.

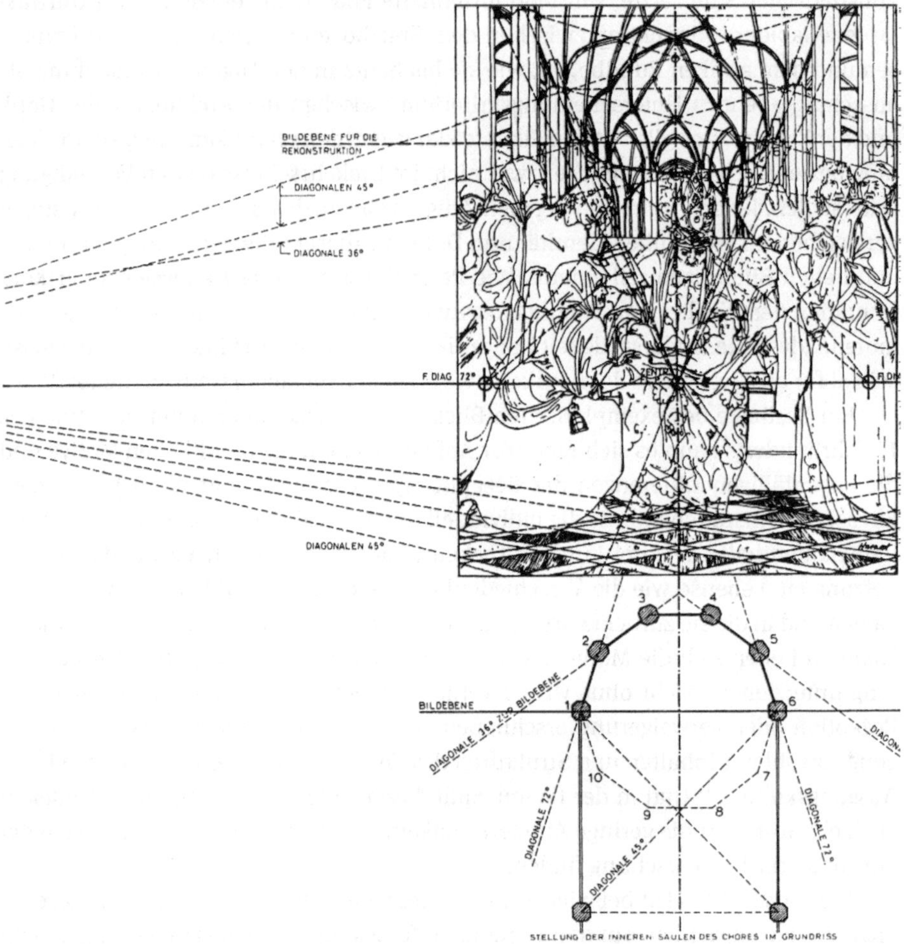


**Abb. 11a/b:** Michael Pacher, Beschneidung Christi, Altar von Sankt Wolfgang, Sankt Wolfgang am Wolfgangsee, Pfarrkirche, 1475/81 und perspektivische Konstruktion nach Harnest (wie Anm. 43), S. 45

heimische Erfahrungswirklichkeit des Betrachters wohl eher dieselbe rezeptionsästhetische Strategie erkennen müssen, der auch Pachers kühne, das Auge ins Bild ziehenden Perspektiven dienen. Die Suggestion der Teilhabe des Betrachters sollte wohl durch fremdartige all'antica Architekturkulissen nicht gestört und der beabsichtigte Zweck, die Wirkung von Heilsgeschichte im vertrauten Kontext des Hier und Heute zu thematisieren, nicht unterlaufen werden. Auch wenn sich die Ausschaltung des Renaissancevokabulars dergestalt aus der inhaltlichen Bildfunktion begründen ließe, gewinnt sie doch vor dem Hintergrund der italienischen Kunsttheorie Bedeutung, die gleichzeitig erste Schritte einer systematischen Differenzierung der Eigenarten künstlerischer Stile setzte. Um 1460 formulierte Filarete in seinem Architekturtraktat jene lapidare Distinktion zwischen dem Spitzbogen der Deutschen und Franzosen und dem antiken Rundbogen, wie sie bis heute in der Allgemeinvorstellung als ausschlaggebendes Unterscheidungskriterium zwischen der Architektur der Gotik und der Renaissance gilt.[52] Wenn Filarete klar gegen den unantiken „arco acuto" Stellung bezieht, so darf man Pacher zwar nicht im Umkehrschluss dessen Verteidigung unterstellen. Jedoch legt sein Vorgehen Zeugnis davon ab, dass er in einer prinzipiell vergleichbaren Weise über Identität und Differenz dieser Stilerscheinungen und ihre kulturellen Bindungen reflektierte. Wie Peter KURMANN jüngst angesichts der Konfrontation der Stile bei Jean Fouquet formulierte, darf man auch im Falle Pachers vermuten, „dass die Andersartigkeit der antikischen Architektur Italiens das Bewusstsein ... für das Besondere der nördlich der Alpen beheimateten Gotik vertiefte".[53]

Ein Resümee des exemplarischen Blicks auf die drei Italienfahrer der Mitte des 15. Jahrhunderts kann es sich nicht zur Aufgabe stellen, die inhaltlichen Motive und die augenfälligen Differenzen der Rezeptionsprozesse tiefergehend zu begründen. Ein solcher Anspruch müsste die individuell unterschiedlichen Voraussetzungen der Italienaufenthalte der drei Künstler (Lebensaltar, Karriereprofil, Verweildauer, Vernetzung etc.) ebenso wie die Verschiedenheit der kulturellen Milieus, aus denen sie kamen und in die sie zurückkehrten, in Rechnung stellen. Erst in Verknüpfung dieser Faktoren ließen sich die Motive ‚negativer Rezeption' einer vergleichenden Beurteilung unterziehen. Nicht ohne Grund vermerkt LÜSEBRINK: „Phänomene der Nicht-Rezeption oder Verweigerung erschließen sich erst bei intensiver Auseinandersetzung sowohl mit Inhalten und Strukturen des Kulturtransfers selbst als auch mit der Ausgangskultur."[54] Und in der Komplexität dieser Anforderung liegt denn vielleicht auch ein Grund für die geringe Aufmerksamkeit, die Phänomene der Resistenz in der kunsthistorischen Forschung finden.

Die vorgestellten Fallbeispiele sollten indes veranschaulicht haben, dass Rezeptionsvorgänge tatsächlich nur dann adäquat erfasst sind, wenn die Fragestellung nicht einseitig auf Prozesse der Aneignung abzielt, sondern auch die Brüche, die Motive von Distanzierung, Negation und Blockierung, in den Blick genommen werden. Rogier van der Weydens ebenso subtile wie effektive Antithese auf die Komposition Fra Angelicos, Jean Fouquets eigenwillige Gegenposition zur Systematik der Zentralperspektive und Michael Pachers Ausfilterung der Formenwelt der Renaissance repräsentieren zwar sehr unterschiedliche Reaktionen. Doch legen alle Fälle nicht nur Zeugnis für die kreative Potenz interkultureller Rezeptionsprozesse ab. Die substanziellen Adaptierungen der vorbildhaften Bildkonzepte lassen sich in den signifikan-

---

52 Markus BRANDIS, La maniera tedesca. Eine Studie zum historischen Verständnis der Gotik im Italien der Renaissance in Geschichtsschreibung, Kunsttheorie und Baupraxis. Weimar 2002, S. 121; Ulrich PFISTERER, Donatello und die Entdeckung der Stile 1430–1445. München 2002, S. 85f.

53 KURMANN, Renaissance (wie Anm. 28), S. 104

54 LÜSEBRINK, Kommunikation (wie Anm. 7), S. 155.

ten Punkten nur aus Kalkülen der Negation heraus verstehen. Wobei es entscheidend ist, festzuhalten, dass der Hebel stets an den distinktiven Faktoren des Renaissancebildes angesetzt wurde; an dessen perspektivischer Systematik und an dessen antiker Erscheinungsform. Auf diese Weise dokumentieren die Lösungen eine Auseinandersetzung mit der spezifischen Identität der Kunst des italienischen Quattrocento. Und die gesetzten Schritte der Distanzierung und der Formulierung alternativer Konzepte verdeutlichen auch, dass diese Auseinandersetzungen als konkrete Reflexionen über kulturelle Differenz verstanden werden muss. Eben darin liegt die signifikante Aussagekraft der Phänomene ‚negativen Kulturtransfers'. Dass derartige Formen der Rezeption, die auf fremdkulturelle Impulse mit produktivem Widerspruch antworten, erhebliches Erkenntnispotential gerade für künstlerische Austauschprozesse bergen, sollte eigentlich zu erwarten sein.

Dag Nikolaus Hasse

# Andrea Alpago in Damaskus

## Politik und Philosophie um 1517[1]

Dieser Vortrag wurde im Jahr 2017 gehalten, im 500. Jubiläum des Jahres 1517, das durch den Thesenanschlag in Wittenberg berühmt geworden ist. Weniger bekannt ist, dass 1517 auch das Jahr der osmanischen Eroberung Ägyptens war. Diese Eroberung bedeutete nicht nur das Ende des über 250 Jahre alten Mamlukenreiches in Ägypten und Syrien und den Beginn von 400 Jahren osmanischer Herrschaft im Nahen Osten, sondern hatte auch weitreichende Folgen für die Kolonialgeschichte des Indischen Ozeans: Die Portugiesen verloren mit dem mamlukischen Sultan den letzten großen Gegner ihrer Expansion im Indischen Ozean und dominierten von nun an den ökonomisch so wichtigen Gewürzhandel auf der maritimen Seidenstraße. Die neuen Seerouten führten um das Kap der Guten Hoffnung nach Lissabon unter Umgehung des von Venedig beherrschten Levantehandels. Das Jahr 1517 markiert damit auch den Anfang vom Ende der Handels- und Kolonialmacht Venedig im östlichen Mittelmeerraum.

Ein besonders aufschlussreicher Zeuge dieser Machtverschiebungen war Andrea Alpago, venezianischer Arzt am Konsulat von Damaskus, Übersetzer aus dem Arabischen, Avicenna-Experte, Handschriftenjäger, politisch und ökonomisch interessierter Intellektueller. Aufschlussreich deshalb, weil Andrea Alpago in doppelter Weise zwischen Ost und West stand: politisch-ökonomisch, als Verfasser von Briefen, in denen er die venezianische Obrigkeit über die neuesten Entwicklungen im Nahen und Mittleren Osten informierte, und wissenschaftlich, als Avicenna-Übersetzer und Verfasser von philosophischen, medizinischen und botanischen Schriften. Er hatte Zugriff auf Informationen von großer räumlicher Reichweite bis nach Persien, Indien und Malakka, und auf wissenschaftliche Schriften auf Arabisch, die im lateinischsprachigen Europa unbekannt waren. Im Folgenden wird der Versuch unternommen, Andrea Alpago, ein sehr frühes Beispiel eines europäischen Wissenschaftler-Diplomaten im Nahen Osten, doppelt zwischen Ost und West einzuordnen: als politischen Beobachter anhand seines letzten erhaltenen Briefes nach Venedig vom April 1514 und als philosophischen Schriftsteller anhand seines Kommentars zu Avicennas ‚Opferfest-Schrift über das jenseitige Leben'. Ich beginne mit den Nachrichten, die wir über seine Biographie und seine Lebensumstände in Damaskus besitzen,[2] um mich anschließend den beiden Texten zuzuwenden.

1 Ich danke Diego d'Angelo, Stefan Georges, Roberta Guzzetti, Malyn Newitt und Michela Summa für Ratschläge und Hilfe.

2 Unser gegenwärtiges Wissen über Andrea Alpago basiert ganz wesentlich auf den Archivstudien von Francesca LUCCHETTA, Il medico e filosofo bellunese Andrea Alpago († 1522) traduttore di Avi-

https://doi.org/10.1515/9783110740509-003

## 1 Damaskus

Andrea Alpago wurde in der Mitte des 15. Jahrhunderts, vermutlich kurz vor 1452, in Belluno geboren; sein genaues Geburtsdatum ist unbekannt. Belluno, nördlich von Venedig in den südlichen Ausläufern der Alpen gelegen, stand seit Anfang des 15. Jahrhunderts unter der Herrschaft von Venedig. Die Familie Alpago gehörte zur Adelsschicht der Stadt. Am 12. Mai 1472 wurde Andrea Alpago in das Consiglio dei Nobili seiner Geburtsstadt aufgenommen, vermutlich kurz nach Erreichen des Mindestalters von 20 Jahren. Am 30. Juli 1481 wurde er zum *examen in artibus* an der Universität Padua zugelassen, das er wenige Tage später, am 3. August 1481, bestand: in Anwesenheit von 32 *doctores* der Artes-Fakultät, unter ihnen der berühmte Averroist Nicoletto Vernia.

Padua war die einzige Universitätsstadt im venezianischen Hoheitsgebiet. Die 1470er bis 1490er Jahre sind die Zeit der Hochrenaissance, insbesondere in Florenz. Aber in diesen Jahrzehnten, und dann über weite Strecken des 16. Jahrhunderts, war Padua, nicht Florenz, die heimliche intellektuelle Hauptstadt Europas: die größte Universität ihrer Zeit, ein intellektuelles Zentrum mit großer Anziehungs- und Ausstrahlungskraft, Studienort für viele Ausländer wie Nikolaus Kopernikus. In Padua ausgebildete Philosophen und Mediziner fanden sich überall in Italien, aber auch in England, Flandern, Frankreich oder Deutschland.[3]

Mit Padua war Andrea Alpagos Leben eng verbunden. Zunächst, nach seinem Magister in den Artes 1481, wandte er sich dem Medizinstudium zu, das er mit dem Doktorgrad abschloss, vermutlich in Padua. 1487 kam es zur entscheidenden Wendung in seinem Leben: Er verließ Padua und Venedig, um das Amt des Arztes beim venezianischen Konsul in Damaskus anzutreten. Erst im Jahr 1517, nach 30 Jahren, verließ Alpago Damaskus wieder, lebte drei Jahre im venezianischen Zypern, um im Dezember 1520 endgültig nach Italien zurückzukehren.

Venezianische Konsuln, wie auch pisanische oder genuesische, gab es im späten Mittelalter in vielen großen Handelsstädten der islamischen Welt: in Syrien nicht nur in Damaskus, sondern auch in Aleppo, Beirut und Tripolis, wobei der Konsul von Damaskus der bedeutendste war und auch für die anderen Konsuln in Syrien handeln konnte. Die früheste Nachricht über einen venezianischen Konsul in Damas-

cenna. Padua 1964. Siehe außerdem: Marie-Thérèse d'Alverny, Avicenne et les médecins de Venise. In: Medioevo e Rinascimento. Studi in onore di Bruno Nardi. Florenz 1955, S. 177–198; Dies., Andrea Alpago, interprète et commentateur d'Avicenne. In: Aristotelismo padovano. Atti del XII congresso internazionale di Filosofia. Florenz 1960, S. 1–6. Diese Aufsätze sind nachgedruckt in: Dies., Avicenne en occident: Recueil d'articles de Marie-Thérèse d'Alverny réunis en hommage à l'auteur. Paris 1993; siehe auch die in den Fußnoten 21 und 43 zitierten Studien von Raphaela Veit; zu Alpagos Übersetzungen siehe Dag Nikolaus Hasse, Success and Suppression. Arabic Sciences and Philosophy in the Renaissance. Cambridge MA 2016 (I Tatti Studies in Italian Renaissance History), S. 72 und 96–115.

3 Paul F. Grendler, The Universities of the Italian Renaissance. Baltimore/London 2002, S. 36–40. Jonathan Woolfson, Padua and the Tudors: English students in Italy 1485–1603. Cambridge 1999.

kus stammt aus dem Jahr 1331.[4] Die Konsuln wurden vom Maggior Consiglio der Stadt Venedig aus den Reihen der Adligen in der Regel für nur zwei Jahre gewählt, um die Interessen und Rechte der venezianischen Kaufleute vor Ort zu vertreten. Ihre Dotation kam anfänglich vom jeweiligen muslimischen Herrscher. Sie mussten ihre Frauen zu Hause lassen und durften keinen Handel treiben. Anders als ihre venezianischen Landsleute, die – wie Alpago als Arzt – viele Jahre in der arabischen Welt lebten, sollten sich die Konsuln nicht die Sichtweise des Landes zueigen machen.[5]

Die ausländischen Kaufleute lebten in Handelsniederlassungen nach eigenem Recht, mit eigener Jurisdiktion, üblicherweise in einem Gebäudekomplex, welcher *fondaco*, von Arabisch *funduq*, genannt und nachts geschlossen wurde. In Syrien wurden diese Gebäude *Ḫān* genannt.[6] Sie bestanden in der Regel aus zwei, manchmal auch drei Stockwerken mit umlaufenden Bogengängen, die einen großen Innenhof mit Brunnen einschlossen. Im Untergeschoss befanden sich Warenlager, im Obergeschoss Übernachtungsmöglichkeiten, ganz ähnlich den Karawansereien weiter im Osten. Manchen Fondaci benachbart oder integriert waren andere Gebäude, wenn die Handelsverträge zwischen den italienischen Seestädten und den muslimischen Autoritäten dies gestatteten: beispielsweise ein Bad, eine Bäckerei oder eine Kirche, in den venezianischen Handelsniederlassungen meist eine Kirche San Marco.[7] In den größeren Kolonien wie in Alexandria und Damaskus lebte der Konsul außerhalb des eigentlichen Fondaco.

In Damaskus fand Andrea Alpago besonders großzügige Bedingungen für die venezianischen Bewohner vor. Damaskus war eine der wenigen islamischen Städte, die das Mieten von Wohnraum außerhalb des venezianischen Fondaco erlaubte. In den 1480er Jahren lebten etwa 40 Venezianer dauerhaft in Damaskus, zusätzlich zu den zahlreichen Kaufleuten und Pilgern.[8] Wie in anderen mamlukischen Gebieten auch war es den Venezianern zu ihrer eigenen Sicherheit gestattet, lokale arabische Kleidung zu tragen, wenn sie auf Reisen waren.[9] Das findet seinen Niederschlag in den Testamenten von vier Venezianern, die Mitte des 15. Jahrhunderts während ihres

4 Wilhelm Heyd, Geschichte des Levantehandels im Mittelalter. Stuttgart 1879. ND Hildesheim u. a. 1984, Bd. 2, S. 463. Die Namen der venezianischen Konsuln in Damaskus ab 1370 bis 1500 sind gelistet in Eliyahu Ashtor, Levant Trade in the Later Middle Ages. Princeton 1983, S. 555–557.

5 Deborah Howard, Venice and the East. The Impact of the Islamic World on Venetian Architecture 1100–1500. New Haven/London 2000, S. 32–33.

6 Olivia Remie Constable, Housing the Stranger in the Mediterranean World: Lodging, Trade, and Travel in Late Antiquity and the Middle Ages. Cambridge 2003, S. 291–296 (zu Damaskus). Der spätantike Vorläufer des *funduq* war das griechische *pandocheion*; siehe ebd., S. 11–39.

7 Howard, Venice and the East (wie Anm. 5), S. 35–36.

8 Deborah Howard, Death in Damascus. Venetians in Syria in the Mid-Fifteenth Century. In: Muqarnas 20 (2003), S. 143–157, hier S. 143.

9 Howard, Venice and the East (wie Anm. 5), S. 38.

Aufenthalts in Damaskus starben: In den Testamenten sind viele Textilien gelistet, darunter auch arabische Kleidung aus Musselin und Seide.[10]

Die Fassade des Hauses der Familie Alpago in Belluno schmückt auch heute noch ein Reliefporträt von Andrea Alpago, das im Jahr 1566, also 44 Jahre nach seinem Tod angefertigt wurde. Zu diesem Zeitpunkt war auch der Neffe Paolo Alpago bereits gestorben.[11] Das Relief zeigt Alpago mit Turban und orientalischem Bart, vielleicht nach einem Porträt, das sich noch in der Familie fand. Wir wissen nicht, wie authentisch die Darstellung ist. Leider besitzen wir von Alpago kein ausführliches Testament, da er offenbar sehr schnell starb. Dass er orientalische Kleidung besaß, ist jedenfalls sehr wahrscheinlich. Das Relief zeigt zudem, dass Andrea Alpago in seiner Heimat als eine Person wahrgenommen wurde, die in die orientalische Kultur von Damaskus integriert war.[12]

Andererseits war Andrea Alpago in Damaskus keineswegs abgeschnitten von Italien. Aus einem inzwischen verlorenen Dokument, dessen Inhalt Anfang des 19. Jahrhunderts noch bekannt war, lässt sich erkennen, dass Alpago im Jahr 1506 um die Rückkehr nach Venedig bat. Der neue Konsul Tommaso Contarini brachte daraufhin einen eigenen Arzt nach Damaskus, musste vor Ort aber feststellen, dass Alpago die Idee wieder verworfen hatte, und beschwerte sich am 21. April 1507 beim Senat: Alpago sei seit zwanzig Jahren in dieser Position, sei dabei reich geworden, unterschlage Gelder und vernachlässige über seinen spekulativen Geschäften die ärztlichen Pflichten, die er seinem Neffen Paolo Alpago überlasse, einem Arzt von sehr geringer Erfahrung (*medico di pochissima esperienza*).[13] Der Senat ließ den Fall untersuchen und entschied am 16. November 1507 zugunsten Andrea Alpagos: Er habe sich „keines Betrugs und keines Verbrechens“ schuldig gemacht.[14] Der Vorwurf der

---

**10** Howard, Death (wie Anm. 8).

**11** Das Todesdatum von Paolo Alpago ist unbekannt, liegt aber sicher vor 1559; siehe Lucchetta, Il medico (wie Anm. 2), S. 66.

**12** Eine weitere mögliche bildliche Quelle zum Leben Alpagos ist deutlich berühmter: das Bild „Empfang einer venezianischen Gesandtschaft in Damaskus im Jahr 1511“ (Musée du Louvre), eines unbekannten Malers vom Anfang des 16. Jahrhunderts, ein ikonisches Bild des Orientalismus, das erstmals eine orientalische Stadt aufgrund von Augenzeugenberichten zeigt. Es wurde vermutlich im Auftrag des damaligen Konsuls von Damaskus, Pietro Zen, angefertigt. Unter den fünf venezianischen Bürgern in der Mitte des Bildes, die ihren Konsul begleiten, befindet sich möglicherweise auch Andrea Alpago als hochrangiger Vertreter Venedigs in Damaskus. Zur Interpretation des Bildes siehe Caroline Campbell, The ‚Reception of the Venetian Ambassadors in Damascus‘. Dating, Meaning and Reception. In: The Renaissance and the Ottoman World. Hg. von Anna Contadini/Claire Norton. London 2013, S. 109–122, mit weiterer Literatur. Zur Identifikation der dargestellten Damaszener Bauten siehe Jean Sauvaget, Une ancienne représentation de Damas au Musée du Louvre. In: Bulletin d'études orientales 11 (1945–1946), S. 5–12.

**13** Stefano Ticozzi, Storia dei letterati e degli artisti del Dipartimento della Piave. Bd. 1. Belluno 1813, S. 67–69; vgl. Lucchetta, Il medico (wie Anm. 2), S. 26.

**14** Ebd., S. 83 (Dokument IV): [...] *che se vede manifeste l'antedicto maistro Andrea non esser in fraude o culpa alcuna.*

Bereicherung wurde im Jahr 1512 von einem späteren Konsul in Damaskus wiederholt und wiederum scharf zurückgewiesen: Der Konsul habe die frühere Entscheidung des Senats zu beachten und auszuführen.[15] Offenbar hat auch dieser Konsul versucht, das Gehalt Alpagos an einen anderen Arzt zu zahlen; das sei „eine Sache völlig außerhalb jeglicher Gerechtigkeit und Anständigkeit", heißt es in einem zweiten Ermahnungsschreiben an den Konsul vom Jahr 1512.[16] Diese Episode ist sehr aufschlussreich: „Einige vornehme Herren" (*alcuni zentilhomeni*)[17] verteidigten Alpago in Venedig gegen die Anschuldigungen des Konsuls in Damaskus. Andrea Alpago hatte auch nach 20 Jahren Abwesenheit eine Hausmacht in der Regierungsschicht Venedigs, gegen die selbst ein Konsul derselben Schicht nichts ausrichten konnte.

Alpago besaß trotz der großen Entfernung einen ausgezeichneten Ruf in seiner Heimat als „herausragender Arzt und Magister" (*eximio medico maistro*).[18] Auch war spätestens seit 1510 in Venedig bekannt, dass Alpago in Damaskus „Avicenna aus dem Arabischen ins Lateinische übersetzt" (*traduse Avicena di arabaco in latim*).[19] Über die Umstände der arabisch-lateinischen *Canon*-Übersetzung berichtete sein Neffe Paolo Alpago im Jahr 1546:

> „Ich habe gesehen, mit wieviel Mühe, Aufwand und Risiken dies geschah, als ich, noch ein junger Mann und sein Begleiter im Schreiben und intensiven Studieren, ihm nicht einmal eine Fingerbreite von der Seite wich, wenn er bereits im fortgeschrittenen Alter (*iam longaevus*) nach den Verstecken der arabischen Sprache und nach verlässlichen Handschriften in Zypern, Syrien, Ägypten und beinahe im gesamten Orient suchte (*ac toto pene oriente*)."[20]

Andrea Alpago hat offenbar viel Zeit und Mühe in seine arabisch-lateinischen Übersetzungen gesteckt und auf Reisen gezielt versucht, an bessere arabische Handschriften zu gelangen. Vielleicht war dies neben seinen finanziellen Geschäften der Grund, warum er seine ärztlichen Pflichten vernachlässigte – falls es denn stimmt, was seine Gegner schrieben.

---

**15** Ebd., S. 86 (Dokument VII): [...] *rechiedendo auctoritate magistratus nostri che la vogli dite letere ducal scripteve in questa materia exeguir et observar quanto in esse se contien, talmente exeguendo che non habiamo causa da scrivervi in altra forma cum qualche nota del honore vestro.*

**16** Ebd., S. 86 (Dokument VII): *cossa extremamente aliena da ogni iustitia et honestade.* Im März 1513 wird der Konsul noch einmal in derselben Sache zum Gehorsam gegenüber den Autoritäten in Venedig ermahnt, siehe ebd., S. 86 (Dokument VIII): *prebere debeat debitam obedientiam.*

**17** Ebd., S. 85 (Dokument VI).

**18** Ebd., S. 85 (Dokument VI).

**19** Ebd., S. 31.

**20** Paolo Alpago im Vorwort zu: Avicenna, Avicennae philosophi praeclarissimi ac medicorum principis Compendium de anima, De mahad idest de dispositione seu loco ad quem revertitur homo vel anima eius post mortem, Aphorismi de anima, De diffinitionibus et quaesitis, De divisione scientiarum. Hg. von Paolo Alpago. Venedig 1546. Nachdruck Farnborough 1969, *1$^{v}$–*2$^{v}$: *Quantis laboribus, sumptu ac periculis vidi ego qui adolescens adhuc, dum is iam longaevus in Cypro, Syria, Aegypto, ac toto pene oriente, Arabicae linguae latebras, et codicum fidem perquireret, ab eius latere ne transversum quidem unguem discessi, styli etiam ac lucubrationum socius.*

## 2 Politik

Andrea Alpagos politische Beobachtungen lassen sich sechs Briefen an Persönlichkeiten in Venedig entnehmen, die in den ‚Diarii' des Marino Sanudo (gest. 1536) erhalten sind. In diesen auf Italienisch verfassten Briefen, die aus den Jahren 1504 bis 1514 stammen, berichtet Alpago über politische und kaufmännische Angelegenheiten.[21] Sein letzter erhaltener Brief, der vom 7. April 1514 datiert, beschreibt eine Reihe von Einzelbeobachtungen, die sich zu einem für die Republik Venedig sehr ungünstigen Gesamtbild summieren. Ich zitiere ihn vollständig in deutscher Übersetzung (erläuternde Anmerkungen stehen in eckigen, sinngemäße Hinzufügungen zum italienischen Text in spitzen Klammern):

> „Abschnitt eines weiteren Briefes des genannten Magister Andrea <Alpago>, Arzt, vom 7. April <1514>, wie zuvor [nach Zypern an den Grafen von Zapho und von dort nach Venedig] adressiert:
>
> In der Vergangenheit, großer Herr, habe ich Eurer Magnifizenz geschrieben, was mir geschah; im gegenwärtigen <Brief> bestätige ich Ihnen nur, dass die Krankheitsplage mit göttlicher Hilfe in dieser Gegend und in den umliegenden Dörfern weitgehend abgewendet ist, so dass man auf ihre baldige völlige Ausrottung hoffen kann. Die Karawane aus Mekka gelangte sechs Tage vor dem heutigen in dieses Land. Man sagt, sie habe wenig Gewürze transportiert, <nur> ungefähr 300 Saumlasten, von denen der größte Teil Ingwer ist, der Rest ein wenig Gewürznelken und Zimt. Sie sind sehr teuer, weil keine Gewürzschiffe [in Dschidda] angekommen sind, anders als zuvor verbreitet wurde.
>
> Über die Portugiesen wird von denen, die mit dieser Karawane gekommen sind, berichtet, dass keine außer vier Karavellen der genannten Portugiesen untergegangen sind oder Schiffbruch erlitten haben. Der Rest, der von Aden aufgebrochen ist, ging nach Süden, wo sie von Melechaias [d. h. Malik Ayāz, Gouverneur von Diu][22] viel Proviant und jede Vergünstigung und Bequemlichkeit zum Ausbessern ihrer Schiffe erhalten haben; die Zahl <dieser Schiffe>, zusammen mit den anderen, die sich in der Gegend von Kalikut [an der indischen Küste] befinden, beträgt ungefähr 20. Diese behindern den Seetransport von Gewürzen von Indien nach Dschidda sehr.
>
> Es wird berichtet, dass ein Choza Benesagior aus Damaskus, kommend aus Kalikut mit einem Schiff voller Ladung mit seinen Gewürzen, von den Karavellen der Portugiesen heftig gejagt wurde, so dass er, wenn er nicht mit günstigem Wind sehr schnell nach Diu geflüchtet wäre und dort umgehend seine Gewürze entladen hätte, vollständig <samt Schiff und Ladung> von den genannten Portugiesen gefangen worden wäre, welche, so heißt es, dieses Schiff im genannten Hafen von Diu belagerten mit der Absicht, das Gewürzschiff <in ihre Gewalt> zu bekommen.

---

21 Zu diesen Briefen siehe auch Lucchetta, Il medico (wie Anm. 2), S. 16–25 und Raphaela Veit, Andrea Alpago and Schah Ismāʿīl. Der Begründer der Safavidendynastie im Zeugnis eines Venezianer Gesandtschaftsarztes, Händlers und Informanten. In: Das Charisma – Funktionen und symbolische Repräsentationen. Hg. von Pavlína Rychterová u.a. Berlin 2008, S. 457–465.

22 Diese Identifikation verdanke ich Malyn Newitt, der mich auf folgende Stelle in den ‚Cartas de Afonso de Albuquerque' aufmerksam machte, in der Albuquerques Rückkehr nach Diu beschrieben wird: „We repaired our small craft in this port of Malik Ayyaz's [portugiesisch: Miliquiaz]. He gave us an excellent reception, with an abundance of gifts, foodstuffs and generous hospitality"; siehe Thomas Foster Earle/John Villiers, Albuquerque, Caesar of the East. Selected texts by Afonso de Albuquerque and his son. Warminster 1990, S. 261 und 263 (portugiesisch S. 260 und 262).

Es wird gesagt und bestätigt, dass alle diese Länder und Herrschaften des Indischen Meeres, angefangen von Hormuz bis Cochin in der Nähe von Kalikut, an genannte Portugiesen Tribut zahlen. Der Herrscher des genannten Kalikut allein widersetzt sich der Zusammenarbeit mit den oben genannten Portugiesen, weil er ein sehr mächtiger Herrscher in der Gegend ist, der von seinem Land weder Pfeffer noch Ingwer abtransportieren lässt, das auf die Karavellen der Portugiesen geladen werden könnte.

Über die Insel von Malakka oder die Insel von Sri Lanka behaupten einige, die aus Mekka kommen, dass diese Inseln in der Gewalt der Portugiesen seien, und einige andere behaupten das Gegenteil. Aber alle stimmen darin überein, dass die Portugiesen nicht in dem Maße Schiffbrüche erlitten haben oder in ihrer Macht gemindert wurden, wie zuvor verbreitet wurde.

Diesbezüglich wird außerdem berichtet, dass der Sultan [d. h. al-Ġūrī, der Sultan des Mamlukenreiches] nach Suez gegangen sei, um seine Armee zum Indischen Meer gegen die Portugiesen zu schicken, und dass der Herrscher von Kalikut mit großer Sehnsucht dieses Heer des Sultans erwarte, um die Portugiesen aus diesem Land zu jagen und um die Herrscher von Cochin und von Cannanore zu stürzen, seine Nachbarn, die den Portugiesen Unterstützung leisten. Ich gebe nur Gehörtes wieder. Schenken Sie dem Vertrauen, wie es Ihnen <gut> erscheint. Ich bitte Gott darum, er möge das Beste für unsere Nation (nation nostra) bewirken.

Über den Herrscher Soffi [d. h. den persischen Schah Ismail] wiederum wurde noch nichts Gewisses vernommen bezüglich seiner Rückkehr nach Tauris [Täbris?]. Der Gesandte des Sultans, der aus Konstantinopel zurückgekehrt ist, ist in Aleppo angekommen und von diesem Ort noch nicht aufgebrochen usw."[23]

---

23 Der Text des Briefes findet sich in: I Diarii di Marino Sanuto: 1496–1533. Hg. von Rinaldo FULIN u. a.. Venedig 1879–1903. Bd. 18, S. 395–396:
*Capitolo de una altra letera del sopradito Mo Andrea phisicho, de dì 7 April, drizata ut supra.*
*Ne li zorni passati, magnifico patron, io scrissi a vostra magnificentia quanto me acadeva; per la presente, se non certificarvi el morbo con lo ajuto divino esser molto declinato in questa terra et in casali circonvicini, per modo che si spera de breve la sua total sradichatione.*
*La charavana de la Mecha, a di 6 de l'instante zonse in questa terra; si dice haver portato poche specie, circha some 300, do le qual la mazor parte sono zenzero, lo resto alcuni pochi garofoli et canelle: costano molto care per non esser zonte le nave de spezie, come per avanti fo divulgato.*
*Cercha ai portogesi se dice, da quelli che son venuti con questa caravana, non esser anegate over naufragate se non 4 caravelle de li ditti portogesi; lo resto che parti de Aden, andono in zoso, dorn da Melechaias hanno hauto gran vitualie et ogni favor et comodità per ristaurar le sue nave, lo numero de le quale, insieme con le altre che sono verso Colochut, sono zercha 20, le qual molto impediscono lo navegar de le spezie da la India al Ziden.*
*Se dice che uno Choza Benesagior damaschino, venendo da Colochut con una nave molto carga de sue spezie, fo molto incalzato da le caravele de'portogesi, per modo che se lui con vento prospero non fuziva presto in Diu et non havesse descargato subito le sue specie, saria stà preso al tutto da' ditti portogesi, li qual, se dice, haver assediato quella nave in dito porto de Diu, intendando haver la nave de lo specie.*
*Se dize et se afferma, che tutte quelle terre et signorie de le marine de India, comenzando da Ormus fin a Cuzi vicino a Colochut, danno tributo a' ditti portogesi; lo signor de ditto Colochut solo è molto renitente in far acordo con li prediti portogesi, per esser signor molto potente fra terra, che non lassa trazer de suo paexe nè peveri ne zenzeri che possino esser cargati sopra le caravelle de' portogesi.*
*Cercha la isola de Malacha, over isola Taprobana, alcuni venuti da la Mecha affirmano quelle ixole esser in potestà de' portogesi, et alcuni altri afirmano el contrario; ma tutti concordano che li portogesi non sono cussì naufragati et diminuiti de le sue forze come per avanti se divulgava.*

In diesem Brief bezieht sich Alpago zunächst auf eine nicht näher spezifizierte ansteckende Krankheit *in questa terra*, die schon im vorangegangenen Brief vom 10. März Erwähnung gefunden hatte und deren Gefahr nun vorüber ist.[24] In diesem Brief hatte Alpago auch seiner Hoffnung Ausdruck gegeben, dass die erwartete Karawane aus Mekka sichere Nachrichten über die Portugiesen bringen würde. Wie wir jetzt sehen, war die Karawane aus Mekka eine Enttäuschung für Alpago in mehrfacher Hinsicht: Sie war nur schwach mit Gewürzen bestückt, brachte auch keinen Pfeffer, sondern hauptsächlich Ingwer und etwas Nelken und Zimt, dazu noch zu sehr hohen Preisen. Anders als im März verbreitet, waren keine neuen Gewürzschiffe in Dschidda angekommen. Den Grund dafür berichtet Alpago im nächsten Absatz: Die portugiesische Flotte im Indischen Ozean war keineswegs durch Schiffbruch stark geschwächt worden, wie Berichte kolportiert hatten, sondern umfasste trotz Verlust von vier Karavellen noch immer ungefähr 20 Schiffe – eine weitere schlechte Nachricht für die Venezianer.

Andrea Alpago war Zeuge einer enormen Machtverschiebung, die sich innerhalb von 16 Jahren, seit Vasco da Gamas Entdeckung des Seewegs nach Indien im Jahr 1498, vollzog.[25] Schon 1503 hatten die Portugiesen mit Hilfe lokaler Herrscher Stützpunkte in Cochin und Cannanore an der indischen Westküste errichtet. Die Stadt Kalikut an derselben Küste hingegen war für die Portugiesen seit einem Massaker arabischer Händler an portugiesischen Soldaten im Jahr 1500 feindliches Territorium. Alpago ist sich dieser Tatsache bewusst, wie der obige Brief zeigt: Er hofft darauf, dass sich der Herrscher von Kalikut gegen die portugiesenfreundlichen Herrscher von Cochin und Cannanore durchsetzt. Denn der arabische Gewürzhandel auf dem Indischen Ozean und der davon abhängige venezianische Gewürzhandel im Mittelmeer war durch die Portugiesen in nur wenigen Jahren schwer beeinträchtigt worden.

Das ägyptisch-syrische Mamlukenreich, das bereits über 200 Jahre Bestand hatte, entsandte 1505 mit Unterstützung der Venezianer eine Flotte in den Indischen Ozean, um die Portugiesen zu bekämpfen. Doch dieses Unternehmen endete 1509 mit einer vernichtenden Niederlage der Mamluken und ihrer indischen Verbündeten in der Seeschlacht bei Diu in der Nähe des heutigen Bombay. Da die Portugiesen 1510 das indische Goa und 1511 sogar Malakka auf Malaysia eroberten, das Zentrum des

---

*In questo, se dice etiam lo Soltan esser andato a Sues per mandar la sua armata in mar de India contro portogesi, et che lo signor de Colochut con grande desiderio aspeta questa armata del Soltan per cazar portogesi de quel paexe e per ruinar quello signor de Cuzi et de Cananor sui convizini, et che danno rechapito a' portogesi. Io relata refero; prestate quella fide ve pare. Prego Dio provedi al meglio de la nation nostra.*

*De lo signor Soffi ancora non fu inteso certeza alcuna zercha al suo ritorno in Tauris. Lo ambasator del Soltan tornato da Constantinopoli, zonse in Aleppo et ancor non è partito di quel locho etc.*

24 Ebd., S. 393–395.

25 Zur portugiesischen Machtausbreitung im Indischen Ozean siehe Bailey W. Diffie/George D. Winius, Foundations of the Portuguese Empire, 1415–1580. Minneapolis 1977; Malyn Newitt, A History of Portuguese Overseas Expansion, 1400–1668. London/New York 2005.

muslimischen und indischen Gewürzhandels auf See, wurde es für arabische Schiffe immer gefährlicher, die alte Seeroute aus Südostasien über Indien bis nach Dschidda zu befahren. Wie gefährlich, illustriert Alpagos Bericht über einen Damaszener Kaufmann, dessen Gewürzschiff von den Portugiesen gejagt wurde und gerade noch Schutz im Hafen von Diu finden konnte.

Alpago erwähnt außerdem, dass eine große portugiesische Flotte vom jemenitischen Hafen Aden aufgebrochen sei. Gemeint ist die Flotte des Generals Afonso de Albuquerque, die im Jahr 1513 die Stadt Aden, das wichtigste Handelszentrum im westlichen Indischen Ozean, belagert hatte, um den Zugang zum Roten Meer zu kontrollieren. Die Belagerung war zwar erfolglos, und Albuquerque zog sich im August 1513, ein halbes Jahr vor Alpagos Brief, nach einem Abstecher ins Rote Meer nach Indien zurück.[26] Aber die Präsenz einer portugiesischen Flotte im Roten Meer war immerhin eine Machtdemonstration gegenüber dem Mamlukenreich.[27] Erfolgreicher waren die Portugiesen im Persischen Golf: 1507 hatten sie erstmals die strategisch wichtige Inselstadt Hormuz am Eingang des Persischen Golfes besetzt und 1515 endgültig zur Übergabe gezwungen. Auch wenn die Portugiesen den Eingang ins Rote Meer nach der fehlgeschlagenen Operation gegen Aden nicht vollständig kontrollieren konnten, war der Gewürzhandel über den Indischen Ozean nun fast vollständig von ihnen beherrscht. Lissabon avancierte binnen weniger Jahre zum neuen Hauptumschlagplatz für Gewürze, zum großen Nachteil der Mittelmeerhäfen Alexandria, Beirut und Venedig.[28]

Andrea Alpago war über die Ausbreitung portugiesischer Macht in Asien bemerkenswert gut informiert. Er hat von der Flotte vor Aden gehört, wusste um die portugiesische Herrschaft über Cochin, Cannanore und Hormuz und verfügte sogar über Informationen über die portugiesische Landung auf Sri Lanka (ab 1505) und die Eroberung von Malakka durch Albuquerque. Besonders genau sind seine Informationen über die Hilfe, die Albuquerque nach der misslungenen Belagerung von Aden vom Gouverneur von Diu, Malik Ayāz, erhalten hat, denn diese Details werden von portugiesischen Quellen bestätigt.[29] Alpago setzte seine Hoffnung auf die portugiesenfeindlichen Zamorin-Herrscher im indischen Kalikut, aber hier hatte die Entwicklung seinen Kenntnisstand überholt: Albuquerque war es noch im Jahr 1513

---

**26** Siehe das Kapitel über die Expedition nach Aden in den ‚Cartas de Afonso de Albuquerque' übersetzt bei Earle/Villiers, Albuquerque (wie Anm. 22), S. 207–268. Vgl. auch Diffie/Winius, Foundations (wie Anm. 25), S. 263–268; Newitt, A History (wie Anm. 25), S. 87–88.

**27** Sie löste (in portugiesischer Darstellung) Panik in Dschidda und einen Tumult in Kairo aus: Earle/Villiers, Albuquerque (wie Anm. 22), S. 256–257. Albuquerque sah in der Herrschaft über das Rote Meer den Schlüssel zu enormer kommerzieller Macht; siehe ebd., S. 259: „In my view, if you [der portugiesische König] establish yourself in strength in the Red Sea you will have the riches of the whole world in your hands [...] You will also prevent merchandise from Europe reaching India by way of Cairo, unless it is carried in your ships."

**28** Heyd, Geschichte (wie Anm. 4), S. 537–540.

**29** Siehe Anm. 22.

gelungen, einen Friedensschluss mit den Zamorin in Kalikut zu erreichen, so dass die Portugiesen von indischer Seite nicht mehr viel zu befürchten hatten.[30] Alpago hoffte außerdem auf zwei andere Mächte, die er am Ende seines Briefes anspricht: al-Ġūrī, den Sultan der Mamluken, der angeblich eine neue militärische Aktion gegen die Portugiesen plane, und den „Soffi", Schah Ismail, den Begründer der Safawiden-Dynastie in Persien.

Ismail entstammte einer Dynastie von Führern eines Sufi-Ordens in Aserbaidschan, der sich unter Ismail offen zum schiitischen Islam bekannte. 1501 ließ er sich zum Schah ausrufen; bis 1510 eroberte er ein Gebiet, das die heutigen Länder Irak, Iran und den Westen Afghanistans umfasste. Alpago hatte in allen sechs Briefen nach Venedig sehr positiv über Schah Ismail berichtet, der zeitweilig ein Bündnis mit den Venezianern gegen die Osmanen suchte. Im dritten Brief, der vom 25. September 1512 datiert, schildert Alpago beeindruckt den Durchzug einer prächtigen Delegation Ismails in Damaskus, die mit einem Brief des Schahs auf dem Weg zum Sultan nach Kairo war:

> „Über den Herrscher Suffi [Schah Ismail] habe ich bereits vor einigen Tagen geschrieben, dass seine Herrschaft Gesandte zum Sultan [al-Ġūrī] geschickt hat: zwei seiner wichtigsten Barone und einen seiner wissenschaftlichen Sekretäre, die gemeinsam auf sehr ehrwürdige Weise durch dieses Land gezogen sind, mit 200 Pferden und zehn Luchsen, die bei der Jagd auf dem Rücken der Pferde verwendet werden und zum Teil mit Seide, zum Teil mit Goldbrokat bekleidet waren; und alle Leute dieses Landes sagen, dass noch nie von Persien eine so ehrwürdige Gesandtschaft wie diese zum Sultan geschickt worden ist, sowohl was den Status der Personen als auch ihre ungewöhnlich große Zahl angeht."[31]

Aber ein Bündnis mit dem Sultan in Kairo kam nicht zustande. Das überrascht nicht, denn in seinem Brief führte Schah Ismail, wie Alpago von armenischen Freunden in Damaskus erfuhr, seinen Stammbaum auf Ali, den Schwiegersohn Muhammads, zurück, erklärte sich zum wahren Erben des Propheten und erhob Anspruch auf die Herrschaft über Mekka, Ägypten und ganz Syrien – zu jener Zeit alles mamlukische Herrschaftsgebiete. Die großen Ambitionen Ismails, und damit auch die venezianischen Hoffnungen auf einen neuen Verbündeten, waren zwei Jahre später bereits zerstoben. In seinem fünften Brief hatte Alpago noch die Erwartung ausgedrückt, dass Schah Ismail nach Tauris, d.h. vermutlich seine Hauptstadt Täbris, zurückkehren werde, um sich dann gegen die Osmanen zu wenden. Im sechsten, oben zitierten Brief hatte er dazu noch keine Neuigkeiten. Aber wenige Monate später, im August

---

30 Diffie/Winius, Foundations (wie Anm. 25), S. 267–268.

31 I diarii (wie Anm. 23), Bd. 15, S. 356: *Quanto al signor Suffi, io scripsi zà molti zorni, che sua signoria havea mandato al Soldan ambasadori do de li primi soi baroni et uno suo secretario scientifico, li qual insieme passò per questa terra molto honoratamente con cavali 200, con diexe lovi cervieri usati a la caza in gropa de li cavalli, i qual lovi erano vestiti parte de seda e parte de brochati d'oro, e tutti di questa terra dicono che mai da la Persia è stà mandato al Soldan ambasata cussì honorata come questa, si per la condition di persone come per lo numero di quelle mazor dil consueto.*

1514, wurde Ismail von den Osmanen bei Tschaldiran im Grenzgebiet zwischen der heutigen Türkei und dem heutigen Iran entscheidend geschlagen, und Schah Ismail zog sich aus der Kriegführung und der Politik zurück.

Eine noch größere Machtverschiebung erlebte Andrea Alpago persönlich im mamlukischen Damaskus selbst. Die Beziehungen zwischen Venedig und dem Mamlukenreich hatten sich zwei Jahrhunderte lang überwiegend positiv entwickelt, auch wenn es gelegentlich zu größeren diplomatischen Krisen kam, wie im Jahr 1510, als mamlukische Truppen am Oberlauf des Euphrats zwei Venezianer und einen Zyprer mit kompromittierenden Briefen von Schah Ismail an die venezianischen Konsuln von Alexandria und Damaskus abfingen[32] – auch darüber hatte Alpago brieflich berichtet.[33] Im Allgemeinen aber hatten die Venezianer und Mamluken gemeinsame Interessen[34] und in den Osmanen auch einen gemeinsamen Rivalen, dem das Mamlukenreich in Alpagos Lebenszeit nicht mehr viel entgegenzusetzen hatte. Im August 1516 unterlag der mamlukische Sultan den Osmanen in der Schlacht von Marǧ Dābiq nördlich von Aleppo. Es folgte am 3. Oktober 1516 der Einzug des osmanischen Sultans Selim I. in Damaskus,[35] den Alpago, falls er nicht gerade auf Reisen war, vermutlich mit eigenen Augen erlebte. 1517 folgte die Eroberung Ägyptens und das Ende des Mamlukenreiches. Der seit 1505 von den Mamluken gegen die Portugiesen geführte Seekrieg im nördlichen Indischen Ozean war damit endgültig verloren. Die Basis für die ökonomische Vorherrschaft Venedigs im östlichen Mittelmeerraum wurde dadurch dauerhaft erschüttert. Andrea Alpago war weitsichtig genug, die Gefährlichkeit der Situation zu verstehen und sich um Venedig, die *nation nostra*, Sorgen zu machen: „Ich bitte Gott darum, er möge das Beste für unsere Nation bewirken".

Alpagos Brief ist kein politisches Memorandum, aber trotzdem ein eindrucksvolles Zeugnis der Vorgänge im Nahen und Mittleren Osten. Woran liegt das? Alpago bietet mehr als eine Sammlung von Einzelbeobachtungen, denn er lässt seine Informationen nicht unkommentiert: 300 Saumlasten sind zu wenig für eine Mekka-Karawane, die Gewürze nicht hochwertig genug, die Preise zu teuer. 20 portugiesische Schiffe auf dem Indischen Ozean reichen aus, um den Seetransport von Gewürzen von Indien nach Dschidda massiv zu behindern. Die Nachrichten über die portugiesische Expansion sind zwar uneindeutig, aber so viel ist klar: Die Portugiesen sind deutlich stärker als zuvor angenommen. Es lohnt sich, auf den Herrscher von Kalikut als Verbündeten zu setzen, da er der mächtigste Herrscher an der indischen Westküste ist und die portugiesischen Schiffe offen boykottiert. Es sind diese Einschätzungen Andrea Alpagos, die den Brief wertvoll machen, sowohl für die venezianische

32 Campbell, The Reception (wie Anm. 12), S. 112.

33 I diarii (wie Anm. 23), Bd. 15, S. 356.

34 Zur Spätphase der ökonomischen Beziehungen siehe Benjamin Arbel, The Last Decades of Venice's Trade with the Mamluks. Importations into Egypt and Syria. In: Mamluk Studies Review 8,2 (2004), S. 37–86.

35 Ross Burns, Damascus. A History. London/New York 2005, S. 224.

Obrigkeit als auch für uns moderne Leser. Denn Alpago signalisiert, auf Basis von fast 30 Jahren Orienterfahrung, wie die Nachrichten des April 1514 zu verstehen sind: als eine sich verschärfende Gefahrenlage für Venedig.

Die Ereignisse dieser Jahre hatten einen Einfluss auf Alpagos Leben. Im März 1517 verlässt er das nun osmanische Damaskus und zieht für mehrere Jahre nach Nicosia im venezianisch beherrschten Zypern, wo er mit demselben Gehalt wie in Damaskus als Arzt arbeitete.[36] Es ist wahrscheinlich, dass dieser Wechsel mit der osmanischen Eroberung von Damaskus zu tun hat. Vielleicht waren Alpagos Sympathien für die arabischen und persischen Gegner des Osmanenreiches bekannt und seine Anwesenheit den neuen Machthabern nicht mehr erwünscht.

Warum kehrte Andrea Alpago nicht bereits im Jahr 1517 nach Venetien zurück? Er hatte ja, wie erwähnt, schon im Jahr 1506 eine Rückkehr erwogen und sich schon lange einen exzellenten Ruf als Arzt und Avicenna-Übersetzer erworben. Aber die Situation für eine Rückkehr war nicht günstig: Die Universität von Padua musste im Jahr 1509 schließen, da Venedig sich im Krieg mit der Liga von Cambrai befand und zeitweilig die Herrschaft über Padua verlor.[37] Erst ab 1517 wurde der Lehrbetrieb an der Universität nach und nach wieder aufgebaut. Es ist gut möglich, dass sich Andrea Alpago schon länger Hoffnungen gemacht hatte, eine medizinische Professur an seiner Heimatuniversität zu erlangen, und 1517 noch wenig Chancen auf Erfolg sah.

Als Andrea Alpago am 12. Dezember 1520 nach Venedig zurückkehrte,[38] hatte sich die Universität von Padua konsolidiert. Alpago trat offenbar sofort in Kontakt mit der Universität. Er legte seine arabisch-lateinischen Übersetzungen dem *Sacro Collegio* der Philosophen und Mediziner vor, der ihn in einer Sitzung am 21. Januar 1521 mit viel Lob versah und eine vierköpfige Kommission mit der Prüfung seiner Arbeiten betraute. Drei Tage später empfahl die Kommission die Übersetzungen als „nützlich und notwendig". Der *Sacro Collegio* gab diese Empfehlung an den Dogen von Venedig weiter, unter anderem mit dem Ziel, Alpago zur Übersetzung weiterer ‚Canon'-Passagen und anderer Werke Avicennas zu motivieren.[39] Im Laufe des Jahres 1521 wurde ihm eine außerordentliche Professur in praktischer Medizin an der Universität Padua angeboten, auf der er seit September 1521 geführt wurde.[40] Seine Lehrtätigkeit kann allerdings nur wenige Monate gedauert haben, denn im Januar 1522 starb Andrea Alpago in Padua. Es war sein Neffe Paolo Alpago, der 1527 im Giunta-Verlag in Venedig

36 Ticozzi, Storia (wie Anm. 13), S. 69: „[...] fino al 1517, quando condotto medico in Nicosia di Cipro con lo stesso stipendio che godeva in Damasco, colà si trasferì nel Marzo di quell'anno, e vi rimase fino al 1520, epoca del suo ritorno in patria."

37 Grendler, The Universities (wie Anm. 3), S. 31–33.

38 Ticozzi, Storia (wie Anm. 13), S. 70, ohne Angabe der Quelle.

39 Die Protokolle der beiden Fakultätssitzungen finden sich bei Lucchetta, Il medico (wie Anm. 2), S. 88–90 (Dokumente XI und XII), ins Englische übersetzt bei Dag Nikolaus Hasse, Renaissance Scholars on Why They Translate Arabic Sciences and Philosophy into Latin, erscheint in: Akten der Konferenz „Why We (Should) Translate Science/Philosophy", Berlin, November 2016.

40 Lucchetta, Il medico (wie Anm. 2), S. 50–53 und Dokument XIII auf S. 91.

die wertvollen Korrekturen der mittelalterlichen ‚Canon'-Übersetzung in den Druck brachte, wofür er die Unterstützung des venezianischen Senats, des Papstes und des französischen Königs erhielt. Diese Korrekturen wurden in viele spätere ‚Canon'-Editionen übernommen.[41] 1546 publizierte Paolo wiederum bei Giunta weitere Avicenna-Übersetzungen seines Onkels: sechs philosophische Werke Avicennas, die zuvor in der lateinischen Welt vollkommen unbekannt waren, samt Andrea Alpagos Kommentaren. In diesen Kommentaren, aus denen ich weiter unten zitiere, stoßen wir auf die ausführlichsten Texte, die von Andrea Alpago erhalten sind.

Alpagos Rückkehr nach Venedig nach über 30 Jahren Abwesenheit war in mehrfacher Hinsicht ein eindrucksvoller Erfolg: bei der venezianischen Oberschicht, bei den Professoren der Universität und bei den Lesern des 16. Jahrhunderts. Er kehrte nicht als Außenseiter zurück, sondern als ein hochangesehener Gelehrter, der sofort an seiner Heimatuniversität reüssierte. Seine Korrektur der mittelalterlichen ‚Canon'-Übersetzung fand begeisterte Zustimmung bei den Paduaner Kollegen der Medizin und Philosophie. Der Buchdruck sorgte für eine weite Verbreitung seiner Version von Avicennas ‚Canon', der in manchen italienischen Universitäten bis ins 18. Jahrhundert als Lehrbuch benutzt wurde.[42] Andrea Alpago hatte seine Heimat richtig eingeschätzt.

# 3 Philosophie

Wenn wir Andrea Alpago nicht nur als politischen und ökonomischen Beobachter, sondern auch als Mediziner und Philosophen verorten wollen, müssen wir uns seinen Übersetzungen und eigenen Schriften zuwenden. Er hatte in Damaskus Zugang zu ganz anderen Quellen als seine Zeitgenossen im lateinisch-christlichen Europa. Und doch konzentrierte er sich auf Avicenna und Serapion, zwei in der heimatlichen Medizin besonders wichtige Autoritäten. Alpago nimmt substantielle und philologisch überzeugende Korrekturen an den mittelalterlichen Übersetzungen von Avicennas ‚Canon', Avicennas ‚De viribus cordis' und Serapions ‚Practica' vor; übersetzt und kommentiert sechs kürzere philosophische Werke Avicennas, die vor allem die Seelenlehre betreffen; übersetzt einen kurzen botanischen Text über Zitronen, zwei kurze medizinische Traktate Avicennas und schließlich Ausschnitte aus zwei arabischen ‚Canon'-Kommentaren von Ibn an-Nafīs und Quṭb ad-Dīn aš-Šīrāzī.[43] Aber Andrea Alpago hat nicht nur übersetzt, sondern auch einige lateinische Werke

41 Siehe Nancy G. Siraisi, Avicenna in Renaissance Italy. The *Canon* and Medical Teaching in Italian Universities after 1500. Princeton 1987, S. 139–141 (zu den Alpago-Rinio Editionen nach 1555 und den Costeo-Mongio Editionen nach 1564). Zur Qualität von Alpagos Korrekturen siehe Hasse, Success (wie Anm. 2), S. 96–115.

42 Siraisi, Avicenna (wie Anm. 41), S. 120–124.

43 Die Übersetzungen Alpagos sind gelistet in Hasse, Success (wie Anm. 2), S. 72.

selbst verfasst: ein Lexikon der arabischen Fachtermini in Avicennas ‚Canon' mit dem Titel ‚Interpretatio Arabicorum nominum', das insgesamt 2050 Einträge zu Heilmitteln, Pflanzen, Mineralien und Tieren enthält;[44] einen Index der arabischen Namen einfacher Heilmittel in Serapions ‚Practica'; und vor allem die erwähnten ausführlichen Kommentare zu sechs philosophischen Werken Avicennas: ‚Kompendium über die Seele' (GP10), ‚Opferfest-Schrift über das jenseitige Leben' (GM2), Auszüge aus ‚Anmerkungen über die Seele' (GS12a), ‚Definitionen' (GL6), ‚Antworten zu zehn Fragen' (GP9) und ‚Die Aufteilungen der Philosophie' (GS1).[45]

Alpago hat diese Kommentare vermutlich nicht in Zypern, sondern noch in Damaskus geschrieben, da er einen arabischen Lehrer erwähnt: Ibn al-Makkī (*Rays Ebenmechi*), „mein Lehrer" (*praeceptor meus*), „der hervorragendste Mediziner aller Araber" (*physicus inter omnes Arabes primarius*).[46] Arabische Quellen kennen Ibn al-Makkī als höchsten Arzt von Damaskus, Leibarzt des Vize-Sultans und als herausragenden Gelehrten in Medizin, Astronomie, Geometrie, Naturphilosophie und Metaphysik.[47] In der Medizin stützte sich Ibn al-Makkī auf Lehrtexte von Avicenna, Rhazes, Ibn al-Nafīs u. a., in der Philosophie vor allem auf al-Abharī's ‚Hidāya al-ḥikma', eine vielgelesene Summe der Philosophie des 13. Jahrhunderts. Ibn al-Makkī, der kein Schiit war, aber verdächtigt wurde, einer zu sein, hat vielleicht zu Alpagos schon erwähnter Begeisterung für den schiitischen Herrscher Persiens Schah Ismail beigetragen. Aber er hat ihn offensichtlich auch mit Avicennas philosophischen Positionen bekannt gemacht. Denn Alpago schreibt über Ibn al-Makkī in seinem Kommentar zur Schrift ‚Anmerkungen über die Seele':

> „Und obwohl die erste Meinung [von insgesamt drei bei den Muslimen verbreiteten Meinungen] behauptet, dass sich alles aus Notwendigkeit ereigne, ist freilich die Meinung der arabischen Philosophen wie Avicenna und Algazel – wie aus dem Gesagten deutlich wird und wie mir Rays Ebenmechi, mein Lehrer, berichtete – in Übereinstimmung mit der christlichen Position."[48]

44 Zur ‚Interpretatio' siehe LUCCHETTA, Il medico (wie Anm. 2), S. 39–47; Raphaela VEIT, Der Arzt Andrea Alpago und sein medizinisches Umfeld im mamlukischen Syrien. In: Wissen über Grenzen: Arabisches Wissen und lateinisches Mittelalter. Hg. von Andreas SPEER/Lydia WEGENER. Berlin/New York 2006 (Miscellanea Mediaevalia 33), S. 305–316; und HASSE, Success (wie Anm. 2), S. 176–177.

45 Die Werkzahlen beziehen sich auf die Werkliste Avicennas in Dimitri GUTAS, Avicenna and the Aristotelian Tradition. Introduction to Reading Avicenna's Philosophical Works. Second, Revised and Enlarged Edition, Including an Inventory of Avicenna's Authentic Works. Leiden/Boston 2014; vgl. D'ALVERNY, Andrea Alpago, interprète (wie Anm. 2), S. 2–3.

46 Avicenna, Aphorismi (wie Anm. 20), fol. 109v und 110v. Siehe auch Anm. 48.

47 Jean MICHOT, A Mamlūk Theologian's Commentary on Avicenna's *Risāla Aḍḥawiyya*. Being a Translation of a Part of the *Dar' al-ta'āruḍ* of Ibn Taymiyya, with Introduction, Annotation, and Appendices, Part I. In: Journal of Islamic Studies 14 (2003), S. 149–203, hier S. 195–198.

48 Avicenna, Aphorismi (wie Anm. 20), fol. 110v: *Et licet prima opinio dicat omnia de necessitate evenire, tamen opinio philosophorum Arabum sicut Avicennae et Algazel, sicut patet suprascriptis, et sicut retulit mihi Rays ebenmechi praeceptor meus est conformis opinioni Christianae.*

Avicenna und der berühmte Theologe Algazel (al-Ġazālī, gest. 1111 n. Chr.) lehren Alpago zufolge weder die Determination noch die Freiheit des Handelns, sondern eine dritte Position: dass Gott den Menschen den freien Willen geschenkt habe, gleichzeitig aber alle zukünftigen Dinge wisse. So handeln die Menschen in einer Hinsicht frei, in anderer Hinsicht aus Notwendigkeit, da Gott „alles durch die Strahlung und das Licht seines Wesens kennt" (*Deus radiatione et lumine suae essentiae omnia cognoscit*), wie „die arabischen Sufis sagen" (*Arabes Suphi dicunt*).[49] An dieser Stelle gibt Alpago offensichtlich die Lehrmeinung al-Makkīs wieder, denn Avicennas kurzer 12. Abschnitt der ‚Anmerkungen über die Seele' lässt diese Schlüsse über Avicennas Freiheitslehre kaum zu. Es handelt sich um eine gewagte Interpretation. Denn in der Metaphysik der Summe *aš-Šifāʾ* spricht Avicenna durchaus nicht davon, dass Gott alles wisse, sondern dass er alles Einzelne „auf eine allgemeine Weise" wisse. Mit dieser Einschränkung des göttlichen Wissens auf das Allgemeine garantiert Avicenna die Freiheit der kontingenten Einzelereignisse.[50]

Im Folgenden werde ich mich Alpagos Kommentaren zum längsten der sechs Traktate, der ‚Opferfest-Schrift über das jenseitige Leben' (*al-Risāla l-aḍḥawiyya fī l-maʿād*), zuwenden.[51] Die ‚Opferfest-Schrift' ist Avicennas ausführlichstes Werk über das Leben der Seele nach dem Tod des Körpers.[52] Sie war im Osten der islamischen Welt sehr populär, aber im islamischen Westen deutlich weniger verbreitet, was erklären mag, warum sie nicht bereits im 12. Jahrhundert in Andalusien ins Lateinische übersetzt wurde. Avicenna argumentiert zunächst gegen drei theologische Theorien über das Jenseits: dass sich im Jenseits erstens Körper, zweitens Seelen oder drittens Körper und Seelen zusammen befinden. Zu den Theologen, die die dritte Position vertreten, gehören in Avicennas Darstellung neben Muslimen auch Christen,[53] deren Lehre der muslimischen aber deutlich unterlegen sei.[54] Im weiteren Verlauf unternimmt Avicenna eine ausführliche Widerlegung verschiedener Theorien der Seelenwanderung (*tanāsuḫ*): der Idee, dass die Seelen ewig, aber begrenzt an Zahl sind, und dass sie eine unbegrenzte Anzahl von Körpern beleben. Avicennas Hauptargument ist gegen die These gerichtet, die Seele existiere bereits vor der Entstehung des Körpers.

49 Ebd., fol. 109v (verdruckt zu „111v").

50 Zu Avicennas Lehre von Gottes Wissen siehe Peter ADAMSON, On Knowledge of Particulars. In: Proceedings of the Aristotelian Society 105 (2005), S. 273–294, hier S. 291–292.

51 Avicenna, al-Risāla l-aḍḥawiyya fī l-maʿād. Hg. von Francesca LUCCHETTA, Epistola sulla vita futura. Padua 1969. Die lateinische Übersetzung mit dem Titel ‚Libellus Avicennae de almahad' ist gedruckt in der Edition von 1546 (wie Anm. 20), fol. 40r–102r.

52 GUTAS, Avicenna (wie Anm. 45), S. 472–477. Das Werk ist in ca. 30 arabischen Handschriften überliefert. Zu den wenigen Forschungsarbeiten, die sich mit der ‚Risāla' beschäftigten, gehören LUCCHETTA, Epistola (wie Anm. 51), insbesondere die Einleitung; Tariq JAFFER, Bodies, Souls and Resurrection in Avicenna's *ar-Risāla al-Aḍḥawīya fī amr al-maʿād*. In: Before and After Avicenna. Hg. von David C. REISMAN. Leiden/Boston 2003, S. 163–174; MICHOT, A Mamlūk (wie Anm. 47).

53 Avicenna, Risāla (wie Anm. 51), S. 21 und 31; Libellus (wie Anm. 51), fol. 40v und 41r.

54 Avicenna, Risāla (wie Anm. 51), S. 84 und 95; Libellus (wie Anm. 51), fol. 48r und 49v.

Ab Kapitel IV beginnt Avicenna dann mit der Darlegung seiner eigenen Position. Er präsentiert dazu eine Version seines Gedankenexperimentes des „Fliegenden Menschen", ohne allerdings das Bild eines fliegenden Menschen selbst zu verwenden: Der Mensch kann nicht ohne sein Herz leben, das anders als andere Organe zum Leben unentbehrlich ist. Aber man kann den Menschen ohne Herz imaginieren, *fī al-tawahhum*, in der Vorstellung. Ein solchermaßen imaginierter Mensch „würde wissen, dass sein Wesen (*annīya*) existiert, über das wir hier sprechen, und <gleichzeitig> wäre es möglich, dass er nicht weiß, dass er ein Herz hat".[55] Avicenna zieht daraus den Schluss, dass das Wesen des Menschen eine vom Körper abgetrennte, unabhängige Substanz ist, die per se existiert.[56] Als eine immaterielle Substanz sei der rationale Seelenteil des Menschen unsterblich, nicht aber der wahrnehmende. Dafür spreche auch, dass es geistige Selbsterkenntnis gebe, aber keine wahrnehmende.[57]

In den beiden letzten Kapiteln des Traktats behandelt Avicenna den Status der rationalen Seele im Jenseits: Während des diesseitigen Lebens mit dem Körper erfährt die Seele Veränderungen durch ihre guten und schlechten Taten. Von diesen Veränderungen ist abhängig, ob sie im Jenseits das Wesen Gottes erkennen und auf diese Weise Glück erlangen kann. Strafe ist die Entfernung von dieser Erkenntnis. Neben Glück und Strafe gibt es nichts Drittes, keinen ruhenden Zustand.[58] Avicennas Kritik an der materiellen Seelenauffassung vieler muslimischer Theologen und seine Lehre der immateriellen Existenz der Seele im Jenseits waren ein Stein des Anstoßes für manche muslimischen Theologen. Für al-Ġazālī war die „Leugnung der Auferstehung und Versammlung der Körper" im Jenseits *kufr*, Unglauben.[59]

Andrea Alpagos ausführlicher Kommentar zu den einzelnen Kapiteln ist vor diesem Hintergrund bemerkenswert unaufgeregt und gelassen. Er wiederholt und paraphrasiert die Inhalte und formuliert sie auf verständliche Weise aus. Sein Text ist flüssig geschrieben, nicht im lateinischen Stil humanistisch, sondern eher akademisch-scholastisch. Allerdings wählt Alpago auch kein scholastisches Quaestio-Format, sondern kommentiert frei paraphrasierend, interpretierend und diskutierend jeweils einzelne Textlemmata. Alpago folgt Avicenna in fast allen inhaltlichen Punkten der ‚Opferfest-Schrift', auch in religiösen Fragen. So zeigt er keine Distanz zu

---

**55** Avicenna, Risāla (wie Anm. 51), S. 143; Libellus (wie Anm. 51), fol. 64v. Zum „Fliegenden Menschen" siehe Dag Nikolaus HASSE, Avicenna's De Anima in the Latin West. The Formation of a Peripatetic Philosophy of the Soul 1160–1300. London/Turin 2000 (Warburg Institute Studies and Texts 1), S. 80–92, und Peter ADAMSON und Fedor BENEVICH, The Thought Experimental Method. Avicenna's Flying Man Argument. In: Journal of the American Philosophical Association (2018), S. 147–164, mit weiterer Literatur.

**56** Avicenna, Risāla (wie Anm. 51), S. 183; Libellus (wie Anm. 51), fol. 71v.

**57** Avicenna, Risāla (wie Anm. 51), S. 175; Libellus (wie Anm. 51), fol. 71r.

**58** Zu Avicennas Jenseitslehren siehe Jean MICHOT, La destinée de l'homme selon Avicenne. Le retour à Dieu (*maʿād*) et l'imagination. Louvain 1986.

**59** Al-Ġazālī, The Incoherence of the Philosophers. Tahāfut al-falāsifa. Hg. von Michael E. MARMURA. Provo, Utah 2000, S. 226.

Avicennas Ablehnung eines ruhenden Zwischenzustands zwischen Strafe und Glück, den es, wie Alpago kommentiert, nicht nur in der islamischen, sondern auch in der christlichen Religion gebe: den Limbus für ungetaufte, aber unschuldige Kinder.[60] Avicennas Kritik am Christentum im 3. Kapitel wird von Alpago nur referiert, ohne Verteidigung christlicher Positionen. Avicenna habe sich nicht ausführlicher zur Überlegenheit des Islam geäußert, erklärt Alpago, weil er Weitschweifigkeit vermeiden wollte.[61] Nur am Ende der Schrift, beim Thema der guten und bösen Dämonen, distanziert sich Alpago von Avicenna: „Gemäß den christlichen Theologen und gemäß der Wahrheit" seien die Dämonen keine vom Körper getrennte Seelen, die in der irdischen Welt umherwandern, sondern immaterielle geistige Substanzen, die von den rationalen Seelen zu unterscheiden seien.[62] Im Zuge der Diskussion des Hauptthemas, der Jenseitslehren, betont Alpago mehrfach die Differenz zwischen Avicennas Jenseitskonzeption und der der Juden, Christen und Muslime.[63] Es sei die Position Avicennas, dass eine Auferstehung der toten Körper nur auf übernatürliche Weise zustande kommen könne und sich nicht *naturaliter* beweisen lasse und daher eine Sache des Glaubens in den Religionen sei[64] – anders als die philosophische Theorie des Fortlebens der rationalen Seelen. Alpago äußert seine eigene Meinung in dieser Sache nicht offen, aber seine Sympathie liegt eindeutig bei Avicennas philosophischer Position, die er den Lesern nahezubringen versucht.

In diesem Textabschnitt des 3. Kapitels über die Lehren der Religionen war Alpago mit einer besonders schwierigen Passage konfrontiert, wie er selbst anmerkt: „Mein Lehrer [Ibn al-Makkī] hat sehr viel Mühe investiert bei der Erforschung dieses Lemmas" (*magister meus multum laboravit in perscrutatione huius litterae*),[65] und Alpago bietet dem Leser daher zwei verschiedene Auslegungsmöglichkeiten (*expositiones*), die er offensichtlich von Ibn al-Makkī übernommen hat. Es kann also gut sein, dass Alpago seine philosophische und religiös gelassene Einstellung seinem arabischen Lehrer verdankt.

Inwieweit findet Alpagos lateinisch-akademische Universitätsbildung ihren Niederschlag in seinen Kommentaren? Aus den Studien von D'ALVERNY und LUCCHETTA wissen wir, dass Alpago in seinen Kommentaren des 1546 gedruckten Bandes Augustinus, Thomas von Aquin, Johannes Duns Scotus,[66] Egidius Romanus und Pietro

60 Avicenna, Libellus (wie Anm. 51), fol. 80r. Vgl. Alpagos Bemerkungen zur islamischen Lehre des *barzaḫ*, der Schranke zwischen Diesseits und Jenseits, die er mit *berzach idest purgatorium* übersetzt (fol. 83r und 94r).

61 Ebd., fol. 55v.

62 Ebd., fol. 100v: *secundum theologos Christianos et secundum veritatem.*

63 Ebd., fol. 50r–v, 51v, 52v.

64 Ebd., fol. 54v–55r.

65 Ebd., fol. 51r.

66 Ebd., fol. 42r.

d'Abano[67] zitiert. Insgesamt handelt es sich aber nur um etwa ein Dutzend Verweise im gesamten Buch. Auf zwei inhaltlich besonders interessante Stellen gehe ich im folgenden genauer ein. Beide stehen im 5. Kapitel, dessen Auslegung Alpago folgendermaßen beginnt:

> „In diesem Kapitel beweist Avicenna, dass die Seele durch sich selbst subsistiert, oder: dass sie ohne den Körper existieren kann und dass sie im Existieren vom Körper befreit ist und ihn nicht benötigt. Anschließend beweist er, dass die Seele nach dem [Tod des] Körpers bestehen bleibt und dass der Körper etwas der Seele Äußerliches ist, was er im vorangegangenen Kapitel zu beweisen versprochen hatte. Avicenna ist darum bemüht, die genannte Schlussfolgerung mit vielen Gründen zu beweisen; aufgrund dieser Gründe wird offensichtlich sein, dass die Seele nach dem [Tod des] Körpers bestehen bleibt und ihn nicht benötigt. Daher kann man leicht einsehen, dass der Mahad allein der Seele zukommt, wie zuvor gesagt wurde und später erläutert werden wird. Dieses Kapitel ist in viele Abschnitte geteilt, entsprechend den vielen Gründen, die angeführt werden; die Abschnitte werden am jeweiligen Platz deutlich werden. Beachte, dass der heilige Thomas in der ‚Summa contra gentiles', Buch 2, Kapitel 51, beweist, dass die geistigen Substanzen selbständig existierende Formen sind, und nicht in der Materie existierende, als wenn ihr Sein von der Materie abhinge."[68]

Alpago fasst hier auf sehr verständliche Weise den Inhalt des 5. Kapitels zusammen, bevor er mit der Auslegung einzelner Lemmata beginnt. Das Zitat aus Thomas' von Aquin ‚Summa contra gentiles' ist korrekt, sogar im Wortlaut.[69] Die Positionen Avicennas und Thomas' von Aquin sind einander ähnlich, da beide die Unsterblichkeit der rationalen Seele lehren. Allerdings spricht Thomas von Aquin in Kapitel II.51, anders als Avicenna, nicht nur über die menschliche Seele, sondern über geistige Substanzen überhaupt, die er im Verlauf von Buch II der ‚Summa contra gentiles' in zwei Gruppen unterteilt: diejenigen geistigen Substanzen, die mit einem Körper vereinigt werden können, nämlich die Seelen, und diejenigen, die nicht mit Körpern vereinigt sind: die separaten geistigen Substanzen wie die Engel, deren Wesen es ist,

---

67 Avicenna, Compendium de anima (wie Anm. 20), fol. 15r: *Nota quod conciliator particula 10, problema 15 dixit: In parte enim anteriori fit per sensus particulares perceptio similitudinis formarum extrinsecarum.* Die Verweise auf scholastische Autoren bei Andrea Alpago hat erstmals LUCCHETTA, Il medico (wie Anm. 2), S. 75 gesammelt.

68 Avicenna, Libellus (wie Anm. 51), fol. 71v–72r: *In hoc capitulo Avicenna probat quod anima sit per se subsistens vel existere possit absque corpore et quod ipsa in esse [existere] suo excusatur a corpore et non indiget eo. Et per consequens* [// 72r] *probat quod anima remaneat post mortem et corpus est quid extrinsecum ab anima, quod supra in praecedenti capitulo promisit probare. Et Avicenna nititur demonstrare conclusionem praemissam multis rationibus, quibus visis patebit animam post mortem remanere et non indigere corpore. Unde faciliter percipi poterit quod mahad soli animae conveniat, sicut supra affirmatum est et infra melius declarabitur. Et hoc capitulum dividitur in plures partes sicut plures adducit rationes; partes patebunt suis locis. Nota quod Sanctus Thomas contra gentiles libro 2 capitulo 51 probat quod substantiae intellectuales sunt formae per se subsistentes non materiales quasi esse earum non dependeat a materia.*

69 Thomas von Aquin, Summa contra gentiles. Hg. von Karl ALBERT/Paulus ENGELHARDT. Darmstadt 2005, Bd. 2, Kap. 51, S. 202.

ohne Körper zu sein.[70] Alpagos Zitat verdeckt, dass sich Thomas' von Aquin Lehre der rationalen Seele in einem wesentlichen Punkt von Avicennas Seelenlehre unterscheidet: Thomas betont, dass die Seele Form des Körpers ist, während Avicenna den Formbegriff in seiner Seelenlehre explizit vermeidet, weil der Begriff ‚Form' auf die Materie bezogen sei und dadurch die selbstständige Existenzweise der Seele und ihre Substantialität gefährde.[71]

Wie weit Andrea Alpago von Thomas von Aquin entfernt ist, lässt sich an der zweiten scholastischen Stelle des 5. Kapitels erkennen:

> „Und obwohl die intellektive Tätigkeit in Hinblick auf ihren Erwerb, Ankunft und Herkunft zu einem gewissen Grad von einem Organ abhängig ist, gemäß dem Satz des Aristoteles im ersten Buch der ‚Zweiten Analytiken' [Kap. I.18 und II.19]: ‚Unsere gesamte Erkenntnis nimmt ihren Anfang bei der Wahrnehmung', und gemäß seinem Satz in ‚De anima': ‚Der Erkennende muss notwendigerweise die Vorstellungsbilder [phantasmata] betrachten' usw., kann die Seele dennoch, wenn sie Wissen erworben hat, zum Beispiel eine Schlussfolgerung über irgendeinen Allgemeinbegriff, und wenn dieser Wissenszustand der Seele dauerhaft geworden ist, in die aktuelle Erkenntnis dieses Wissens allein durch sich selbst übergehen ohne irgendeine Abhängigkeit vom Körper und den Vorstellungsbildern."[72]

Avicenna argumentiert in dem hier kommentierten Textabschnitt zwar dafür, dass die Seele eine intellektive Tätigkeit besitze, die von der Materie und jeglichem Organ getrennt sei.[73] Aber die von Aristoteles in ‚De anima' (431a14–17, 431b1–5) aufgeworfene Frage, ob der Intellekt ohne Vorstellungsbilder (*phantasmata*) erkennen könne, diskutiert Avicenna in der ‚Opferfest-Schrift' nicht. Sie wurde überhaupt in arabischen Quellen viel seltener thematisiert als in lateinischen Quellen des Mittelalters und der Renaissance. Um nur zwei lateinische Beispiele zu nennen: Es ist eine zentrale epistemologische Position des Thomas von Aquin, dass der menschliche Verstand im diesseitigen Leben ohne „die Hinwendung zu den Vorstellungsbildern" (*conversio ad phantasmata*) nichts erkennen könne (‚Summa theologiae', I.84.7). In der ‚Summa contra gentiles' heißt es daher: Aufgrund der natürlichen Gebundenheit des Verstandes an die Vorstellungsbilder ist es dem Menschen im diesseitigen Leben nicht möglich, das Wesen der getrennten geistigen Substanzen oder gar Gottes zu erkennen.[74] Pietro

70 Ebd., Bd. 2, Kap. 91, S. 464.

71 Avicenna, De Anima (Arabic Text). Being the Psychological Part of Kitāb al-Shifā'. Hg. von Fazlur Rahman. London u.a. 1959, Kap. 1.1, S. 7, Zeile 2–9.

72 Avicenna, Libellus (wie Anm. 51), fol. 76v: *Et licet operatio intellectiva quantum ad eius acquisitionem et adventum et originem suam dependeat aliqualiter ab organo, iuxta dictum philosophi primo posteriorum „omnis nostra cognitio ortum habet a sensu" et in libro de anima „necesse est intelligentem phantasmata speculari" etc., tamen acquisita scientia, ut alicuius conclusionis de aliquo universali, et habituata anima circa talem scientiam, tunc anima exire potest in actum cognitionis illius scientiae per se absque dependentia a corpore et phantasmatibus.*

73 Lucchetta, Epistola (wie Anm. 51), S. 167, Zeile 5; Libellus (wie Anm. 51), fol. 70r: *Et ex eis quae verificant* [...].

74 Thomas von Aquin, Summa contra gentiles (wie Anm. 69), Buch 3, Kap. 45 und 48.

Pomponazzi, der nur wenige Jahre nach Alpago in Padua ebenfalls Philosophie und Medizin studierte, publizierte im Jahr 1516 den Traktat ‚De immortalitate animae', der einen philosophischen Skandal provozierte. In diesem Text wird der aristotelische Satz, der Verstand erkenne nie ohne Vorstellungsbilder, zum wichtigsten Argument für die Hauptthese, dass die menschliche Seele wesentlich sterblich sei.[75]

Andrea Alpago kennt ganz offensichtlich die lateinischen Diskussionen dieser aristotelischen Passage; er ist philosophisch auf der Höhe der Zeit, wie überhaupt bei der Wahl von Seelentraktaten für die Übersetzung, die zur Konjunktur von ‚De anima'-Kommentierungen um 1500 passen. Alpago betont aber gerade nicht, wie Thomas von Aquin oder noch stärker Pietro Pomponazzi, die Gebundenheit des Verstandes an den Körper, sondern die Möglichkeit des Verstandes, aus der Wahrnehmung abstrahierte Allgemeinbegriffe erneut zu denken, ohne immer noch auf Vorstellungsbilder angewiesen zu sein. Dies ist tatsächlich eine sehr avicennische Theorie, auch wenn Avicenna sie nicht explizit in der ‚Opferfest-Schrift' ausführt. In den psychologischen Teilen von ‚aš-Šifāʾ' und ‚an-Naǧāt' entwickelt Avicenna diese Theorie und illustriert sie mit einem Vergleich: Die niederen Seelenkräfte sind wie ein Reittier, das man benötigt, um zu einem bestimmten Ziel zu gelangen, und das danach nutzlos und hinderlich wird.[76] Andrea Alpago kennt die avicennische Theorie vielleicht aus eigener Lektüre arabischer oder lateinischer Versionen der Schriften Avicennas – den psychologischen Teil von ‚aš-Šifāʾ' zitiert er an anderer Stelle[77] – oder direkt von seinem Lehrer Ibn al-Makkī. Er kann sie freilich auch in lateinischen Werken kennengelernt haben. Nicht bei Thomas von Aquin, der die avicennische Position ausdrücklich ablehnte: Der Verstand benötige die Vorstellungsbilder nicht nur beim Erwerb von Wissen, sondern auch bei dessen Wiederverwendung, argumentiert Thomas von Aquin; nur im Jenseits könne der Verstand auf die niederen Seelenkräfte verzichten (‚Quaestiones de veritate' 18.8. ad 4). Ein einflussreicher Autor, bei dem Alpago die avicennische Theorie hätte finden können, ist Albertus Magnus (gest. 1280), der in seiner ‚De anima'-Paraphrase schreibt: „Wer schon Wissen erlangt hat [...] macht von den Vermögen der sinnlichen Seele keinen Gebrauch mehr – genauso wie jemand, der ein Transportmittel benötigt, wie Avicenna sagt, um in seine Heimat zu kommen, aber nicht mehr, wenn er dort angekommen ist."[78] Hier wie an vielen Stellen ist Albertus Magnus der avicennischen Position näher als Thomas von Aquin.

75 Pietro Pomponazzi, Abhandlung über die Unsterblichkeit der Seele. Hg. von Burkhard MOJSISCH. Hamburg 1990, Kap. 9, S. 82–83.

76 Avicenna, De Anima (Arabic Text) (wie Anm. 71), Kap. V.3, S. 223; Avicenna, Liber de anima seu Sextus de naturalibus. Hg. von Simone VAN RIET. Louvain/Leiden 1968–1972, Bd. 2, S. 105; Fazlur RAHMAN, Avicenna's Psychology. An English Translation of *Kitāb al-najāt*. London 1952, Book II, Chapter VI, S. 56.

77 Avicenna, Compendium de anima (wie Anm. 20), fol. 3v und 16r.

78 Albertus Magnus, De anima. Hg. von Clemens STROICK. Münster 1968, Kap. 3.2.19, S. 206b: *Cum autem iam habeat scientiam, vocatur intellectus adeptus, et tunc non indiget amplius virtutibus sensibi-*

Wenn wir Andrea Alpago innerhalb der lateinischen Philosophie einordnen wollen, sollten wir trotz dieser Nähe zum Avicennismus des Albertus Magnus mit dem Etikett „Avicennismus" vorsichtig sein. D'ALVERNY und LUCCHETTA haben vorgeschlagen, Alpago als Teil einer Strömung eines philosophischen Renaissance-Avicennismus in Italien zu sehen, dessen wichtigste Protagonisten Marsilio Ficino und Andrea Cattani seien.[79] Doch die Evidenz der Quellen für die Existenz einer solche Strömung ist zu schmal, wie die Forschung inzwischen sehen kann. Anders als im 13. Jahrhundert ist Avicenna nicht mehr die Hauptautorität für fast die gesamte Bandbreite metaphysischer und psychologischer Theorien, sondern nur noch Referenzpunkt für einzelne Themen wie die natürliche Erklärung von Prophetie und Wundern oder für die ‚Generatio spontanea'.[80] Avicenna wird in der Renaissance in erster Linie als Mediziner gelesen, seine philosophischen Schriften sind kaum mehr verbreitet – im großen Unterschied zu den Aristoteleskommentaren des Averroes.[81] Alpagos philosophische Position ist im Vokabular des lateinischen Aristotelismus formuliert, wie Alpago es in Padua kennengelernt hatte, und ist weit entfernt vom Vokabular platonischer oder neuplatonischer Autoren der Zeit wie Ficino oder Pico. Inhaltlich erinnert die Position an Albertus Magnus: der intellektive Erkenntnisoptimismus im Diesseits, die Betonung der Unabhängigkeit des Intellekts von den Sinnen und der Seele vom Körper, der Verzicht auf eine starke Auslegung des aristotelischen Begriffs der Seele als Form. In den verschiedenen Ausprägungen des lateinischen Aristotelismus um 1500, der in der Seelenlehre stark von Averroes, Alexander von Aphrodisias, Thomas von Aquin und Duns Scotus geprägt ist, hat eine solche Philosophie allerdings kaum Anhänger.

Bezieht Andrea Alpago ähnliche Positionen beim Kommentieren der anderen Avicenna-Traktate des Drucks von 1546? Diese Frage würde eine viel umfangreichere Studie verdienen. Vorläufig lässt sich beobachten, dass Alpago auch beim Kommentieren des ‚Kompendiums über die Seele' die avicennische These vertritt, dass der Intellekt nach dem Erwerb von Wissen nicht mehr auf die Sinne angewiesen sei;[82] auch erwähnt er die *forma*-Definition der Seele, zieht aber mit Avicenna die *perfectio*-Definition als die „vollständige" Definition vor.[83] Er kommentiert sehr positiv andere

*lis animae, sicut qui quaerit vehiculum, ut dicit Avicenna, ad vehendum se ad patriam, cum pervenerit ad patriam, non indiget amplius vehiculo.*

**79** Marie-Thérèse D'ALVERNY, Survivance et renaissance d'Avicenne à Venise et Padoue. In: Venezia e l'Oriente fra tardo Medioevo e Rinascimento. Hg. von Agostino PERTUSI. Florenz 1966, S. 75–102, hier S. 78–79, nachgedruckt in: DIES., Avicenne en occident (wie Anm. 2); LUCCHETTA, Il medico (wie Anm. 2), S. 71–78.

**80** Dag Nikolaus HASSE, Arabic philosophy and Averroism. In: Cambridge Companion to Renaissance Philosophy. Hg. von James HANKINS. Cambridge 2007, S. 113–136, hier S. 121–125.

**81** Zur Rezeption des Mediziners Avicenna in der Renaissance siehe SIRAISI, Avicenna (wie Anm. 41); zur Verbreitung von Avicennas und Averroes' Werken siehe HASSE, Success (wie Anm. 2), S. 357–360, S. 7–10.

**82** Avicenna, Compendium de anima (wie Anm. 20), fol. 33r.

**83** Ebd., fol. 5v–6r. Vgl. auch die Erwähnung der Formel *anima forma corporis* in: Avicenna, Tractatus de diffinitionibus et quaesitis (wie Anm. 20), f. 126r.

typisch avicennische Positionen wie die Ablehnung eines materiellen Gedächtnisses für intelligible Inhalte[84] oder die Lehre vom aktiven Intellekt oder Geber der Formen.[85] Bemerkenswerterweise ist er aber – mehr als im Kommentar zur ‚Opferfest-Schrift' – um eine christliche Interpretation bemüht: „Was Avicenna über die universale Intelligenz [d.h. den aktiven Intellekt] sagt, können Christen dem Heiligen Geist zuordnen".[86] Auch mit diesen inhaltlichen Positionierungen steht er in der lateinischen Renaissancephilosophie weitgehend singulär da.

Überhaupt nicht singulär sind Alpagos philosophische Positionen im islamischen Osten. Viele finden sich in al-Abharīs ‚Hidāya', dem Lehrbuch, das Ibn al-Makkī verwendet. Avicennas Schriften über das Jenseits, die Alpago übersetzt, haben – anders als im lateinischen Westen – bereits im 13.–15. Jahrhundert in der arabischen Welt viele Leser gefunden.[87] Dies wird sich im Iran des 16.–17. Jahrhunderts noch einmal steigern, wenn unter den Nachfolgern Schah Ismails die avicennische Philosophie, auch seine philosophische Theorie des Jenseits, eine besondere Blüte erlebt.[88] Ibn al-Makkī, Alpagos Lehrer, stand an der Schwelle zu dieser Blütephase.

In der Medizin, mit seiner ‚Canon'-Korrektur, erreichte Andrea Alpago seine lateinischen Leser, die Avicennas medizinisches Hauptwerk ebenso schätzten wie die arabischen Mediziner, die Alpago im Nahen Osten kennenlernte. In der Philosophie hingegen war Alpago in der lateinischen Welt ein Außenseiter, und seine 1546 gedruckten Übersetzungen fanden – soweit man das beim jetzigen Stand der Forschung sagen kann – wenig Resonanz. Sein medizinischer Avicennismus war ein internationaler und west-östlicher, sein philosophischer Avicennismus hingegen ein im Wesentlichen östlicher.

Die enorme räumliche Reichweite von Alpagos wissenschaftlichem Blick ist die eine Seite seiner bemerkenswerten Sonderstellung unter den Zeitgenossen. Die andere Seite beruht auf der Verständnistiefe seiner Texte. In Andrea Alpago begegnet uns nicht ein Spiegel, sondern ein Interpret seiner Zeit: ein politisch-ökonomischer Beobachter, der seinen Lesern ein Verständnis der Lage im Nahen und Mittleren Osten anbietet, und ein Philosoph, dessen Interpretation der avicennischen Jenseitslehren ein Fenster in die Philosophie der islamischen Welt des frühen 16. Jahrhunderts öffnet.

---

**84** Ebd., fol. 38v.

**85** Ebd., fol. 16v und 36r.

**86** Ebd., fol. 36v: *Et quod dixit Avicenna de intelligentia universali, Christiani applicare possunt spiritui sancto*; vgl. ebd., fol. 38r.

**87** Siehe hierzu Michot, A Mamlūk (wie Anm. 47), S. 152–156.

**88** Siehe das Kapitel über die Eschatologie des Mullā Ṣadrā, des bekanntesten Philosophen der Safawidenzeit in Fazlur Rahman, The Philosophy of Mullā Ṣadrā (Ṣadr al-Dīn al-Shirāzī). Albany 1975, S. 247–262.

Kerstin Schlögl-Flierl

# Antoninus von Florenz (1389–1459) und seine ‚Confessionali'

## Ein theologiehistorisches Beispiel für eine Transgression örtlicher und intensionaler Grenzen

Den meisten Nicht-TheologInnen wird Antoninus von Florenz unbekannt sein. Nicht zu verwechseln ist er mit dem weitaus bekannteren Antonius von Padua, dem Heiligen, der gerne angerufen wird, wenn man etwas vergessen oder verlegt hat. Antoninus von Florenz (Pierozzi mit bürgerlichem Namen) – die Diminutivform Antoninus wurde angeblich verwendet aufgrund seiner schmächtigen Gestalt bzw. schlechten Gesundheit – war ein Dominikanermönch aus Florenz (1389–1459), der nach einigen Stationen in Italien bis zu seinem Tod Erzbischof von Florenz war.[1] Er war ein Schüler des Dominikaners Giovanni Dominici[2] und erlebte die Bußbewegung der Bianchi.[3] Am 31. Mai 1523 wurde er von Papst Hadrian VI. heiliggesprochen[4] und wird als Schutzpatron gegen Unglück und Fieber angerufen.

Bezüglich seiner Lebensgeschichte kann man somit nicht von einer weitergehenden (örtlichen) Transgression (Überschreitung) von Ländergrenzen ausgehen, wie der Titel dieses Beitrags verspricht. Ob man ihn als Mann des Überganges von Spätmittelalter hin zum Humanismus einordnet oder als letzten spätmittelalterlichen Denker im Renaissancehumanismus, darüber fällt die damalige wie aktuelle Betrachtung sehr unterschiedlich aus.[5] Fakt ist, er war Bischof in einer Wendezeit.[6]

---

1 Vgl. z. B. Raoul MORÇAY, Saint Antonin. Archevêque de Florence (1389–1459). Paris 1914; Kerstin SCHLÖGL-FLIERL/Cornelia SCHWEIGER/Sigrid MÜLLER, Antoninus von Florenz. In: Christliche Ethik im Porträt. Leben und Werk bedeutender Moraltheologen. Hg. von Konrad HILPERT. Freiburg i. Br. 2012, S. 285–307.

2 Vgl. Isabella GAGLIARDI, Giovanni Dominici e Antonino Pierozzi: Dal maestro al discepolo. In: Memorie domenicane 43 (2012), S. 167–183.

3 Vgl. Kerstin SCHLÖGL-FLIERL, Die Bußbewegung der Bianchi im Italien des Spätmittelalters. Unterwegs im Auftrag der Geißelung – aus dem Blickwinkel der Mobilität und möglichen Innovation. In: Die bewegte Stadt. Migration, soziale Mobilität und Innovation in vormodernen Großstädten. Hg. von Jörg OBERSTE/Susanne EHRICH. Regensburg 2015, S. 151–163.

4 Zu Antoninus vgl. Ronald C. FINUCANE, Contested Canonizations. The Last Medieval Saints, 1482–1523. Washington D.C. 2011, S. [167]–[206]; Lorenzo POLIZZOTTO, The Making of a Saint. The Canonization of St. Antonino, 1516–1523. In: Journal of Medieval and Renaissance Studies 22 (1992), S. 353–381.

5 Vgl. z. B. Kerstin SCHLÖGL-FLIERL, Moraltheologie für den Alltag. Eine moralhistorische Untersuchung der Bußbücher des Antoninus von Florenz OP (1389–1459). Münster 2017 (Studien der Moraltheologie. Neue Folge 6), S. 61–76.

6 Vgl. Giuliano DI AGRESTI, S. Antonino e il suo tempo. In: Rivista di ascetica e mistica 59 (1990), S. 225–253.

https://doi.org/10.1515/9783110740509-004

Nur geringfügig bekannter ist dieser Anhänger der strengen Observanz[7] zumeist katholischen TheologInnen. Er hat eine vierbändige ‚Summa theologica' verfasst, die materialiter umfänglich Inhalt liefert, da Antoninus eine kleine ‚Ameise' war, wie er selbst im Prolog dieser ‚Summa'[8] schreibt, bzw. anders ausgedrückt als Enzyklopädist arbeitete. Man findet darin für viele Themen Zusammenstellungen aktueller und vergangener Positionen, was eine Wertschätzung als Kompilator zur Folge hatte. Dies ist beispielsweise in den Wirtschaftswissenschaften[9] der Fall, war doch Antoninus als Erzbischof[10] von Florenz in dieser prosperierenden Stadt[11] z. B. mit Zins und Wucher in den Sündenbekenntnissen der PönitentInnen (die um Beichte Ansuchenden), aber auch in der Auseinandersetzung mit der Familie Medici mit entsprechenden Problemstellungen vertraut und hat wie in seinen ‚Confessionali' auch in seinen Predigten deutlich Stellung bezogen.[12] Unter HistorikerInnen weiß man gelegentlich von seiner ‚Summa historialis'[13], einer Chronik, die von der Erschaffung der Welt bis 1456 reicht.

Innerhalb meiner Fachdisziplin Moraltheologie, in der modernen Diktion Theologische Ethik genannt, wird Antoninus nur spärlich gekannt. Die Moraltheologie hat sich erst im Zuge des Konzils von Trient (1545–1563) als eigenständiges Fach für die

---

7 Vgl. Kaspar Elm, Reform- und Observanzbestrebungen im spätmittelalterlichen Ordenswesen. Ein Überblick. In: Reformbemühungen und Observanzbestrebungen im spätmittelalterlichen Ordenswesen. Hg. von Dems. Berlin 1989 (Berliner historische Studien 14. Ordensstudien 6), S. 3–19.

8 Sancti Antonini Archiepiscopi Florentini Ordinis Praedicatorum, Summa theologica. Verona 1740. ND Graz 1959. 4 Bde. (künftig: ‚Summa'); vgl. Summa I, Prologus, 3; vgl. Peter F. Howard, ‚Non parum laborat formica ad colligendum unde vivat'. Oral discourse as the context of the ‚Summa theologica' of St. Antoninus of Florence. In: Archivum Fratrum Praedicatorum 59 (1989), S. 89–148.

9 Vgl. Raymond de Roover, San Bernardino of Siena and Sant'Antonino of Florence. The Two Great Economic Thinkers of the Middle Ages. Boston 1967; Glen Alexandrin/Steven S. Poulatis, Social economist: St Antonino, Bishop of Florence, 1384[!]–1459. In: International Journal of Social Economics 28 (2001), S. 561–576, hier S. 574; Rudolf Schüssler, Antonino von Florenz als Ökonom. Eine Verteidigung. In: I Beni di Questo Mondo. Teorie etico-economiche nel Laboratorio dell'Europa medievale. Atti del Convegno della Società italiana per lo Studio del Pensiero medievale. Roma, 19–21 settembre 2005. Hg. von Roberto Lambertini/Leonardo Sileo. Porto 2010, S. 281–304; Philip Knäble, Wucher, Seelenheil, Gemeinwohl. Der Scholastiker als Wirtschaftsexperte?. In: Wissen und Wirtschaft. Expertenkulturen und Märkte vom 13. bis zum 18. Jahrhundert. Hg. von Marian Füssel/Philip Knäble/Nina Elsemann. Göttingen 2017, S. 115–137.

10 Für sein Wirken als Bischof vgl. exemplarisch Gilberto Aranci, Sant'Antonino: Un vescovo legislatore e giudice. Sinodi e azioni giudiziali durante il suo episcopato. In: Memorie domenicane 43 (2012), S. 57–75.

11 Vgl. David S. Peterson, Archbishop Antoninus: Florence and the Church in the Earlier Fifteenth Century. Ithaca/New York 1985; Ders., Chiesa e Città nella Firenze di Sant'Antonino. In: Memorie domenicane 43 (2012), S. 185–205.

12 Vgl. Peter F. Howard, Beyond the Written Word. Preaching and Theology in the Florence of Archbishop Antoninus 1427–1459. Florenz 1995.

13 Vgl. Raoul Morçay, Chroniques de Saint Antonin. Fragments originaux du titre XXII (1378–1459). Thèse complémentaire pour le doctorat ès-lettres. Paris 1913.

Priesterausbildung herausgebildet,[14] so dass Antoninus eher als Vorläufer der eigentlichen Fachdisziplin aufscheint und vor allem lange Zeit als Adept des großen Theologen Thomas von Aquin abgetan bzw., anders gewendet, die Eigenständigkeit und Originalität dieses Dominikaners abschlägig beurteilt wurde.[15] Im ‚Lexikon für Theologie und Kirche', immerhin dem theologischen Fachlexikon, wird er im jüngsten Eintrag von 1993 als Brückenpfeiler zwischen Thomas von Aquin und Alphons von Liguori (1696–1787), dem Patron der MoraltheologInnen und der Beichtväter, eingeordnet.[16] Das Fach der Moraltheologie ist im Grunde aus der Notwendigkeit der Anleitung und Ausbildung von Beichtvätern entstanden. Die Erhebung zum Kirchenlehrer[17] steht für Antoninus noch aus.

Bis zu meiner Habilitationsschrift aus dem Jahr 2014, die 2017 in der Reihe der ‚Studien der Moraltheologie'[18] erschienen ist, hat sich im deutschsprachigen Raum kein Moraltheologe und keine Moraltheologin mit seinen Bußschriften[19] – im Fachterminus ‚Confessionali' genannt – beschäftigt, die er neben der ‚Summa theologica' und der ‚Summa historialis' ebenfalls verfasst hat. Diese Bußschriften des Antoninus, von denen uns drei bekannt sind,[20] profitierten hinsichtlich ihres Bekanntheitsgra-

---

14 Vgl. Karl-Heinz KLEBER, Historia docet. Zur Geschichte der Moraltheologie. Münster 2005 (Studien der Moraltheologie. Beihefte 15); Louis VEREECKE, Da Guglielmo d'Ockham a sant'Alfonso de Liguori. Saggi di storia della teologia moderna (1300–1787). Mailand 1990 (Orig. Rom 1986).

15 Als illustrierendes Beispiel sei genannt: „Von besonderer Bedeutung für die weitere Entwicklung ist die Epikielehre des *Antoninus von Florenz* (gest. 1459), allerdings weniger wegen ihrer Originalität, als auf Grund der Tatsache, daß er in Italien Thomas wieder zu Einfluß verholfen und die Epikielehre des Aquinaten den spanischen Scholastikern überliefert hat." Günter VIRT, Epikie – verantwortlicher Umgang mit Normen. Eine historisch-systematische Untersuchung zu Aristoteles, Thomas von Aquin und Franz Suarez. Mainz 1983 (Tübinger theologische Studien 21), S. 179.

16 Vgl. Johannes HELMRATH, Antonin (Pierozzi) v. Florenz. In: Lexikon für Theologie und Kirche. 3. Aufl. Hg. von Walter KASPER u. a., Bd. 1. Freiburg i. Br. u. a. 1993, Sp. 784.

17 Vgl. Girolamo WILMS, Iudicium Historico-Doctrinale in Opera Omnia Sancti Antonini Archiepiscopi Florentini. In: Sacra Congregatio pro Causis Sanctorum, Concessionis Tituli Doctoris Sancti Antonini Pierozzi, Ord. Praed. Archiepiscopi Florentini. Rom 1975, S. 369–465; Sacra Congregazione per le cause dei santi, Supplemento alla posizione per il dottorato di S. Antonino O.P. Arcivescovo di Firenze (1389–1459). Rom 1983.

18 Vgl. SCHLÖGL-FLIERL, Moraltheologie für den Alltag (wie Anm. 5).

19 Vgl. Kerstin SCHLÖGL-FLIERL, Liberation and Reconciliation – *Superbia* in the confessionals and in *Summa theologica* of St. Antoninus of Florence and its role in his theology of penance. In: Memorie domenicane 43 (2012), S. 395–412.

20 Weitere Werke des Antoninus: Consilia seu conclusiones et decisiones in foro conscientiae. Ediert im Artikel von Raymond CREYTENS, Les cas de conscience soumis à S. Antonin de Florence par Dominique de Catalogne O.P. In: Archivum Fratrum Praedicatorum 28 (1958), S. 149–220; DERS., Les ‚Consilia' de S. Antonin de Florence O.P. In: Archivum Fratrum Praedicatorum 37 (1967), S. 263–342; La Nave Spirituale di S. Antonino Pierozzi domenicano, arcivescovo di Firenze, Trascrizione in lingua corrente del testo scoperto dal P. GRAZIANO DI S. TERESA O.C.D. da un manoscritto anonimo e identificato dal P. GIACINTO D'URSO O.P. Florenz 1998; Lettere di Sant'Antonino, Arcivescovo di Firenze, precedute dalla sua vita scritta da Vespasiano FIORENTINO, Florenz 1859; Opera a ben vivere di Sant'Antonino dell'ordine dei predicatori, arcivescovo di Firenze, scritta da Dianora TORNABUONI NE'SODERINI, con

des u.a. von der Entstehung des mit beweglichen Lettern hergestellten Druckes, der Inkunabel[21].

Die Antonin'schen Bußschriften werden als Bestseller in der italienischen Sprachgeschichte[22] bzw. als Exportschlager bezeichnet.[23] Sowohl in den Handschriften[24] als auch im Druck kann von einer Erfolgsgeschichte dieser Bußbücher gesprochen werden, was jedoch noch differenziert betrachtet werden muss.

Nach den Incipits benannt, handelt es sich dabei um ‚Omnis mortalium cura'[25] (abgekürzt OMC), ‚Defecerunt'[26] und ‚Curam illius habe'[27] (abgekürzt CIH), die Antoni-

---

Prefazione del P. Lodovico FERRETTI del medesimo ordine. Florenz 1923; Regola di vita cristiana (Dello stato vedovile) indirizzata a Ginevra de' Cavalcanti di Santo Antonino Arcivescovo di Firenze messa ore in luce per la prima volta da Francesco PALERMO Tipografia Fiorentina. Florenz 1866; Responsiones Antonini ad LXIX quaesita F. Dominici de Cathalonia (Überblick siehe CREYTENS, Les cas); Storia Breve di S. Caterina da Siena. Terziaria Domenicana, hg. von Alfredo SCARCIGLIA. Übers. von Tito SANTE CENTI. Siena 2002.

**21** Ausschließlich Drucke des 15. Jahrhunderts werden als Inkunabeln bezeichnet. Der Begriff ‚Wiegendruck', der um 1900 in Deutschland eingeführt wurde, konnte sich auf internationaler Ebene nicht durchsetzen. Vgl. Severin CORSTEN, Inkunabel. In: Lexikon des Mittelalters. Hg. von Robert-Henri BAUTIER u.a. Bd. 5. Stuttgart u.a. 1991, Sp. 428f; Andreas WÜRGLER, Medien in der Frühen Neuzeit. 2. durchgesehene Aufl., München 2013, S. 12: „Hatte die Technik der Papierherstellung Jahrhunderte gebraucht, um sich von Italien (Palermo 1109) nach Deutschland (Nürnberg 1390) auszubreiten, gelangte die Buchdruckkunst schon rund 10 Jahre nach ihrer Erfindung in Deutschland nach Italien (Subiaco bei Rom 1465, Rom 1467, Venedig 1469), wo um 1500 bereits mehr Druckereien (80) arbeiteten als in Deutschland (52) oder Frankreich (43)."

**22** „[*I*]*l Quaresimale* di Roberto Caracciolo, con ben 23 edizioni tra 1475 e 1500, e i ‚confessionali' di Antonio Pierozzi (poi sant'Antonino), con 36 edizioni complessive, di cui un volgarizzamento in ottave, apparse tra il 1472 e il 1500." Amedeo QUONDAM, La letteratura in tipografia. In: Letteratura italiana. Bd. 2. Produzione e consumo. Hg. von Alberto ASOR ROSA. Turin 1983, S. 555–686, hier S. 593.

**23** „I domenicani devono il loro successo sostanzialmente ai confessionali di Antonino da Firenze. Il ‚*Curam illius habe*', il *Defecerunt*, l'‚*Omnis mortalium cura*' e la *Confessione generale* antoniniane escono in diversi luoghi: [...] Ma i testi di Antonino da Firenze conoscono una continuità di presenza che parte dalla prima metà del Quattrocento, prima manoscritta, poi a stampa. Il successo domenicano appare come un fenomeno tipografico." Miriam TURRINI, La coscienza e le leggi. Morale e diritto nei testi per la confessione della prima età moderna. Bologna 1991, S. 74f.

**24** Vgl. Letizia PELLEGRINI, I Manoscritti dei Predicatori. I Domenicani dell'Italia mediana e i Codici della loro Predicazione (secc. XIII–XV). Rom 1999.

**25** Gesamtkatalog der Wiegendrucke (künftig: GW) 2152–2177, von mir verwendet 2174: [Bologna: Baldassare Azzoguidi, um 1472/73], Anne JACOBSON SCHUTTE, Printed Italian Vernacular Religious Books 1465–1550. A Finding List. Genua 1983, S. 44–49; siehe auch Enrico SPAGNESI/Maria Cristina PECCHIOLI VIGNI (Hg.), Istituto per la Documentazione giuridica del consiglio nazionale delle Ricerche: Saggio di Bibliografia delle edizioni giuridiche in lingua italiana (1470–1600). Florenz 1972 (ND 1974), S. 5. Beschreibung folgendermaßen: „Confessionale ‚Omnis mortalium cura' Specchio di coscienza; Trattato dell'escomunicazione. [Seguono:] S. Thomas, Orazione la quale diceva quando andava a celebrare; Orazione che si fa dopo la Comunione; Dieci Comandamenti volgari in rima; Credo volgare in rima."

**26** GW 2079–2151; auch JACOBSON SCHUTTE, Printed Italian (wie Anm. 25), S. 44.

**27** GW 2075–2079, von mir verwendet 2075: Bologna: [Baldassare Azzoguidi], 1472; auch JACOBSON SCHUTTE, Printed Italian (wie Anm. 25), S. 42–44; SPAGNESI/PECCHIOLI VIGNI, Saggio (wie Anm. 25),

nus im Zeitraum zwischen 1429 und 1446 erarbeitet hat und damit vor der ‚Summa theologica' und der ‚Summa historialis'. Mit dem Hauptthema der ‚Confessionali', dem Bußsakrament, ist vor allem die Lebenspraxis vor Ort im Blick: ein florentinisches Sittengemälde entsteht.[28]

Diese Bußschriften werden in meinem Beitrag unter dem Tagungsthema ‚Transgression von Grenzen' vorgestellt. Als Vorbemerkung sei mir zudem erlaubt zu erwähnen, dass dies aus der Perspektive einer katholischen Theologin geschieht. Herangezogen wurden für die Auswertung der ‚Confessionali' in der Habilitationsschrift die frühesten mir zugänglichen Inkunabeln, da noch keine (kritische) Edition jener Bußschriften vorliegt.[29]

In diesem Beitrag möchte ich nun in einem ersten Schritt die Gattung der ‚Confessionali' vorstellen und vor allem die drei uns von Antoninus bekannten präsentieren und in einem zweiten die Grenzüberschreitung, welcher Natur auch immer, beschreiben. Als genuine Systematikerin reflektiere ich kritisch die Grenzüberschreitungs- bzw. Reichweitenthematik, die Falk EISERMANN im Jahr 2016 bei einer Göttinger Tagung vorgetragen hat:[30]

> „Die derzeit modernen bibliometrischen Analysen haben zweifellos ihre Berechtigung in Bezug auf die Befriedigung numerisch-statistischer Bedürfnisse, müssen aber in ihrem Wert für konkrete historisch-philologische Fragestellungen wie die nach der Reichweite des frühesten Buchdrucks problematisiert werden, weil sie von einer faktisch nicht vorhandenen Kohärenz des Druckgewerbes und der publizistischen Sphäre im 15. Jahrhundert ausgehen, aus welcher dann oftmals vorschnell auf eine Kohärenz der Rezipienten, der lesenden Öffentlichkeit, geschlossen wird."[31]

Kann also wirklich bei Antoninus von einem Bestseller gesprochen werden? Oder weitergehend gefragt: Heißt es, wenn ihnen Erfolg anhand unterschiedlicher Kriterien attestiert wird, dass sie auch gelesen wurden? Dieser Tagungsbeitrag von EISERMANN ließ den ‚Erfolg' der ‚Confessionali' des Antoninus noch einmal kritisch betrachten.

---

S. 3. Beschreibung folgendermaßen: „Confessionale ‚Curam illius habe' medicina dell'anima; Trattato dell'escomunicazione. [Segue:] S. Thomas, Orazione la quale diceva quando andava a celebrare; Orazione che si fa dopo la Comunione; Dieci Comandamenti volgari in rima, Credo volgare in rima."

**28** Vgl. Bernhard HÄRING, Das Gesetz Christi. Moraltheologie. Dargestellt für Priester und Laien. Bd. 1, 7. verbesserte Aufl., Freiburg i. Br. 1963, S. 52.

**29** Vgl. Innocenzo VENCHI, Catalogus Hagiographicus Ordinis Praedicatorum. Editio altera ab auctore revisa et aucta. Prodit cura Fr. FRANCISCI MARIAE RICCI. Rom 2001.

**30** Vgl. Falk EISERMANN, Zu den Reichweiten des frühesten Buchdrucks. Eine Problemstellung. In: Reichweiten, Dynamiken und Grenzen kultureller Transferprozesse in Europa, 1400–1520. Hg. von Nikolaus HENKEL/Thomas NOLL/Frank REXROTH. (Abhandlungen der Akademie der Wissenschaften zu Göttingen Neue Folge 49/1), Berlin/Boston 2019, S. 93–111, hier S. 110.

**31** Ebd., S. 18.

# 1 Die ‚Confessionali' des Antoninus von Florenz

Ein Sittengemälde zeichnend und die Alltagsprobleme der Menschen reflektierend, arbeitete Antoninus von Florenz in seinen drei Bußschriften. In einem ersten Schritt erfolgt eine genauere gattungsgeschichtliche Einordnung der Bußschriften und in einem zweiten Punkt eine Einführung in die ‚Confessionali' des Antoninus.

## 1.1 Gattungsgeschichtliche Einordnung der ‚Confessionali'

Bereits vor Antoninus gab es ‚libri poenitentiales', also Bußbücher, in denen für den Beichtvater Materialien für die Beichte zusammengestellt wurden.[32] In diesen ‚libri poenitentiales' konnte man ab dem 6. Jahrhundert für jede Sünde, sei sie eine Todsünde oder lässlich, die fixierte Bußauflage finden, beispielweise eine bestimmte Anzahl von Fasttagen, Almosen und Gebeten, die Enthaltsamkeit vom ehelichen Verkehr oder, in sehr schwerwiegenden Fällen, eine Pilgerreise. Den Hintergrund für die Tarifbuße bildete eine rechtliche Auffassung von Tathaftung, wonach die Schuld nur auf Grund der objektiv geschehenen Tat bewertet wurde und werden konnte. Die kompensatorische Leistung berechnete der Beichtvater dementsprechend.[33]

Im Spätmittelalter wurden sie abgelöst von im Umfang größeren ‚Summae confessorum', sogenannten Pönitentialsummen. Sie waren Sammlungen von Regeln und Rechtsnormen, die bei der Spendung des Bußsakramentes angewendet werden mussten und konnten. Einige waren in logischer und systematischer Reihenfolge angeordnet, andere – vom Ende des 13. Jahrhunderts an – nach dem Alphabet. Das Maß der Bußauflage lag nun im Ermessen der Beichtväter. Dies war besonders schwierig, da, durch den gesellschaftlichen Fortschritt verursacht, immer kompliziertere Fälle auftraten, die dann schlussendlich in eine Art von Kasuistik (vor allem im 16. Jahrhundert) mündeten, die sich inzwischen im kanonischen und weltlichen Recht herausgebildet hatte. Die ‚Summae confessorum' stammen vor allem entweder aus der Hand der Franziskaner oder der Dominikaner.

Welche unterschiedlichen ‚Summae confessorum' im Spätmittelalter zu finden waren, hat in bedeutender Weise Pierre MICHAUD-QUANTIN[34] in seinem Überblicks-

32 Vgl. Cyrille VOGEL, Les ‚Libri paenitentiales'. Turnhout 1978; DERS., En rémission des péchés. Recherches sur les systèmes pénitentiels dans L'Eglise latine. Edité par Alexandre FAIVRE. Aldershot 1994.

33 Vgl. Raymund KOTTJE, Eine wenig beachtete Quelle zur Sozialgeschichte: Die frühmittelalterlichen Bußbücher – Probleme ihrer Erforschung. In: Vierteljahrschrift für Sozial- und Wirtschaftsgeschichte 73 (1986), S. 63–72; Leonard E. BOYLE, The *Summa Confessorum* of John of Freiburg and the Popularization of the moral teaching of St. Thomas and of some of his contemporaries. In: DERS., Pastoral Care, Clerical Education and Canon Law (1200–1400). London 1981, S. 245–268.

34 Vgl. Pierre MICHAUD-QUANTIN, Sommes de casuistique et manuels de confession au moyen âge (XII–XVI siècles). Louvain 1962.

werk zusammengestellt: Raimund von Peñafort (1175/80–1275): ‚Summa de casibus' oder ‚Summa de poenitentia et matrimonio', Johannes von Freiburg (gest. 1314): ‚Summa confessorum', Bartholomäus von San Concordio (1262–1347): ‚Summa Pisanella' und Astesanus d'Asti: ‚Summa Astesana' (1317).

MICHAUD-QUANTIN konstatiert dem beschriebenen Genus von theologischer und kanonischer Literatur, der bis zum Trienter Konzil zu finden war, eine große Vielfalt.[35] Von den ‚Summae confessorum' selbst unterschied er die ‚Manuels de confession'. Diese Beichthandbücher waren praktische Anweisungen, wie man die Beichte abnimmt und was man dafür wissen muss. Bei den – in der italienischen Diktion so genannten – ‚Confessionali'[36] im Unterschied zu den ‚Summae confessorum' stand eher das seelsorgerliche Anliegen und weniger der juristisch-kasuistische Gehalt im Vordergrund. Das Zentrum des Interesses bildete die Begegnung zwischen Priester und PönitentIn und weniger die Lösung einer großen Zahl an *casus conscientiae* (Gewissensfällen). Bei den meisten mittelalterlichen und spätmittelalterlichen Werken ist aber eine eindeutige Zuordnung nicht möglich; mal überwiegen mehr die Merkmale der Pönitentialsummen, mal mehr diejenigen der ‚Confessionali'.[37]

Meistens beinhalteten die ‚Summae confessorum' und die ‚Confessionali' ganz oder teilweise die Zehn Gebote, die Sieben Hauptlaster, die Glaubensartikel, die Sakramente, die Werke der Barmherzigkeit, die Tugenden, die Seligpreisungen, die Gaben des Heiligen Geistes, das Vater unser usw. Je nach ‚Summa Confessorum' oder ‚Confessionale' kamen mehrere oder auch einzelne Listen bzw. Memorierungshilfen zum Tragen,[38] wie dies bei den drei überlieferten spezifischen Werken der Bußliteratur des Antoninus von Florenz ebenfalls der Fall ist.

Die Frage nach der Todsünde, deren Bekenntnis sich als ein Gegenstand der Einzelbeichte entwickelte, wurde im Mittelalter häufig im Zusammenhang mit den Sieben Hauptlastern – Hochmut, Habgier, sexuelles Fehlverhalten, Neid, Völlerei, Zorn, Trägheit – erläutert, denn in der Tradition selbst sind die Hauptlaster (*vitia capitalia*) des Öfteren als Todsünden bezeichnet worden. Aber nicht jedes Fehlverhalten, das in den

35 Vgl. MICHAUD-QUANTIN, Sommes (wie Anm. 34), S. 9.

36 Vgl. Wietse DE BOER, „Ad Audiendi non videndi commoditatem". Note sull'Introduzione del Confessionale soprattutto in Italia. In: Quaderni storici 77 (1991), S. 543–572; Jan-Hendryk DE BOER, Faith and Knowledge in the Religion of the Renaissance: Nicholas of Cusa, Giovanni Pico della Mirandola, and Savonarola. In: American catholic philosophical quarterly 83 (2009), S. 51–78.

37 Vgl. Christoph BERGFELD, Katholische Moraltheologie und Naturrechtslehre I. Beichtjurisprudenz. In: Handbuch der Quellen und Literatur der neueren europäischen Privatrechtsgeschichte. Bd. 2: Neuere Zeit (1500–1800). Das Zeitalter des gemeinen Rechts. Teilbd. 1: Wissenschaft. Hg. von Helmut COING. München 1977, S. 999–1015, hier S. 1002.

38 Vgl. Richard G. NEWHAUSER, The treatise on vices and virtues in Latin and the Vernacular. Turnhout 1993 (Typologie des sources du moyen âge occidental 68); DERS., Zur Zweideutigkeit in der Moraltheologie. Als Tugenden verkleidete Laster. In: Der Fehltritt. Vergehen und Versehen in der Vormoderne. Klaus Schreiner zum 70. Geburtstag. Hg. von Peter VON MOOS. Köln u. a. 2001 (Norm und Struktur 15), S. 377–402.

Katalog der Hauptlaster fiel, war zugleich eine Todsünde.[39] Meist wurde die Unterscheidung zwischen *peccatum mortale* und *peccatum veniale* (lässliche Sünde) aus dem Handlungsobjekt heraus getroffen. Allerdings kam im Spätmittelalter langsam die Berücksichtigung des Anteils des handelnden Subjekts hinzu.[40] Spezielle Fehlverhalten, welche die innere Sünde betreffen wie *invidia, ira* oder *luxuria*, wurden nach dem jeweiligen Maß an Einsicht und dem gegebenen Grad der Freiheit beurteilt.[41] Um sich den Todsünden in ihrer Kategorisierung zu nähern, erstarkte neben dem Gliederungsschema der Sieben Hauptlaster[42] auch dasjenige der Zehn Gebote. Antoninus gilt als Meister für beide Systeme.[43]

## 1.2 Die ‚Confessionali' im Einzelnen

### 1.2.1 ‚Omnis mortalium cura' (1429) – ‚OMC'

‚Omnis mortalium cura' war das erste schriftliche Werk des Antoninus Pierozzi.[44] Er hat dieses ‚Confessionale' im Jahr 1429 verfasst, als er als Dominikanerprior in Neapel tätig war.[45] Dieses erste ‚Confessionale' des Antoninus ist in der Volks- und

**39** Vgl. Helmut WEBER, Todsünde – läßliche Sünde. Zur Geschichte der Begriffe. In: Trierer theologische Zeitschrift 82 (1973), S. 93–119, hier S. 114.

**40** Vgl. Mary C. MANSFIELD, The Humiliation of Sinners. Public Penance in Thirteenth-Century France. Ithaca/London 1995.

**41** Vgl. Joachim VENNEBUSCH, Die Unterscheidung von *peccatum mortale* und *peccatum veniale* nach Heinrich von Langenstein und anderen Autoren des Spätmittelalters. In: Aus reichen Quellen leben. Ethische Fragen in Geschichte und Gegenwart. Helmut Weber zum 65. Geburtstag. Hg. von Hans-Gerd ANGEL, Johannes REITER und Hans-Gerd WIRTZ. Trier 1995, S. 177–190, hier 185. „Beim theologischen Begriff ‚Todsünde' geht es um die im Augenblick eintretende Folge des Abbruchs der Verbindung mit Gott im Verlust der Gnade." Helmut WEBER, Allgemeine Moraltheologie. Ruf und Antwort. Graz u. a. 1991, S. 282f.

**42** „[T]he Seven Sins were more a system of indicative moral planning than a code." John BOSSY, Moral arithmetic: Seven Sins into Ten Commandments. In: Conscience and Casuistry in early modern Europe. Hg. von Edmund LEITES. Cambridge 1988, S. 214–234, hier S. 217.

**43** Vgl. ebd., S. 225f.

**44** Wie es ausführlich im ‚Codice Barberini della Vaticana' (n. 3928) dokumentiert wurde: *El qual libro è conposto e facto per lo venerabile. et religiuso homo fratre Antonio de fiorenza priore de Sancto piero Martiro de Napoli dell'ordine de' praedicaturi della observantia de san dominico: Ad honor et laude de lo omnipotente idio. et della sua matre vergine Maria. Amen. Alli milli et CCCC° XXVIIIJ°. annj, VIJ. Ind. Neapoli. die XVIIIJ° mensis aprilis prefate Indicationis (...) Explicit prima pars huius tractatus. deo gratias. Amen. Anno domini. 1429. die 7° mensis octobris.s[upradicte]. Indictionis.* Stefano ORLANDI, Bibliografia Antoniniana. Descrizione dei manoscritti della Vita e delle Opere di S. Antonino O.P. Città del Vaticano 1962, S. 237f.

**45** Vielen Dank für den folgenden Hinweis von Falk EISERMANN: [Italien: Drucker von Antoninus, Confessionale: Omnis mortalium cura (GW 2158)], 15. Mai 1472, Bologna 1472, Florenz 1477, 1488, 1507, Neapel 1478, Venedig 1473, 1479, 1500. Auch bekannt als ‚Somma dei peccati' (o dei VII vizi capitali) mortali ([...], Bibl. Nazionale di Firenze, n. 64.), ‚Somma di confessione' (Bibl. Laurenziana di Firenze,

Gebrauchssprache Italiens, in *volgare*, geschrieben; nur an einzelnen Stellen verwendet Antoninus die lateinische Sprache, beispielsweise bei Zitaten aus der Vulgata und wenn er, was er in diesem ‚Confessionale' oft macht, auf die ‚Summa theologiae' des Thomas von Aquin abhebt.

Das ‚Confessionale OMC' ist auf drei Teile hin ausgelegt: die Natur der verschiedenen Sünden, die ‚Gegenmittel', die notwendig sind (Sakramente), und die Tugenden, die zu praktizieren sind. Antoninus hat aber aus Zeitgründen nur den ersten Teil realisiert. In der Darstellung folgt Antoninus der Reihenfolge der Sieben Hauptlaster, wie sie Gregor der Große in seinem Werk ‚Moralia in Iob' (vollendet um 595) entwirft. ‚Meide das Böse und tue das Gute. Suche den Frieden und folge ihm nach!' lautet das Motto dieser Bußschrift.

Charakteristisch für das ‚Confessionale OMC' des Antoninus von Florenz ist, dass es mit vielen Aufzählungen arbeitet: Tochtersünden, die unter Hauptsünden aufgelistet werden. So findet Antoninus beispielsweise bei Thomas von Aquin eine Liste von Gregor dem Großen, der fünf *filiae* (Tochtersünden) der *invidia* anführt – Hass, Zwietracht säen, Freude über das Übel anderer, Betrübnis über die Güter anderer und Verleumdung –, die Antoninus im Folgenden dann mit Alltagsbeispielen für die fünf Tochtersünden erläutert. Bis in die letzten Verästelungen hinein versucht der spätmittelalterliche Theologe alle möglichen Sünden zu bedenken. Vielleicht lag den zeitgenössischen LeserInnen auch die Abbildung eines Lasterbaumes vor, mit dem sie die Ausführungen des Antoninus immer wieder einordnen und sie rückbeziehen konnten.[46]

Der Biograf des Antoninus, Vespasiano da Bisticci, schreibt zum ‚OMC': *Compose a Napoli, richiesto da un gentile uomo, uno libretto sotto brevità assai diffuso, da confessare.*[47] JACOBSON SCHUTTE kommt zu folgendem Schluss: „His most popular

cod. Redi n. 136.), ‚Trattato dei sette vizi capitali' (Bibl. Nazionale di Firenze, cod. II. VIII. 124 und Bibl. Comun. di Verona, cod. n. 771.), ‚Confessionarium o Confessionale' (Bibl. Vaticana, cod. A. n. 176 Ambrosiana di Milano e Chigi M.V. 120), ‚Confessionale volgare e Specchio di Coscienza' (Biblioteca Nazionale di Firenze, cod. II. XI. 88), ‚Directorio o informatorio della vita umana' (Biblioteca Vaticana, Barb. lat. n. 3928 e Biblioteca Nazionale di Napoli, V. H. 383). Vgl. ebd. XXXV. Ich verwende das ‚Confessionale Italicum *Curam illius habe*' (früheste Inkunabel Bologna: [Baldassare Azzoguidi], 1472, GW 2075), (Cim. M 15), Universitätsbibliothek Erlangen-Nürnberg.

46 Solche gezeichneten Lasterbäume lagen verschiedenen Inkunabeln und Handschriften der Schriften des Antoninus von Florenz bei. Vgl. ORLANDI, Bibliografia Antoniniana (wie Anm. 44), tav. IV.

47 Vespasiano FIORENTINO, Vita di Sant'Antonino. In: Lettere di Sant'Antonino. Arcivescovo di Firenze, precedute dalla sua vita scritta da. Florenz 1859, S. 1–29, hier S. 4. Und das stellt somit auch die Frage nach den AdressatInnen: Es richtete sich u. a. an die Beichtenden: „I codici fiorentino Riccardiano n. 1508 e XIV, 330 A dell'Archivio Generalizio O.P. aggiungono un particolare prezioso e molto verosimile, che cioè S. Antonino compose questa sua prima opera ‚per preghiera d'una principessa dello reame di Napoli, la quale molto desiderava da intendere gli peccati mortali' "; ORLANDI, Bibliografia Antoniana (wie Anm. 44), tav. XXXV. Vgl. Vespasiano FIORENTINO, Vita, S. 4. In der Fußnote 2 schreibt Vespasiano da Bisticci von einer Handschrift, bei der statt eines Edelmannes von einer Edelfrau die Rede ist: *una principessa del reame di Napoli.*

confessional manuale Confessionale ‚Omnis mortalium cura' contains no statement about its intended audience, but its clear and simple language and asides to the reader suggest that the author was writing for layfolk as well as for their confessors."[48]

Wurden die ‚Confessionali' und vor allem die ‚Summae confessorum' mehr als Beichthilfen für die Priester entwickelt, welche die Beichte abnehmen dürfen, so hat doch der zusätzliche Adressatenkreis der PönitentInnen den Aufbau und teilweise auch den Inhalt beeinflusst, denn es handelt sich nicht um ein Nachschlagewerk, sondern sicherlich konnte die Lektüre dieses ‚Confessionale' zur Gewissensbildung beitragen. Ein nicht zu unterschlagender Aspekt ist hierbei, dass Antoninus den Leser und die Leserin oft mit *tu/toi* anredet, und so wirken manche Erläuterungen fast wie ein Zwiegespräch zwischen ihm und einem bzw. einer bestimmten Gläubigen.

### 1.2.2 ‚Defecerunt' (1437–1439)

Anlass des zweiten ‚Confessionale Defecerunt' (1437–1439) des Antoninus von Florenz, im Latein der damaligen Zeit verfasst, war die schlechte Beichtpraxis.[49] Es gibt in den Augen von Antoninus viel zu tadeln, denn die Beichte werde nicht gut und sorgfältig genug gehört und könne deswegen nicht zum Seelenheil des Pönitenten/der Pönitentin gereichen. Der Beichtvater solle sich durch Sorgfalt und Feinfühligkeit auszeichnen, um die Wahrhaftigkeit des Pönitenten/der Pönitentin zu erhellen. So lautet das Programm dieses zweiten ‚Confessionale' von Antoninus, seinem wohl bekanntesten. Unter anderem wurde eine mögliche Empfehlung auf dem Konzil von Trient diskutiert.[50]

War das ‚OMC' noch durch die Sieben Hauptlaster geprägt, so entwickelt Antoninus in diesem zweiten Werk eine wirkmächtige Gliederung für weitere Bußschriften, wenn sie nicht alphabetisch angeordnet sind. Mit diesem Traktat für die Priester will Antoninus nach eigenen Angaben dazu beitragen, dass sich der Beichtvater für die in seinen Augen schwierige Aufgabe des Beichtehörens gut vorbereiten kann, und zwar in insgesamt vier Schritten: Im ersten vermittelt Antoninus Kenntnisse über die Autorität und die Möglichkeit, kompetent die Beichte zu hören. Der zweite Schritt stellt das nötige Unterscheidungswissen für die Beichte zur Verfügung. Der dritte Teil beschäftigt sich damit, wie dem Pönitenten/der Pönitentin die Fragen nach den verschie-

48 JACOBSON SCHUTTE, Printing Piety (wie Anm. 25), S. 15. Dies überrascht, da ja, wie beschrieben, das ‚Defecerunt' als viel verbreiterter gilt.

49 Vgl. Girolamo WILMS, Das Confessionale ‚Defecerunt' des hl. Antonin. In: Divus Thomas 24/60 (1946), S. 99–108.

50 *Huic laetali morbo, ‚cui omnino providendum est, videretur illa opportuna provisio', si ‚a sacro concilio ordinaretur', quod episcopi tenerentur diligenter in suis diocesibus investigare et examinare vitam et doctrinam suorum parochorum* [...] *Curarent etiam episcopi ‚suos parochos habere' penes se* [...] *librum, qui dicitur Defecerunt divi Antonini, ‚illumque legere et studere'.* Aus: Concilium Tridentinum. Hg. von der Görres-Gesellschaft. 13 Bde. Freiburg i. Br. 1930, CT VI,1, S. 404.

denen Vergehen und Sünden sorgfältig gestellt werden konnten. Dieses sogenannte ‚Interrogatorium', zu verstehen als Beichtspiegel, orientiert sich inhaltlich an den Zehn Geboten, den Sieben Hauptlastern und schließlich an den aus den unterschiedlichen Ständen[51] und Berufsgruppen erwachsenden Pflichten (z. B. Eheleute, Richter, Ärzte, Händler usw.). Dabei handelt es sich um *ad-status*-Literatur, d. h. je nach Stand wurden die PönitentInnen mit unterschiedlichen Fragen durch den Beichtvater ‚konfrontiert'. Ein vierter Teil behandelt die Absolution und die Bußwerke.

War das ‚OMC' noch sehr durch ausschweifende Erklärungen geprägt, so sticht beim ‚Defecerunt' der direkte (Ich-Sätze) und präzise Stil hervor. Antoninus zieht verschiedene Fälle heran, um bestmöglich das Wesen der zu behandelnden Materie zu verdeutlichen. Dabei wird kurz ein Fall als Beispiel besprochen, anhand dessen die Problemstellung konkret erwogen wird, um den Beichtvätern Lösungsmöglichkeiten vorzustellen. Überhaupt arbeitet er mit sehr vielen Fällen aus dem Alltag, die er in Wenn-Sätzen aneinanderreiht, um den Beichtvätern unterschiedliche Spielarten der Todsünden und der lässlichen Sünden zu erläutern. Insgesamt kann eine mehr kirchenrechtliche Ausrichtung konstatiert werden, die sich in der Abarbeitung von Fallbeispielen zeigt.

### 1.2.3 ‚Curam illius habe' (1442–ca. 1446) – ‚CIH'

*Lasso stare de la penitentia non solamente sacramento: ma anchora virtu* (fol. 75r) – „Ich behandle die Buße nicht nur als Sakrament, sondern auch als Tugend." So formuliert Antoninus den Leitgedanken bezüglich der Buße für das dritte und letzte ‚Confessionale'. Es gilt, die Buße nicht nur als Sakrament zu betrachten, sondern auch ihren tugendförderlichen Charakter zu unterstreichen. Diese programmatische Aussage durchzieht sein drittes, wiederum in *volgare* verfasstes, ‚Confessionale'. Die zu Tage tretende Bußauffassung zeichnet eine große pastorale Sensibilität[52] aus, die Antoninus vor allem in diesem ‚Confessionale' unter Beweis stellt, und dies ist ebenso in die Erschließung auch anderer (katechetischer) Felder eingebettet, beispielsweise der Tugenden, die bisher noch in keinem der anderen beiden ‚Confessionali' erläutert wurden.

Das ‚CIH' ist zwischen 1442 und 1446 entstanden und war den Priestern zugedacht: *Questo libro e necessario ala salute de ogniuno: Ma maxime fo facto per quelli che hanno cura de anime.* (fol. 2r) „Das Buch ist für das Heil aller notwendig, aber besonders jenen, die sich der Sorge um die Seelen annehmen", primär den ‚einfachen', die der lateinischen Sprache gar nicht oder nur wenig mächtig waren, zuge-

51 Vgl. Odd Langholm, The Merchant in the Confessional. Trade and Price in the Pre-Reformation Penitential Handbooks. Leiden/Boston 2003 (Studies in medieval and reformation thought 93).

52 Vgl. Carlo C. Calzolai, Le visite pastorali dell'arcivescovo Antonino. In: Rivista di ascetica e mistica 59 (1990), S. 309–329.

dacht: Dies hat Antoninus dazu gebracht, dieses sehr kleine Traktätchen zusammenzustellen, einen Traktat in der Umgangssprache über die von den Theologen und Kanonisten gebilligten Sentenzen, so dass auch jeder, der nicht Latein konnte, fähig war, den ‚Mini-Traktat' zu lesen, wenn es gewünscht wurde.

Der Großteil des Textes ist in der italienischen Volkssprache, dem *volgare*, verfasst. Die eingefügten lateinischen Zitate (Bibelstellen, sakramentale Formeln wie die Absolutionsformel, Zitate von anderen Autoren oder Überschriften) überträgt Antoninus teilweise ins *volgare* oder paraphrasiert sie in einem weiteren Sinn.

Dieses ‚Confessionale' ist, wie im Proömium selbst festgehalten wird, in fünf Teile unterteilt: Der erste ist den Zehn Geboten, der zweite den Sieben Hauptlastern bzw. Todsünden, der dritte den Sakramenten, der vierte den Tugenden und schließlich der fünfte den Bestimmungen zur Exkommunikation gewidmet. Das ‚Confessionale' selbst beginnt mit den Worten: *Curam illius habe.* Dieser Satzanfang stammt aus Lk 10,25–37, dem Gleichnis des Barmherzigen Samariters, als dieser dem Wirt die Sorge für den Verletzten anvertraut: „Sorge für ihn, und wenn du mehr für ihn brauchst, werde ich es dir bezahlen, wenn ich wiederkomme." (Lk 10,35) Diese biblische Referenznahme weitet sich im Laufe des ‚Confessionale' hin zu einer biblischen Durchdringung aus.

Beim dritten ‚Confessionale CIH' gelingt es Antoninus, seinen bereits im ‚Confessionale OMC' gefassten Plan (Hauptlaster, Sakramente und Tugenden) umzusetzen. Diese Weitung des Inhalts ist aber nicht nur einem katechetischen Bemühen zuzuschreiben, sondern könnte seine Wurzel auch in der Interpretation der Buße als Tugend haben; denn nicht nur das Sakrament der Beichte genüge für ein christliches Leben, auch die gesamte Lebensführung müsse unter dem Vorzeichen der Umkehr stehen. Wie dies aussehen kann, erläutert Antoninus von Florenz im ‚CIH'.

Lebensgeschichtlich liegen mehr als 15 Jahre zwischen ‚OMC' und ‚CIH'. Im Hinblick auf den Rezipienten/die Rezipientin bedeutet dies, dass es Antoninus im ‚CIH' mehr darum ging, das Gerüst des Gebots- und Sündenkatalogs als Selbstbefragungsinstrumentarium zur Verfügung zu stellen, anstatt vorgefertigte Antworten zu geben. Auch wird der Beichtvater mehr in der Rolle des Arztes gesehen, der dem PönitentInnen zur Seite steht; es geht also nicht mehr so sehr um die genaue Distinktion zwischen Todsünde und lässlicher Sünde (vgl. ‚OMC'). Die Perspektive der Buße als Tugend zeigt auf, dass auch das christliche Ideal entsprechend gelebt werden müsse. Das Motiv des Barmherzigen Samariters, welches die einzelnen Teile inhaltlich zusammenbindet, unterstützt diese Sichtweise auf das letzte ‚Confessionale' des Antoninus von Florenz.

Der Florentiner Archivar Gilberto Aranci kommt aufgrund der Vielfalt der Themen und Kataloge (vgl. Tugenden, Seligpreisungen usw.) zum Schluss, dass es sich beim ‚CIH' um einen ‚richtigen' Katechismus[53] (eine Zusammenstellung des Glaubens) bzw.

---

53 „*Curam illius habe*, che mi sembra dover considerare un vero e proprio catechismo nato dale preoccupazioni pastorali del santo arcivescovo fiorentino." Gilberto ARANCI, I ‚Confessionali' di S. An-

um ein Handbuch für die Katechese[54] handelt. Sicherlich legen die verschiedenen Kapitel dieses ,Confessionale' und damit die inhaltliche Vielfalt eine solche Einschätzung nahe. Aber Antoninus überformt den Inhalt mit dem Motiv des Barmherzigen Samariters und versucht eine Systematisierung. So trägt das ,CIH' sowohl Elemente ,klassischer' Bußliteratur als auch katechetische Züge in sich.

Nach dieser Vorstellung der drei Bußbücher in ihren jeweiligen Eigenarten werden in einem zweiten Kapitel Überschreitungen beschrieben.

# 2 Transgressionen örtlicher und intensionaler Grenzen

> „L'œuvre pénitentielle de S. Antonin, particulièrement son ,Confessionale', parait le plus achevé des manuels de confession laissés par le moyen-âge: Dégagée de toute érudition pure, elle s'appuie cependant sur une doctrine approfondie et sure d'elle qui a permis à l'auteur de définer avec exactitude les indications dont aurait besoin le confesseur et de les lui donner clairement."[55]

Nach Pierre MICHAUD-QUANTIN stellt das ,Defecerunt', das zweite ,Confessionale', ein sehr weit gediehenes bzw. für das Mittelalter formvollendetes Werk der Buße dar. Aufgrund inhaltlicher Klärung und Präzision sei es ein sehr gutes Hilfsmittel. Aber welche Grenzen wurden überschritten bzw. wie kann die Reichweite angemessen eingeschätzt werden?

Transgressionen örtlicher Grenzen werden als erstes untersucht. Wenn auch bei der Person des Antoninus weniger von Transgression örtlicher Grenzen gesprochen werden kann (vgl. Biografie), so doch sicherlich mit Blick auf seine Schriften. In der Einleitung zum Beitrag habe ich bereits angemerkt, sie seien als Bestseller und Exportschlager bezeichnet worden. Dies will ich nun anhand der weiten örtlichen Verbreitung des ,Defecerunt' und des ,OMC' sowohl bei den Handschriften als auch bei den Inkunabeln untermauern.

Die Ausgangslage bezüglich der Handschriften wurde vom Dominikaner Stefano ORLANDI in seinem Werk ,Bibliografia Antoniniana. Descrizione dei manoscritti

---

tonino Pierozzi e la tradizione catechistica del '400. In: Vivens homo 3 (1992), S. 273–292, hier S. 273. So auch der Moraltheologe Louis VEREECKE: „Quest'opera non è un manuale di confessione, ma un trattato di formazione dottrinale e pastorale dei preti, scritto da S. Antonino, quasi precursore del Concilio di Trento." Louis VEREECKE, La Morale di S. Antonino. In: Rivista di ascetica e mistica 59 (1990), S. 255–273, hier S. 258.

54 „Comme si può vedere da questa descrizione l'opera costituisce un vero e proprio manuale di catechesi: prettamente di taglio penitenziale, esse contiene in modo organico e sistematico tutte le parti tradizionali della dottrina cristiana." ARANCI, ,Confessionali' (wie Anm. 53), S. 282.

55 MICHAUD-QUANTIN, Sommes (wie Anm. 34), S. 74.

della Vita e delle Opere di S. Antonino O.P. (1962)'[56] zusammengestellt. Insgesamt 94 Handschriften in lateinischer Sprache (Das ‚Defecerunt' wurde auch ins Kroatische übersetzt) hat ORLANDI aufgefunden. Handschriften des ‚Defecerunt' sind heute in insgesamt zwölf Ländern nachweisbar, so beispielsweise 52 Mal in Italien oder neun Mal in den USA.[57]

Der Übergang zu den Inkunabeln stellt noch ein Forschungsdesiderat dar. Piero SCAPECCHI, der die Inkunabeln des Antoninus 2009 auf der letzten großen Tagung zu Antoninus von Florenz anlässlich seines 550. Todestages untersucht hat, schreibt: „Grazia alla stampa, questa nuovissima invenzione, le sue opere ebbero una diffusione amplissima già nel XV secolo."[58] SCAPECCHI belegt dies exemplarisch: „Accanto ad edizioni italiane del Confessionale altre sempre regionali se ne ebbero in vari paesi d'Europa: dopo Zel a Breslau, a Magonza, Peter Schoeffer, nei Paesi Bassi, probabilmente ad Utrech (GW 2095), in Ungheria, tipografo anonimo, 1477 (GW 2108) e nello stesso anno a Valencia (GW 2109), poi a Deventer [Richard Pafraet, tra il 1477 e il 1479]."[59]

Nach Hirsch wurde die erste Inkunabel von Antoninus in Köln gedruckt. „For example Antoninus' *Confessionale* was published ten times before 1480 in the Holy Roman Empire, 16 times between 1472 and 1478 in Italy and once in Valencia, a total of 27 editions between 1469 (when it was first published in Cologne) and before 1480, or an estimated minimum of 7,000 copies."[60] Es ist aber nicht klar, um welche es sich handelt.[61]

In sogenannte Bestsellerlisten[62] für die Jahre 1455 bis 1500 wurde das ‚Defecerunt' aufgenommen: „The *Confessionale – Defecerunt* by Pierozzi, so-called because of its incipit ‚*Defecerunt scrutantes scrutinio*', was printed 71 times (ca. 35,000 copies) and ranked number 30 on the best-seller list."[63] Mit insgesamt 140 Drucken rangiert Antoninus für diesen Zeitraum auf Platz 24 der „Best-Selling Authors"[64].

---

56 Vgl. ORLANDI, Bibliografia Antoniniana (wie Anm. 44).

57 Vgl. ebd., S. 32–36.

58 Piero SCAPPECCHI, Gli incunaboli delle opere di Antonino. In: Memorie domenicane 43 (2012), S. 403–407, hier S. 404.

59 Ebd., S. 405.

60 Rudolf HIRSCH: Printing, Selling and Reading 1450–1550. Second printing with a supplemental annotated bibliographical introduction. Wiesbaden 1974, S. 44.

61 Hinweis von Falk EISERMANN: Gemeint ist GW 2080, [Köln: Ulrich Zell, vor 29. August 1468], vgl. https://data.cerl.org/istc/ia00786000, BL IA.2765 [Exemplar in der British Library], formerly E. Sexton, has the date of rubrication ‚circa festum decollationis Johannis Baptiste 1468' (29. August).

62 Vgl. Michael MILWAY, Forgotten Best-Sellers from the Dawn of the Reformation. In: Continuity and Change. The Harvest of Late-Medieval and Reformation History. Essays presented to Heiko A. Oberman on his 70th Birthday. Hg. von Robert J. BAST and Andrew C. Gow. Leiden u. a. 2000, S. 113–142.

63 MILWAY, Best-Sellers (wie Anm. 62), S. 130.

64 Ebd., S. 141.

## 2.1 Reichweitendifferenzierung

Kann man von Antoninus als für seine Zeit erfolgreichen Autor, vor allem für das ‚Defecerunt' sprechen? Falk EISERMANN problematisiert diese Betitelung:

> „Nach meinem Eindruck können die Begriffe ‚Erfolg' und ‚Reichweite' bei kontextuell fundierter und überlieferungsgeschichtlich argumentierender Beweisführung zwar brauchbare Interpretationskategorien für die Historiographie des frühen Druckzeitalters abgeben. Zumindest der Erfolgsbegriff aber wird bislang zu plakativ, zu beliebig verwendet – der Begriff der Reichweite, soweit ich sehe, noch kaum."[65]

Von Erfolg zu sprechen, sei in manchen Fällen rhetorische Strategie, der Reichweitenbegriff hier genauer. EISERMANN präzisiert mit sechs Operationalisierungen diesen Maßstab.

Als ersten Punkt spricht er das Verhältnis von Handschrift zur Inkunabel an. „Wie verhält sich die handschriftliche Überlieferung in quantitativer und qualitativer Hinsicht zu den Drucken?"[66] Dies wurde für Antoninus noch nicht untersucht. Sicherlich ist dies auch dem Umstand geschuldet, dass man lange gedacht hat, die Bußschriften seien in die ‚Summa theologica' von Antoninus überführt worden. Das Gegenteil habe ich in der Habilitationsschrift herausgearbeitet.[67]

Auf die zweite Frage (Wie verhält es sich mit Texten, die handschriftlich kaum bezeugt sind?) und die dritte (Reihen- oder Serienbildung, genauer formuliert: dem Nach- und Raubdruck) ist schwierig bei Antoninus einzugehen. Auch die einschränkende Beurteilung (viertens), dass inhaltliche Kriterien, die Hinweise auf das Publikationsziel einzelner Drucke geben können, nicht immer vorhanden oder zu ermitteln sind, kann für Antoninus nicht weiter verfolgt werden.

Als fünften Punkt macht EISERMANN die Anzahl der unterschiedlichen Auflagen als Indikator für die Bestimmung der Reichweite eines Textes fest. Der Spezialist für die Inkunabeln bei Antoninus schreibt: „Oggi, consultando i repertori, si conoscono 148 edizioni di sue opere [...]; gli esemplari conservati in biblioteche pubbliche assommano, con un calcolo approssimativo, ad oltre 5.200"[68] und des Weiteren: „Entrambi, a Venezia e a Norimberga, avevano una fitta rete commerciale che, promettendo un'ampia diffusione delle opere, permetteva tirature elevate. Infatti, a fronte dei 200-300 esemplari ordinariamente tirati per i *Confessionali*, in queste edizioni si arrivava almeno a 1000 copie."[69] So kann man hier von einer sehr großen Reichweite auch der Antonin'schen ‚Confessionali' sprechen.

---

65 EISERMANN, Reichweiten (wie Anm. 30), S. 98f.

66 Ebd., S. 105.

67 Vgl. SCHLÖGL-FLIERL, Moraltheologie für den Alltag (wie Anm. 5), S. 78–195.

68 SCAPECCHI, Gli incunaboli (wie Anm. 58), S. 404.

69 Ebd., S. 406.

Schließlich bekennt EISERMANN sechstens: „Der Knechtsweg ist nicht zu umgehen. Wir benötigen für die Ermittlung von Überlieferungserfolgen und Reichweitenprofilen zu jedem Titel und jeder Ausgabe exemplarspezifische Daten wie Provenienzen, Gebrauchsspuren, Marginalien, Bindesynthesen, Kaufdaten, Preisangaben."[70] Hier ist sicherlich noch Forschungsbedarf für Antoninus.

Als Resümee kann festgehalten werden: Die Ländervielzahl und -vielfalt ist bei den Antonin'schen ‚Confessionali' enorm. Als Bestseller für den damaligen RezipientInnenkreis[71] (Laien, Beichtväter, ‚einfache' Priester) kann er sicherlich gewertet werden. Ähnlich wie dies Helmut WECK für die Rechtssumme des Bruder Berthold durchexerziert hat[72], so müsste dies auch für Antoninus und seine ‚Confessionali' erfolgen.

Zugeschnitten auf die Fragen vor Ort (vor allem auch aus dem Alltagsleben) waren die ‚Confessionali' hilfreich. Gründe für die Attraktivität liegen meiner Einschätzung nach in der Anschaulichkeit, in der Diskussion von lebenspraktischen Beispielen und in der Kompaktheit z. B. jeweils für ‚OMC' und ‚CIH' auf den ca. 90 Folios.

## 2.2 Transgressionen inhaltlicher Natur

Weil eine bloße Auflistung von Ortsangaben gemäß EISERMANN nicht ausreicht und die weitergehenden, von ihm gestellten Parameter nicht umfassend geklärt werden können, soll nun im Folgenden ebenso die Transgressionen inhaltlicher Natur untersucht werden.

In meiner Habilitationsschrift sind das je nach Ebene (Synoden, Handbücher) sehr unterschiedliche.[73] Für diesen Beitrag möchte ich vor allem die intensionale Transgression herausgreifen. Es handelt sich um eine Transgression des inhaltlichen Begriffs der Buße.[74] Als großer Seelsorger[75] wurde Antoninus von seinen Zeitgenossen gerühmt: als einer, der sowohl die Bedürfnisse des einfachen Volkes im Blick hatte

70 EISERMANN, Reichweiten (wie Anm. 30), S. 109.

71 Bei aller Vorsicht einer solchen Aussage: vgl. DERS., Mixing Pop and Politics: Origins. Transmission, and Readers of Illustrated Broadsides in Fifteenth-Century Germany. In: Incunabula and their Readers. Printing, Selling and Using Books in the Fifteenth Century. Hg. von Kristian JENSEN. London 2003, S. 159–177, hier S. 166–171.

72 Vgl. Helmut WECK, Die ‚Rechtssumme' Bruder Bertholds. Eine deutsche abecedarische Bearbeitung der ‚Summa Confessorum' des Johannes von Freiburg. Die handschriftliche Überlieferung. Tübingen 1982.

73 Vgl. SCHLÖGL-FLIERL, Moraltheologie für den Alltag (wie Anm. 5).

74 Vgl. Martin OHST, Pflichtbeichte. Untersuchungen zum Bußwesen im Hohen und Späten Mittelalter. Tübingen 1995 (Beiträge zur historischen Theologie 89).

75 Vgl. Maria Pia PAOLI, Sant'Antonino ‚Vere Pastor et bonus Pastor'. Storia e mito di un modello. In: Verso Savonarola. Misticismo, profezia, empiti riformistici fra Medioevo ed Età moderna. Hg. von Gian C. GARFAGNINI und Giuseppe PICONE. Florenz 1999, S. 83–139.

(z. B. Stiftung der Buonuomini[76] in Florenz) als auch durch Visitationen diejenigen der Priester. Antoninus hat auf die Bedürfnisse seiner Zeit reagiert und verschiedene Elemente in die Bußschriften einfließen lassen (wie Tugenden, Seligpreisungen) und mit alltagspraktischen Beispielen verknüpft.

Die Buße als Umkehr wird folgendermaßen verstanden: Das ganze Leben müsse die Haltung der Umkehr durchziehen, nicht nur im einzelnen Empfang der Einzelbeichte müsse Reue gezeigt werden. Damit ist Antoninus ein Vertreter einer typischen spätmittelalterlichen Frömmigkeitstheologie.[77] Frömmigkeitstheologie stellt „eine Art von Theologie dar, die reflektierend und anleitend vornehmlich der rechten Lebensgestaltung der Christen dienen will"[78]. Sie ist dabei ein „modernes terminologisches Forschungskonstrukt" bzw. ein heuristischer „Schlüsselbegriff"[79]. Es ging der Frömmigkeitstheologie um Wissensvermittlung im Sinne einer Frömmigkeitsdidaktik, um eine vereinfachende Darstellung.[80]

> „Charakteristisch für die Frömmigkeitstheologie des 15. Jahrhunderts ist, daß sie sich mit Vorliebe an theologisch nicht geschulte Priester, Ordensleute und Laien, also an die ‚simplices', wendet und daß sie sich dabei in nicht akademisch elaborierten, sondern eher popularisierenden Literaturgattungen um einen vereinfachten, erbaulichen und lebensnahen Sprach- und Denkstil bemüht."[81]

So das Resümee von Berndt Hamm. Hierfür kann Antoninus als Paradebeispiel gelten. Aufbauend auf den Schriften seiner Vorgänger (wie Johannes von Dambach und Johannes Nider[82]) hat er diese inhaltliche Transgression vollzogen.

In Zusammenschau mit seiner ‚Summa theologica' habe ich dabei vor allem den Versöhnungscharakter des Antonin'schen Denkens über die Buße herausgearbeitet. Für seine versöhnliche Position in diesen Fragen wurde er in der Nachwelt nicht wenig gerühmt. So habe ich seinen Ansatz als ‚Seelenführung über alle Hindernisse hinweg'

---

**76** Vgl. Maria Fubini Leuzzi, L'arcivescovo e la Città. I Buonuomini di San Martino. In: Memorie domenicane 43 (2012), S. 141–166.

**77** „Das 14. Jahrhundert ist in dominierender Weise geprägt durch die Spannung [...] zwischen scholastischer und mystischer Theologie. Im 15. Jahrhundert verschiebt sich dieses Gegenüber zur dominierenden Polarität von scholastischer Theologie und Frömmigkeitstheologie." Berndt Hamm, Was ist Frömmigkeitstheologie? Überlegungen zum 14. bis 16. Jahrhundert. In: Praxis Pietatis. Beiträge zu Theologie und Frömmigkeit in der Frühen Neuzeit. Wolfgang Sommer zum 60. Geburtstag. Hg. von Hans-Jörg Nieden und Marcel Nieden. Stuttgart u. a. 1999, S. 9–45, hier S. 9.

**78** Ebd., S. 11.

**79** Ebd., S. 19.

**80** Vgl. ebd., S. 24.

**81** Berndt Hamm, Normative Zentrierung im 15. und 16. Jahrhundert. Beobachtungen zu Religiosität, Theologie und Ikonologie. In: Normative Zentrierung. Hg. von Rudolf Suntrup und Jan R. Veenstra. Frankfurt a. M. u. a. 2002, S. 21–63, hier S. 36.

**82** Vgl. Sven Grosse, Heilsungewißheit und Scrupulositas im späten Mittelalter. Studien zu Johannes Gerson und Gattungen der Frömmigkeitstheologie seiner Zeit. Tübingen 1994 (Beiträge zur historischen Theologie 85), S. 159–173.

bezeichnet. Antoninus versuchte in seinen Schriften für die ihm Anvertrauten alle Hindernisse zu benennen, die nicht zum Seelenheil führen. Damit ihm dies gelang, hat er die Umstände[83] einer Handlung deutlich in die Abwägung des Beichtvaters gerückt. Dabei griff er durchaus auf Vorgänger wie Thomas von Aquin zurück, aber machte dies viel alltagspraktischer. Im Zuge dessen war Antoninus auch mit der Kategorisierung einer Handlung als Todsünde weniger schnell ‚bei der Hand', sondern überlegte sich mehr Fragen, die den Pönitenten/die Pönitentin leiten könnten. Im Zuge dessen stärkte Antoninus beim Individuum das Gewissen; vor allem das skrupulöse Gewissen suchte er zu wecken. Es handelt sich also um eine Grenzüberschreitung auf das Individuum hin als AdressatIn für seine ‚Confessionali'.

Abschließend sei noch angemerkt, und das ist mir im Nachgang zur kritischen Replik durch Falk EISERMANN klar geworden, dass die ‚Summa theologica' des Antoninus wirkmächtiger geworden ist. Die ‚Confessionali' sind aufgrund ihres Inhalts zu zeitbedingt und damit in der Reichweite begrenzt, die Gedanken für die ‚Summa' wurden jedoch in den Bußschriften vorgebildet und sind deshalb von nicht geringem Wert. EISERMANN hat ebenso die Rezeptionsspuren angesprochen. Diejenigen der ‚Confessionali' schriftlicher Natur konnte ich bis hin zur ‚Summa Summarum Sylvestrina' (Ende des 15. Jahrhunderts) von Sylvester Mazzolini da Prierio (1456–1527) ausmachen. Bis in die neuscholastischen Handbücher des 19./20. Jahrhunderts können Rekurse/Verweise auf die ‚Summa' des Antoninus nachgewiesen werden.

Vor allem zwei Denker hatten hierbei eine katalysatorische Funktion für die Rezeption des Antoninus inne: Martín Azpilcueta in seinem ‚Enchiridion' (1560er Jahre) und auch der schon genannte Brückenkopf Alphons von Liguori.[84] Nimmt man die Einleitung zu diesem Beitrag ernst, so sieht man, dass die Reichweite der Schriften des Antoninus von Florenz durchaus begrenzt war, wenn, wie ich annahm, nur mehr wenige ihn kennen, jedoch zu seiner Zeit von einem gewissen Bekanntheitsgrad – und dies gilt auch für außerhalb von Florenz – gesprochen werden kann.

83 Vgl. Johannes GRÜNDEL, Die Lehre von den Umständen der menschlichen Handlung im Mittelalter. Münster 1963 (Beiträge zur Geschichte der Philosophie und Theologie des Mittelalters 39. H. 5).
84 Vgl. SCHLÖGL-FLIERL, Moraltheologie für den Alltag (wie Anm. 5), S. 296–310, 341–362.

Heiner Lück

# Recht ohne Grenzen?

## Wege, Hürden und Schranken der Verbreitung sächsisch-magdeburgischen Rechts in Ost- und Mitteleuropa

## 1 Vorbemerkung

Dem folgenden Überblick liegt das an der Sächsischen Akademie der Wissenschaften zu Leipzig betriebene Langzeitprojekt ‚Das sächsisch-magdeburgische Recht als kulturelles Bindeglied zwischen den Rechtsordnungen Ost- und Mitteleuropas' zugrunde.[1] Sein Gegenstand greift teilweise erheblich über den von den Veranstaltern vorgegebenen Zeitrahmen 1400–1520 nach vorn und nach hinten hinaus. Nimmt man jedoch die Geltung und Praktizierung der einschlägigen Rechtsnormen in den Blick, so liegt man freilich in jenem Untersuchungszeitraum, aber eben nicht ausschließlich.

In der gebotenen Kürze sollen die hauptsächlichen Wege sowie einige Hürden und Schranken bei der Ausbreitung dieses Normenkomplexes in drei Schritten skizziert werden. Zunächst sind in einem ersten Teil die wichtigsten Ausgangspositionen im Entstehungsgebiet des sächsisch-magdeburgischen Rechts kurz aufzuzeigen. Ein zweiter Teil wird einen knappen Überblick über die Verbreitung des sächsisch-magdeburgischen Rechts beinhalten. Im dritten Teil soll versucht werden, Mechanismen und Wege der Verbreitung zu beschreiben. Am Ende wird eine knappe Schlussbemerkung stehen. Innerhalb der einzelnen Abschnitte ist auf einige gegenläufige

1 Die folgenden Darlegungen beruhen im Wesentlichen auf den bisherigen Ergebnissen des von dem Leipziger Slawisten Ernst Eichler († 2012) und dem Verfasser begründeten und geleiteten Akademievorhabens an der Sächsischen Akademie der Wissenschaften zu Leipzig ‚Das sächsisch-magdeburgische Recht als kulturelles Bindeglied zwischen den Rechtsordnungen Ost- und Mitteleuropas'. In der Schriftenreihe des Projekts ‚IVS SAXONICO-MAIDEBVRGENSE IN ORIENTE' sind bislang vier Bände erschienen: Rechts- und Sprachtransfer in Mittel- und Osteuropa. Sachsenspiegel und Magdeburger Recht. Hg. von Ernst EICHLER/Heiner LÜCK. Berlin 2008; Inge BILY/Wieland CARLS/Katalin GÖNCZI, Sächsisch-magdeburgisches Recht in Polen. Untersuchungen zur Geschichte des Rechts und seiner Sprache. Berlin 2011; Katalin GÖNCZI/Wieland CARLS, Sächsisch-magdeburgisches Recht in Ungarn und Rumänien. Autonomie und Rechtstransfer im Donau- und Karpatenraum. Berlin/Boston 2013; Schwabenspiegel-Forschung im Donaugebiet. Konferenzbeiträge in Szeged zum mittelalterlichen Rechtstransfer deutscher Spiegel. Hg. von Elemér BALOGH. Berlin/Boston 2015. Weitere Bände werden folgen. Einen aktuellen Überblick über die Forschungen zu dem hier interessierenden Gegenstand findet sich bei Heiner LÜCK, Urban Law. The Law of Saxony and Magdeburg. In: The Oxford Handbook of European Legal History. Hg. von Heikki PIHLAJAMÄKI/Markus D. DUBBER/Mark GODFREY. Oxford 2018, S. 474–508. Den neuesten Stand dokumentiert der bewusst interdisziplinär und kulturgeschichtlich ausgerichtete Band von Gabriele KÖSTER/Christina LINK/Heiner LÜCK (Hg.), Kulturelle Vernetzung in Europa. Das Magdeburger Recht und seine Städte. Tagungsband. Dresden 2018.

https://doi.org/10.1515/9783110740509-005

Ereignisse und Vorgänge bei der Verbreitung des sächsisch-magdeburgischen Rechts einzugehen. Letztere werden als überwindbar (‚Hürden') oder als unüberwindbar (‚Schranken') aufgefasst und entsprechend bewertet.

## 2 Herkunft und Anfänge des sächsisch-magdeburgischen Rechts

Von Mitteldeutschland gingen im Mittelalter und in der Frühen Neuzeit mannigfache Impulse für die europäische Kulturgeschichte aus. Zu ihnen gehören auf rechtlichem Gebiet der Sachsenspiegel und das Stadtrecht von Magdeburg.[2] Beide Rechtsquellen prägten nicht nur das Rechtsleben im mittel-, ost- und norddeutschen Raum, sondern beeinflussten darüber hinaus in erheblichem Maße auch die Rechtsordnungen mehrerer ostmitteleuropäischer Länder. Das Verbreitungsgebiet kann in seiner West-Ost-Ausdehnung etwa mit der Elbe im Westen und dem Dnjepr im Osten markiert werden.[3] Der so definierte Raum ist durch eine relativ intensive Wirksamkeit des sächsisch-magdeburgischen Rechts in Gestalt von verwandten Stadtrechten und Varianten des Sachsenspiegels in textlicher und rechtspraktischer Hinsicht charakterisiert. Weniger intensive Einflüsse und nicht ganz so zahlreiche Belege finden sich auch außerhalb dieses Gebiets. So sind etwa Wirkungen des Sachsenspiegels westlich der Elbe bis etwa an den Rhein zu verzeichnen. Dort entstand sogar die älteste, datierte vollständige Sachsenspiegelhandschrift, welche überliefert ist (sog. „Harffer Sachsenspiegel", 1295)[4]. Im Nordwesten kennzeichnet der „Holländische Sachsenspiegel"[5] die Präsenz des sächsisch-magdeburgischen Rechts außerhalb des stark vereinfachten Elbe-Dnjepr-Schemas. Vor kurzem scheint sogar ein Nachweis des Sachsenspiegels in Katalonien für die Mitte des 13. Jahrhunderts gelungen.[6] Betrachtet man die Grenze des Verbreitungsgebiets nach Osten hin, so lassen sich auch mehrere Belege für die Virulenz des sächsisch-magdeburgischen Rechts östlich des Dnjepr finden. In Nord-

2 Vgl. dazu Heiner Lück, Magdeburger Recht als verbindendes europäisches Kulturphänomen. In: Denkströme. Journal der Sächsischen Akademie der Wissenschaften zu Leipzig 14 (2015), S. 215–221; jüngst auch erschienen in ukrainischer Übersetzung von Wolodomir Abašnik: Magdeburs'ke prawo jak s'ednujučij ewropejs'kij kul'turnij fenomen. In: Naukowi Sapiski. Prawo, Ekonomika, Gumanitarni Nauki 19,1 (2017), S. 80–90 [ukrain.].

3 Heiner Lück, Sächsisch-magdeburgisches Recht zwischen Elbe und Dnjepr. Rechtstransfer als verbindendes europäisches Kulturphänomen. In: Köster/Link/Lück, Vernetzung (wie Anm. 1), S. 13–27.

4 Ulrich-Dieter Oppitz, Deutsche Rechtsbücher des Mittelalters. Bd. II: Beschreibung der Handschriften. Köln/Wien 1990, Nr. 1036, S. 678f.

5 Ders., Deutsche Rechtsbücher des Mittelalters, Bd. I: Beschreibung der Rechtsbücher. Köln/Wien 1990, S. 31f.

6 Ignacio Czeguhn, Rechtsbücher in Spanien. In: Von Sachsen-Anhalt in die Welt. Der Sachsenspiegel als europäische Rechtsquelle (SIGNA IVRIS 14). Hg. von Heiner Lück. Halle an der Saale 2015, S. 223–232.

Süd-Richtung erstreckt sich das Verbreitungsgebiet auf der modernen Europakarte etwa von Litauen bis in die Südukraine. Mehrere Städte im Westen des heutigen Russland haben ebenfalls Privilegierungen zugunsten einer Stadtverfassung nach Magdeburger Recht erhalten.[7] Diese liegen zeitlich vergleichsweise spät, vornehmlich im 17. und 18. Jahrhundert, und wurden während der Zugehörigkeit dieser Städte zum Großfürstentum Litauen vorgenommen. Hinzu kommen vermutlich auch Orte und Landschaften auf dem nördlichen Balkan. Eine genauere Bestimmung steht noch aus.

Angesichts der Bemühungen, das Verbreitungsgebiet des sächsisch-magdeburgischen Rechts mit knappen, und daher plakativen, geographischen Angaben zu konturieren, ist es verlockend, gesondert nach der Verbreitung des Sachsenspiegels (Landrecht, Lehnrecht) und der Verbreitung des Magdeburger Rechts (Stadtrecht) zu fragen. Das Verhältnis der beiden Rechtsquellen zueinander wird jedoch nachweislich auf ihrem Weg nach Ostmitteleuropa durch Mischformen bestimmt. Schon bei einer Betrachtung der Rechtsquellen und ihren Bearbeitungen auf dem Gebiet des heutigen Polen fällt auf, dass „Magdeburger Recht", das ursprünglich ein Stadtrecht war, und des Sachsenspiegels, welcher ursprünglich nicht für die Anwendung in Städten vorgesehen war, synonym verwendet worden sind. Insofern erscheint es bei allen Differenzierungsschwierigkeiten historisch zutreffender, vom „sächsisch-magdeburgischen Recht" zu sprechen.

Von einem namhaften Kenner der Materie wurde für das Verbreitungsgebiet des Magdeburger Rechts die Eingrenzung mit dem Raum zwischen „Ostsee" und „Schwarzem Meer" vorgenommen.[8] Sie war den Umständen der Zeit (1942) und der damit verbundenen Forschungskonzeption geschuldet. Die Erwähnung dieses Aufsatzes deutet auf den ideologischen Missbrauch und die großmachtpolitische Deutung des historischen Phänomens während des Nationalsozialismus hin. Auf einer farbigen Karte zur „Verbreitung des deutschen Stadtrechts nach dem Osten" von 1936 wird für eine Stadt östlich des Dnjepr ahistorisch und ohne jede Quellengrundlage vermerkt: „Das Gericht zu Tschernigow verurteilte einst zu sibirischer Zwangsarbeit auf Grund des Sachsenspiegels."[9] Die ideologische Funktion ergibt sich freilich weniger aus

7 Vgl. Alexander ROGATSCHEWSKI, Das Magdeburger Recht auf dem heutigen Territorium Rußlands. Forschungsstand und Forschungsperspektiven. In: EICHLER/LÜCK, Rechts- und Sprachtransfer (wie Anm. 1), S. 207–287.

8 Theodor GOERLITZ, Das Institut zur Erforschung des Magdeburger Stadtrechts. Stand und Aufgaben der Forschung über das Magdeburger Stadtrecht, insbesondere seine Verbreitung zwischen Ostsee und Schwarzem Meer. In: Jomsburg. Völker und Staaten im Osten und Norden Europas 6 (1942), S. 98–106.

9 Die Verbreitung des deutschen Stadtrechts nach dem Osten. Fünffarbige Karte. Herausgegeben von der Stadt Magdeburg nach den Vorarbeiten von Prof. WEIZSÄCKER, Dr. Joh. SCHULTZE, Dr. B. SCHULZE, Dr. P. KRAUSE. Maßstab 1:300 000, Heidelberg/Berlin, in [Beilage zu]: Magdeburg in der Politik der deutschen Kaiser. Beiträge zur Geopolitik und Geschichte des ostfälischen Raums. Mit 88 Abbildungen und einer 5farbigen Karte. Anläßlich der 1000jährigen Wiederkehr der Thronbesteigung Ottos des Großen. Hg. von der Stadt Magdeburg. Heidelberg/Berlin 1936.

Überschriften und Details als vielmehr aus dem Kontext und Zielsetzungen der damit verbundenen Forschungen. Nähere Ausführungen dazu können hier nicht vorgenommen werden. Auf die Auseinandersetzung damit und die dafür einschlägige kritische Literatur sei verwiesen.[10] Die völlig ideologiefreie, bis heute unentbehrliche Monographie von Gertrud SCHUBART-FIKENTSCHER (1942) nennt als Untersuchungsgebiet „Osteuropa" im Titel.[11] Ihr Schüler Rolf LIEBERWIRTH wählte für den Titel seines 1986 publizierten Leipziger Akademievortrages den geographischen Bezug „osteuropäische Rechtsordnungen", um den rechtlich relevanten Einflussbereich des „sächsisch-magdeburgischen Rechts" zu beschreiben.[12] Friedrich EBEL, der in den 1980er und 1990er Jahren maßgebliche Editionen und Forschungen zum Magdeburger Recht vorgelegt bzw. mit nachhaltigem Erfolg betrieben hat, konturierte das nordöstliche Verbreitungsgebiet mit „Von der Elbe zur Düna [...]".[13] Das eingangs erwähnte Akademieprojekt wählte für seinen Titel bewusst „Rechtsordnungen Ost- und Mitteleuropas", womit einerseits der bisherige Forschungsstand und andererseits eine Offenheit für noch nicht bekannte Orte und Landschaften in bislang unzureichend erforschten Regionen des Verbreitungsgebiets erfasst sind. Die hier nur in kleiner Anzahl zitierten Publikationen und Forschungsunternehmungen haben alle im Sachsenspiegel und im Magdeburger Recht ihre Grundlagen. Im Folgenden sollen diese Rechtsquellen zunächst kurz vorgestellt werden.

Der zwischen 1220 und 1235 im östlichen Harzvorland entstandene Sachsenspiegel, das bedeutendste deutsche Rechtsbuch des Mittelalters,[14] beinhaltet vorwiegend Regeln, die für die ländliche Bevölkerung galten. Ein wie immer auch geartetes „Stadtrecht" kannte der Sachsenspiegel nicht. Davon unabhängig hatten sich in der Handelsmetropole Magdeburg an der mittleren Elbe auf dem Wege der Gewohnheit Normen („Gewohnheitsrecht") herausgebildet, die für Handel und Handwerk sowie

---

**10** Heiner LÜCK, Der Sachsenspiegel. Das berühmteste deutsche Rechtsbuch des Mittelalters. Darmstadt 2017, S. 144–151 [„Deutsches Recht im Osten" – Politische Instrumentalisierung und Neuanfänge]; DERS., „Der Deutsche kommt also im Osten in kein Neuland ...". Das Institut zur Erforschung des Magdeburger Stadtrechts (1940–1945). In: Historische Forschung in Sachsen-Anhalt. Ein Kolloquium anläßlich des 65. Geburtstages von Walter Zöllner. Hg. von Heiner LÜCK/Werner FREITAG. Stuttgart/Leipzig 1999 (Abhandlungen der Sächsischen Akademie der Wissenschaften zu Leipzig, Philol.-hist. Kl. 76/3), S. 125–145.

**11** Gertrud SCHUBART-FIKENTSCHER, Die Verbreitung deutscher Stadtrechte in Osteuropa (Forschungen zum deutschen Recht IV/2), Weimar 1942.

**12** Rolf LIEBERWIRTH, Das sächsisch-magdeburgische Recht als Quelle osteuropäischer Rechtsordnungen (Sitzungsberichte der Sächsischen Akademie der Wissenschaften zu Leipzig, Philolog.-hist. Klasse 122/4), Berlin 1986.

**13** Friedrich EBEL, Von der Elbe zur Düna – Sachsenrecht in Livland, einer Gemengelage europäischer Rechtsordnungen. In: EICHLER/LÜCK, Rechts- und Sprachtransfer (wie Anm. 1), S. 37–43, hier S. 37.

**14** Forschungsstand bei LÜCK, Der Sachsenspiegel (wie Anm. 10).

für die Balance der Machtverhältnisse in der Stadt praktikabel und günstig waren.[15] Im Gegensatz zum Sachsenspiegel, der in Gestalt eines umfangreichen, Landrecht und Lehnrecht umfassenden Rechtsbuches vorliegt, gelangte das Magdeburger Stadtrecht nicht zu einer zusammenfassenden Aufzeichnung. Gleichwohl gilt das „Sächsische Weichbild" als ein normativer Text, der einen großen Teil des Magdeburger Stadtrechts repräsentiert. Das Fehlen einer modernen wissenschaftlich-kritischen Edition dieses zwischen dem 13. und 15. Jahrhundert entstandenen Textes stellt ein seit langem immer wieder beklagtes Desiderat der Forschung dar.[16]

Ein deutlicher Qualitätsschub auf dem Weg zu einem eigenständigen, d. h. vom Landrecht (des Sachsenspiegels) deutlich unterscheidbaren, Stadtrecht ist während der 1170er und 1180er Jahre,[17] also in der Amtszeit des bedeutenden Erzbischofs Wichmann von Magdeburg (1152–1192), zu verzeichnen. Dabei ging es im Wesentlichen um die Abschaffung der strengen Formalitäten im Prozess mit erheblichen Risiken für die streitenden Parteien vor Gericht, der sog. *vare*. Eine solche Prozesserleichterung enthält das berühmte Privileg, welches Erzbischof Wichmann 1188 der Stadt Magde-

---

15 Zu diesem wichtigen Aspekt übergreifend: Gerhard DILCHER, Die kommunale Stadtverfassung des Mittelalters als europäisches Modell. In: KÖSTER/LINK/LÜCK, Vernetzung (wie Anm. 1), S. 215–233; aus komparatistischer Sicht Franz IRSIGLER, Freiheiten, Privilegien und bürgerliche Selbstverwaltung. Ergebnisse und Perspektiven europäischer Städteforschung. Deutsche Ursprungsfassung von: Franz IRSIGLER, Libertés, privilèges et autogestion des populations urbaines. Quelques conclusions d'un colloque d'histoire urbain. In: Urban liberties and citizenship from the Middle Ages up to now. Libertés et citoyenneté urbaines du moyen âge à nos jours. Städtische Freiheiten und bürgerliche Partizipation vom Mittelalter bis heute. Actes du colloque 2009 de la Commission internationale pour l'Histoire des villes, éd. Michel PAULY et Alexander LEE (Beiträge zur Landes- und Kulturgeschichte 9 / Publications du Centre Luxembourgeois de Documentation et d'Etudes Médiévales 41), Trier 2015 [www.uni-Trier.de/fileadmin/fb3/prof/GES/LG1/Bilder_allgemein/Allgemein_Laux/Irsigler_Conclusio_Endversion.pdf - 31.12.2018].

16 LÜCK, Der Sachsenspiegel (wie Anm. 10), S. 43. In der Arbeitsstelle des genannten Akademieprojekts wird mit dem bekannten Druck Alexander VON DANIELS/Franz VON GRUBEN (Hg.), Das Sächsische Weichbildrecht. Jus municipale saxonicum, Bd. 1: Weltchronik und Weichbildrecht in 136 Artikeln mit der Glosse (Rechtsdenkmäler des deutschen Mittelalters. [Abt. I], Bd. 1 [1 u. 2]). Berlin 1858, der mit der ihm zugrundeliegenden Originalhandschrift abgeglichen wurde, gearbeitet. Es handelt sich um: Berlin, Staatsbibliothek Preußischer Kulturbesitz zu Berlin, mgf 389 (Papierhandschrift aus dem Domstift zu Havelberg – 15. Jahrhundert), fol. 1r-209v, www.handschriftencensus.de/12050, Oppitz II (wie Anm. 4), Nr. 118 (S. 368). Vgl. dazu auch Wieland CARLS, Zur Verbreitung des Halle-Neumarkter Rechts in Schlesien. In: Halle im Licht und Schatten Magdeburgs. Eine Rechtsmetropole im Mittelalter. Hg. von Heiner LÜCK (Forschungen zur hallischen Stadtgeschichte 19), Halle (Saale) 2012, S. 184–205, hier S. 204.

17 Bezugnahmen auf Magdeburger Rechts- und Gerichtsgewohnheiten gibt es seit ottonischer Zeit: vgl. etwa das Privileg König Ottos III. (reg. 983–1002) für die Kaufleute von Quedlinburg vom Jahr 994 (MGH DO III, Nr. 55). Um ‚Stadtrecht' handelte es sich dabei jedoch noch nicht. Vgl. dazu ausführlich Heiner LÜCK, Die Anfänge des Magdeburger Stadtrechts und seine Verbreitung in Europa. Strukturen, Mechanismen, Dimensionen. In: Sachsen und Anhalt. Jahrbuch der Historischen Kommission für Sachsen-Anhalt 27 (2015), S. 179–200, hier S. 181–184.

burg erteilte.[18] Es wurde gelegentlich als „Geburtsurkunde des Magdeburger Rechts" bezeichnet.[19] Die im Zweiten Weltkrieg verloren gegangene Urkunde scheint so etwas wie eine Initialzündung für die Weitergabe dieses für Kaufleute und Bürger sehr praktikablen Stadtrechts gewesen zu sein. Es ist daher wohl kein Zufall, dass etwa seit der Wende vom 12. zum 13. Jahrhundert zahlreiche Verleihungen des Magdeburger Rechts an andere Städte zu beobachten sind. So verlangte Herzog Heinrich I. von Schlesien (1202-1238) eine Abschrift des Wichmannschen Privilegs von 1188, um mit dem darin verbrieften Recht seine neue Stadt Goldberg (1211) auszustatten. In den folgenden drei Jahrzehnten erhielten die Städte Spandau (1232), Prenzlau (1235), Guben (1235) und Stettin (1237) Magdeburger Recht.

Bei der Neugründung von Städten wurden diese Normen, die sich an den jeweils spezifisch örtlichen Verhältnissen orientierten, nicht selten zugrunde gelegt. Das erfolgte in vielen Fällen mit einer entsprechenden Privilegierung in Gestalt einer Gründungsurkunde. Auch auf bereits seit langem bestehende Städte wurde das Recht einer anderen Stadt übertragen. Dieser Vorgang wird in der deutschen Rechtsgeschichte traditionell als ‚Bewidmung' bezeichnet. Es entstand somit eine Art Rechtsverwandtschaft, welche die sogenannten ‚Tochterstädte' mit ihrer sogenannten ‚Mutterstadt' verband. Von den Tochterstädten wurde das (häufig abgewandelte) Stadtrecht an weitere Städte (‚Enkelstädte') transferiert. Im Ergebnis dieser Weitergabe des Rechts entstanden die von der älteren Forschung so benannten ‚Stadtrechtsfamilien', von denen die Magdeburger und Lübecker Stadtrechtsfamilie die bedeutendsten waren. Die moderne Forschung übt inzwischen berechtigte Kritik an diesen, weitgehend aus dem 19. Jahrhundert überkommenen Idealvorstellungen über die Stadtrechtsfamilien.[20] Ein neues, den heterogenen Quellen und Erscheinungsformen griffiges, adäquates und überzeugendes Deutungsmuster ist allerdings noch nicht gefunden worden.

Mehrere einschlägige Untersuchungen lassen erkennen, dass es ganz maßgeblich die Verfassung der Stadt Magdeburg war, welche östlich der Elbe und dann vor allem im europäischen Osten eine erhebliche Anziehungskraft ausübte. Die im Magdeburger Recht ausgeregelte Balance der Gewalten (Gerichtsbarkeiten) in der Stadt und über die Stadt war wohl für die Attraktivität des Magdeburger Rechts entscheidend.[21]

18 Friedrich Israël (Bearb.) unter Mitarbeit von Walter Möllenberg, Urkundenbuch des Erzstifts Magdeburg, Teil 1: 937–1142 (Geschichtsquellen der Provinz Sachsen und des Freistaates Anhalt, Neue Reihe 18), Magdeburg 1937, Nr. 421 (S. 554–556); umfassende Würdigung durch Rolf Lieberwirth, Das Privileg des Erzbischofs Wichmann und das Magdeburger Recht (Sitzungsberichte der Sächsischen Akademie der Wissenschaften zu Leipzig, Philol.-hist. Klasse 130/3), Berlin 1990.

19 Vgl. etwa Fritz Markmann, Zur Geschichte des Magdeburger Rechts, Stuttgart/Berlin 1938, S. 19; kritisch dazu Lieberwirth, Privileg (wie Anm. 18), S. 3.

20 Vgl. insbesondere Stephan Dusil, Stadtrechtsfamilien, Rechtsräume und die Verbreitung des Magdeburger Rechts. Überlegungen zu Begriffen und Konzepten. In: Köster/Link/Lück (wie Anm. 1), S. 57–77.

21 Lück, Magdeburger Recht (wie Anm. 2), S. 217–219.

Ein zentrales Element dieser Stadtverfassung war der Magdeburger Schöffenstuhl,[22] der ganz wesentlich zur Ausformung des Magdeburger Stadtrechts in Gestalt Tausender von Schöffensprüchen (Rechtsweisungen und Rechtsmitteilungen) beigetragen hat.[23]

# 3 Verbreitung

In enger Verbindung mit dem Sachsenspiegel gelangte das Magdeburger Recht unter anderem nach Schlesien, Polen, in das Deutschordensland, in das Baltikum (Litauen, Livland), in die Ukraine, nach Böhmen, Mähren und nach Ungarn. Die in diesen Gebieten und auf dem Weg dorthin entstandenen neuen Rechtstexte, die in der Regel ein Gemisch aus Sachsenspiegelrecht und Magdeburger Recht darstellen, nennen das aus dem Elbe-Saale-Raum stammende Recht ‚ius Theutonicum', ‚ius Maideburgense', ‚ius Saxonum' u.ä. Rechtsmaterien mit ursprünglich verschiedenen, ursprünglich voneinander abgrenzbaren Inhalten gingen so ineinander über. Als weit verbreitete und ganz übliche Bezeichnung für diesen Normenkomplex setzte sich ‚ius Maideburgense' (Magdeburger Recht) durch.

Von zentraler Bedeutung für die Verbreitung des sächsisch-magdeburgischen Rechts nach Ostmitteleuropa war das (bis 1335) polnische Herzogtum Schlesien. Noch im 13. Jahrhundert wurden nach Goldberg die schlesischen Städte Breslau (vor 1241), Neumarkt (1235), Glogau (1263) u. a. mit Magdeburger Recht bewidmet. Von Schlesien aus wurden das Magdeburger Stadtrecht und der Sachsenspiegel nach Polen übernommen.[24] Der alten polnischen Königs- und Universitätsstadt Krakau kam dabei eine tragende Rolle zu. Nach den bezeugten Sachsenspiegelhandschriften und der Präsenz des Magdeburger Rechts muss Kleinpolen als ein Zentrum der Verbreitung und Anwendung deutschen Rechts (d.h. sächsisch-magdeburgischen Rechts) ange-

---

22 Vgl. dazu eingehend Heiner Lück, Der Magdeburger Schöffenstuhl als Teil der Magdeburger Stadtverfassung. In: Hanse-Städte-Bünde. Die sächsischen Städte zwischen Elbe und Weser um 1500. Hg. von Matthias Puhle, Bd. 1: Aufsätze, Magdeburg 1996, S. 138–151; Ders., Zur Gerichtsverfassung in den Mutterstädten des Magdeburger und Lübecker Rechts. In: Grundlagen für ein neues Europa. Das Magdeburger und Lübecker Recht in Spätmittelalter und Früher Neuzeit. Hg. von Heiner Lück/Matthias Puhle/Andreas Ranft (Quellen und Forschungen zur Geschichte Sachsen-Anhalts 6), Köln/Weimar/Wien 2009, S. 163–181; Matthias Puhle, Rat und „Schöppenstuhl". Das Ringen um die Macht im mittelalterlichen Magdeburg. In: Köster/Link/Lück, Vernetzung (wie Anm. 1), S. 235–245.

23 Zur praktischen Seite dieser Beziehung vgl. Wieland Carls, Rechtsanfragen und Rechtssprüche. Zur Praxis des Rechtsverkehrs mit dem Magdeburger Schöffenstuhl. In: Köster/Link/Lück, Vernetzung (wie Anm. 1), S. 127–143.

24 Vgl. dazu jetzt die grundlegende Untersuchung von Maciej Mikuła, Prawo miejskie Magdeburskie (IUS MUNICIPALE MAGDEBURGENSE) w Polsce XIV-pocz. XVI w. Studium o ewolucji i adaptacji prawa, Kraków 2018 [poln.].

sehen werden. Die Stadt Krakau war bei ihrer Neugründung im Jahre 1257 mit Magdeburger Recht bewidmet worden.[25]

Kasimir III. der Große (reg. 1333-1370) sorgte als König von Polen für zahlreiche Privilegierungen in den von ihm neu gewonnenen Ostgebieten Volhynien, Galizien und Podolien. Im Jahr 1356 verbot Kasimir den Rechtszug nach Magdeburg und richtete in Krakau das berühmte Obergericht[26] für die kleinpolnischen Städte Magdeburger Rechts ein – das ‚Ius Supremum Maydeburgense Castri Cracoviensis'.[27]Damit wurde einerseits der Rückgriff auf den Schöffenstuhl der ‚Mutterstadt' Magdeburg verlegt, andererseits die Anwendung des Magdeburger Rechts in seiner Krakauer Ausformung königlich legitimiert. In diesem Sinn kann die Einrichtung des Krakauer Obergerichts als ‚Schranke' der Verbreitung im Sinne unserer Überschrift angesehen werden.

In Krakau entwickelte sich über die rege Spruchtätigkeit des Krakauer Obergerichts hinaus unter den günstigen Bedingungen einer Residenz- und Universitätsstadt eine besondere Rechtsliteratur zum Sachsenspiegel und zum Magdeburger Recht. Völlig neue Möglichkeiten der Verbreitung von Rechtsquellen hatten sich mit der Erfindung des Buchdrucks eröffnet, die auch Krakau zu einem prosperierenden Druckort werden ließ. So wurde 1506 von dem königlich-polnischen Kanzler Jan Łaski eine lateinische Fassung des Sachsenspiegels und des Magdeburger Weichbildes (Stadtrechts) neben heimischen Rechtsquellen publiziert. Der Krakauer Stadtschreiber Nikolaus Jaskier gab 1535 lateinische Ausgaben des glossierten Sachsenspiegels[28] und des glossierten

25 Vgl. dazu auch die wichtigen Publikationen anlässlich des 750. Jubiläums der Bewidmung Krakaus mit Magdeburger Recht: Muzeum Historyczne Miasta Krakowa (Hg.), Kraków europejskie miasto prawa magdeburskiego 1257–1791. Katalog wystawy, Kraków 2007 [poln.]; Dass. (Hg.), Europejskie miasta prawa magdeburskiego. Tradycja, dziedzictwo, identyfikacja. Sesja komparatystyczna Kraków, 13–15 października 2006, Materiały konferencyjne. European Cities of Magdeburg Law. Tradition, Heritage, Identity. A comparative conference Kraków, October 13–15, 2006 Conference Proceedings, Kraków 2007 [poln./engl.]. Mit der Urkunde von 1257 setzt sich ausführlich Jerzy Wyrozumski, Eine Lokation oder mehrere Lokationen Krakaus nach deutschem Recht? In: Rechtsstadtgründungen im mittelalterlichen Polen. Hg. von Eduard Mühle (Städteforschung A/83), Köln/Weimar/Wien 2011, S. 245–274, hier S. 262–274, auseinander.

26 Auch ‚Oberhof'.

27 Vgl. dazu Ludwik Łysiak, Ius supremum Maydeburgense castri Cracoviensis 1356–1794. Organisation, Tätigkeit und Stellung des Krakauer Oberhofs in der Rechtsprechung Altpolens (Ius commune. Sonderhefte. Studien zur Europäischen Rechtsgeschichte 49), Frankfurt am Main 1990; Ders./Karin Nehlsen-von Stryk (Hg.), Decreta iuris supremi Magdeburgensis castri Cracoviensis. Die Rechtssprüche des Oberhofs des deutschen Rechts auf der Burg Krakau 1456–1481 (Ius commune. Sonderhefte. Studien zur Europäischen Rechtsgeschichte 68), Frankfurt am Main 1995; Ludwik Łysiak (Hg.) unter Mitwirkung von Karin Nehlsen-von Stryk, Decreta (wie in dieser Anm.), Bd. 2: 1481–1511 (Ius commune. Sonderhefte. Studien zur Europäischen Rechtsgeschichte 104), Frankfurt am Main 1997. Mit den Krakauer Dekreten als Textgattung beschäftigt sich eingehend Krystyna Waligóra, Die Dekrete des Krakauer Oberhofs (1456–1504) als Textallianzen und Textsorten, Krakau 2009.

28 Zu den Glossen des Sachsenspiegels vgl. Rolf Lieberwirth, Glossen zum Sachsenspiegel. In: Handwörterbuch zur deutschen Rechtsgeschichte. Hg. von Albrecht Cordes u. a., 2. Aufl. (im Folgenden: $^{2}$HRG), Bd. 2, Berlin 2012, Sp. 416–422; Bernd Kannowski, Die Umgestaltung des Sachsenspie-

Weichbildes[29] heraus. Damit wurden zwei ‚Hürden' überwunden. Zum einen wurde das Sachsenspiegel- und Weichbildrecht in die Gelehrtensprache übersetzt und musste den Eliten wahrscheinlich, sofern diese nicht ebenso gut des Deutschen mächtig waren, verständlicher erscheinen. Zum anderen verklammerten Glossen das aus Mitteldeutschland stammende ‚ungelehrte Recht' mit den beiden Universalrechten (‚gelehrten Rechten') des Mittelalters, dem römischen Recht und dem kanonischen Recht. Schließlich folgten 1581 eine polnische Übersetzung des Weichbildes durch den Lemberger Syndikus Pawel Szczerbicz und die Ausgabe eines Sachsenspiegels in alphabetischer Ordnung. Damit wurde eine weitere ‚Hürde' der erfolgreichen Verbreitung und Anwendung der in Rede stehenden Rechtstexte, in die in Mitteldeutschland ihren Ursprung hatten, überwunden.[30] Zur sprachlichen Weiterentwicklung vor Ort gehörte auch das Werk des polnischen Rechtsgelehrten Bartolomäus Groicki, welches 1558 unter dem Titel ‚Artykuły prawa majdeburskiego, które zowią Speculum Saxonum' [= Artikel des Magdeburger Rechts, welche man Speculum Saxonum nennt] im Druck erschienen war. Aus der Feder desselben Autors stammt die Rechtssammlung ‚Porządek sadów i spraw miejskich prawa majdeburskiego w Koronie Polskiej' [= Stadtgerichts- und Prozessordnung des Magdeburger Rechts im Kronland Polen], die später in der Slowakei, vor allem aber in den Gebieten der späteren Ukraine, eine Rolle spielte. Die genannten Schriften spielen eine herausragende Rolle bei dem Transfer des sächsisch-magdeburgischen Rechts in Polen und darüber hinaus. Sie lösten offenbar etliche Probleme der fremden Rechtssprache zugunsten einer sich formierenden vernikularen Fachsprache des Rechts.

Weit nördlich von Krakau, im Deutschordensland, entwickelten sich die Städte Kulm und Thorn zu Metropolen deutschen Rechts und verhalfen dem sächsisch-magdeburgischen Recht zu einer beachtlichen Wirkung.[31] Grundlage war die berühmte Kulmer Handfeste von 1233, ein vom Deutschen Orden oktroyiertes Stadtrechtspri-

---

gelrechts durch die Buch'sche Glosse (MGH Schriften 56), Hannover 2007; Editionen: Frank-Michael KAUFMANN (Hg.), Glossen zum Sachsenspiegel-Landrecht. Buch'sche Glosse, 3 Bde. (MGH. Fontes iuris germanici antiqui, nova series VII), Hannover 2002; DERS./Peter NEUMEISTER, Glossar zur Buch'schen Glosse, 3 Bde. (MGH. Fontes iuris germanici antiqui, nova series X), Wiesbaden 2015; Frank-Michael KAUFMANN (Hg.), Glossen zum Sachsenspiegel-Lehnrecht. Die kürzere Glosse, 2 Bde. (MGH. Fontes iuris germanici antiqui, nova series VIII), Hannover 2006; DERS. (Hg.), Glossen zum Sachsenspiegel-Lehnrecht. Die längere Glosse, 3 Bde. (MGH. Fontes iuris germanici antiqui, nova series IX), Hannover 2013.

**29** Zu den Weichbildglossen vgl. die jüngste Publikation von Maciej MIKUŁA, Das Magdeburger Weichbildrecht in seiner schlesisch-kleinpolnischen Fassung. Anmerkungen zur Autorschaft und Textevolution. In: KÖSTER/LINK/LÜCK, Vernetzung (wie Anm. 1), S. 147–165; aus sprachwissenschaftlicher Perspektive vgl. Inge BILY/Milada HOMOLKOVA, Neueste Forschungen zum Sächsischen Weichbildrecht mit Glosse. In: DA 73 (2017), S. 553–638.

**30** Vgl. dazu Marija LAZAR, Übersetzen, übertragen, deuten. Übersetzungspraktiken als Einflussfaktor für den Transfer des sächsisch-magdeburgischen Rechts in Ostmitteleuropa. In: KÖSTER/LINK/LÜCK, Vernetzung (wie Anm. 1), S. 195–211.

**31** Vgl. dazu Roman CZAJA, Der Deutsche Orden und die Städte. Landesausbau als Rahmen des Rechtstransfers. In: KÖSTER/LINK/LÜCK, Vernetzung (wie Anm. 1), S. 101–113.

vileg.[32] In die darauf beruhende Ausformung eines alten Kulmer Rechtstyps gingen auch diverse Regelungen des Flämischen Rechts[33] ein. In dem in Richtung Nordosten benachbarten Litauen sind neben vielen anderen Städten Vilnius (1387), Kaunas (1408) und Trakai (Ende des 14./Anfang des 15. Jahrhunderts) als Städte Magdeburger Rechts bezeugt. Sächsisch-magdeburgisches Recht floss auch in die drei Fassungen des Litauischen Statuts (1529, 1566, 1588)[34] ein.[35] Im historischen Livland entstanden spezielle Bearbeitungen des Sachsenspiegels, so der ‚Livländische Spiegel'[36] und das ‚Livländische Ritterrecht' in mehreren Redaktionen.[37] Bemerkenswert ist, dass der Sachsenspiegel auch noch das Zivilgesetzbuch der Republik Lettland von 1937 beeinflusste (‚Civillikums').[38] Dieser Ausgriff auf das 20. Jahrhundert sei trotz seines Fernliegens vom hier relevanten Untersuchungszeitraum gestattet, um die ganze Wucht

---

32 Vgl. Danuta Janicka, Kulm. In: ²HRG 3 (2016), Sp. 305–307; Dies., Die Rezeption des Sachsenspiegels und des Magdeburger Rechts am Beispiel von Thorn im Kulmer Land. In: Eichler/Lück, Rechts- und Sprachtransfer (wie Anm. 1), S. 61–74; Friedrich Ebel, Kulmer Recht – Probleme und Erkenntnisse. In: 750 Jahre Kulm und Marienwerder. Hg. von Bernhart Jähnig/Peter Letkemann (Beiträge zur Geschichte Westpreußens 8), Münster 1983, S. 9–26 (Neudruck in: Andreas Fijal/Hans-Jörg Leuchte/Hans-Jochen Schiewer [Hg.], Friedrich Ebel. *Unseren fruntlichen grus zuvor*. Deutsches Recht des Mittelalters im mittel- und osteuropäischen Raum. Kleine Schriften, Köln/Weimar/Wien 2004, S. 135–150).

33 Vgl. dazu den Überblick von Heiner Lück/Dirk Heirbaut, Flämisches Recht. In: ²HRG 1 (2008), Sp. 1590–1592.

34 Editionen: Edvardas Gudavičius/Irena Valikonytė (ed.), Pirmasis Lietuvos Statutas. The First Statute of Lithuania, Vilnius 2014 [Erstes Litauisches Statut 1529]; Franciszek Piekosiński (ed.), Statut Litewski drugiej redakcyi (1566) (Archivum komisyi prawniczej Akademii Umiejętności, t. 7), Kraków 1900 [Zweites Litauisches Statut 1566]; Statut Wielkiego Księstwa Litewskiego, Wilno 1819 [Drittes Litauisches Statut 1588].

35 Vgl. dazu die umfassenden Arbeiten von Jolanta Karpavičienė, Das sächsisch-magdeburgische Recht in Litauen: Forschungsstand, Forschungsfelder und Perspektiven. In: Eichler/Lück, Rechts- und Sprachtransfer (wie Anm. 1), S. 75–101; Dies., Das sächsisch-magdeburgische Recht in den Kleinstädten Litauens. In: Lück/Puhle/Ranft, Grundlagen (wie Anm. 22), S. 83–116; Heiner Lück, The Codification of Law in Europe during the 16th century – conceptions, results, effects. In: Lietuvos Statutas: Temidės ir klėjos teritorijos. Straipsnių rinkinys. Hg. von Irena Valikonytė/Neringa Šlimienė. Vilnius 2017, S. 17–32, hier S. 29–32; vgl. auch Dietmar Willoweit, Das litauische Statut von 1529 vor dem Hintergrund der Gesetzgebung und Jurisprudenz seiner Epoche. In: Pirmasis Lietuvos Statutas ir epocha. Straipsnių rinkinys. Hg. von Irena Valikonytė/Lirija Steponavičienė. Vilnius 2005, S. 63–80 [Neudruck in: Rechtskultur 6 (2017), S. 8–18].

36 Edition: Friedrich Georg von Bunge (Hg.), Altlivländische Rechtsbücher. Leipzig 1879, S. 95–158; vgl. auch Ulrich-Dieter Oppitz, Livländischer Spiegel. In: ²HRG 3 (2016), Sp. 1026–1028.

37 Vgl. den Überblick von Heiner Lück, Zur Verbreitung des Sachsenspiegels und des Magdeburger Rechts in den baltischen Ländern. In: Baltisch-europäische Rechtsgeschichte und Lexikographie. Hg. von Ulrich Kronauer/Thomas Taterka (Akademiekonferenzen 3), Heidelberg 2009, S. 17–36; sowie Friedrich Georg von Bunge, Ueber den Sachsenspiegel als Quelle des mittleren und umgearbeiteten livländischen Ritterrechts, sowie des öselschen Lehnrechts. Riga 1827; Oppitz I, Deutsche Rechtsbücher (wie Anm. 5), S. 31.

38 (Deutsche) Ausgabe des lettischen Justizministeriums: Zivilgesetzbuch vom 28. Januar 1937, Riga 1937.

der Verbreitung und inhaltlichen Rezeption der deutschen Rechtstexte aus dem Mittelalter zu verdeutlichen.

Das Magdeburger Recht war auch in dem Gebiet des heutigen Weißrussland, welches historisch zum Großfürstentum Litauen gehörte, präsent. Hier prägte es insbesondere die Verfassung und das Recht der Stadt Minsk (1499). Weitere Städte Magdeburger Rechts in der Belarus sind Grodno, Brest, Orscha u.a.[39]

Von herausragender Bedeutung war die Privilegierung der galizischen Stadt Lemberg (1356), des heutigen ukrainischen L'viv, mit Magdeburger Recht.[40] Darauf folgte eine große Anzahl von Privilegien, darunter jenes des Großfürsten Alexander (reg. 1492–1506) für die ‚kleinrussische' (später ukrainische) Metropole Kiew (um 1497).[41] Das sächsisch-magdeburgische Recht ging in den bedeutenden Kodifikationsentwurf des ukrainischen Rechts von 1743 ‚Prawa po kotorym suditsja malorossijskij narod' [= Rechte, nach denen das kleinrussische Volk Recht spricht] ein.[42] Er wurde aufgrund des zentralistisch geprägten politischen Gegenwinds aus Russland nicht in Kraft gesetzt. Auch dieses Ereignis ist von seinen Wirkungen her ambivalent zu beurteilen. Die ausbleibende Inkraftsetzung kann als ‚Schranke' der Verbreitung aufgefasst werden. Es kann jedoch davon ausgegangen werden, dass die Bestimmungen des Entwurfs in aktualisierter und einer den Verhältnissen angepassten Form dennoch Berücksichtigung fanden.[43] Dessen ungeachtet waren und sind sich die Ukrainer, das ‚kleinrussische Volk' im Titel des Entwurfs, der westlich-deutschen Rechtstradition bewusst. Ein Denkmal von 1802 erinnert noch heute am Ufer des Dnjepr daran, dass Kiew eine Stadt des Magdeburger Rechts war.[44]

Im Königreich Böhmen und in der ihm lehnsrechtlich verbundenen Markgrafschaft Mähren gehörten mehrere, vor allem im Norden gelegene Städte der Magdebur-

39 Vgl. auch Olga KELLER, Geschichte, Quellen und Literatur des Magdeburger Rechts in weißrussischen Ortschaften des Großfürstentums Litauen. In: EICHLER/LÜCK, Rechts- und Sprachtransfer (wie Anm. 1), S. 103–140.

40 Vgl. Edition des Privilegs bei Miron KAPRAL (Hg.), Privilegii Civitatis Leopoliensis (XIV-XVIII saec.) [...] Priwilej mista Lwowa (XIV–XVIII st.), L'viv 1998, Nr. 1; Olga KOZUBSKA-ANDRUSIV, Lemberg, in: ²HRG 3 (2016), Sp. 837f.; dazu ausführlich jetzt Jürgen HEYDE, Armenier in Lemberg und Krakau. Städtische Migrationsgesellschaften und Magdeburger Recht. In: KÖSTER/LINK/LÜCK, Vernetzung (wie Anm. 1), S. 285–297.

41 Vgl. auch Natalia BILOUS, Kiew. In: ²HRG 2 (2012), Sp. 1734–1736, hier Sp. 1734f.; zum Magdeburger Recht in der Ukraine vgl. den Überblick von Heiner LÜCK, Magdeburger Recht in der Ukraine. In: Zeitschrift für Neuere Rechtsgeschichte 12 (1990), S. 113–126; Olga KOZUBSKA-ANDRUSIV, Das Magdeburger Recht in den historischen Ländern der heutigen Ukraine. Historiografie – Rezeption – Nachleben. In: KÖSTER/LINK/LÜCK, Vernetzung (wie Anm. 1), S. 267–281.

42 Edition: Prawa sa jakimi suditsja malorossijskij narod 1743, Redaktion: O. M. MIRONENKO u.a., Kiew 1997 [ukrain.]; Vgl. Mikola KOBYLECKYJ: Das magdeburgische Recht als Quelle des Kodex von 1743. In: EICHLER/LÜCK, Rechts- und Sprachtransfer (wie Anm. 1), S. 141–155.

43 LIEBERWIRTH, Das sächsisch-magdeburgische Recht (wie Anm. 12), S. 25.

44 Vgl. Heiner LÜCK, Das Denkmal des Magdeburger Rechts in Kiew. In: Forschungen zur Rechtsarchäologie und Rechtlichen Volkskunde 12 (1990), S. 109–119.

ger Stadtrechtsfamilie an. Für sie hatte Leitmeritz eine besondere Bedeutung. Diese Stadt unweit von Prag hatte spätestens 1262 Magdeburger Recht erhalten. Aber auch z. B. Olmütz, Leobschütz, Königgrätz, Troppau und ein Stadtteil von Prag (die heute sog. ‚Kleinseite') waren Städte bzw. eine Siedlung des Magdeburger Rechts.[45] Die Zentralfunktion von Leitmeritz ergab sich aus dem Vorhandensein eines Oberhofs[46] für die Städte und Siedlungen Magdeburger Rechts in Böhmen. Er konnte sich bis zur Mitte des 16. Jahrhunderts behaupten. Das Magdeburger Recht wurde seitdem massiv zurückgedrängt und schließlich 1579 durch eine umfassende Kodifikation des böhmischen Stadtrechts in tschechischer Sprache von Pavel Kristian Koldin[47] ersetzt. Diese Stadtrechtskodifikation bildete eine Schranke, d. h. ein unüberwindbares Hindernis in unserem Sinne, für die weitere Verbreitung und Anwendung des sächsisch-magdeburgischen Rechts. Zuvor war der Rechtszug nach Magdeburg durch die Gründung eines zentralen Appellationsgerichts für das Königreich Böhmen auf der Prager Burg 1548 unterbunden worden.[48] Das Magdeburger Recht hat nur einen relativ kleinen Teil der Städte und Dörfer im Norden Böhmens und Mährens beeinflusst. Ungeachtet der Bewidmungen mit Magdeburger Recht fand das sächsisch-magdeburgische Recht als inhaltlich prägende Komponente des sog. Meißner Rechtsbuches[49] im böhmischen und mährischen Raum sowie darüber hinaus Verbreitung.

Zu den bedeutendsten Rechtstexten sächsisch-magdeburgischer Provenienz im mittelalterlichen Ungarn[50] zählen das Ofener Stadtrechtsbuch, das Silleiner Stadtrechtsbuch und die Zipser Willkür. Das aus Magdeburg stark beeinflusste Ofener

---

45 Vgl. Heiner Lück, Rechtstransfer und Rechtsverwandtschaft. Zum Einfluss des Magdeburger Stadtrechts im Königreich Böhmen. In: Městské právo ve středni Evropě. Sbornik přispěvků z mezinárodni právnické konference „Práva městská Královstvi českého" z 19. –21. září 2011, Praha, Hg. von Karel Malý/Jiři Šouša jr. Praha 2013, S. 298–317; Jiři Šouša, Zu einigen Aspekten des Magdeburg-Leitmeritzer Rechts in Böhmen. In: Lück, Von Sachsen-Anhalt in die Welt (wie Anm. 6), S. 23–40; zum Ende des Magdeburger Rechts in Leitmeritz vgl. Pavla Slavičkova, Der Prozess des Untergangs des sächsisch-magdeburgischen Rechts im Leitmeritzer und Olmützer Rechtskreis in Böhmen und Mähren. In: Zeitschrift für Neuere Rechtsgeschichte 35 (2013), S. 41–54.

46 Zum Begriff vgl. Alexander Krey, Oberhof. In: ²HRG, 25. Lieferung, Berlin 2017, Sp. 44–56. Zur Rolle der Oberhöfe und Schöffenstühle bei der Ausbreitung des Magdeburger Rechts vgl. Heiner Lück. Oberhöfe und Schöffenstühle als Anwendungs- und Verbreitungszentren des Magdeburger Rechts. In: Köster/Link/Lück, Vernetzung (wie Anm. 1), S. 79–99.

47 Edition: Karel Maly u.a., Práva městska Královstvi českého. Edice s komentářem, Praha 2013.

48 Vgl. dazu Petr Kreuz, Das Appellationsgericht in Prag 1548–1783. Forschung, Quellen und historische Entwicklung. In: Appellation und Revision im Europa des Spätmittelalters und der Frühen Neuzeit. Hg. von Leopold Auer/Eva Ortlieb, unter Mitarbeit von Ellen Franke (Beiträge zur Rechtsgeschichte Österreichs 2013). Wien 2013, S. 231–250.

49 Edition mit tschechischer Übersetzung und sprachlicher Analyse von Vladimir Spáčil/Libuše Spáčilová, Mišeňská právni kniha. Historický kontext, jazykový rozbor, edice. Das Meißner Rechtsbuch. Historischer Kontext, linguistische Analyse, Edition, Olomouc 2010. Vgl. auch Ulrich-Dieter Oppitz, Meißner Rechtsbuch. In: ²HRG 3 (2016), Sp. 1431–1433.

50 Vgl. dazu Katalin Gönczi, Ungarisches Stadtrecht aus europäischer Sicht. Die Stadtrechtsentwicklung im spätmittelalterlichen Ungarn am Beispiel Ofen (Ius Commune 92). Frankfurt am Main 1997;

Stadtrechtsbuch[51] aus dem 15. Jahrhundert diente u.a. als Grundlage für die Rechtsprechung des Tavernikalgerichts für die sieben königlichen ungarischen Freistädte Ofen, Kaschau, Preßburg, Ödenburg, Tyrna, Bartfeld und Preschau. Später kam noch Pest hinzu.[52] Deutlichen Bezug zum Magdeburger Stadtrecht und zum Sachsenspiegel weist auch das Silleiner Stadtrechtsbuch[53] auf. Es enthält für die Zeit von 1373 bis 1561 mehrere lateinische, deutsche und slowakische Texte, darunter auch einen jeweils vollständigen Text des Sachsenspiegels und des sächsischen Weichbildrechts. Die Übersetzung in die Landessprache (d. h. hier in das Slowakische) stellt wiederum eine überwundene ‚Hürde' dar.

Bei der ‚Zipser Willkür' handelt es sich um ein 1370 von Richtern, Geschworenen und Ältesten der Zips (einer Landschaft unterhalb der Hohen Tatra/Slowakei) aufgezeichnetes Rechtsbuch.[54] Es geht im Kern auf ein Privileg des ungarischen Königs Stephan V. (1270-1272) aus dem Jahre 1271 zurück, in dem die Rechte der ‚Provincia Saxonum de Cips' festgeschrieben wurden. Als Quellen lassen sich der Sachsenspiegel, das Iglauer Stadtrecht, Brünner Satzungen und Flämisches Recht ausmachen.

## 4 Transferwege

Die vielen Einzelbeobachtungen, von denen hier nur ein sehr kleiner Bruchteil wiedergegeben werden konnte, drängen zu Versuchen, das Phänomen der Ausbreitung des sächsisch-magdeburgischen Rechts in Ostmitteleuropa theoretisch zu erfassen. Darum bemüht sich die Forschung seit etwa einem Jahrhundert. Für die Bezeichnung der komplexen Vorgänge wird in jüngerer Zeit der Begriff ‚Rechtstransfer' bevorzugt. Ihm gebührt m. E. ein gewisser Vorrang, etwa vor dem auch sehr gebräuchlichen Begriff ‚Rezeption'. Der Begriff ‚Rezeption' impliziert im Kern die freiwillige Übernahme von Recht oder eben einer Kulturerscheinung. Sieht man die Freiwilligkeit als Merkmal von Rezeption an, so würden sich damit kaum die Städtegründungen mit der autoritären Verleihung bestimmter Stadtrechte durch den Deutschen Orden zum

---

DIES., Zum kulturellen Erbe Ostmitteleuropas. Der Transfer des sächsisch-magdeburgischen Rechts in das Königreich Ungarn. In: KÖSTER/LINK/LÜCK, Vernetzung (wie Anm. 1), S. 115–125.

**51** Edition: Karl MOLLAY (Hg.), Das Ofener Stadtrecht. Eine deutschsprachige Rechtssammlung des 15. Jahrhunderts aus Ungarn. Weimar 1959; neue Edition mit ungarischer Übersetzung: László BLAZOVICH/József SCHMIDT, Buda város jogkönyve (Szegedi Középkortörténeti Könyvtár 17), 2 Bde., Szeged 2001 [dt./ungar.]; Katalin GÖNCZI, Ofner Stadtrechtsbuch. In: ²HRG, 25. Lieferung (2017), Sp. 128–130.

**52** Vgl. dazu auch Štefánia MERTANOVÁ, IUS TAVERNICALE. Študie o procese formovania práva tavernickych miest v etapách vývoja tavernickeho súdu v Uhorsku (15. –17. stor.), Bratislava 1985 [slowak.].

**53** Edition: Ilpo Tapani PIIRAINEN, Das Stadtrechtsbuch von Sillein. Einleitung, Edition und Glossar, Berlin/New York 1972.

**54** Edition: Ilpo Tapani PIIRAINEN/Mariá PAPSONOVÁ, Das Recht der Zips. Texte und Untersuchungen zum Frühneuhochdeutschen in der Slowakei (Veröffentlichungen des Germanistischen Instituts Oulu 8), 2 Bde., Oulu 1992.

Zweck der Herrschaftssicherung erfassen lassen. Trotz aller Unvollkommenheit sollte aus den dargelegten Gründen jedoch der Begriff ‚Rechtstransfer' mit einer gewissen Präferenz verwendet werden.

Die Übernahme und Übertragung von Kulturerscheinungen hat es zu allen Zeiten gegeben. Die Verbreitung der mittelalterlichen Stadtrechte in Europa bildet daher keine Ausnahme, sondern stellt zunächst einen ganz normalen Vorgang in der Rechts- und Kulturgeschichte dar. Die Frage, die sich stellt, ist die nach den konkreten Inhalten und Mechanismen des Rechtstransfers von mittelalterlichem Stadtrecht. Das Problem im Verhältnis zur Neuzeit besteht darin, dass man nicht ohne weiteres nachlesen kann, was etwa ‚Ius Maideburgense' inhaltlich bedeutet und auf welchen Wegen diese Rechtsnormen von ihrem Ursprungsort in andere Städte und Dörfer gelangt sind. Vor diesem Hintergrund empfiehlt sich ein Blick auf die Forschungsgeschichte.[55] In der Forschung sind folgende Wege des Rechtstransfers ausgemacht und mehr oder weniger hinreichend mit Quellen untermauert worden: Zunächst findet sich die sehr verbreitete und vielfach abgesicherte Beobachtung, dass sich Stadtrecht im engeren Sinne als Kaufmannsrecht durch Kaufleute auf den Handelswegen verbreitet und zu neuen Märkten bzw. Städten mit dem mitgebrachten Recht geführt habe. Typischerweise gilt das auch für die Verbreitung des Lübecker Rechts[56] und analog, hier vermittelt über Bergleute und Bergunternehmer, für das Bergrecht.[57]

Ferner ist die Vorstellung, die Stadtrechte seien von Siedlern bzw. Kolonisten (keineswegs nur von Kaufleuten) mitgebracht worden, anzutreffen. Forschungsgeschichtlich wurde diese Sichtweise in Deutschland vor allem zwischen dem Ersten Weltkrieg und dem Ende des Zweiten Weltkrieges als Deutungsmuster bemüht. Die politischen Implikationen sind dabei unverkennbar. Unter modernen Gesichtspunkten werden insbesondere in der polnischen Städte- und Stadtrechtsforschung die damit verbundenen Begriffe der ‚Lokation' und ‚Rechtsstadt' diskutiert und bevorzugt.[58]

Ein sehr frühes Erklärungsmodell fußt auf einem rechtlichen Vorgang, der in der Literatur ‚Bewidmung' heißt. Damit ist das Weitergeben eines älteren Stadtrechts

---

**55** Vgl. Heiner LÜCK, „Deutsches Recht im Osten", Strukturen, Kontexte und Wirkungen eines sensiblen Forschungsthemas (19. Jh.–1990). In: ZRG GA 126 (2009), S. 175–206, hier 177–196.

**56** Vgl. dazu Wilhelm EBEL, Lübisches Recht im Ostseeraum (Arbeitsgemeinschaft für Forschung des Landes Nordrhein-Westfalen, Geisteswissenschaften, Heft 143), Köln/Opladen 1967; Rolf HAMMEL-KIESOW, Der Kolberger Kodex und das lübische Recht im Ostseeraum. In: Der Kolberger Kodex des Lübischen Rechts von 1297. Transkription der mittelniederdeutschen Handschrift, Übersetzung ins Hochdeutsche, Glossar und Auswahlbibliographie von Thomas RUDERT, Hamburg 2005, 2. Teilband, S. 165–182; Albrecht CORDES, Lübisches Recht. In: ²HRG 3 (2016), Sp. 1072–1079.

**57** Vgl. dazu Dirk MOLDT, Deutsche Stadtrechte im mittelalterlichen Siebenbürgen. Korporationsrechte – Sachsenspiegelrecht – Bergrecht (Studia Transylvanica 37). Köln/Weimar/Wien 2009; Zum Stadt- und Bergrecht von Schemnitz vgl. Wieland CARLS, Rechtsquellen sächsisch-magdeburgischen Rechts im Untersuchungsgebiet. In: GÖNCZI/CARLS, Ungarn (wie Anm. 1), S. 117–134, hier S. 130–132; zum Iglauer Stadt- und Bergrecht vgl. CARLS, Rechtsquellen (wie in dieser Anm.), S. 129f.; zum Bergrecht vgl. auch den allgemeinen Überblick von Heiner LÜCK, Bergrecht, Bergregal. In: ²HRG 1 (2008), Sp. 527–533.

**58** Vgl. die Beiträge in dem Band von MÜHLE (wie Anm. 25).

durch hoheitlich-herrschaftlichen Rechtsakt an eine jüngere oder auch an eine schon bestehende Stadt gemeint. Darüber hinaus gab es Städte und Dörfer, deren Rechtsordnungen sich weder auf eine Kaufmannssiedlung mit mitgebrachtem Recht noch auf eine gesonderte Verleihung (Bewidmung) zurückführen lassen. Vielmehr ist hier die wirtschaftliche Potenz dieser Orte als Recht konstituierende Komponente in Rechnung zu stellen. Diese ermöglichte die Schaffung oder Festlegung eines Rechts. Letzeres ließ man sich nachträglich vom Stadt- bzw. Landesherrn bestätigen. Dazu gehörte auch die selbständige Festlegung des Rechtszuges an einen Oberhof bzw. Schöffenstuhl.[59]

Auch vertragsartige Festlegungen einer Rechtsordnung in einer Stadt bzw. einer Siedlung sind anzutreffen. Sie bildeten eine gewisse Alternative zur Bewidmung in einem herrschaftlich strukturierten Über-/Unterordnungsverhältnis. Hierzu kann auch das Begehren eines bestimmten Rechts durch die Bürgerschaft bei ihrem Stadtherrn als Grund für eine Privilegierung (Bewidmung) gerechnet werden.

Es kann nicht übersehen werden, dass Stadtrechte aus dem Heiligen Römischen Reich während des Mittelalters auch gewaltsam, d. h. im Zusammenhang mit militärischer Okkupation und christlicher Missionierung, übertragen wurden (z. B. Deutscher Orden). Gewiss kann man davon ausgehen, dass es noch weitere Übertragungs- bzw. Übernahmemodelle gab, welche die zukünftige Forschung verfizieren wird. Klar ist, dass sich diese ‚Transferwege', so seien diese komplexen Prozesse hier einmal genannt, nicht exakt voneinander abgrenzen lassen. Vielmehr gehen sie ineinander über. Die Platzierung eines bestimmten Rechts in einer Stadt, die Bewidmung oder eine andere Art des Rechtstransfers waren keine einmaligen Akte, sondern konnten im Verlaufe von Jahren und Jahrzehnten variieren und sich unterschiedlich entwickeln. Dabei waren ‚Hürden' zu überwinden (Sprache, politische Kräfteverhältnisse u. ä.). Dennoch könnten die hier kurz vorgestellten Transferwege als, gewiss kritikwürdige, aber vielleicht brauchbare (jedenfalls ergänzungsfähige) Orientierungen dienen, um die vielfältigen Erscheinungsformen des Rechtstransfers in und aus mittelalterlichen Städten halbwegs zu erfassen. Der hier gemachte Vorschlag ist freilich sehr formal und weitgehend von Hürden und Schranken, die sich aus siedlungsgeschichtlichen Bedingungen sowie aus wirtschaftlichen wie politischen Interessen der beteiligten Akteure (Kaufleute, Stadtbürger, Stadtherren, Kirchen und Klöster u.a.) ergaben, abgekoppelt. Vieles hängt auch davon ab, was man unter Stadtrecht, Bewidmung, Privilegierung, Übernahme, Lokation usw. versteht. Auf diese komplizierte Begriffsdebatte muss hier aus Platzgründen verzichtet werden.

---

59 Zum Verhältnis der beiden Begriffe und Institutionen vgl. Heiner LÜCK, Schöffenstuhl. In: Enzyklopädie der Neuzeit. Hg. von Friedrich Jaeger, Bd. 11, Stuttgart/Weimar 2010, Sp. 527–529; und LÜCK, Oberhöfe (wie Anm. 46), S. 79–86.

## 5 Schluss

Die zeitlichen und räumlichen Dimensionen der Verbreitung sächsisch-magdeburgischen Rechts in Ost- und Mitteleuropa faszinieren die Forschung seit dem 19. Jahrhundert. Aufgrund günstiger Konstellationen seit dem Ende des sog. Kalten Krieges und einer intensivierten europäischen Integration, sei es durch die Vergrößerung der Europäischen Union oder durch eine zukunftsträchtige Friedens- und Wirtschaftspolitik darüber hinaus, haben die Forschungen dazu einen Aufschwung erfahren. Das trifft nicht nur auf Deutschland, sondern auch auf die beteiligten Länder zu. Daraus ergibt sich ein hohes und fruchtbares Potential internationaler Forschungskooperation. In dem eingangs erwähnten Akademieprojekt ist diese auf hohem Niveau verwirklicht. Ihr liegen – wie auch schon im 19. Jahrhundert – im Kern zwei Komplexe mittelalterlicher Rechtsnormen aus dem mitteldeutschen Raum zugrunde.

Das Magdeburger Stadtrecht hat sich gegen Ende des 12. Jahrhunderts aus einem nicht näher verifizierbaren Markt- und Kaufmannsrecht des 10. Jahrhunderts als ein für die städtische Bevölkerung, d. h. nicht nur für die Kaufleute, günstiges Recht herausgebildet.

Zunächst unabhängig davon wurde zwischen 1220 und 1235 der Sachsenspiegel als schriftliche Fixierung des ländlichen sächsischen Gewohnheitsrechts geschaffen. Das Magdeburger Stadtrecht und der Sachsenspiegel verschmolzen zu unzähligen Varianten des ‚sächsisch-magdeburgischen Rechts', welches an seinen Anwendungsorten durch dort ansässige Herrschaftsträger, Amtspersonen (Schreiber, Ratsherren, Kanzler), Rechtspraktiker und Rechtsgelehrte den örtlichen Bedingungen angepasst wurde. So erlangte dieser Normenkomplex eine kraftvolle, Rechts- und Territorialgrenzen überschreitende Qualität, wozu auch seine fingierte Zurückführung auf die Kaiser Konstantin der Große (reg. 306–337), Karl der Große (reg. 768/800–814) und Otto der Große (reg. 936–962/973) zur grenzüberschreitenden Legitimation beigetragen hat.[60]

Legt man die Verdrängung des sächsisch-magdeburgischen Rechts in der Ukraine 1840/42 zugunsten des großrussischen Rechts (eine ‚Schranke' in unserem Sinne) zugrunde, so kann man eine Geltungs- bzw. Einflussdauer von etwa 500 Jahren (seit der Privilegierung von Lemberg 1356) konstatieren. Stellt man auf das lettische Zivilgesetzbuch ‚Civillikums' von 1937, das deutliche Anlehnungen an den Sachsenspiegel aufweist, ab, so kann man von einem etwa 700 Jahre dauernden Einfluss des sächsisch-magdeburgischen Rechts in Ost- und Mitteleuropa sprechen.

---

**60** Grundlegend Winfried TRUSEN, Die Rechtsspiegel und das Kaiserrecht. In: ZRG GA 102 (1985), S. 12–39; vgl. auch Heiner LÜCK, Der Sachsenspiegel als Kaiserrecht. Vom universalen Geltungsanspruch eines partikularen Rechtsbuches. In: HEILIGES RÖMISCHES REICH DEUTSCHER NATION 962–1806. Von Otto dem Großen bis zum Ausgang des Mittelalters. 20. Ausstellung des Europarates in Magdeburg und Berlin und Landesausstellung Sachsen-Anhalt. Essays. Hg. von Matthias PUHLE/Claus-Peter HASSE. Dresden 2006, S. 263–273.

Beide ursprünglich deutschen Rechtsquellen, Magdeburger Stadtrecht und Sachsenspiegel, entstanden im Gebiet an der mittleren Elbe bei bzw. in Magdeburg.[61] Von hier aus wurden sie in ihren vielfältigen Bearbeitungen in Hunderte von Orten übernommen, die zwischen der Elbe in Deutschland und dem Dnjepr in der Ukraine bzw. der Düna in Livland (Lettland) liegen. Eine solche Wirkung hat bis heute nie wieder ein deutscher Rechtstext erreicht. Bei aller Euphorie, die angesichts der positiv besetzten Begriffe ‚Sachsenspiegel' und ‚Magdeburger Recht' regelmäßig aufflammt, darf man nicht übersehen, dass es sich bei dem sog. Rechtstransfer aus Mitteldeutschland bis hin in die ukrainischen und baltischen Gebiete nicht um ein lineares Weitertragen einer Kulturerscheinung von Westen nach Osten handelt. Ohne die örtlichen Bearbeitungen, welche die Rechtskenner in den Geltungsgebieten und Orten des sächsisch-magdeburgischen Rechts in Kenntnis der jeweils lokalen Rechtsverhältnisse anfertigten, würde es das heute so faszinierende Thema ‚Das sächsisch-magdeburgische Recht als kulturelles Bindeglied zwischen den Rechtsordnungen in Ost- und Mitteleuropa' wahrscheinlich nicht geben. Die im Projekttitel gewählte Bezeichnung ist insofern defizitär. Daher ist es notwendig, auf die inhaltliche und multilokale Genesis des ‚sächsisch-magdeburgischen Rechts' hinzuweisen.

Es waren die Eliten der Polen, Litauer, Letten, Weißrussen, Ungarn, Tschechen, Slowaken und Ukrainer, welche aus dem sächsisch-magdeburgischen Recht das gemacht haben, was wir heute darunter verstehen.[62] Sie alle haben sich Verdienste um die Etablierung einer stabilen und friedvollen europäischen Rechtskultur erworben. Die Vergegenwärtigung dieser Zusammenhänge im internationalen Diskurs lehrt, dass sich die historischen wie aktuellen Gemeinsamkeiten der ost- und mitteleuropäischen Rechtsordnungen eben nicht im römisch-kanonischen Recht,[63] der unbestritten bedeutendsten Grundlage für die Rechtsentwicklung in Europa und der Welt,[64] erschöpfen.

---

**61** Vgl. auch Bernd SCHNEIDMÜLLER, Die Geschichte der Stadt als Wurzel des Rechts. Magdeburgs Strahlkraft im spätmittelalterlichen Europa. In: KÖSTER/LINK/LÜCK, Vernetzung (wie Anm. 1), S. 29–53.

**62** Zur Identifizierungsfunktion allgemein vgl. Heiner LÜCK, Prawo magdeburskie jako czynnik identyfikacji europejskiej rodziny miast [Das Magdeburger Recht als Identifikationsmerkmal einer europäischen Stadtrechtsfamilie]. In: Muzeum Historyczne Miasta Krakowa (Hg.): Europejskie miasta (wie Anm. 25), S. 136–146; für Litauen: Jolanta KARPAVIČIENĖ, „Nach unserem Magdeburger Recht". Zur Frage der stadtbürgerlichen Identität im Großfürstentum Litauen. In: KÖSTER/LINK/LÜCK, Vernetzung (wie Anm. 1), S. 247–265; für die Ukraine: KOZUBSKA-ANDRUSIV, Magdeburger Recht (wie Anm. 41), S. 277–281.

**63** Dieser Traditionslinie ist das große Werk von Helmut COING (Hg.), Handbuch der Quellen und Literatur der neueren europäischen Privatrechtsgeschichte, 3 Bde. (mit mehreren Teilbänden), Frankfurt am Main 1973–1988, gewidmet.

**64** Vgl. etwa Peter G. STEIN, Römisches Recht und Europa. Die Geschichte einer Rechtskultur. Aus dem Englischen von Klaus LUIG, Frankfurt am Main 1996; Paolo GROSSI, Das Recht in der europäischen Geschichte. Aus dem Italienischen übersetzt von Gerhard KUCK, München 2010.

Jörg Robert

# ‚Austria illustrata'

## Die Epigramme des Konrad Celtis und der Wiener Humanistenkreis

## 1 ‚Wunde Celtis'

Konrad Celtis (1459–1508) ist zweifellos eine der vielschichtigsten Figuren des deutschen Humanismus.[1] Innerhalb weniger Jahre steigt der im fränkischen Wipfeld geborene Winzersohn zum (von Kaiser Friedrich III.) gekrönten *poeta laureatus* (1487), Haupt eines *Collegium poetarum et mathematicorum* in Wien (1501) und Beiträger zum weitläufigen *Gedechtnus*-Projekt Maximilians I. auf.[2] Im Zentrum des Forschungsinteresses standen zuletzt vor allem Celtis' Bemühungen um eine Deutschlandbeschreibung (‚Germania illustrata') in der Nachfolge von Flavio Biondos ‚Italia illustrata' (1474), die zwar nicht realisiert wurde, aber doch in seine literarischen Hauptwerke einging.[3]

Das von Hans Burgkmair d. Ä. in Celtis' letzten Lebensjahren verfertigte Memorialbild (vgl. Abb. 1) zeigt den Dichter mit seinen prätendierten *opera*: Neben der – ungeschriebenen – ‚Germania illustrata' sind dies vor allem die ‚Amores', die in einem Maximilian gewidmeten Sammeldruck 1502 in Nürnberg unter dem Titel ‚Quatuor libri amorum secundum quatuor latera Germaniae' erschienen waren. Sie stellen den ambitionierten Versuch dar, die literarische Substanz der römischen Liebeselegie mit dem Plan der ‚Germania illustrata' zu verbinden.[4]

---

1 Die Beschäftigung mit dem deutschen ‚Erzhumanisten' hat in den vergangenen zwei Jahrzehnten spürbar zugenommen. Zum Überblick vgl. Jörg ROBERT, Konrad Celtis. In: Deutscher Humanismus 1480–1520. Verfasserlexikon. Hg. von Franz Josef WORSTBROCK. Berlin/New York 2009, Sp. 375–427; DERS., Konrad Celtis und das Projekt der deutschen Dichtung. Studien zur humanistischen Konstitution von Poetik, Philosophie, Nation und Ich. Tübingen 2003 (Frühe Neuzeit 76); DERS., Celtis' *Amores* und die Tradition der Liebeselegie. In: Amor als Topograph. 500 Jahre *Amores* des Conrad Celtis. Ein Manifest des deutschen Humanismus. Kabinettausstellung der Bibliothek Otto Schäfer 7. April–30. Juni Schweinfurt 2002. Hg. von CLAUDIA WIENER u. a. (Bibliothek Otto Schäfer. Ausstellungskatalog 18), S. 9–17; DERS., Zum Dichter geboren. Die Astrologie in den *Amores*. Ebd., S. 53–60.

2 Vgl. Jan-Dirk MÜLLER, Gedechtnus. Literatur und Hofgesellschaft um Maximilian I. München 1982 (Forschungen zur Geschichte der Älteren Deutschen Literatur 2), hier S. 48–79; Maximilians Welt. Kaiser Maximilian I. im Spannungsfeld zwischen Innovation und Tradition. Hg. von Johannes HELMRATH. Göttingen 2018 (Berliner Mittelalter- und Frühneuzeitforschung 22).

3 Vgl. Gernot Michael MÜLLER, Die ‚Germania generalis' des Conrad Celtis. Studien mit Edition, Übersetzung und Kommentar. Tübingen 2001 (Frühe Neuzeit 67); Christopher B. KREBS, Negotiatio Germaniae. Tacitus' ‚Germania' und Enea Silvio Piccolomini, Giannantonio Campano, Conrad Celtis und Heinrich Bebel. Göttingen 2005 (Hypomnemata 158). Zu Flavio Biondo vgl. Ottavio CLAVUOT, Biondos „Italia illustrata". Summa oder Neuschöpfung. Über die Arbeitsmethoden eines Humanisten. Tübingen 1990 (Bibliothek des Deutschen Historischen Instituts in Rom 69).

4 Zu den ‚Amores' eingehend ROBERT, Projekt der deutschen Dichtung (wie Anm. 1), S. 154–511.

https://doi.org/10.1515/9783110740509-006

**Abb. 1:** Hans Burgkmair: Sterbebild (Memorialbild) des Celtis; Holzschnitt-Epitaph, dritter Zustand, München, BSB. Rar. 585, Fol. 2; CC–BY–SA 4.0

Es handelt sich um einen autofiktionalen bzw. pseudobiographischen Zyklus, eine erotische Lebens- und Deutschlandreise, die den Dichter in vier Lebensaltern vier

Regionen bzw. Städte Deutschlands (Krakau, Regensburg, Mainz, Lübeck) durchreisen lässt, in denen er nicht nur gattungstypische Liebesbeziehungen zu vier verschiedenen Geliebten anknüpft, sondern dabei auch Bausteine und Bruchstücke aus dem Komplex der ‚Germania illustrata' inseriert.[5]

Die ‚Amores' sind daher neben den erst 1513 publizierten, ebenfalls in vier Bücher bzw. Regionen gegliederten ‚Oden', einem Lehrgedicht mit dem Titel ‚Germania generalis' (1500) sowie einer Nürnberg-Monographie (‚Norimberga', 1502) das wichtigste Zeugnis für Celtis' großes Projekt, das natürlich in engem Zusammenhang mit der Rezeption von Tacitus' ‚Germania' – als Fortsetzung und Korrektiv – und mit dem Ruhmeswerk Maximilians zu denken ist, dem daher auch der ‚Amores'-Druck von 1502 gewidmet ist. Dieser Nürnberger Druck zählt aufgrund seiner reichen Ausstattung mit Illustrationen zu den buchkünstlerischen Höhepunkten der Zeit um 1500.[6] Insbesondere Dürers ‚Philosophia'-Holzschnitt, der das ambitionierte Bildungsprogramm von Celtis' Ingolstädter Inauguralrede (1492)[7] aufnimmt, und Celtis als Mentor des jungen Dürer zeigt, war seit zwei klassischen Studien von Dieter WUTTKE[8] wiederholt Ausgangspunkt einer interdisziplinären Humanismusforschung.[9] Celtis war

---

5 Zur Verbindung von Liebeselegie und landeskundlichem Wissen vgl. Jörg ROBERT, Subjektive Liebeselegie – elegisches Subjekt – Subjektivierung des Wissens. Sieben Thesen zum Verhältnis von Dichtung und Landesbeschreibung in den ‚Amores' des Konrad Celtis mit einem Ausblick auf die Rolle von *erfarung* und Autopsie in der frühneuzeitlichen Wissensökonomie. In: Konrad Celtis und Nürnberg. Akten des interdisziplinären Symposions vom 8. und 9. November 2002 im Caritas-Pirckheimer-Haus in Nürnberg. Hg. von Franz FUCHS. Wiesbaden 2004 (Pirckheimer-Jahrbuch 19), S. 74–99.

6 Vgl. Peter LUH, Kaiser Maximilian gewidmet. Die unvollendete Werkausgabe des Conrad Celtis und ihre Holzschnitte. Frankfurt a. M. u. a. 2001 (Europäische Hochschulschriften Reihe 28, 377).

7 Vgl. Konrad Celtis Protucii Panegyris ad duces Bavariae. Mit Einleitung, Übersetzung und Kommentar. Hg. von Joachim GRUBER. Wiesbaden 2003 (Gratia 41); ROBERT, Projekt der deutschen Dichtung (wie Anm. 1), S. 128–152; Claudia WIENER, Bildungsprogramme in universitären Festreden. Ein Blick auf Martin Mairs und Konrad Celtis' Reden an der Universität Ingolstadt unter institutionsgeschichtlichen Aspekten. In: Humanismus in Ingolstadt. Akten des gemeinsam mit dem Stadtarchiv und dem Stadtmuseum Ingolstadt sowie dem Historischen Verein Ingolstadt e. V. am 11./12. November 2011 veranstalteten Symposions in Ingolstadt. Hg. von Franz FUCHS. Wiesbaden 2013 (Pirckheimer Jahrbuch 27), S. 71–102; Joachim GRUBER, Singulis rebus reperire causas. Konrad Celtis und der Bildungskanon der Frühen Neuzeit. In: Gymnasium 110 (2003), S. 259–276.

8 Dieter WUTTKE, Humanismus als integrative Kraft. Die Philosophia des deutschen ‚Erzhumanisten' Conradus Celtis. Eine ikonologische Studie zu programmatischer Graphik Dürers und Burgkmairs. In: Dazwischen. Kulturwissenschaft auf Warburgs Spuren. Hg. von DEMS. Bd. 1. Baden-Baden 1996 (Saecvla spiritalia 29/30), S. 389–454; DERS., Dürer und Celtis. Von der Bedeutung des Jahres 1500 für den deutschen Humanismus. ‚Jahrhundertfeier als symbolische Form'. In: Ebd., S. 313–388.

9 Ihre jüngsten Erträge finden sich im Katalog zur großen Nürnberger Ausstellung von 2012 (‚Der frühe Dürer'). Vgl. dort meinen Beitrag: Jörg ROBERT, Dürer, Celtis und die Geburt der Landschaftsmalerei aus dem Geist der „Germania illustrata". In: Der frühe Dürer. Ausstellung im Germanischen Nationalmuseum (24.5. bis 2.9.2012). Hg. von Daniel HESS/Thomas ESER. Nürnberg 2012, S. 65–77. Weiterhin Thomas SCHAUERTE, Dürer & Celtis. Die Nürnberger Poetenschule im Aufbruch. München 2015; Dieter WUTTKE, Dürer-Parodien in Celtis-Drucken und zu einem unbekannt-bekannten Celtis-Epigramm. In: Humanismus in Ingolstadt. Akten des gemeinsam mit dem Stadtarchiv und dem Stadt-

nicht nur maßgeblich an Dürers humanistischer ,Wende' beteiligt, sondern feierte in drei Epigrammen auch als erster den Nürnberger Künstler als ,zweiten Phidias' und deutschen ,Apelles':

*67. Ad pictorem Albertum Durer Nurnbergensem*
*Alberte, Almanis pictor clarissime terris,*
*Norica ubi vrbs celsum tollit in astra caput,*
*Alter ades nobis Phidias et alter Apelles*
*Et quos miratur Grecia docta manu:*
*Italia haud talem nec lubrica Gallia uidit,*
*Et neque in Hispanis quisque uidebit agris:*
*Pannonios superas et quos modo Teutonus ora*
*Continet et si quos Sarmatis ora colit:*
*Des operam nostram depinges Philosophiam*
*Cognita, quę faciet cuncta sub orbe tibi.*[10]

„Albrecht, dessen Ruhm überall in Deutschland erstrahlt, und vor allem dort, wo Nürnberg sein hohes Haupt zum Himmel erhebt. Du bist uns ein zweiter Phidias und zweiter Apelles; wie einer von denen, die das gelehrte Griechenland für ihre Künstlerhand bewundert. Keinen wie dich hat Italien oder das verschlagene Frankreich je gesehen, nie wird man einen solchen Künstler wie dich in Spanien erblicken. Du übertriffst die ungarischen wie die deutschen Maler von heute und die, die man in Polen verehrt. Mach dich ans Werk, male unsere Philosophie, die dir alles Wissen der ganzen Welt vermittelt!" (Übersetzung J. R.)

Das Schlussdistichon zeigt, dass das Gedicht im Kontext des ,Amores'-Druckes (zwischen 1500 und 1502) entstanden sein muss. Der wissenschaftlichen Öffentlichkeit ist es durch Dieter WUTTKE bekannt geworden, der es zusammen mit zwei weiteren Dürer-Lobgedichten aus Celtis' Feder schon 1967 in einem Aufsatz in der Zeitschrift für Kunstgeschichte mitgeteilt hat.[11] Die drei Texte entstammen jenem dritten Zyklus, der auf dem Sterbebild (Abb. 1) ausdrücklich genannt bzw. gezeigt wird – den Epigrammen, für die Celtis zum Entstehungszeitpunkt des Porträts, zwischen 1506 und 1508, offenbar eine Ausgabe in acht Büchern projektierte.[12] Zu dieser Ausgabe kam es jedoch nicht und so werden die Dinge kompliziert: Wir greifen Celtis' Epi-

museum Ingolstadt sowie dem Historischen Verein Ingolstadt e. V. am 11./12. November 2011 veranstalteten Symposions in Ingolstadt. Hg. von Franz FUCHS. Wiesbaden 2013 (Pirckheimer Jahrbuch 27), S. 141–150.

**10** CONRADI CELTI PROTVCII GERMANI POETE LAVREATI LIBRI QVINQVE EPIGRAMMATVM. Universitätsbibliothek Kassel, Landesbibliothek und Murhardsche Bibliothek, Sign. 2° Ms. poet. et roman. 7, hier fol. 69v. Zum Dürerlob weiterhin Florian HURKA, Ein Kunstprojekt zu beiderseitigem Nutzen. Das Werben von Konrad Celtis um Albrecht Dürers *Philosophia*-Holzschnitt (Epigr. 5, 67). In: Würzburger Humanismus. Hg. von Thomas BAIER/Jochen SCHULTHEISS. Tübingen 2015 (NeoLatina 23), S. 77–86.

**11** Vgl. Dieter WUTTKE, Unbekannte Celtis-Epigramme zum Lobe Dürers. In: Zeitschrift für Kunstgeschichte 30 (1967), S. 321–325.

**12** Vgl. Raimund KEMPER, Die Redaktion der Epigramme des Celtis. Kronberg im Taunus 1975 (Scriptor-Hochschulschriften Literaturwissenschaft 9), S. 60–68; zum gesamten Werkplan vgl. ROBERT, Projekt der deutschen Dichtung (wie Anm. 1), S. 161–170.

gramme nämlich in zwei verschiedenen Manuskriptkonvoluten, die unterschiedliche Arbeitsstadien und Publikationsstrategien dokumentieren. Bei dem älteren, heute in der Nürnberger Stadtbibliothek verwahrten Papiercodex handelt es sich um „eine Art Notizbuch des Dichters",[13] in das Celtis in den 1490er Jahren Reinschriften von Werken durch seinen Sekretär Johannes Rosenperger eintragen ließ. Die 113 Seiten umfassende Handschrift bietet alle *opera Conradi Celtis in poetica* (so das Inhaltsverzeichnis[14]), es fehlen Seiten mit elf Gedichten aus Buch IV der ‚Amores'. Die Epigramme umfassen vier Epigrammbücher mit je ca. 100 Gedichten sowie ein fünftes, offensichtlich noch unvollständiges, mit 55 Texten (I: 90, II: 96, III: 114, IV: 97 und V: 55 Gedichte). Diese Nürnberger Fassung des Epigrammzyklus erschien 1881 in einer durch Karl HARTFELDER besorgten Edition,[15] die den Textbestand jedoch in willkürlicher Weise veränderte, verfälschte, zensierte und ergänzte. Dieter WUTTKE hat in einem „textkritische[n] Supplement" zu HARTFELDERS Edition die schlimmsten Entstellungen angemerkt und korrigiert, sodass die HARTFELDER'sche Edition nach wie vor die maßgebliche Referenzausgabe der Celtis-Epigramme darstellt.

Einen aktuelleren Stand in der Entwicklung der Epigramme dokumentiert eine in der Landesbibliothek Kassel aufbewahrte Pergamenthandschrift (2° Ms. poet. et roman. 7),[16] die wiederum durch Dieter WUTTKE und nachfolgend Reimund KEMPER[17] der Forschung bekannt geworden ist. Diese Kasseler Epigrammhandschrift enthält fünf vollständige Bücher zu je 100 Epigrammen, die durch eine Schlussschrift auf fol. 76r abgeschlossen werden. Aus ihr geht hervor, dass Celtis die Drucklegung der Epigramme zum ‚Säkularjahr' 1500 plante; als dieser Plan scheiterte, fasste Celtis eine Drucklegung für das Jahr 1502 ins Auge und korrigierte eigenhändig den Kolophon. Der 1.2.1502 war nicht nur Celtis' 43. Geburtstag, sondern zugleich der Tag der feierlichen Einweihung des von Maximilian eingerichteten *Collegium poetarum et mathematicorum*. Daher nimmt WUTTKE mit Recht an, dass sich Celtis mit diesem Publikationsplan „als der berufene Inhaber eines solchen Amtes vor seinem kaiserlichen Gönner und vor der Öffentlichkeit legitimieren [wollte]".[18]

Als sich das Vorhaben – aus welchen Gründen auch immer – zerschlug, gab Celtis die Epigrammsammlung nicht etwa auf, sondern erweiterte sogar seinen Plan. Aus den projektierten fünf Bänden sollten – nach Ausweis des Memorialbildes – nun acht werden; in der Tat enthält die Kasseler Handschrift den Beginn eines sechsten Buches mit insgesamt 23 Stücken. Anders als die ‚Amores', die in ihrem Kern bereits um 1495

13 Dieter WUTTKE, Textkritisches Supplement zu Hartfelders Edition der Celtis-Epigramme. In: Renatae Litterae. Studien zum Nachleben der Antike und zur europäischen Renaissance. August Buck zum 60. Geburtstag am 3.12.1971 dargebracht von Freunden und Schülern. Hg. von Klaus HEITMANN/ Eckhart SCHROEDER. Frankfurt a. M. 1973, S. 105–130, hier S. 108.

14 Ebd.

15 Conrad Celtis: Fünf Bücher Epigramme [...]. Hg. von Karl HARTFELDER. Berlin 1881.

16 Siehe Anm. 10.

17 KEMPER, Redaktion (wie Anm. 12), S. 90–106.

18 WUTTKE, Unbekannte Celtis-Epigramme (wie Anm. 11), S. 322.

vollendet und zahlenkompositorisch gebunden waren, hat Celtis die Epigramme kontinuierlich angereichert. Der Kasseler Codex wandelte seine Funktion also von einer Reinschrift bzw. Druckvorlage zum Notizbuch, vergleichbar der Nürnberger Handschrift. Auch wenn eine eingehendere Kollationierung der Überlieferungsträger noch aussteht, lässt sich die quantitative Differenz zwischen Kasseler und Nürnberger Handschrift auf 68 Stücke beziffern (45 in Buch V/Kassel und 23 in Buch VI/ Kassel), die der Forschung nur in Auszügen bekannt geworden sind. Damit berühren wir einen wunden Punkt der älteren deutschen Humanismusforschung. Trotz der eminenten Bedeutung von Celtis' Werken für den deutschen Humanismus um 1500 ist der Stand der editorischen und kommentierenden Erschließung deplorabel. Dieter WUTTKE hatte in den frühen 1970er Jahren mit einer Gruppe prominenter Humanismusforscher einen ehrgeizigen Plan verfolgt. In mehreren wissenschaftlichen Zeitschriften erschien 1974 konzertiert die Ankündigung einer „[e]rste[n] Celtis-Gesamtausgabe"[19], die mit Unterstützung der DFG auch begonnen wurde. Vorgesehen war eine „achtbändige historisch-kritische Ausgabe mit Übersetzung der Werke ins Deutsche"[20]. Erschienen sind bislang in dieser Reihe die Oden (besorgt von Eckart SCHÄFER[21]), die Ingolstädter Rede[22] und die ‚Germania generalis'.[23] Für die ‚Amores' bleiben wir auf Felicitas PINDTERs alte Teubner-Ausgaben aus den Dreißiger- und Vierziger Jahren des 20. Jahrhunderts angewiesen.[24] Unverzichtbar ist die umfangreiche Auswahl von Celtis' Texten in der Anthologie ‚Humanistische Lyrik' im Verlag Deutscher Klassiker.[25] Darüber hinaus scheinen alle Celtis betreffenden Editionsprojekte derzeit zum Erliegen gekommen – insbesondere gilt dies für die Epigramme.

---

19 [Dieter WUTTKE], Erste Celtis-Gesamtausgabe. In: Zeitschrift für deutsches Altertum und deutsche Literatur 103 (1974), S. 242; vgl. auch: Erste Celtis-Gesamtausgabe bzw. First Complete Edition of Conrad Celtis. In: Humanistica Lovaniensia 23 (1974), S. 398f. und Archiv für Kulturgeschichte 56 (1974), S. 495f.

20 [WUTTKE], Celtis-Gesamtausgabe (wie Anm. 19), S. 242.

21 Konrad Celtis, Oden/Epoden/Jahrhundertlied. Libri Odarum quattuor, cum Epodo et Saeculari Carmine (1513). Hg. von Eckart SCHÄFER. Tübingen $^2$2012.

22 GRUBER, Panegyris ad duces Bavariae (wie Anm. 7).

23 MÜLLER, Germania generalis (wie Anm. 3).

24 Konrad Celtis, Quattuor libri Amorum secundum quattuor latera Germaniae. Germania generalis. Accedunt carmina aliorum ad libros Amorum pertinentia. Hg. von Felicitas PINDTER. Leipzig 1934 (Bibliotheca scriptorum medii recentisque aevorum 15–16).

25 Humanistische Lyrik des 16. Jahrhunderts. Lateinisch und deutsch [...] Ausgewählt, übers., erläutert und hg. von Wilhelm KÜHLMANN u. a. Frankfurt a. M. 1997 (Bibliothek der Frühen Neuzeit Abt. 1, 5). Die Celtis-Epigramme spielen eine große Rolle in Andreas ZAJICs laufendem Projekt einer Erschließung der epigraphisch-epigrammatischen Quellen in Österreich um 1500, Arbeitstitel: Zu den epigraphischen Ambitionen der Wiener Humanisten (1493–1520). (In Vorbereitung für die Reihe Singularia Vindobonensia). Vgl. auch DERS., Epigraphisch-antiquarischer Habitus und literarische Stilübung, oder: Wie gestaltet und beschreibt man ein Grabmal ‚humanistisch'? In: Der Kaiser und sein Grabmal 1517–2017. Neue Forschungen zum Hochgrab Friedrichs III. im Wiener Stephansdom. Hg. von Renate KOHN. Wien u. a. 2017, S. 369–417.

Die Texte, die hier erstmals bekannt gemacht und kommentiert werden, sind nicht mehr als eine Kostprobe, die Gewinn und Herausforderung eines möglichen Projektes illustrieren können. Sie entstammen dem sechsten Buch der Epigramme und zeigen den ‚späten' Celtis im Wiener Kontext der Jahre zwischen ca. 1502 und 1506. Das Bild dieser letzten Lebensphase gewinnt durch die ‚neuen' Epigramme von Buch fünf und sechs des Kasseler Kodex deutlich an Konturen; umgekehrt tragen diese Texte zur Klärung offener Fragen innerhalb des Spätwerks bei. Dieses Spätwerk – das zeigen die Epigramme deutlich – steht im Zeichen einer Verschiebung der ‚Germania illustrata' zur ‚Austria illustrata' und mithin zur Eingliederung in das *Gedechtnus*-Projekt. Dass Celtis sich dabei zunehmend auch mit der Volkssprache auseinandersetzt, ist das eigentlich überraschende Transfer- und Kontaktphänomen zwischen den zwei literarischen Kulturen um 1500, zwischen Spätmittelalter und Humanismus.

## 2 ‚Austria illustrata'

Das sechste Buch der Epigramme in der Kasseler Handschrift enthält insgesamt 23 durchgezählte Stücke auf insgesamt sechs beschriebenen Seiten. Die Einträge stammen – anders als Buch I bis V – nicht von Celtis' Sekretär Rosenperger, sondern von dritter bislang nicht identifizierter Hand. Am Rand finden sich einzelne, schwer lesbare Einträge, die Celtis zugeordnet werden können. Nachdem sowohl der Plan einer Säkularausgabe als auch der einer ‚Inauguralausgabe' anlässlich der Eröffnung des *Collegium poetarum et mathematicorum* gescheitert war, orientierte sich Celtis neu. Die Epigrammausgabe wird auf nunmehr acht Bücher perspektiviert, die Kasseler Handschrift wird weiter als Reinschrift – mit nun offenem Ende – benutzt. Die ersten Einträge des sechsten Buches stehen allesamt im Kontext von Celtis' ‚Austria illustrata'. Den Anfang (Nr. 1) macht ein hexametrischer Hymnus auf den heiligen Martin (von Tours), es folgen vier kürzere Texte auf die vier Schutzheiligen Österreichs und das Eingeweidegrab des heiligen Leopold.[26] Hieran schließt sich eine Sektion mit je zweizeiligen Epigrammen auf die *Septem artes liberales* an, bei denen es sich offensichtlich um *subscriptiones* für einen – geplanten oder tatsächlich ausgeführten – Bildzyklus handelt. Auf zwei Spottepigramme (‚DE QVATTVOR CONDICIONIBVS SERVORVM VITANDIS') folgen drei Epitaphien auf den heiligen Adalbero, jeweils eines auf Johannes Lateranus und Neidhart und ein Epitaph-Entwurf auf Johannes Trithemius, den Abt von Sponheim und engen Freund des Celtis, der allerdings erst 1516 versterben sollte. Auf zwei weitere Spottepigramme (Nr. 21/22) folgt schließlich der letzte Eintrag (Nr. 23), in dem sich Celtis nach der Rückkehr von einer nicht weiter

26 Vgl. Georg Wacha, Konrad Celtis und die Heiligsprechung des Markgrafen Leopold. In: Unsere Heimat. Zeitschrift für Landeskunde von Niederösterreich 47 (1976), S. 7–15.

konkretisierten Reise an die Wiener wendet, um ihnen seine weiteren Pläne und Projekte vorzustellen.

> *23. AD VIENNENSES, DVM LAVRVM INVEHERET*
> *Qui uobis longo fueram non tempore uisus,*
> *Ecce insperato tempore Celtis adest:*
> *Celtis adest, miras qui vobis proferet artes,*
> *Atque nouas uobis explicet hystorias*
> *Plaudite Germani iuuenes, puerique senesque,*
> *Et resonet totus carmina blanda chorus:*
> *Floreat et plaudat mecum iam tota Vienna,*
> *Laurea serta potest quae modo sola dare:*
> *Nempe potest solus Cęsar decorare poëtas,*
> *Quod modo sola potest nostra Vienna dare:*
> *Vicimus Italiam, iam victus Gallus et omnes*
> *Reges, quos nempe tertius orbis habet:*
> *Hęc mihi causa morę fuerat sub Cęsaris aula,*
> *Et quos iam pressos cernitis aere libros:*
> *Accessit Caesar, quod me dimisit in orbem,*
> *Et missurus erit, si mihi vita manet:*
> *Scilicet vt ueterum queram monumenta uirorum*
> *Carcere de tetro scripta uetusta trahens:*
> *Cęsaris hęc iussu quae mox reddentur in orbe,*
> *Cum mihi sit sculptis littera clara notis*
> *Hinc mihi certa fides, vt quę neglegimus olim,*
> *His rebus nobis iam reparare queam.*[27]

„An die Wiener, als er den Lorbeerkranz brachte. Lange Zeit habt ihr mich nicht zu sehen bekommen; doch nun ist Celtis unverhofft da! Celtis ist da, um euch die wunderbaren freien Künste zu lehren und neue Lektionen in Geschichte zu erteilen. Klatscht Beifall, ihr jungen Männer, jung und alt aus deutschen Landen. Euer ganzer Chor stimme süße Lieder an! Ganz Wien soll in voller Blüte erstrahlen und bald mit mir zusammen Beifall spenden, Wien, das allein den Lorbeerkranz zu verleihen vermag. Denn nur der Kaiser hat das Recht, Dichter auszuzeichnen, nur in Wien ist dies möglich! Italien haben wir besiegt, nun liegt auch Gallien überwunden darnieder und ebenso alle Könige, welche der dritte Weltteil [= Europa] umfasst. Grund meiner Säumnis war der königliche Hof und die Abfassung jener Bücher, die nun gedruckt vor euch liegen. Hinzu kam, dass mich der Kaiser in die Welt schickte – und noch weiterhin schicken wird, wenn ich am Leben bleibe! Und zwar mit dem Auftrag, die Denkmäler der Alten zu suchen, um die alten Texte aus ihrem dunklen Kerker hervorzuziehen. Diese Schriften werden auf Geheiß des Kaisers bald der Öffentlichkeit zugänglich gemacht, denn ich verfüge über die Kunst des Buchdrucks. Daraus schöpfe ich volles Vertrauen, dass ich das, was wir einst vernachlässigt haben, durch diese Schriften wiederherstellen kann." (Übersetzung J. R.)

Den hier erstmals wiedergegebenen und übersetzten Text einzuordnen, ist nicht ganz einfach. Bei den angesprochenen *VIENNENSES* handelt es sich wohl am ehesten um Celtis' Wiener Studenten, genauer: die Studenten seines *Collegium poetarum*

27 Celtis, EPIGRAMMATA (wie Anm. 10), fol. 79v.

*et mathematicorum*, das aber nicht namentlich genannt wird. Das Epigramm hat ganz den Charakter der Vorlesungsankündigung. Celtis erwähnt, dass er *miras* [...] *artes*, d. h. die *Septem artes liberales*, unterrichten wolle (vielleicht steht die eben erwähnte Sequenz mit *artes*-Epigrammen in diesem Kontext), hinzu kommen *noua*[*e*] *hystoria*[*e*], d. h. also die Geschichtsschreibung, sicherlich mit Bezug auf Maximilian. Celtis hatte im Privilegium des *Collegium* das Recht erhalten, selbst Dichterkrönungen vorzunehmen. Der Text könnte auf eine Zeremonie anspielen, bei welcher der Dichterlorbeer feierlich eingeführt und gezeigt wurde. Das Epigramm hebt die besondere Ehre der Dichterkrönung hervor, auch wenn Celtis' Latein an dieser Stelle ungelenk und daher dunkel wirkt (besonders V. 21: *Cum mihi sit sculptis littera clara notis* lässt verschiedene Deutungen zu). Allein der Kaiser – Maximilian I. – könne den Dichterlorbeer verleihen; die Ehrung sei infolgedessen nur in Wien möglich (*sola* [...] *Vienna*). Die folgenden Verse nehmen Bezug auf Maximilians langjährige Auseinandersetzungen mit den französischen Königen Karl VIII. und Ludwig XII. um Burgund. Wenn Maximilian als ‚Herrscher ganz Europas' angesprochen wird, so mag dies bereits die Kenntnis des Kölner Schiedsspruchs zum *Landshuter Erbfolgekrieg* (1504/1505) voraussetzen, sicher ist das natürlich nicht. Die kriegerischen Auseinandersetzungen, die Celtis – so die Andeutung – in der Nähe Maximilians verbracht habe, und die Drucklegung neuer Bücher (*iam pressos* [...] *libros*) hätten ihn gehindert. Um welche Bücher es sich gehandelt haben mag, lässt sich nur vermuten: Die Drucklegung der ‚Amores' (5. April 1502) liegt zeitlich zu weit zurück. Am ehesten drängt sich der Bezug zur ‚Rapsodia'[28] (gedruckt 1505) auf, einem höfischen Festspiel, das Celtis anlässlich des Sieges verfasste, den Maximilian in der Schlacht am Wenzenberg (bei Regensburg) über die Söldner des Pfalzgrafen Ruprecht am 12. September 1504 errang; das Spiel wurde im Herbst 1504 von Schülern des *Collegium* aufgeführt, der ‚Rapsodia'-Druck sollte Celtis' einzige größere Publikation nach der ‚Amores'-Ausgabe bleiben. Die ‚Rapsodia' repräsentierte einerseits das Kolleg, das mit zahlreichen Gedichten der Schüler vertreten war und stand andererseits im Zeichen der Maximilian-Panegyrik.

**28** Vgl. Konrad Celtis, Ludi scaenici (Ludus Dianae – Rhapsodia). Hg. von Felicitas PINDTER. Budapest 1945 (Bibliotheca scriptorum medii recentisque aevorum 29), S. 7–13 und S. 16–27; Alfred SCHUETZ, Die Dramen des Conrad Celtes. Diss. Wien 1948, S. 50–100, 190–240 mit deutscher Übersetzung; Jan-Dirk MÜLLER, Maximilian und die Hybridisierung frühneuzeitlicher Hofkultur. Zum „Ludus Dianae" und der „Rhapsodia" des Konrad Celtis. In: Jahrbuch der Oswald von Wolkenstein-Gesellschaft 17 (2008/2009), S. 3–21; Josef REST, Das Dedikationsexemplar der Rhapsodie des Conrad Celtes für König Maximilian I. In: Zeitschrift für die Geschichte des Oberrheins 158 (2010), S. 159–173; Cora DIETL, Die Dramen Jacob Lochers und die frühe Humanistenbühne im süddeutschen Raum. Berlin/New York 2005 (Quellen und Forschungen zur Literatur- und Kulturgeschichte 37), S. 195–203; Alexander KAGERER, Macht und Medien um 1500. Selbstinszenierungen und Legitimationsstrategien von Habsburgern und Fuggern. Berlin/Boston 2017 (Deutsche Literatur. Studien und Quellen 23), S. 159–168; Cora DIETL, Repräsentation Gottes – Repräsentation des Kaisers. Die Huldigungsspiele des Konrad Celtis vor dem Hintergrund der geistlichen Spieltradition. In: Das Theater des Mittelalters und der Frühen Neuzeit als Ort und Medium sozialer und symbolischer Kommunikation. Hg. von Christel MEIER u. a. Münster 2004, S. 237–248.

Schon der Titel kündigt *laudes et victoria de Boemannis* an; ein Epigramm feiert Maximilian in ganz ähnlicher Weise als Sieger über die Böhmen und ganz Europa (*Europamque suo subiuget imperio*[29]). In der Widmungsvorrede (datiert 15.3.1504) spricht Celtis davon, Maximilian habe ihm den Auftrag zur Abfassung seiner Geschichte und der ‚Germania illustrata' erteilt (*tua divina historia et illustrata Germania conscribenda mandata dedisti*).[30] Damit dürfte auch klar sein, dass die *noua[e] hystoria[e]*, die das letzte Epigramm des sechsten Buches nennt, auf Maximilians genealogisch-dynastisches Programm zu beziehen sind. In den Jahren um und nach dem ‚Rapsodia'-Druck hat sich Celtis intensiv um eine historiographische und landeskundliche Erschließung Böhmens bemüht. Bisweilen scheint es dabei innerhalb der unterschiedlichen Gruppen, die am *Gedechtnus*-Werk beteiligt waren, zu Spannungen und Rivalitäten gekommen zu sein. Im Fall der ‚Rapsodia' schlägt sich dies gleich im ersten der beiden Widmungsepigramme mit dem Titel *Ad divum Maximilianum de rhematariis suis* nieder.

*Cum tot arithmarii scribant tibi rhemate laudes,*
*Caesar, et impressis dent tua gesta notis,*
*Nemo tamen, spero, placeat magis, inclyte Caesar,*
*Quam nos, qui Latiis scribimus acta notis.*
*Nostra leget Gallus, Boemannus, Sarmata Panno,*
*Romulus, Hispanus, Vasco, Britannus, Eryx.*
*Illorum nostris tantum admirantur in oris*
*Rhemata; non alias sunt aditura plagas.*[31]

„Auch wenn all diese Reimschmiede dir ihre Preislieder singen, Caesar, und deine Taten im Druck verbreiten, so wird dir, hochgerühmter Kaiser, doch hoffentlich niemand mehr gefallen als wir, die wir deine Taten lateinisch beschreiben. Unsere Schriften wird der Franzose, der Böhme, der Pole, der Ungar, der Römer, der Spanier, der Baske, der Brite, der Sizilianer lesen. Die Reimereien jener Leute wird man nur in unseren Gefilden bewundern; andere Länder werden sie nicht erreichen." (Übersetzung J.R.)

Das Epigramm – gleich der erste Text im Druck – liest sich wie eine Kampfansage. Mit den *arithmarii* sind Autoren bzw. Schriften in der geläufigen deutschen Reimpaardichtung gemeint. Hier – nicht unbedingt in konkurrierenden historiographischen Projekten – sieht Celtis den mächtigsten internen Gegner innerhalb des *Gedechtnus*-Projektes. Konkret lässt sich dabei an die ‚ritterromantischen' Großprojekte denken, die Maximilian inspiriert hat.[32] In das Jahr 1505 fallen die ersten Erwähnungen der Arbeiten an ‚Theuerdank' und ‚Weißkunig' (verfasst von Marx Treitzsaurwein), von

29 Celtis, Rhapsodia (wie Anm. 28), S. 16.
30 Ebd., S. 19.
31 Ebd., S. 16.
32 Vgl. Peter Strohschneider, Ritterromantische Versepik im ausgehenden Mittelalter. Studien zu einer funktionsgeschichtlichen Textinterpretation der „Mörin" Hermanns von Sachsenheim sowie zu Ulrich Fuetrers „Persibein" und Maximilians I. „Teuerdank". Frankfurt a. M. u. a. 1986 (Mikrokosmos 14).

denen nur der erste (1517) gedruckt werden sollte. Celtis sieht in diesen und anderen volkssprachlichen Beiträgen zum ‚arbeitsteilig‘ organisierten Ruhmeswerk seine privilegierte Stellung als Herold Maximilians gefährdet. Diese Stellung verdanke sich der erheblich weiteren Strahlkraft und Diffusion des Lateinischen, das als internationale *lingua franca* die gesamte (in diesem Fall) mittel- und südeuropäische Welt erreiche. Schon in der Vorrede zu den ‚Amores‘ hatte Celtis angekündigt, er wolle bald möglich eine ‚Maximileis‘[33] beginnen; angesichts der Vorbereitungen für ‚Theuerdank‘ und ‚Weißkunig‘ sieht sich Celtis zu weiteren Ankündigungen veranlasst. In einer erheblich erweiterten zweiten Auflage der ‚Rapsodia‘ von 1505 kündigt der Dichter an, sich an Maximilians Genealogie-Projekt beteiligen zu wollen:

*Post haec pulchra tuae scribam primordia gentis*
*Atque atavos, proavos magnanimumque patrem*
*Et generis titulos et avitae stemmata terrae*
*Quamque vetus tibi sit nobilitatis honos,*
*Quis puer et primis quo pacto adoleveris annis,*
*Quid vir vel quicquid gesseris ipse senex.*
[...] [34]

„Danach werde ich die glänzenden Ursprünge deines Geschlechts beschreiben, deine Stammväter, Vorfahren und deinen hochgesinnten Vater, weiterhin die Ehrentitel deines Geschlechts und den Stammbaum deines Vaterlandes, in welche Vorzeit deine Adelswürde zurückreicht, wer du als Knabe warst und wie du in deinen frühen Jahren zur Jugend herangewachsen bist, was du als Mann und selbst als Greis noch vollbracht hast. [...]“ (Übersetzung J. R.)

Dass Celtis nicht nur an die großen Maximilian-Epen, sondern auch an die aktuelle Tagespublizistik dachte, lässt sich wiederum an der ‚Rapsodia‘ zeigen: Auf der Rückseite des Titelblattes findet sich ein Holzschnitt (vgl. Abb. 2) von Hans Burgkmair d. Ä., der unter dem Titel ‚Stratagema regivm c[ontra] Boe[mos]‘ den Beginn der Kampfhandlungen und die beteiligten Truppen darstellt.

33 Celtis, Quattuor libri Amorum (wie Anm. 24), S. 2: [...] *animum meum iugemque et perpetuam in te tuamque illustrissimam Austriae domum observantiam intelligeres meque (ut saepius solitus es) ad maiora animares, Maximileiden inquam et per te scriptos a cunabulis annales, nocturnas et diurnas commentationes.*

34 Celtis, Rhapsodia (wie Anm. 28), S. 27; Der Briefwechsel des Konrad Celtis. Hg. von Hans RUPPRICH. München 1934 (Humanistenbriefe 3), S. 576 (Anm. 1 [Nr. 320]).

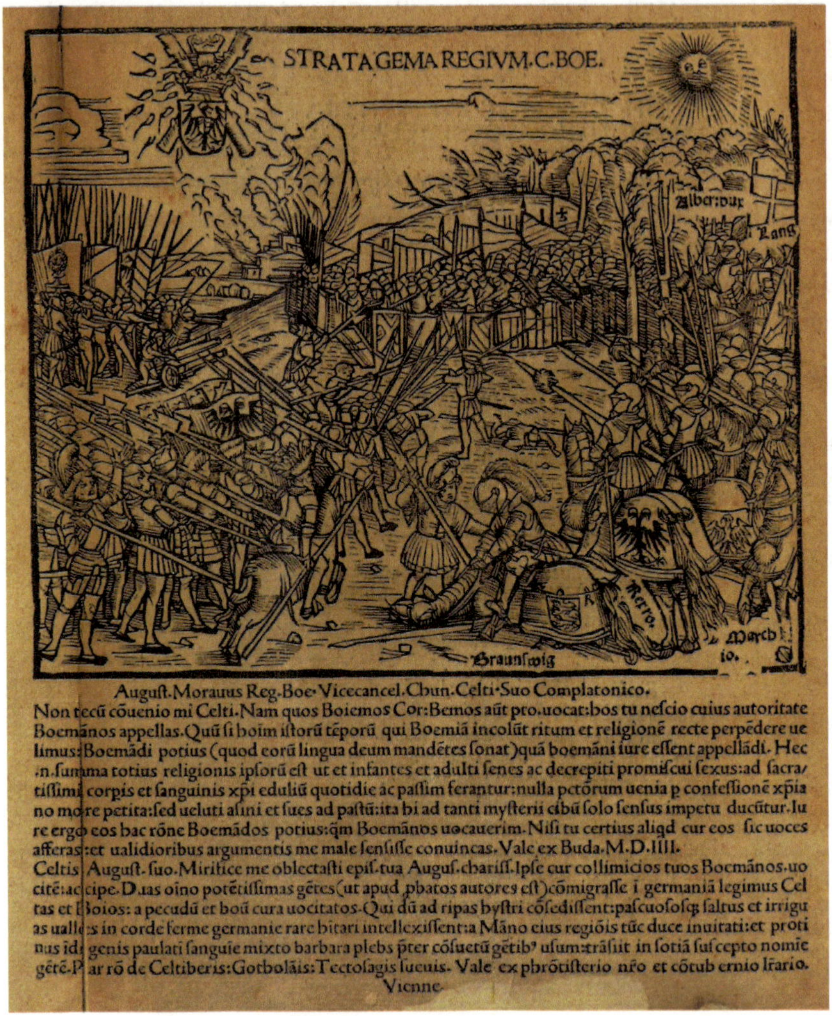

Auguſt.Morauus Reg.Boe.Vicecancel.Chun.Celti.Suo Complatonico.
Non tecũ cõuenio mi Celti.Nam quos Boiemos Cor:Bemos aũt pro.uocat:hos tu neſcio cuius autoritate
Boemãnos appellas.Quũ ſi hoim iſtorũ tẽporũ qui Boemiã incolũt ritum et religionẽ recte perpẽdere ue
limus:Boemãdi potius (quod eorũ lingua deum mandẽtes ſonat)quã boemãni iure eſſent appellãdi.Hec
.n.ſumma totius religionis ipſorũ eſt ut et infantes et adulti ſenes ac decrepiti promiſcui ſexus:ad ſacra/
tiſſimi corpis et ſanguinis xp̄i eduliũ quotidie ac paſſim ferantur:nulla pctõrum uenia p confeſſionẽ xp̄ia
no more petita:ſed ueluti aſini et ſues ad paſtũ:ita hi ad tanti myſterii cibũ ſolo ſenſus impetu ducũtur.Iu
re ergo eos hac rõne Boemãdos potius:q̃m Boemãnos uocauerim.Niſi tu certius aliqd cur eos ſic uoces
afferas:et ualidioribus argumentis me male ſenſiſſe conuincas.Vale ex Buda.M.D.IIII.
Celtis Auguſt.ſuo.Mirifice me oblectaſti epiſ.tua Auguſ.chariſſ.Ipſe cur collimicios tuos Boemãnos.uo
citẽ:accipe.Duas oino potẽtiſſimas gẽtes(ut apud pbatos autores eſt)cõmigraſſe i germaniã legimus Cel
tas et Boios:a pecudũ et boũ cura uocitatos.Qui dũ ad ripas hyſtri cõſediſſent:paſcuoſoſq; ſaltus et irrigu
as ualles in corde ferme germanie rare bitari intellexiſſent:a Mãno eius regiõis tũc duce inuitati:et proti
nus idigenis paulati ſanguie mixto barbara plebs pter cõſuetũ gẽtib' uſum:trãſiit in ſotiã ſuſcepto nomie
gẽtẽ.Par rõ de Celtiberis:Gotbolãis:Tectoſagis ſucuis.Vale ex phrõtiſterio nr̃o et cõtub ernio lrario.
Vienne.

**Abb. 2:** Hans Burgkmair: Stratagema regium c[ontra] Boe[mos]. In: Rapsodia [...]. Augsburg: Otmar 1505, München, BSB, Rar. 759, fol. A[2]r; NoC-NC/1.0/

Unterhalb des Holzschnittes findet sich ein Briefwechsel zwischen Celtis und Augustinus Moravus (Olomucensis, Käsenbrot von Wscherd[35]), in dem der Erzhumanist die Frage seines Briefpartners nach der Etymologie des Namens *Boemi* bzw. *Boemanni* klärt. Die Verbindung des landeskundlichen Anliegens mit dem Kampf gegen die böhmischen Söldner ist natürlich lose; der Kampf um Böhmen wird eben auch publizistisch geführt bzw. unter den Publizisten geführt. Dies zeigt sich ganz konkret an

35 Zu seiner Person vgl. Celtis, Briefwechsel (wie Anm. 34), S. 307f. (Anm. 2 [Nr. 181]).

unserem Holzschnitt. Dieser erscheint nämlich in einer leicht variierten, auf 1504 datierten Form auf einem Einblattdruck (vgl. Abb. 3) mit dem Titel ‚Die behemsch schlacht', der dem ‚Rapsodia'-Druck möglicherweise vorausgegangen war.

Diesem war nun – siehe Widmungsepigramm ‚Rapsodia' – tatsächlich ein Reimpaargedicht beigegeben, das die dargestellte Konstellation unter Zuhilfenahme allegorischer Figurationen beschrieb. Der Ausfall gegen die *arithmarii* war offenbar durch das Flugblatt konkret motiviert; Celtis kontert gleichsam durch Kontrafaktur. Sein Kampf um Böhmen fand auf dem Schlachtfeld der Landeskunde statt. Böhmen trat nicht erst mit der Schlacht von Wenzenbach in den Mittelpunkt des Interesses. Maximilian bemühte sich in diesen Jahren um den Erwerb Böhmens und Ungarns für die Krone; eine Bemühung, die mit dem Pressburger Erbvertrag mit König Vladislav II. von Böhmen und Ungarn begonnen hatte und schließlich im Jahre 1506 durch den Plan wechselseitiger Heiraten zwischen den jeweiligen Thronfolgern erweitert wurde. Es ist schwer zu sagen, inwieweit Celtis' Interesse an Böhmen den eigenen Netzwerkinteressen oder dem Engagement für Maximilian entsprang. In der offiziellen Rhetorik konvergierte beides. Celtis war – wie wir aus dem Briefwechsel wissen – im Spätsommer auf Einladung von Augustinus Moravus und der *sodalitas Maiorhoviana* (bzw. *Marcomannica*) nach Olmütz und Brünn gereist.[36] Ein Brief des zuletzt Genannten vom 12.9. – dem Tag der *behemsch schlacht* – erwähnt, Celtis habe sich in Olmütz aufgehalten, um die ‚Hauptstadt Mährens' zu beschreiben. Dieser Aufenthalt ist durch mehrere Sodalen gut greifbar; in allen spielt die *behemsch schlacht* eine zentrale Rolle.[37] In allen wird jene Suche nach den ‚Altertümern' (*ueterum* [...] *monumenta uirorum*) deutlich, die im Wien-Epigramm der Kasseler Handschrift am Ende erwähnt wird.[38] Dieses letzte eingetragene Epigramm, eben das zu Celtis' Rückkehr nach Wien, steht in engem Zusammenhang mit den hier vorgetragenen Kontexten. Die Erwähnung der Absenz zusammen mit dem Sieg über ‚alle Könige Europas' macht es sehr wahrscheinlich, dass es im (unmittelbarem) Anschluss an Celtis' Rückkehr aus Mähren entstanden sein muss. Dafür spricht die Erwähnung des soeben errungenen Sieges, ebenso der Hinweis auf zeitnah erfolgte Publikationen (*iam pressos* [...] *libros*), der sich nur auf die hier vorgestellte ‚Rapsodia' beziehen kann. Das Bemühen, die eigenen Initiativen außerhalb Wiens als offizielles Mandat Maximilians und Teil des *Gedechtnus*-Projektes zu stilisieren, verweist auf die internen Spannungen und Rivalitäten zwischen den Agenten des Ruhmeswerkes, die sich in der ‚Rapsodia' so deutlich niederschlagen. Trotz der Stiftung des Kollegs war Celtis' Position in diesem

**36** Vgl. Franz Machilek, Der Olmützer Humanistenkreis. In: Der polnische Humanismus und die europäischen Sodalitäten. Akten des polnisch-deutschen Symposions vom 15.–19. Mai 1996 im Collegium Maius der Universität Krakau. Hg. von Stephan Füssel und Jan Pirożyński. Wiesbaden 1997 (Pirckheimer Jahrbuch 12), S. 111–135.

**37** So bittet Augustinus Moravus am 30.11.1504 aus Olmütz um Zusendung des „Rapsodia"-Druckes; Celtis, Briefwechsel (wie Anm. 34), S. 575f. (Nr. 320).

**38** Ebd., S. 578 (Nr. 322): *Loquuti eramus de antiquitatibus Marchomannorum quaerendis in Redusch, castro circa Olomuntz, et altero Radusch civitate, opidum insigne.*

Ich hab gar offt vnd dick geſagt
vnd mich des faſt ſer beklagt
Drü loch ſeind in der chriſtenhait
die verderben ſy weit vnd brait
Das erſt iſt da der greyff ein niſt
auß welchem der türck komen iſt
Fünff hundert meyl vñ noch vil mer
hatt er inn. Hat noch biß her
Achtzg meil. Das ander loch das iſt
[...]inn ſeind behem böß chriſt
Dah[...]t der weiß lew ſeinen ſtall
S[...] haben gehabt freyen ſchall
Biß her. küng Laſla hand ſy erſtekt
das hat den römſchñ küng erwekt
Es thůt den behem nymmer gůt
das ſy das aller edelſt blůt
Von ſeinen vier anen ain küng
Haben gewegen alſo ring
Er was alſo hüpſch von perſon
hüpſcher dann der abſolon
Es kund nye nyeman yn zehauß
yetzund ſeind ſy zogen herauß
Dem vnrechten zu ay[...] beyſtand
das wayßt man wol in allem land
Dem reyn lewen zuverwilgen
den bayr lewen verdtilgen
Den hertzog Albrecht iſt fieren
Auch den adler der zieren
Vnſern küng vnd das römiſch rich
ſy griffen an Margraff Fridrich
Das gantz birg habent ſy verbrant
wolten ziehen in das bayrland
Der küng tet ſich bald bewegen
zoch mit herßkrafft yn entgegen
Des glich hertzog Albrecht noch mer
margraff friderich hynden her
Hertzog von brunſwyg an den ſpitz
die võ Nürnberg mit vil gſchitz
Augſpurg das fiert die grienen bier
was auch da mit macht vnd zier
Die von ſtraßburg warn och da bey
yederman was keckes můts frey
Dweyl der küng och wagt ſein leben
Vnd ſechs fürſten ym zů geben

Der küng zoch tag vñ nacht mit gir
Dennocht ſich het verhindert ſchir
Sy waren hinderſich gwichen
doch hat ers überſchlichen
An ainem morgen gſchach es frů
zoch der küng ir wagenburg zů
Darauß waren ſy gezogen
auff ainen berg fur gebogen
Den vortail hetten ſy gantz gůt
mit tartſchen warn ſy wol behůt
Die hetten ſy geſetzt hervor
als groß wie ain ſtadel tor
Dawider geſchach groß rennen
man kund ſy lang nit ertrennen
Stechen mit helbart vnd ſpieſſen
mit bichſen grauſam ſchieſſen
Es was da ain wildes klecken
Sy ſtünden wie die recken
Vnſer herr küng giengs an mit witz
er machet gegen yn drey ſpitz
Es mocht wol hübſch zu ſehen ſein
die kürißer do brachen ein
Die tartſchen ſy nyder ranten
die böhem ſy damit tranten
Bald was es vmb ſy geſchehen
Da het ainr wunder geſehen
Als ſy in die flucht waren kert
der ain der rert der ander blert
Die äcker ranen all mit blůt
Behem das iſt die erſt růt
Damit man dich geſtrichen hat
vmb dein groſſe miſſetat
Die du an küng laſla haſt gtan
Verdrüßt herr maximilian
Wann er ym gſchwiſterig kind was
will got ſo wirt es beyſſen bas
Da ward erſchlagñ ain groſſer huff
die andern hůben ir hend auff
Gem küng fielen auf ire knye
kain herr von öſterreich was nye
Er wär gantz gütig vnd auch milt
drumb fürn ſy weiß in rotem ſchilt
Ir rechter zorn in miltigkait
die wirt ynen in ewigkait
Augſpurg

Sechßhundert hat er leben lan
ſy müßten mit all har hon glan
Ach got friſt ym lang ſein leben
Biß er ſich auch mag geben
Chriſtenlichen glauben zumeren
vnd das erſt loch zerſtören
Das gſchicht weñ er wirt vertreiben
den türcken. vnd ſich och ſchreiben
zů Conſtantinopel kayſeer
O herr got verleich ym die eer
Mach all chriſtenlichen fürſten
Nach frid vnd ainigkait dürſten
Marey můter gots hilff darzů
Das wir gwinnen frides rů
Das drit loch dar vß der ber brumpt
Der hat lange iar gegrumpt
Hat ſich dick vnd offt herauß glan
dē römſchñ reich groß ſchaden tan
Seinem aygnen herren deßgleich
Dem edlen blůt von öſterreich
Ich rat kum nymer mer herfür
Oder dir wirt für dein tür
Wie dem behem rigel gſtoſſen
irs auß ziehens ſy nit gnoſſen
Des reichs bund iſt worden zugroß
darumb hiet dich du aydgnoß
Der küng hat gwuñen die mortnaw
Auch die land vogtey hagnaw
Offenburg. zell. gengenbach auch
Ortenberg. gerhartzegk. darnach
Vil der hertzog von wirtenberg
nit wenig die von Nürenberg
Hertzog Albrecht des lands drey tail
der vierd tail iſt ym auch fayl
Vmb rechten pfennig er ym wirt
das bayrland denn den bund ziert
Ich hoff zu erleben die ſtundt
das werd ain chriſtenlicher bunds
Ewiger frid auff gantzer erd
das helff vnß Maria die werd
Mit Jeſu irem lieben kind
Mach vnß ledig aller ſünd
Nach dem zergencklichen leben
vns das ewig werd gegeben. amen

Attinet Tegernſee

Bibl. Reg. Monac.

**Abb. 3:** Hans Burgkmair: Die behemsch schlacht. Einblattdruck. Augsburg: o.Dr. 1504, München, BSB, Einbl. I,13; CC–BY–SA 4.0.

Netzwerkgefüge alles andere als gesichert. Nimmt man all diese Details zusammen, so wäre als *terminus post quem* für die Entstehung des Textes Ende 1504 bzw. Anfang 1505 anzusetzen. Damit ist natürlich noch keine Aussage über den Zeitpunkt des Eintrags in den Kasseler Codex verbunden.

## 3 Humanistisches Feld und spätmittelalterliche Lachkultur – Neidhart und Celtis

Weitere Evidenz für eine Datierung des sechsten Buches lässt sich dessen Beginn entnehmen. Die Eintragungen in der Kasseler Handschrift setzen mit einer Reihe von Epigrammen zu Schutzheiligen Österreichs ein, die Celtis teilweise selbst noch zum Druck befördert hat. Sie sind bekannt aus einem Einblattdruck mit sechs Celtis-Epigrammen, der 1504 bei Johannes Winterburg in Wien erschien. Sein Titel lautet: ‚CHVNRADI CELTIS P. P. Ad diuum Martinum. Leopoldum. Florianum Et Colomannum Australium Patronos Dedicata Carmina Cum æpithaphio Neythart'.[39] Alle sechs Epigramme sind auch in Buch VI der Kasseler Handschrift vertreten. Zwischen Druck und Handschrift lassen sich jedoch Divergenzen feststellen: Einerseits treten zwischen die Epigramme des Einblattdruckes weitere Stücke, die nicht im Druck vertreten, jedoch untereinander fest verklammert sind, wie z. B. eine Vierergruppe mit eigener Überschrift ‚DE QVATTVOR PATRONIS AVSTRIAE IN NVMERVM DEORVM RELATIS' (fol. 77v), von denen das erste – ‚SACRA AVGVSTALI AEDE PATAVINA' – nicht aufgenommen wurde. Im Druck wird es ersetzt durch ein Epigramm auf das Sargreliquiar des Heiligen Leopold, das in der Kasseler Handschrift unmittelbar im Anschluss an die Gedichte auf die vier Heiligen gedruckt ist. Die Handschrift verrät also durchaus andere und eigene Gliederungsprinzipien, deren Verhältnis zum Einblattdruck noch genauer zu reflektieren sein wird. Immerhin zeigt die abweichende Komposition, dass es sich bei den Einträgen der Kasseler Handschrift kaum um eine einfache Abschrift des Druckes gehandelt haben kann. Näher und einfacher ist die Annahme, dass Celtis auf der Grundlage der Kasseler Handschrift eine Reihe von Epigrammen für den Einblattdruck zusammengestellt hat – unter bewusster Auslassung der übrigen Stücke. Dass die Texte dieser Gruppe im „funktionalen Rahmen einer staatstragenden epigraphischen Anbindung an König Maximilian" stehen[40], ist offensichtlich. Dies deckt sich mit der Wendung der ‚Germania illustrata' zur ‚Austria illustrata' und mit den Befunden der ‚Rapsodia' und des Schlussepigramms der Kasseler

---

39 Faksimile-Ausgabe bei Dieter WUTTKE, Miszelle. Ein unbekannter Einblattdruck mit Celtis-Epigrammen zu Ehren der Schutzheiligen von Österreich. In: Arcadia 3 (1968), S. 195–200, hier S. 195. Vgl. Georg WACHA, St. Adalbero – sein Grab in Lambach und Epigramme von Konrad Celtis für Oberösterreich. In: Kulturzeitschrift Oberösterreich 39/1 (1989), S. 43–46.

40 ZAJIC, Epigraphische Ambitionen (wie Anm. 25), S. 22.

Handschrift. Der Einblattdruck war ganz offensichtlich Teil jener in der ‚Rapsodia' angekündigten Publikationsoffensive zugunsten Maximilians.

Der zeitliche und sachliche Zusammenhang zur ‚Rapsodia' wird durch den Briefwechsel erhärtet. Celtis muss unmittelbar nach seiner Rückkehr aus Olmütz die bereits vorliegenden Epigramme zum Druck befördert haben. Einen *terminus ante quem* liefert ein Brief des erwähnten Augustinus Moravus aus Olmütz, datiert auf den 24.2.1505, in dem dieser Celtis für die Übersendung des erwähnten Einblattdrucks auf die Schutzheiligen (*de panegyrico abs te mihi misso*[41]) dankt. Anstoß erregt jedoch das sechste und letzte der dort abgedruckten Epigramme:

> *Hoc unum miror inter Heroas illos Neythardum etiam et sacerdotem Calvi Montis te connumerasse atque duos histriones et ludiones notissimos in apotheosim ac sanctorum cathalogum retulisse. Non fuit satis ethnicos illos poetas scortis et arsenocetis coelum replevisse, nisi tu mimos etiam et histriones adiiceres.*[42]

> „Nur über eines wundere ich mich: Dass du unter jene Helden auch Neithart und den Pfaffen vom Kahlenberg eingereiht hast; damit hast du zwei notorische Possenreißer und Gaukler vergöttlicht und unter die Heiligen versetzt. Nicht genug, dass jetzt diese heidnischen Dichter mit ihren Huren und Gespielinnen den Himmel anfüllen, du musstest auch noch Gaukler und Schauspieler hinzufügen." (Übersetzung J. R.)

Moravus' Abneigung bezog sich auf das Schlussepigramm, das dem Grabmal Neitharts an der Südseite des Stephansdomes gewidmet war. Es lautet im Druck folgendermaßen:

*In restauratam Neythardt Franci sepulturam*
*Franconica de gente satus tenet hic sua busta*
    *Neythardus salibus nobilis atque iocis,*
*Qui cunctis potuit sua per dicteria risum*
    *Elicere et miris fallere quemque dolis.*
*Sed mors saeva iocis lachrymis nec flectitur ullis;*
    *Tristes ac hylares, dum venit hora, vocat.*
*Quambene coniunctus foret huic de Monte sacerdos*
    *Calvo, quos uno tempore vita aluit.*
*Caenobium hunc sepelit, dederant cui lilia nomen*
    *Et campus Stiriis fontibus irriguis* [Kassel fol. 79r: *irriguus*].[43]

„Neithart, aus fränkischem Geschlecht gebürtig, hat hier sein Grab, Neithart, der sich durch Witz und Scherz einen Namen machte. Er vermochte durch seinen Spott alle zum Lachen zu bringen und einen jeden mit wunderbarer List zu täuschen. Aber der grause Tod lässt sich weder durch Scherz noch durch Tränen erweichen; die Traurigen und Heiteren ruft er, wenn die Stunde naht. Wie trefflich wäre mit diesem der Pfaffe vom Kalenberg vereint, die ja zur selben Zeit lebten.

41 Celtis, Briefwechsel (wie Anm. 34), S. 581f. (Nr. 325).
42 Ebd., S. 581f. (Nr. 325).
43 Zit. nach Wuttke, Unbekannter Einblattdruck (wie Anm. 39), S. 199.

Seine Grabstätte ist ein Kloster, das seinen Namen nach der Lilie und dem Feld [sc. Lilienberg; J. R.] hat, das von Steirischen Quellen durchzogen wird.“ (Übersetzung J. R.)

Das Neithart-Epigramm ist außer in Kasseler Handschrift und Einblattdruck auch in einer Würzburger (Serapeum 1850, S. 80) und einer Wiener Handschrift (Cod. Vind. 4787, S. 212) erhalten, die Hans RUPPRICH im Rahmen des Briefwechsels mitgeteilt hat. Dort findet sich die Überschrift: *Epitaphion Nithardi Nobilis Franci ex Familia Vulpium Conradus Celtes Protucius Francus amore communis patriae posuit.*[44] Mit Neithart Fuchs und dem Pfaffen vom Kalenberg sind die Protagonisten von zwei der erfolgreichsten und beliebtesten Schwanksammlungen des späten 15. Jahrhunderts benannt, die auch in der Forschung vielfach gemeinsam bzw. kontrastiv behandelt wurden.[45] In einer wegweisenden Untersuchung hat Hanns FISCHER den ‚Neithart Fuchs‘ und ‚Des pfaffen geschicht vnd histori vom kalenberg‘ zusammen mit typologisch verwandten Sammlungen (‚Ulenspigel‘, ‚History Peter Lewen‘, ‚Hans Clawerts Werckliche Historien‘, ‚Lalebuch‘) unter dem Begriff des ‚Schwankromans‘[46] gefasst. Schwankromane zeichnen sich, so FISCHER, typologisch durch drei Strukturmomente aus: Episodenhäufung, biographisches Prinzip und Reiseschema. In einer sozialhistorischen Perspektive spiegeln v. a. ‚Neithart Fuchs‘ und ‚Des pfaffen geschicht vnd history vom Kalenberg‘ unterschiedliche „Formen des sehr konkreten Umgehens mit gestörter gesellschaftlicher Ordnung“.[47] Neithart Fuchs ist der Protagonist eines zwischen 1491 und 1497 bei Johann Schaur in Augsburg gedruckten Schwankbuches

44 Celtis, Briefwechsel (wie Anm. 34), S. 581f. (Anm. 3).

45 Vgl. zusammenfassend Erhard JÖST: Das Schwankbuch *Neithart Fuchs*. In: Neidhart und die Neidhart-Lieder. Ein Handbuch. Hg. von Margarete SPRINGETH und Franz-Viktor SPECHTLER. Unter Mitarbeit von Katharina ZEPPEZAUER-WACHAUER. Berlin/Boston 2018, S. 337–352; Hans RUPPRICH, Zwei österreichische Schwankbücher. Die Geschichte des Pfarrers vom Kahlenberg – Neithart Fuchs. In: Sprachkunst als Weltgestaltung. Festschrift für Herbert Seidler. Hg. von Adolf HASLINGER. Salzburg/München 1966, S. 299–316; Brigitte LUCIUS, Motivvergleichende Untersuchungen zu den Schwankbüchern: Neithart Fuchs, Die Geschichte des Pfarrers vom Kalenberg, Till Eulenspiegel, Das Lalebuch. Diss. Wien 1967; Edward SCHRÖDER, Pfarrer vom Kalenberg und Neithart Fuchs. In: Zeitschrift für deutsches Altertum und deutsche Literatur 73 (1936), S. 49–56; Erhard JÖST, Die österreichischen Schwankbücher des späten Mittelalters. In: Die österreichische Literatur. Ihr Profil von den Anfängen bis ins 18. Jahrhundert (1050–1750). Hg. von Herbert ZEMAN. Teil I. Graz 1986, S. 399–426; Peter STROHSCHNEIDER, Schwank und Schwankzyklus, Weltordnung und Erzählordnung im ‚Pfaffen vom Kalenberg‘ und im ‚Neithart Fuchs‘. In: Kleinere Erzählformen im Mittelalter. Paderborner Kolloquium 1987. Hg. von Klaus GRUBMÜLLER u. a. Paderborn u. a. 1988 (Schriften der Universität-Gesamthochschule Paderborn, Reihe Sprach- und Literaturwissenschaft 10), S. 151–171; Eva WODARZ-EICHNER, Narrenweisheit im Priestergewand. Zur Interpretation des spätmittelalterlichen Schwankromans „Die geschicht und histori des pfaffen von Kalenberg“. München 2007 (Kulturgeschichtliche Forschungen 27).

46 Vgl. Hanns FISCHER, Zur Gattungsform des ‚Pfaffen Amis‘. In: Zeitschrift für deutsches Altertum und deutsche Literatur 88 (1958), S. 291–299.

47 STROHSCHNEIDER, Schwank und Schwankzyklus (wie Anm. 45), S. 171.

vom ‚Neithart Fuchs'[48], das sich – höchst erfolgreich – um die Lieder des ‚Bauernfeindes' und Minnesängers Neithart anlagerte. Horst BRUNNER nennt das Ergebnis ein „beklemmendes Zeugnis adliger und stadtbürgerlicher Bauernfeindlichkeit des Spätmittelalters".[49] Der Neithart-Druck selbst war ein Aggregat aus höchst unterschiedlichen Komponenten, dessen ältester Kern die Lieder des Minnesängers Neidhart von Reuental (erste Hälfte des 13. Jahrhunderts) bildeten, der mit seinen über 130 Sommer- und Winterliedern das Konzept der niederen *dörperlichen* Minne etablierte. An dieses Ausgangskorpus schlossen zwischen dem 13. und 15. Jahrhundert zahlreiche Nachfolger und Nachahmer an. „Man sang in den späten Nachahmungen *als* Neithart, *wie* Neithart und *von* Neithart."[50] Seit dem 14. Jahrhundert wurde Neidhart „zu einer Art mythischer Figur"[51]; als Schwankheld trat er neben den Pfaffen vom Kalenberg, den Pfaffen Amis und den Eulenspiegel. Der historische Neithart Fuchs soll – diese Information gibt bereits Celtis in der oben erwähnten Würzburger bzw. Wiener Handschrift – wie der Pfaffe vom Kalenberg als eine Art von Gaukler, Unterhaltungskünstler und *maître de plaisir* am Hofe Ottos des Fröhlichen (1301–1339) gewirkt und in Neidtharts Stil gedichtet haben. Der unbekannte Kompilator des Augsburger Drucks brachte die teils schon lange kursierenden ‚Neidharte' bzw. ‚Pseudo-Neidharte' in ein lockeres biographisches Kontinuum. Vorbild für den ‚Neithart Fuchs' war Philipp Frankfurters Schwankroman ‚Des pfaffen geschicht vnd histori vom kalenberg', der zuerst in Augsburg (Jodocus Pflanzmann) 1473 gedruckt wurde. Am Ende des ‚Neithart Fuchs'-Drucks wird ausdrücklich auf den Pfaffen vom Kalenberg hingewiesen: *der pfaff vom Kallenberg vnd er / hand sellich abenteir verbracht.*[52]

Neidhart (bzw. Neithart Fuchs) hat nach alter Überlieferung (zuerst 1479) sein Grab an der Südseite des Stephansdoms[53], das möglicherweise von Rudolf IV. in Auftrag gegeben wurde (vgl. Abb. 4):

---

**48** Moderne Edition der Ausgabe Frankfurt 1566 in: Narrenbuch. Kalenberger. Peter Leu. Neithart Fuchs. Markolf. Bruder Rausch. Hg. von Felix BOBERTAG. Berlin/Stuttgart 1884 (ND Darmstadt 1964) (Deutsche Nationalliteratur 11), hier S. 141–292.

**49** Horst BRUNNER, Neithart Fuchs. In: Killy Literaturlexikon. Autoren und Werke des deutschsprachigen Kulturraumes. Hg. von Wilhelm KÜHLMANN. Bd. 8. Berlin/New York 2010, S. 517.

**50** RUPPRICH, Zwei österreichische Schwankbücher (wie Anm. 45), S. 308.

**51** Ebd.

**52** BOBERTAG, Narrenbuch (wie Anm. 48), S. 290 (V. 3887f.).

**53** Vgl. Friedrich DAHM, Das „Neidhart-Grabmal" im Wiener Stephansdom. Untersuchungen zur Bau- und Restauriergeschichte. In: Neidhartrezeption in Wort und Bild. Hg. von Gertrud BLASCHITZ. Krems 2000 (Medium aevum quotidianum. Sonderband 10), S. 123–155; Franz KIESLINGER, Das Grab eines österreichischen Minnesängers. In: Österreichische Rundschau. Land – Volk – Kultur 3 (1937), S. 433–436.

**Abb. 4:** Neidhart-Grab am Stephansdom (Wien), Georges Jansoone (https://commons.wikimedia.org/wiki/File:Wien.Stephansdom11.jpg#filelinks), https://creativecommons.org/licenses/by-sa/3.0/legalcode

Es zeigt einen Sarkophag mit Liegefigur und Reliefs, die heute stark zerstört sind, jedoch noch im 19. Jahrhundert gut erkennbar waren. Sie zeigten die *historie* Neidharts, v. a. die berühmte Veilchenszene, die den Anlass von Neidharts Bauernfeindschaft markierte.[54] Celtis' Hinweis auf die Restaurierung des Grabmals bezieht sich möglicherweise auf den erneuerten gotischen Baldachin. Im Schwankbuch traktieren die Bauern (im letzten Kapitel) das – wenig realistisch abgebildete – Grab mit Spießen. Celtis' Epigramm steht im Kontext einer reichen und dichten, lokalpatriotisch-dynastisch motivierten Beschäftigung mit der Neithart-Figur, die sich auch im Maximilian-Kreis nachweisen lässt. Maximilian selbst trug sich mit dem Gedanken, die Werke Neitharts und des Pfaffen vom Kalenberg zu sammeln.[55] Als Gegenstand einer ‚Austria illustrata' erscheinen sie auch bei Celtis. Neidhart war nicht nur der

54 Vgl. RUPPRICH, Zwei österreichische Schwankbücher (wie Anm. 45), S. 310.

55 Erwähnt wird er auch in Ladislaus Sunthaims Beschreibung des Donautals. Franz PFEIFFER, Das Donauthal von Ladislaus Sunthaim. In: Jahrbuch für vaterländische Geschichte. Wien 1/1861, S. 273–297, hier S. 292: *Kallenberg, ein pergslos, sicht man weit, da von man weit und prait singt und sagt. Darunder ain dorf und pharkirchen, da ist der abentewrist phaff, genannt vom Kallenperg, pharrer gewesen und ist von gepürt ain edelman gewesen, genant mit sinem taufnamen herr Gundackher, von geschlecht von Ternperg* [...].

einzige klassische Minnelyriker, der in Rezeption, Sammlung und Nachfolge die Schwelle 1500 überdauerte; er war auch sonst ein Phänomen des Übergangs und des Transfers, das innerhalb der großen „[d]eutsch-lateinischen Narrenzunft"[56] um 1500 Brücken zwischen den zwei Literatursystemen – Humanismus und spätmittelalterliche Volkssprache – schuf. Im Wiener Kreis waren die Wechselwirkungen zwischen deutscher und lateinischer Literaturproduktion so eng, dass auch Celtis auf sie reagierte, ja reagieren musste. Im Falle Neitharts nutzte er sie für eine ganz eigene Genealogie, die in keiner ‚Austria illustrata' aufgeht. Für Celtis ist Neithart in zweierlei Hinsicht interessant: Als fränkischer Landsmann und als Autor bissig-satirischer Werke und Schwänke. In Neithart – dem Hofkünstler und Autor derb-realistischer Liebeslieder – sieht Celtis sein eigenes Wirken und Werk vorgeprägt. Dies gilt zumal für die Kasseler Epigramme. Das Abschlussgedicht des fünften Buches – ursprünglich als Schlussstein der ganzen Sammlung gedacht – unterstreicht dies:

*Ad lectorem*
*Centum ego iam quintum finiui epigrammaton: oro*
*Des ueniam lector carmina inepta legens*
*Omnia non doctum redolent mea Carmina phoebum*
*Ieiuni uersus sunt aliquando mihi*
*Non semper phoebus uatum praecordia pulsat*
*Est ubi quo cecus dormiat argolicus*
*Si sale mordaci Quosdam aut cum scommate laesi*
*Officium hoc vatis quid sua saecla notet*
*Officium est uatis tristi excussisse cachinnum*
*Et letis rebus constituisse modum*
[...].[57]

„An den Leser
500 Epigramme habe ich nun vollendet: bitte,
Leser, verzeih mir, wenn du hier alberne Gedichte zu lesen bekommst,
Nicht alle Lieder schmecken nach apollinischer Gelehrsamkeit.
Auch ich dichte manchmal ganz trockene Verse.
Nicht immer rührt Apoll das Herz des Dichters,
manchmal schläft auch der blinde griechische Sänger [sc. Homer; J. R.].
Wenn ich mit bissigem Witz und Spott den einen oder anderen verletzt habe,
so ist auch das Aufgabe des Dichters, der über sein Zeitalter urteilen muss.
Aufgabe des Dichters ist es, dem Traurigen ein Lachen abzunötigen
und der ausgelassenen Freude ihr Maß zu geben."
[...] (Übersetzung J. R.)

Celtis' Neithart-Epigramm verweist auf systematische Transfer- und Austauschbewegungen, die es weiter zu beobachten gilt. Hat – so die These – die konstitutiv

56 Günter Hess, Deutsch-lateinische Narrenzunft. Studien zum Verhältnis von Volkssprache und Latinität in der satirischen Literatur des 16. Jahrhunderts. München 1971 (Münchener Texte und Untersuchungen zur deutschen Literatur des Mittelalters 41).
57 Celtis, EPIGRAMMATA (wie Anm. 10), fol. 75v.

zweisprachige Schwank- und Fazetientradition des ausgehenden 15. Jahrhunderts[58] als literarisches ‚Gattungssubstrat‘ auch auf Celtis’ Hauptwerk, die ‚Quatuor libri Amorum‘, eingewirkt? [S]*eria mixta iocis*[59] – also ganz das Neithart’sche Programm, wenn man so will – kündigt schon die Vorrede zu den ‚Amores‘ an. Betrachtet man die historischen Kontexte in ihrer ganzen Breite, so sind Celtis’ Elegien eben nicht nur der Tradition der römischen Liebeselegie verpflichtet, sondern konvergieren in ihren oft burlesken Szenen auch mit der Fazetien- und Schwankliteratur um 1500. Hier ist an Hanns FISCHERs Strukturprinzip des Schwankromans – Episodenkumulation, biographisches Muster, Reiseschema – zu erinnern. Celtis’ ‚Amores‘ erfüllen alle diese Kriterien mustergültig: Die zehnjährige Lebensreise des Dichters, die von der Geburt bis zum imaginierten Tod präsentiert wird, ist zugleich Reise durch die vier Regionen und ‚Metropolen‘ Deutschlands. Die einzelnen Elegienbücher zeichnen sich durch episodischen Charakter aus; sie zeigen locker gefügte Momentaufnahmen einer Liebesgeschichte, die immer wieder auf das Rahmenthema der ‚Germania illustrata‘ bezogen werden. Solche generischen Familienähnlichkeiten zwischen Schwankroman und Elegienzyklus im Zeichen einer spätmittelalterlichen „Lachkultur“[60] zeigen die Offenheit des Literatursystems um 1500, in dem vielleicht weniger offene Transfer-Prozesse als verdeckte Gattungskonvergenzen zu beobachten sind. Das Neithart-Epigramm der Kasseler Handschrift steht also keineswegs solitär: Schwank und Fazetie wirken als Gattungsattraktor oder -substrat auf die Tradition der Elegie ein, ohne dass dies natürlich programmatisch formuliert wird. Eine explizite Auseinandersetzung mit volkssprachlicher Literatur ergibt sich für Celtis jedoch erst im Kontext der Wiener Jahre 1504/1505, auf die wir nun definitiv das sechste Epigrammbuch datieren wollen; im Kontext Maximilians konnte auch Celtis nicht übersehen, dass der *sermo barbarus*[61] durchaus nicht mehr das ganz andere der lateinischen Tradition war – das gereizte Epigramm aus der ‚Rapsodia‘ mit seinem Ausfall gegen die *arithmarii* zeigt die gewachsene Bedeutung der Volkssprache innerhalb des *Gedechtnus*-Werkes. Gerade die Höfe waren im Spätmittelalter „Laboratorien der Mehrsprachigkeit“[62]. Solche Kontakt- und Bruchstellen zwischen den Sphären, aber auch „Gegenkanon[es]“[63]

---

**58** Vgl. Klaus KIPF, *Cluoge geschichten*. Humanistische Fazetienliteratur im deutschen Sprachraum. Stuttgart 2010 (Literaturen und Künste der Vormoderne 2).

**59** So Celtis in der Vorrede zu ‚Quattuor libri Amorum‘ (wie Anm. 24), S. 6.

**60** JÖST, Das Schwankbuch *Neithart Fuchs* (wie Anm. 45), S. 346–348.

**61** Vgl. STEPHAN FÜSSEL, „Barbarus sermo fugiat“. Über das Verhältnis der Humanisten zur Volkssprache. In: Pirckheimer-Jahrbuch 1 (1985), S. 71–110; Joachim KNAPE, Humanismus, Reformation, *deutsche Sprache* und *Nation*. In: Nation und Sprache. Die Diskussion ihres Verhältnisses in Geschichte und Gegenwart. Hg. von Andreas GARDT. Berlin/New York 2000, S. 103–138.

**62** Les cours comme lieux de rencontre et d’élaboration des langues vernaculaires (1480–1620) – Höfe als Laboratorien der Volkssprachigkeit (1480–1620). Hg. von Jean BALSAMO/Ann Kathrin BLEULER. Genf 2016 (Travaux d’Humanisme et Renaissance 565), S. 151–168.

**63** Jan-Dirk MÜLLER, Fischarts Gegenkanon. Komische Literatur im Zeichen der *imitatio*. In: Maske und Mosaik. Poetik, Sprache, Wissen im 16. Jahrhundert. Hg von DEMS./Jörg ROBERT. Berlin/Münster 2007 (Pluralisierung & Autorität 11), S. 281–321.

auszuloten, wäre Aufgabe einer neuen Forschung, die weniger von *dem* Humanismus (als einem geschlossenen *System*) als von einem ‚humanistischen Feld' ausgeht, das flexibel in die Zonen der volkssprachlichen Literatur – hier der Schwank- und Fazetienbücher – hineinreicht und an dem wiederum auch volkssprachliche Autoren partizipieren.[64] Zur Ausmessung solcher Reichweiten und Extensionen des humanistischen Feldes auch in die Zonen der Volkssprache böten die Celtis-Epigramme eine gute heuristische Grundlage.

64 Zu Begriff und Konzept des ‚humanistischen Feldes' vgl. meine Überlegungen in: Jörg Robert, Einleitung: Poetik und Rhetorik. In: Humanistische Antikenübersetzung und frühneuzeitliche Poetik in Deutschland (1450–1620). Hg. von Dems. u. a. Berlin/Boston 2017 (Frühe Neuzeit 211), S. 315–321.

Mathias Schmoeckel

# Von der Subsistenzwirtschaft zur Gewinnorientierung

## Religion und wirtschaftlicher Fortschritt

## 1 Einleitung und Fragestellung

Max WEBER (1864–1920) publizierte mehrere Abhandlungen, die den Zusammenhang zwischen der modernen Wirtschaft und dem Glauben in soziologischer Perspektive untersuchen.[1] Es ging hierbei nicht um eine direkte Kausalität von insbesondere protestantischer Theologie und dem modernen Kapitalismus, sondern um eine Mentalität bzw. Lebensweise, die mit dem Kapitalismus im Sinne einer „Wahlverwandtschaft" korreliert.[2] Doch natürlich gelten Webers Thesen längst als widerlegt; man wundert sich geradezu, warum sie so oft wiederholt werden. Sie erscheinen als unwiderlegbare Fehlkonstruktionen, die den Lesern in den USA als geschätztes Narrativ oder allgemeiner als „große Erzählung" erscheinen.[3] In fünf Punkten darf kurz an die großen Fehler erinnert werden:

(1.) Max Webers berühmte These vom Aufblühen der Wirtschaft nach dem 16. Jahrhundert missachtet bereits den viel größeren Aufschwung, den ganz Europa von Portugal zum Baltikum, Bergen in Norwegen bis Sizilien seit dem 12. Jahrhundert nahm. Gerade das 13. Jahrhundert bildet einen Höhepunkt der europäischen Stadt- und Wirtschaftsentwicklung.[4] Nicht nur in Oberitalien und Flandern, sondern auch in vielen anderen Regionen Europas entstanden neue Städte und blühte der Handel auf. Die englische Wirtschaftsgeschichte nutzt daher den Ausdruck der „commercial revolution"[5] für diesen Aufschwung, der vor allem im 14. Jahrhundert durch den Fernhandel zwischen Mittelmeer und Nordeuropa, etwa mit englischer Wolle als Massengut, geprägt wurde. Gleichzeitig entstanden

1 Vgl. Max WEBER, Die protestantische Ethik und der Geist des Kapitalismus. In: DERS., Die protestantische Ethik und der Geist des Kapitalismus. Hg. von Dirk KAESLER. 2. Aufl. München 2006, S. 65–276.

2 Hans-Peter MÜLLER, Max Weber. Köln u.a. 2007, S. 86.

3 Vgl. Heinz STEINERT, Max Webers unwiderlegbare Fehlkonstruktionen. Die Protestantische Ethik und der Geist des Kapitalismus. Frankfurt a. M./New York 2010, S. 20, 23.

4 Henri PIRENNE, Sozial- und Wirtschaftsgeschichte Europas im Mittelalter. Tübingen 1946, S. 43–60.

5 Paolo PRODI, Settimo non rubare. Furto e mercato nella storia dell'occidente. Bologna 2009, S. 28; Robert S. LOPEZ, The Commercial Revolution of the Middle Ages, 950–1359. Cambridge u.a. 1976, S. 85–91; Joel KAYE, Economy and Nature in the Fourteenth Century. Money, market exchange, and the emergence of scientific thought. Cambridge 1998, S. 16–19, tendiert dazu, die Wende („from gift economy to profit economy") schon im 12. Jahrhundert zu entdecken.

https://doi.org/10.1515/9783110740509-007

Banken und Versicherungen, welche die neuen Geschäftsmodelle ermöglichten.[6] Diese wirtschaftliche Blüte relativiert die Bedeutung des Wirtschaftswachstums vom 16. bis zum 18. Jahrhundert in Nordeuropa.

Die große Entwicklung der Wirtschaftszonen Europas fand vor 1500 statt. In dieser Zeit findet sich der große Aufschwung der Städte und ihrer Bünde überall in Europa. Vom norwegischen Bergen bis Italien, von Spanien bis zur Ostkolonisation wird deutlich, welche grundlegende Rolle dieser Aufschwung der Städte für die europäische Entwicklung hatte. Konnte Köln von 1140 mit 20.000 Einwohnern sich auf 40.000 im Jahr 1430 verdoppeln, während Paris von 25.000 im Jahr 1180 sogar auf 200.000 Einwohner 1347 stieg. Von 1000 bis 1340 explodierte das Bevölkerungswachstum Mittel- und Nordeuropas von 6 auf 35,5 Millionen, während es bis 1450 wieder auf 22,5 Millionen schrumpfte.[7] Der Boden zur Versorgung der neuen Bevölkerung wurde geradezu knapp.[8] Dieser Aufschwung verdankte sich vor allem dem blühenden Handel dieser Zeit. Der Fernhandel wird von ISENMANN geradezu als konstitutiv für diesen Aufschwung der Städte angesehen.[9] Auch Nürnberg entwickelte sich im 13. und 14. Jahrhundert zu einem bedeutenden Zentrum des Fernhandels, wie zahlreiche Zollprivilegien dies beweisen. 1397 umfasste Nürnberg nur 5000 Einwohner, doch 1485 hatte es bereits 36.000 Einwohner.

Das Wachstum der Städte des 16. Jahrhunderts fiel im Vergleich dazu schwächer aus. Nürnberg etwa wuchs bis zum Jahr 1622 nur auf 40.250 Einwohner. Die großen Veränderungen waren eher Verschiebungen zwischen den deutschen Städten. Köln umfasste im Jahr 1600 immer noch 40.000 Einwohner, stagnierte bis dahin also wirtschaftlich und konnte keine weiteren Bewohner ernähren oder anlocken[10] trotz des Wirtschaftswachstums der Niederlande[11]. Während das Rheinland seine führende wirtschaftliche Position allmählich verlor, bildeten

6 Wirtschaftshistorisch immer noch besonders aufschlussreich Raymond DE ROOVER, The Scholastic Attitude toward Trading and Entrepreneurship. In: DERS., Business, Banking and Economic Thought in Late Medieval and Early Modern Europe. Selected Studies. Hg. von Julius KIRSHNER. Chicago 1974, S. 336–345, S. 341; Odd LANGHOLM, Economics in the Medieval Schools. Wealth, Exchange, Value, Money and Usury according to the Paris Theological Tradition 1200–1350. Leiden u. a. 1992 (Studien und Texte zur Geistesgeschichte des Mittelalters 29).

7 Josiah C. RUSSELL, Die Bevölkerung Europas 500–1500. In: Europäische Wirtschaftsgeschichte. Hg. von Carlo M. CIPOLLA/Knut BORCHARD, Bd. 1: Mittelalter. Stuttgart/New York 1978, S. 21.

8 Friedrich-Wilhelm HENNING, Handbuch der Wirtschafts- und Sozialgeschichte Deutschlands, Bd. 1: Deutsche Wirtschafts- und Sozialgeschichte im Mittelalter und in der frühen Neuzeit. Paderborn u.a. 1991, S. 167.

9 Eberhard ISENMANN, Die deutsche Stadt im Mittelalter 1150–1550. Stadtgestalt, Recht, Verfassung, Stadtregiment, Kirche, Gesellschaft, Wirtschaft. Wien u.a. 2012, S. 57.

10 Obwohl der Handel insgesamt zunahm, die Zahl der Gesamtbevölkerung allerdings leicht abnahm und sich v.a. neu verteilte; vgl. Rolf SPRANDEL, Gewerbe und Handel 1350–1500. In: Handbuch der deutschen Wirtschafts- und Sozialgeschichte. Hg. von Hermann AUBIN/Wolfgang ZORN, Bd. 1: Von der Frühzeit bis zum Ende des 18. Jahrhunderts. Stuttgart 1971, S. 356.

11 HENNING, Handbuch der Wirtschafts- und Sozialgeschichte (wie Anm. 8), S. 602.

sich andere Handelszentren, abhängig offenbar von den großen Handelsunternehmen, von denen sich jedoch keine im Rheinland ansiedelte.[12] Nürnberg etwa überflügelte am Anfang des 16. Jahrhunderts Köln an Einwohnern[13]. Andere Regionen Deutschlands, nicht zuletzt die süddeutschen Handelsstädte, traten hervor als Orte, an denen sich die Wirtschaft besonders stark entwickelte.

(2.) Für seine Studien ließ sich WEBER von dem US-amerikanischen Muster leiten, insbesondere Benjamin Franklin.[14] Allerdings zog er die Wirtschaftsethik von Martin Luther zum Vergleich heran. Es ist deutlich, dass man zwischen der Wirtschaftslehre Luthers und Calvins sowie ihrer Schüler differenzieren muss. Wegen der Anglikanischen Kirche in England und den verschiedenen Strömungen in den USA ist die Identifikation des maßgeblichen Einflusses von Luther oder Calvin hier zumindest problematisch bzw. wohl von vornherein der falsche Ansatz.

(3.) Noch schwieriger ist der Umkehrschluss, dass die anderen, nicht-protestantischen Staaten und Regionen nicht fleißig verfuhren und ökonomisch ungeschickt vorgingen, zumal dieser Schluss ohne nähere Prüfung vorgetragen wird.

(4.) Für die Bestimmung wirtschaftlicher Inhalte bezog sich WEBER auf den „Geist des Kapitalismus". Auch hier müsste man näher bestimmen, was ökonomisch oder juristisch diese Wirtschaftsform charakterisieren soll.

(5.) Auch lehrte eine historische Betrachtung, dass die verschiedenen Entwicklungen in Deutschland nicht nur mannigfacher waren, sondern vor allem viel mehr der politischen Logik des Einzelfalls als allgemeinen theologischen Lehren folgten: Während etwa die protestantischen Städte der Hanse im Norden einen allgemeinen Niedergang ab dem 16. Jahrhundert erlebten, blühten süddeutsche Städte auf wie Nürnberg – noch vor der Reformation – und Augsburg, das gemischtkonfessionell war.

Doch wie erklärt man die große Erfolgsgeschichte der europäischen Wirtschaft? Einer der Gründe für die ewige Widerkehr der WEBERschen These ist, dass es bisher keine richtige Alternative gibt. Wenn wir nach Gründen für das Wirtschaftswachstum Europas suchen, müssen wir dabei die Entwicklungen seit dem späten 12. Jahrhundert untersuchen. Dabei dürfen wir uns nicht auf kulturelle bzw. religiöse Faktoren beschränken, sondern müssen vor allem die Rahmenbedingungen der institutionellen Ordnung untersuchen.

---

12 Ebd., S. 593f.

13 Zum Wandel der Bedeutung von Nürnberg und Köln vgl. Hermann KELLENBENZ, Deutsche Wirtschaftsgeschichte, Bd. 1. München 1977, S. 180–183.

14 Vgl. näher Peter GHOSH, A Historian Reads Max Weber. Essays on the Protestant Ethic. Wiesbaden 2008 (Kultur- und sozialwissenschaftliche Studien 1), S. 5.

Ein besonderer Blick soll der Haltung der Juristen gegenüber dem Gewinn gelten.[15] Ablehnung oder Zulassung zeigen deutlich Skepsis bzw. Zustimmung gegenüber der Wirtschaft. Die Zulassung von Gewinn kann man nicht zuletzt auch als Ausdruck eines ökonomischen Verständnisses ansehen, das auf diese Weise menschliches Gewinnstreben für die allgemeine Versorgung mit Gütern einsetzen will. Allerdings haben sich nur wenige Juristen mit diesem Thema auseinandergesetzt; leider gibt es hier nicht sehr viele signifikante Quellen.

Dabei spielen die religiösen und ethischen Vorstellungen der Theologen und Juristen eine erhebliche Rolle. Trotz der Bedeutung des römischen Rechts für die Wiederbelebung des Handels war es vor allem die Kanonistik, die sich angeregt von der Theologie den Fragen des Handels widmete.[16] Die Kirche spielte hier schon deswegen eine zentrale Rolle, weil sie nicht nur als Richter am Rande des Spielfelds stand, sondern als Teilnehmer des Marktes diesen oft genug zu ihrem Vorteil veränderte. Auch sie hatte daher wieder Interesse an der Verteidigung von Eigentum und der Zulässigkeit von Testamenten als klassischen Elementen des römischen Rechts.

Doch darf man sich die Kirche nicht als Einheit vorstellen. Oft genug standen auf beiden Seiten der großen Streitigkeiten Vertreter der Kirche. Der „Franziskanische Armutsstreit" nach 1231 erlaubte nicht nur die Rückbesinnung auf das Eigentum mit den verschiedenen Aufteilungen seiner Aspekte in Besitz, Nießbrauch, einfachen Gebrauch und die Möglichkeit, daraus subjektive Rechte auf Sachen zu konstruieren. Vielmehr zeigt der Fall auch die Franziskaner, die sich nur einzelner rechtlicher Aspekte aus den Vorteilen ihrer Klöster sichern wollten, um nicht gegen das Armutsgelübde zu verstoßen, während der Papst – als gedachter Eigentümer ohne die Möglichkeit des einfachen Gebrauchs – kein Interesse, nur die Verantwortung der Liegenschaften des Ordens hatte, ohne die Vorteile zu übernehmen.[17] Insgesamt befeuerte dieser Streit die Entdeckung des subjektiven Rechts.

Sicher ausschließen kann man, dass Kirche und Recht erst zum Beginn der Neuzeit das Wirtschaftswachstum unterstützten, denn bis dahin waren die maßgeblichen Formen der Rechtsgeschäfte wie Wechsel, Bank, Versicherung und Börse längst entstanden.[18] Allerdings sind die wirtschaftsfreundlichen Autoren wie Petrus

---

**15** Vgl. aber bereits Wilhelm ENDEMANN, Studien in der romanisch-kanonistischen Wirthschafts- und Rechtslehre bis gegen Ende des siebenzehnten Jahrhunderts, Bd. 1. Berlin 1874, ND Aalen 1962, S. 212–214 zum Wechsel; S. 381–387 zur Sozietät, S. 468–471 zu den *montes*.

**16** Dazu bereits Mathias SCHMOECKEL, Die Kanonistik und der Anstieg des Handels vom 13. bis zum 15. Jahrhundert. In: Vierteljahrschrift für Sozial- und Wirtschaftsgeschichte 104 (2017), S. 237–254.

**17** Maximiliane KRIECHBAUM, Actio, Ius und dominium in den Rechtslehren des 13. und 14. Jahrhunderts. Ebelsbach 1996 (Münchener Universitätsschriften. Abhandlungen zur rechtswissenschaftlichen Grundlagenforschung 77), S. 24–28, 40–54; Oreste BAZZICHI, Alle radici del Capitalismo. Medioevo e scienza economica. Cantalupa 2010, S. 45.

**18** Grundlegend Wilhelm ENDEMANN, Studien in der romanisch-kanonistischen Wirthschafts- und Rechtslehre (wie Anm. 15); insbesondere zur Entwicklung der Börse zu Beginn des 15. Jahrhunderts in Brügge, vgl. zuletzt Peter STABEL, De gewenste vreemdeling. Italiaanse kooplieden en stedelijke

Joannes Olivi OFM (1247/1248–1296/1298), Antoninus Erzbischof von Florenz (1389–1459) und Bernardinus von Siena (1380–1444) jedenfalls außerhalb Italiens deutlich weniger bekannt als Azpilcueta, Lessius oder Peutinger. Ich möchte dabei verschiedene Erkenntnisse der letzten Jahre zusammentragen und akzentuieren.

Zunächst soll die tragende Rolle der römischen Kirche mit ihrer Kanonistik in Erinnerung gerufen und charakterisiert werden (dazu gleich II.). Dabei leugne ich nicht die Einflüsse der Legistik und der Moraltheologie. Nur sind sie m. E. in dieser Hinsicht kaum von der Kanonistik zu trennen. So zitierte Albericus de Rosate in seinem Dictionarium die Moraltheologie des Thomas Aquinas umfassend und zeigte, dass insoweit keine Grenze gefühlt wurde. Viele wichtige Anregungen wurden dabei aus dem römischen Recht entnommen. Die Wirtschaftsblüte selbst ist dabei unstrittig. Jürgen Kocka wies vor kurzem darauf hin, dass sie nur als Teil eines globalen Phänomens zu begreifen sei, nämlich als Folge des Wirtschaftswachstums in China und Arabien.[19]

Daran schließt sich ein Hinweis auf die Wirtschaftslehre der spanischen Schule im 16. Jahrhundert (dazu III.) an, da diese besser erforscht ist und oft als Grundlage moderner Wirtschaft bezeichnet wird. Die spanische Wirtschaftsblüte kam allerdings im 17. Jahrhundert zum Erliegen. Davon abzugrenzen ist das Wachstum protestantischer Territorien im 16. und 17. Jahrhundert. Inwieweit hier auf die neue Konfession abzustellen ist als Grundlage des modernen Wirtschaftswachstums nach Max Weber, soll als letzter Punkt untersucht werden (dazu IV.). So erfüllt sich hoffentlich das Desiderat einer konfessionsübergreifenden und –unabhängigen Forschung insbesondere zur Reformationszeit.

## 2 Das Handels- und Wirtschaftsrecht bis zum 16. Jahrhundert

### 2.1 Das klassische kanonische Recht

Der Bereich des kanonistischen Handelsrechts, in etwa das dritte Buch der Dekretalensammlungen zum „clerus“, ist wohl der am meisten vernachlässigte Bereich der Kanonistik. Zu sehr wird noch etwa auf die Lehre vom gerechten Preise, als einer an den objektiven Marktvorgaben orientierten Betrachtungsweise der kirchlichen Lehre, festgehalten.[20] Es ist schwer genug, Geschichte mit Recht und Theologie zu verbinden;

maatschappij in het laat-middeleeuwse Brugge. In: Jaarboek voor Middeleeuwse Geschiedenis 4 (2001), S. 189–221, bes. S. 213.

19 Jürgen Kocka, Geschichte des Kapitalismus. München 2013, S. 42.

20 Zum gerechten Preis vgl. Prodi, Settimo non rubare (wie Anm. 5), S. 79; Christian Hecker, Lohn- und Preisgerechtigkeit. Historische Rückblicke und aktuelle Perspektiven unter besonderer Berück-

die zusätzliche wirtschaftshistorische Dimension übertreibt gleichsam den Schwierigkeitsgrad. Von kanonistischer Seite wurde 2016 der Versuch einer zwar nicht systematischen, jedoch konzertierten Sondierung vorgenommen: Der fünfte Band zum „Einfluss der Kanonistik" hat dabei eine Fülle von neuen Einsichten und innovativen Ansätzen geliefert.[21] Die Einsichten habe ich versucht, im letzten Jahr zu sammeln und zu verdichten.[22] Dabei habe ich mich sowohl auf die kanonistische Literatur im engeren Sinne, die Beichtliteratur sowie die Moraltheologie gestützt.

Schon dargestellt wurde die Lehre der Theologen wie Thomas mit Heinrich von Ghent (um 1217–1293) und Gottfried von Fontaines (Godefroid de Fontaines/Godefridus de Fontibus, † nach 1305). Diese lehrten durch den Einfluss des Aristoteles, Geld und Markt als notwendige und förderungswürdige Elemente des Lebens zu begreifen.[23]

Dabei fällt auf, dass es keine unserem Verständnis entgegenkommende Sprache gab. Weder gab es einen allgemeinen Vertragsbegriff noch den eines Kaufmanns. *Consensus* bezeichnete den übereinstimmenden Willen, der seit dem römischen Recht auch für die Ehe Voraussetzung war. *Contractus* wurde erst zum 15. Jahrhundert vorwiegend für handelsrechtliche Geschäfte genutzt, stritt aber mit *pactus/pactum* um die Möglichkeit, als Oberbegriff verwendet zu werden.[24] Noch Felinus Sandaeus (1444–1503)[25] trennte in seiner Definition nicht die Händler von den Handwerkern: *Mercatores et artifices*[26]. Zur Kennzeichnung dieses Geschäftsbereichs stellte Bartolus (1313–1357) vorsichtig gleichzeitig auf die Teilnahme am Markt (mercator) und das besondere Geschäft (*negotium*) ab, verband damit den objektiven mit dem subjektiven Ansatz.[27] *Mercator seu negociator non dicitur quis per unum actum.* Man hatte also immerhin schon die Ansätze, den Kaufmann in objektiver und subjektiver Hinsicht zu definieren. Gleichzeitig fehlte damit die Möglichkeit, eine Lehre der Handels-

sichtigung der christlichen Soziallehren. Marburg 2008 (Ethik und Ökonomie 6); Elisabeth Koch, Gerechter Preis. In: Handwörterbuch zur deutschen Rechtsgeschichte, Bd. 2. Hg. von Albrecht Cordes/Wolfgang Stammler. 2. Aufl. Berlin 2009, S. 123–127.

21 Der Einfluss der Kanonistik auf die europäische Rechtskultur, Bd. 5: Das Recht der Wirtschaft. Hg. von David von Mayenburg/Franck Roumy/Orazio Condorelli/Mathias Schmoeckel. Köln u.a. 2016 (Norm und Struktur 37,5).

22 Schmoeckel, Die Kanonistik und der Anstieg des Handels (wie Anm. 16); Mathias Schmoeckel, Kanonisches Recht. München 2020, S. 231–233.

23 Kaye, Economy and Nature in the Fourteenth Century (wie Anm. 5), S. 97–100 zum Aristotelismus bei Thomas, S. 104 zur Notwendigkeit des Kaufmanns bei Heinrich von Ghent.

24 Näher Mathias Schmoeckel, Melanchthons Konzept der Verträge. Archäologie der Archäologie der Privatautonomie. In: Zeitschrift der Savigny-Stiftung für Rechtsgeschichte. Kanonistische Abteilung 104 (2018), S. 304–345.

25 Zu ihm siehe jetzt Gigliola di Renzo Villata, Diritto canonicio, ricchezza e povertà nell'opera di Felino Sandei. In: von Mayenburg u.a. (Hg.), Der Einfluss (wie Anm. 21), S. 145–171.

26 Felinus Sandaeus, Repertorium rerum, et verborum imemorabilium in locupletissimos Felini Sandei Commentarios ad quinque libros decretalium. Venedig 1574, S. 394.

27 Bartolus de Saxoferrato, Commentaria zu D. 32.65.2. Venedig 1526, ND Rom 1996, fol. 68ra/vb n. 4.

geschäfte zu entwickeln. Vielmehr musste man auf eine Betrachtung der einzelnen Geschäftsarten, z. B. insbesondere den Kaufvertrag ausweichen.

Dagegen half die kirchliche Lehre zentral dabei, die Autonomie des Willens der Vertragspartner als Grundlage der Verträge durchzusetzen. *Pactum sunt servanda* und die *clausula rebus sic stantibus* bilden seit Beginn des 13. Jahrhunderts eine unauflösbare Verbindung, keine Gegensätze, sondern zwei komplementäre Mittel zur Sicherung desselben Interesses.[28] Vor allem aber schuf sich die Kanonistik gleichzeitig noch den Ausweg, Verträge gegen den Inhalt des Glaubens oder anstößige Geschäfte aus der Sicht der Kirche für unsittlich und unwirksam erachten zu können. Damit entstand die Lehre der Nichtigkeit sittenwidriger Geschäfte bzw. der Verträge gegen die guten Sitten.[29] Alle Verträge müssten stattdessen *bona fide* erfolgen, nicht gegen den Sinn des Vertrags verstoßen, keinen unrechtmäßigen Preis vereinbaren und zur Übergabe der Ware führen. Insgesamt zeigte Johannes Nieder (OP † 1438) mehr Flexibilität zur Bestimmung des rechtmäßigen Geschäfts. Gewinn war bei ihm grundsätzlich rechtmäßig, doch blieben die moraltheologisch begründeten Grenzen eng. Der Gewinn – insbesondere des Fernhändlers – sei die Entlohnung seiner Arbeit. Das schloss natürlich die Anerkennung der *laesio enormis* nicht aus, gab aber dem Handel eine wesentlich breitere Einschätzungsprärogative.

Verwiesen wird auf die Bedeutung des Konsenses, der durch Irrtümer über Preis, Sache, Vertragsart, Geschlecht oder schließlich Geschäftsunfähigkeit die Gültigkeit des Vertrags bedroht ist. Bestimmte Sachen werden allgemein vom Handel ausgenommen, z. B. künftige Sachen, Sachen der Kirche.[30] Gewinn und Unmäßigkeit bilden ein weiteres Thema.[31] Zu finden ist also kein eigentliches Handelsrecht, sondern nur Vertragsrecht als Voraussetzung des Handels. So sah Hostiensis in den Geschäften von Händlern viele Möglichkeiten für Sünden. Wie die Juristen seiner Zeit reagierte er und half etwa dabei, allgemeine Kategorien einzuführen. Weder gab es ein Sonderprivatrecht für Kaufleute noch einen besonderen Respekt, wenn man sie wie die *miserabiles personae* allgemein der kirchlichen Gerichtsbarkeit unterstellte.[32] Doch sah man die

28 Vgl. Orazio Condorelli, Il principio „pacta sunt servanda" e i „foedera pacis" nelle fonti canonistiche dei secoli XII-XV und Franck Roumy, Aux origines canoniques de la clausula rebus sic stantibus, beide in: Der Einfluss der Kanonistik auf die europäische Rechtskultur, Bd. 6: Völkerrecht. Hg. von Orazio Condorelli/Franck Roumy/Mathias Schmoeckel. Köln u.a. 2019 (Norm und Sturktur 37,6), noch nicht erschienen.

29 Sarah Maria Pintaric, Vereinbarungen *contra bonos mores* in der Kanonistik. Frankfurt a. M. u.a. 2019. (Rechtshistorische Reihe 484)

30 Hostiensis (Henricus de Segusia), Commentaria zu X 3.17. Venedig 1589, Turin 1965, n. 2, fol. 147vb/148ra.

31 Ebd. zu X 3.17, n. 3, fol. 148rb.

32 Guillelmus Durantis, Speculum iudiciale, de competentis iudicis aditione, § 1 n. 27. Basel 1574, ND Aalen 1975, S. 397; Felinus Sandaeus, Repertorium (wie Anm. 26), S. 394; zum Begriff siehe Thomas Duve, Sonderrecht in der Frühen Neuzeit. Das frühneuzeitliche *ius singulare*, untersucht anhand der *privilegia miserabilium personarum, senum* und *indorum* in Alter und Neuer Welt, Frankfurt a. M. 2008 (Studien zur europäischen Rechtsgeschichte 231), S. 66.

Bedeutung des Handels für die Städte; Händler seien nützlich und notwendig für die Stadt[33] und das Gemeinwesen[34]. Sie müssten in der Lage sein, ihre Güter aufzuspüren, die richtigen Entscheidungen darüber zu fällen sowie danach zu agieren.[35]

Darüber hinaus wurden moralische Maßstäbe für die Geschäftstätigkeit erarbeitet. Handelsgeschäfte sollten möglichst ohne Sünde erfolgen.[36] Im *forum internum* lehrte man, wann Geschäfte (*negotia secularia*) aufgrund ihrer Natur oder ihrer Umstände *inhonestum* würden.[37] Das galt weniger objektiv nach der Natur des Geschäfts, also im Fall von Wucher oder Simonie, sondern mehr an ihren Umständen. Geschäfte könnten *ex causa*, *ex tempore* oder *ex persona inhonestum* werden:

- Ein Geschäft würde *ex causa inhonestum*, wenn es aufgrund einer verdorbenen Intention vorgenommen werde, z. B. aufgrund von Gier.
- *Ex tempore* würden Geschäfte *inhonestum* außerhalb der Geschäftszeiten.
- *Ex persona* gälten Geschäfte als *inhonestum*, wenn Kleriker oder sonstige Geistliche beteiligt seien.
- Aber auch *ex loco* konnten Geschäfte *inhonestum* werden, wenn sie etwa im Bordell oder ähnlich unanständigen Orten geschlossen wurden.[38]

Viel diskutiert wurde der legitime Handel mit Luxusgütern, Waffen und Giften, die für einen Mord genutzt werden konnten. Raimund wollte hier auf die Intention des Betroffenen allein abstellen.[39] Waffen könnten ja auch im gerechten Krieg, das Messer zum Schneiden von Brot oder goldene Schmuckborten zur Zier der Kirche dienen. Analog könnten Gifte durch Ärzte als Medizin genutzt werden.

Zentral war dabei wohl die Frage, ob Händler Gewinne erzielen durften.[40] Im Ergebnis wurde ein Ausgleich gesucht: Ein moderater Gewinn sei erlaubt, wenn dafür gearbeitet werde und Vorteile für die Gesellschaft erzielt würden, etwa die notwendige Nahrung für die Stadt zu beschaffen,[41] wie dies auch Thomas von C(h)obham († 1327)

---

**33** Albericus de Rosate, Dictionarium Iuris tam Ciuilis quàm Canonici. Venedig 1573, S. 417: *Mercatores sunt utiles et necessarij sunt in bonis ciuitatibus.*

**34** Angelus (Carletus) de Clavasio, Summa angelica de Casibus Conscientiae. Venedig 1511, fol. 311ra, n. 2.

**35** Albericus de Rosate, Dictionarium (wie Anm. 33), S. 505: *Negociari volens tria habere debet: scilicet vires inuenire: de inuentione iudicare: et secundum iudicata operari*, nach Aegidius Romanus, De Regimine principum, c. vj.

**36** Ebd., S. 506: *Negocia quaedam sunt, quae vix sine peccata fieri possunt.*

**37** Raymundus de Peniafort, Summa de poenitentia et matrimonio, cum Glossis Ioannis de Friburgo. Rom 1603, ND 1967 Meisenheim/Glan, l.2 c. De negotijs secularibus, & utrum de illicite acquisitis posit fieri eleemosyna, S. 244f. § 1.

**38** Ebd., S. 246 § 3.

**39** Ebd., S. 246 § 6.

**40** Albericus de Rosate, Dictionarium (wie Anm. 33), S. 506.

**41** Ebd.

lehrte[42]. Was dagegen keinem Zweck diene, allein den Gewinn an und für sich verfolge[43] oder gar schädlich sei, dürfe dagegen nicht verkauft werden und der Gewinn sei in diesen Fällen unzulässig. Würfelspiele seien auf diese Weise stets Sünde.

Thomas von Aquin (1224–1274) stellte auf den allgemeinen Gebrauch ab; was für beide Seiten oder die Allgemeinheit hilfreich sei, sei erlaubt. Dann dürfe grundsätzlich auch Gewinn erzielt werden.[44] Dabei stellte er auf die Lehre vom gerechten Preis ab.[45] Für das Handelsgeschäft (*negotiatio*) käme es nicht auf das individuelle Motiv an, sondern auf die allgemeine Versorgungsfunktion.[46] Selbstverständlich dürfe ein Kaufmann ebenso wie ein Handwerker Gewinn aus seinem Beruf bzw. seiner Arbeit ziehen.[47] Auch gegenüber Luxusprodukten, z. B. Schmuck, wurde Thomas großzügiger, denn auch Gewohnheiten könnten bestimmen, wann dieser allgemein als notwendig gelte.[48] Für die Bemessung des zulässigen Gewinns stellte Thomas auf das Risiko des Geschäfts, den möglichen Schaden oder sonst entgangenen Gewinn sowie den vereinbarten Vertragsschaden ab. Begründeter, nicht unmäßiger Gewinn war damit zulässig.[49]

Geradezu unglaublich modern war sein Zeitgenosse Petrus Joannes Olivi OFM, vielleicht gerade weil er Franziskaner war.[50] Sein ‚Tractatus de contractibus' zeigt eine bemerkenswerte Offenheit gegenüber allen Anforderungen des Marktes. Die Geschäftstätigkeit wird ihm zufolge von der freien Wirtschaft der Händler geprägt.[51] Der Preis war daher letztlich nur von der Wertschätzung der Händler bestimmt und

---

42 Jacques LE GOFF, Kaufleute und Bankiers im Mittelalter. Frankfurt a. M. 1989, S. 79, der Chobham leider ins 13. Jahrhundert rechnet und damit die Entwicklung übersieht, die in Thomas von Aquin (1224–1274) kulminiert; zu Chobham siehe Odd LANGHOLM, Economics, (wie Anm. 6), S. 52–62, S. 54 zu seiner wirtschaftsfreundlichen Einstellung. Weiterhin entwickelt Jacques LE GOFF, La bourse et la vie. Paris 1986, seine problematische Idee, die Wirtschaftsfreundlichkeit werde durch die Erfindung des Purgatoriums bewirkt.

43 Albericus de Rosate, Dictionarium (wie Anm. 33), S. 435: *lucrum turpe sequitur qui minus emit, vt plus vendet.*

44 Thomas Aquinas, Summa Theologica, I-II q. 77 art. 1 (via CorpusThomisticum.org: [36858]).

45 Jan DE VRIES, The Price of Bread. Regulating the Market in the Dutch Republic. Cambridge 2019, S. 18f. zu verschiedenen Konzepten und der praktischen Umsetzung; Raymond DE ROOVER, The concept of just price. Theory and economic policy. In: Journal of Economic History 18 (1958), S. 428; Luca MARAZZI, Das *iustum pretium* im Tractatus de emptionibus et venditionibus des Petrus Ioannis Olivi. Zürich 1990.

46 Thomas Aquinas, Summa Theologica I-II, q. 77 art. 4 [42257]: *Et ideo negotiatio, secundum se considerata, quandam turpitudinem habet, inquantum non importat de sui ratione finem honestum vel necessarium.*

47 Ebd., q. 78 art. 2 [42286].

48 Ebd., q. 169 art. 2 [45763 und q. 169 art. 2 [45764].

49 Grundlegend statt vieler John T. NOONAN Jr., The Scholastic Analysis of Usury. Harvard 1957, besonders S. 194f.; LANGHOLM, Economics (wie Anm. 42), S. 236–239.

50 Vgl. Oreste BAZZICHI, Alle radici del capitalism. Medioevo e scienza economica. Cantaluta 2003, S. 64 und öfter, der auf die Kontinuität des franziskanischen Einflusses abstellt.

51 Pierre de Jean Olivi, Traité des contrats. Hg. von Sylvain PIRON. Paris 2012, I., q. 6, S. 96f.

dann gerecht, wenn sich ein Käufer fand.[52] Dabei war der Profit eines Geschäfts eine notwendige Erwägung für Händler. Dies ging so weit, dass bei Ausfall eines günstigen Kaufgeschäfts das Geld, das stattdessen verliehen wurde, mit dem Gewinn zurückgefordert werden durfte, welches beim Kaufgeschäft angefallen wäre. Hiermit wurden Zinsen für Geldgeschäfte legitimiert.[53] Olivi ging sogar so weit, über Warentermingeschäfte nachzudenken. Die Hingabe für Kapital für künftige Erträge erschien ihm dabei keineswegs sittenwidrig, vielmehr als eine Frage der Einschätzung durch die Parteien.[54]

## 2.2 Spätere Entwicklung

Petrus de Ancharano (um 1330–1416) war immer noch fortschrittlich, als er für den Preis die unterschiedliche und wechselnde Wertschätzung einer Sache durch die Parteien ansetzte. Der entgangene Gewinn und der entstandene Schaden gehörten zu den legitimen Kriterien, den rechten Preis zu bestimmen. Solches gehöre zum Risiko des Kaufgeschäfts, das keinesfalls zur Nichtigkeit des Vertrags führen dürfe.[55] Ebenso zulässig hielt er dafür die genaue Regelung des Gebiets durch den Gesetzgeber. Solche Einschränkungen der Handelsfreiheit seien meist rechtmäßig.[56] Hier helfe nur, sich viel Rat anzueignen, um den Anforderungen des Handels gewachsen zu sein. Petrus de Ancharano zeigt jedenfalls, dass sich die Lehren von Olivi langsam in der Kanonistik durchzusetzen begannen.

Noch im späten 14. Jahrhundert lässt sich an verschiedenen Stellen ein verstärktes Interesse und Verständnis für Marktabläufe an Handelsplätzen erkennen. So lehrte der Enkel von Johannes Andreae, Gaspar Calderinus (1346–1399),[57] Professor in Bologna wie sein Vater und Großvater, dass Sachen auf den europäischen Märkten zu ganz unterschiedlichen Preisen gehandelt würden. Noch recht unbestimmt führte Calderinus das auf unterschiedliche Interessenlagen der verschiedenen regionalen Märkte zurück. Damit begann Calderinus immerhin zuzugeben, dass die Wertschätzung unterschiedlich ausfallen könnte und stellte die Lehre des gerechten Preises in Abrede. Damit half er, die Vorstellung des einen gerechten Preises weiter aufzubre-

---

52 Ebd., I. q. 2, 108 n. 22.

53 Pierre de Jean Olivi, Dubia circa materiam Contractuum, 7 pr. In: Ders., Traité (wie Anm. 51), S. 233 n. 63f.

54 Ebd., Dubia, (wie Anm. 51), S. 212 n. 35–39.

55 Petrus de Ancharano, Consilia sive juris responsa. Venetia 1585, cons. 157, 77 n. 5.

56 Ebd., cons. 157, 76 n. 2.

57 Zu ihm siehe Hans Jürgen Becker, Art. Calderini, Gaspare. In: Dizionario Biografico degli Italiani 16 (1973) [zitiert nach http://www.treccani.it/enciclopedia/gaspare-calderini_%28Dizionario-Biografico%29/, zuletzt 14.7.2016].

chen. Gleichzeitig entwickelte die Kirche überhaupt erst hierdurch eine Rechtslehre der Geldschuld.[58]

Die Autoren des 15. und beginnenden 16. Jahrhundert waren teilweise noch wirtschaftsfreundlicher. Der große Kanonist und Erzbischof von Palermo, Panormitanus (1386–1445), stützte sich auf Petrus de Ancharano. Jeder dürfe rechtmäßiger Weise Gewinn erstreben und müsse daher nicht genau die Summe in Geld herausgeben, die er empfangen habe.[59] Wucher (*usura*) und rechtmäßiger Gewinn (*interesse*) dürfe man daher nicht verwechseln. Hiermit reagierte er offenbar bereits auf die Geldgeschäfte der *montes*.

Silvester Mazzolini OP aus Prierio (1456/1457–1523/7), der Haustheologe des Papstes (*Magister sacri palatii*) im Zeitpunkt der beginnenden Reformation, Autor einer Beichtsumme, betonte die Notwendigkeit des Handels. Im Hinblick auf den Einzelnen und seine Ziele müsse man den Handel loben, weil dieser den Unterhalt der Familie und der Gesellschaft betreffe.[60] Nach Kardinal Cajetan (Thomas de Vio, 1469–1534) durfte der Gewinn sogar dazu führen, den Geburtsstand zu überwinden.[61] Wenig später lehrte Konrad Summenhart (ca. 1450–1502), wie viele Aspekte zur Bestimmung des Preises herangezogen werden könnten. Dazu gehörte auch der rechtmäßige Profit,[62] so dass die Vorstellung des gerechten Preises allmählich vernachlässigt wurde.[63] Schon ganz allgemein folgerte Silvester Mazzolini Prierias, dass der Preis eine Frage der *aestimatio* sei, bei *res fuctuosa* hänge er vom Ertrag (*reditus*) ab.

Ab dem 14. Jahrhundert entstanden immer mehr neue Verträge, um den Vorwurf des Wuchers (*usura*) zu entgehen. Dabei ist zunächst an besondere Kaufgeschäfte wie den Rentenkauf zu denken, die ENDEMANN bereits näher darstellte[64]. Insgesamt zeigte sich die Kirche aufgeschlossen und akzeptierte meist, was als notwendig dargestellt wurde. Selbst reine Geldgeschäfte wurden offenbar schon seit dem 12. Jahrhundert zugelassen. Man kennt diese ursprünglichen Banken zu dieser Zeit in Venedig, doch ähnliches muss man für Genua, Rom und Neapel vermuten.[65] Grundlage ihrer Geschäftstätigkeit waren der Wechselhandel mit seinen festen Messeplätzen sowie

58 Peter LANDAU, Die Bedeutung des kanonischen Rechts in der Geschichte der Geldschuld. In: Europäische Rechtsgeschichte und kanonisches Recht im Mittelalter. Hg. von DEMS. Badenweiler 2013, S. 805–814 zur Entstehung der ‚Kurswerttheorie'.

59 Panormitanus, Commentaria zu C. 5.8, Opera omnia. Venedig 1588, ND Frankfurt a. M. 2008 (Ius Commune, Kanonistische Literatur 1), Bd. 7, 238 n. 6.

60 Silvestro Mazzolini, Summa summarum quae Silvestrina dicitur Bologna, q. 1, fol. 173rb/va.

61 DE ROOVER, The Scholastic Attitude (wie Anm. 6), S. 341.

62 NOONAN, The scholastic analysis of usury (wie Anm. 49), S. 249f., der diesen Gedanken erst mit Summenhart beginnen lässt; PRODI, Settimo non rubare (wie Anm. 5), S. 152.

63 Alejandro A. CHAFUEN, Faith and Liberty. The Economic Thought of the Late Scholastics. Lanham u. a. 2003 (Studies in Ethics and Economics), S. 82, zu de *omnia contractibus*, Bd. 1: Tratatus, q. LVI.

64 ENDEMANN, Studien in der romanisch-kanonistischen Wirthschafts- und Rechtslehre (wie Anm. 15), Bd. 2, S. 103f.

65 Ebd., Bd. 1, S. 424–426, 432–435.

die Geschäfte mit den eingelegten Werten. Schon zu dieser Zeit kann man offenbar zwischen öffentlichen und privaten Banken differenzieren. Dafür entstanden überall Gesetze, die einen Schutz vor zu großen Unternehmungen bieten sollten, DE ROOVER sprach hier schon von einem ersten *anti-trust law*.[66]

Die Vielzahl der Umgehungsgeschäfte verdankte sich einerseits der Notwendigkeit, nicht direkt gegen die alten Verbote des kanonischen Rechts verstoßen zu können, andererseits jedoch auch der Toleranz der nachfolgenden Kanonistengenerationen, welche die alten Verbotsnormen ganz neu interpretierten, um dem Bedarf des Handels immer weiteren Raum zuzulassen. Im süddeutschen Raum des 15. Jahrhunderts[67] entstanden Traktate zum Handelsrecht wie etwas Matthias von Krakau (um 1335/1340–1410).[68] Das Werk des Theologen und Kanonisten Johannes Nieder OP († 1438)[69], ‚De contractibus mercatorum', war an Seelsorger und interessierte Laien gerichtet. Es behandelt die Fragen

(1.) des gerechten Kaufs,
(2.) des gerechten Preises der Waren,
(3.) 24 Regeln für Kaufleute um zu erkennen, wann sie sich richtig oder falsch verhalten,
(4.) ein Überblick über gerechte und ungerechte Vertragsformen,
(5.) eine Lehre zum Ursprung von allem Eigentum und Besitz.

Für die Gültigkeit eines Geschäfts kam es ihm vor allem auf den Konsens beider Parteien an. Offensichtlich sollte der Praxis eine Richtlinie für die Einschätzung der vielen Verträge und Kautelen in die Hand gegeben werden. Wir sind jedoch weit entfernt davon, den Reichtum dieser Quellen, die oft noch nicht einmal gedruckt sind, zu erfassen oder auch nur zu erkennen. Die allmähliche Entdeckung der Beichtliteratur sowie der späten Autoren wie Felinus Sandaeus (1444–1503) bilden dafür einen neuen Ansatz.[70]

**66** Raymond DE ROOVER, Monopoly Theory Prior to Adam Smith. A revision. In: The Quarterly Journal of Economics 65 (1951), S. 492–524 = DERS., The Scholastic Attitude (wie Anm. 6), S. 273–305, bes. S. 284, für eine weite Interpretation des Monopol-Begriffs bereits S. 280.

**67** Dazu bereits Matthias NUDING, Geschäft und Moral. Schriften „De contractibus" an mitteleuropäischen Universitäten im späten 14. und frühen 15. Jahrhundert. In: Schriften im Umkreis mitteleuropäischer Universitäten um 1400. Hg. von Fritz P. KNAPP/Jürgen MIETHKE/Manuela NIESNER. Leiden/Boston 2004 (Education and Society in the Middle Ages and Renaissance 20), S. 40–62.

**68** Ebd., S. 48, 53–56, 59f.

**69** Zu ihm und seinem Werk v. a. zunächst Winfried TRUSEN, De contractibus mercatorum. Wirtschaftsethik und gelehrtes Recht im Traktat Johannes Niders († 1438). In: Ius et Commercium. Festschrift für Franz Laufke zum 70. Geburtstag am 20. 6. 1971. Würzburg 1971, S. 51–71; zu ähnlichen Werken dieser Zeit PRODI, Settimo non rubare (wie Anm. 5), S. 150–152; vorher bereits zu dieser Richtung Johannes HÖFFNER, Wirtschaftsethik und Monopole im fünfzehnten und sechzehnten Jahrhundert, Diss. sc. pol. 1940. Jena 1941, S. 85–96.

**70** Siehe oben bei DI RENZO VILLATA, Diritto canonicio (wie Anm. 25), S. 145–171.

Im Bereich der öffentlichen Finanzen systematisierte besonders Johannes XXII. die Einkommensquellen der Kirche, was von den Staaten später als Vorbild genutzt wurde. Hinzu kamen Regeln zum Schutz der Münzen, der öffentlichen Geldflüsse und zum Umgang mit den Finanzen. Andreas THIER verwies vor kurzem auf die erste Verwendung der Maxime *quod omnes tangit, ab omnibus approbari debet* durch Petrus de Ancharano (um 1330–1416) hin.[71] Es wurde als Argument genutzt, dass der Fürst seine Bevölkerung nur durch Kosten belasten dürfe, wenn er die Zustimmung der Untertanen eingeholt habe.[72] Eine schon fast fertige Systematisierung und Dogmatisierung der Zoll- und Steuerfragen findet sich am Ende des 15. Jahrhunderts bei Johannes Bertachinus (um 1448?–um 1500).[73]

Das Verbrechen der Verfälschung (*falsum*) und des Betrugs (*stellionatus*) galt auch für den betrügerischen Handel mit Nahrungsmitteln wie Brot, Bier[74] und Wein[75]. So erkennen wir ein Verbraucherschutzrecht avant la lettre.[76]

Nur kurz hinzuweisen ist auf die Constitutio ‚Saepe contingit' (Clem. 5.11.2, vor dem 21.3.1314 erlassen[77]), die 1314 in den ‚Decretales Clementinae' aufgenommen wurde, die das summarische Verfahren regelte. Für besondere Verfahren, darunter gerade Wirtschaftsbereiche wie Wechselrecht, wurde ein schnelleres Verfahren eingeführt. Wegen besonderen Interesses an Rechtssicherheit und Schnelligkeit der Rechtsprechung wurden vieler Orts sogar eigene Kaufmannsgerichte zugelassen, etwa 1371 in Köln das Tuchhallengericht.[78]

Der Versuch, die Ansätze von Wirtschafts- und Handelsrecht auf allen möglichen Bereichen zu demonstrieren, brachte eine Fülle von Ergebnissen. Vielleicht kann man diese diversen Befunde unter dem Aspekt des Gewinns zusammenfassen, der

---

71 Zu Petrus de Ancharanus (um 1330–1416) siehe Andreas THIER, Money in Medieval Canon Law. In: Money in the Western Legal Tradition. Middle Ages to Bretton Woods. Hg. von David FOX/Wolfgang ERNST. Oxford 2016, S. 136–166, bes. S. 148 mit Anm. 124.

72 Zu dieser Verwendung durch Petrus de Ancharanus siehe THIER, Money (wie Anm. 71), S. 136–166, S. 148 mit Anm. 124.

73 Mathias SCHMOECKEL, Johannes Bertachinus und die Entstehung des gelehrten Steuer(straf) rechts. In: Studien zur Geschichte des Wirtschaftsstrafrechts. Methoden – Analysen – Kritik. Hg. von Bernhard KRETSCHMER/Benno ZABEL. Baden-Baden 2018, S. 433–449.

74 Hans-Georg HERMANN, Das Reinheitsgebot von 1516. Vorläufer, Konflikte, Bedeutung und Auswirkungen. In: Bier in Bayern. Ausstellungskatalog zur Jahresausstellung 2016. Hg. vom Haus der Bayerischen Geschichte, S. 1–12.

75 Alexander MARINGER, Weinrecht und Verbraucherschutz. Vom Alten Reich bis zur Gegenwart unter besonderer Berücksichtigung des Anbaugebiets Mosel. Tübingen 2014 (Rechtsordnung und Wirtschaftsgeschichte 9).

76 David VON MAYENBURG, Reinheitsgebot. Der Beitrag des kanonischen Rechts zum Verbraucherschutz. In: Der Einfluss der Kanonistik (wie Anm. 21), S. 297–331.

77 Vgl. Kenneth PENNINGTON, The Prince and the Law 1200–1600. Sovereignty and Rights in the Western Legal Tradition. Berkeley 1993, S. 171, Anm. 131.

78 Dieter STRAUCH, Kölnisches Gerichtswesen. In: https://kups.ub.uni-koeln.de/7587/1/KoelnGerichtswes.pdf, 7 sub Nr. 6 (27.11.2018).

zwar grundsätzlich vom kanonischen Recht als Möglichkeit akzeptiert, jedoch stets unter dem Vorbehalt gestellt wurde, dass auch andere Ziele der Gesellschaft verwirklicht würden. Der Gewinn war nie Selbstzweck, das Interesse stets nur ein Aspekt, während die Entscheidung mehr nach gesamtgesellschaftlichen Erwägungen getroffen wurde. Diese Wirtschaftsform würde ich in Ermangelung eines klareren Begriffs, als Subsistenzwirtschaft charakterisieren.

## 2.3 Die weitere Entwicklung des kanonischen Rechts in Spanien

Vor diesem Hintergrund kann man kaum die oft gehörte These bestätigen, die moderne Wirtschaft beginne mit dem spanischen Zeitalter bzw. der Schule von Salamanca. Wer dies postuliert, rekurriert oft auf Thomas von Aquin und andere.[79]

- Die Aufteilung des Eigentums in die verschiedenen Nutzungsmöglichkeiten fanden wir bereits in der Mitte des 13. Jahrhunderts infolge des franziskanischen Armutsstreits.
- Den Schutz der Münzen und Ansätze zu einer Lehre, wie Geld entstand und genutzt werden konnte, findet sich ebenfalls in der kanonistischen Lehre ab dem 13. Jahrhundert.
- Dabei wurde zunehmend der Gedanke des gerechten Preises aufgegeben und dem Interesse des Handels überlassen.
- Den Respekt vor dem Gewinn und Sonderregeln für den Handel finden wir ab dem 14. Jahrhundert in zunehmenden Maße, nicht zuletzt in den Schriften ‚De contractibus'. Wenig theoretisiert, aber doch in der Praxis zu finden, sind die Banken sowie ihre Geldgeschäfte.
- Lehren zum öffentlichen Umgang mit Geld waren ebenso wenig eine Neuerung der spanischen Autoren.

Es fällt dagegen leicht, auf die neuen Probleme der Zeit hinzuweisen. Der Aufbau der Verwaltung und einer christlichen Gesellschaft verlangte den Transport von Nahrungsmitteln, insbesondere Wein, nach Amerika. Der Aufbau einer neuen Staatsverwaltung und einer eigenen Infrastruktur war dabei, zumal in dieser Dimension, eine neue Aufgabe. Während der Handel und die Preise der allseitig nachgesuchten Waren stiegen, beschwerten sich die Konsumenten über die Preissteigerungen für die sie den Export verantwortlich machten. Mit den neuen Waren – Edelmetalle und Sklaven – entstanden neue moralische und rechtliche Probleme. Geld löste sich stärker vom Edelmetall und der Zusammenhang von Preis, Menge und Nachfrage wurde beob-

79 Vgl. die grundlegende Arbeit von Wim Decock, Theologians and Contract Law. The Moral Transformation of the Ius Commune (ca. 1500–1650). Leiden/Boston 2013; Chafuen, Faith and Liberty (wie Anm. 63); Marjorie Grice-Hutchinson, Early Economic Thought in Spain 1177–1740. London u.a. 1978, S. 81.

achtet. Damit konfrontiert hatten die spanischen Autoren die Gelegenheit, innovative Lösungen zu entwickeln. Man findet daher eine Fülle neuartiger Einsichten in den Schriften der spanischen Schule.[80] Josef SCHUMPETER bezeichnete die Schule von Salamanca als „Gründerin der Ökonomie als Wissenschaft".[81] Viele sehen in ihr die Begründerin des Merkantilismus.[82]

Beispielsweise erkannte Martín de Azpilcueta (1492–1586), der als *Doctor Navarus* gefeierte Kanonist des 16. Jahrhunderts, den Preisverfall der Gold- und Silbermünzen.[83] Er war nicht nur ein gefeierter Professor in Salamanca und Coimbra, sondern verwaltete selbst ein großes Vermögen und war an beiden Universitäten mit Fragen der Wirtschaft der Krone verbunden.[84] Er kannte sich damit sowohl in der Theorie als auch in der Praxis mit Wirtschaftsfragen aus.

Die Einschätzung von Münzen hinge nicht nur ab vom Unterschied des Metalls, der Qualität, der Prägung und des Gewichts oder Zweifel an seinem Wert (*reprouacion*). Selbst der unterschiedliche Ort des Handels spiele dabei eine Rolle.[85] Durch die spanischen Importe von Gold und Silber aus Südamerika sowie Mexiko war der Wert dieser Metalle in Spanien deutlich verfallen, während er in Frankreich noch teurer war, wenn auch immer noch billiger als in Deutschland. So erlebte Azpilcueta in seiner Zeit eine deutliche Inflation.[86] Azpilcueta war somit kurz davor, das Prinzip von Angebot und Nachfrage zu beschreiben, doch leistete dies tatsächlich erst Adam Smith.[87] Im Ergebnis zeigte Azpilcueta viel Verständnis für Banken und Versicherungen, indem er ihnen einen nicht unerheblichen Spielraum zur Bestimmung des noch

---

**80** Eine US-amerikanische Reihe versucht in den letzten Jahren, diese Erkenntnisse neu zu publizieren. In kleinen Bändchen werden Passagen aus großen Werken isoliert. Was früher Panoptiken des Rechts oder der Moraltheologie waren, wird zu einem kurzen *tract* oder *thesis*: Sources in Early Modern Economics, Ethics, and Law, Grand Rapids 2014ff.; aus dem größeren Kreis der Schule von Salamanca findet man hier u.a. Martín de Azplicueta, On Exchange, 2014; Luis de Moina, A Treatise on Money, 2015; Leonardus Lessius, On Sale, Securities, and Insurance, 2016; Juan de Mariana, A Treatise on the Alteration of Money.

**81** Z. B. Josef SCHUMPETER, History of Economical Analysis. Geschichte der ökonomischen Analyse. Bd. 1. Göttingen 1965, S. 146f.

**82** GRICE-HUTCHINSON, Early Economic Thought (wie Anm. 79), S. 81.

**83** Mathias SCHMOECKEL, Das kanonische Zinsverbot und die Konfessionalisierung. In: Law and Religion. The Legal Teachings of the Protestant and Catholic Reformations. Hg. von Wim DECOCK/ Jordan J. BALLOR/Michael GERMANN/Laurent WAELKENS. Göttingen 2014 (Refo500, Academic Studies 20), S. 186–212.

**84** Klassisch Josef HÖFFNER, Christentum und Menschenwürde. Das Anliegen der Spanischen Kolonialethik im goldenen Zeitalter. Trier 1947, S. 283–289.

**85** Martín de Azpilcueta, Comentario resolutorio de usuras. Salamanca 1556, S. 81 n. 44.

**86** Rodrigo MUÑOZ DE JUANA, Moral y economía en la obra de Martín de Azpilcueta. Pamplona 1998, S. 343.

**87** Vgl. Marjorie GRICE-HUTCHINSON: Martin de Azpilcuetas "Comentario resolutorio de Cambios". In: Martin de Azpilcuetas „Comentario resolutorio de Cambios" und Luis Ortiz' „Memorial del Contador Luis Ortiz as Felipe II". Hg. von DERS./Ernest Lluch/Bertram SCHEFOLD. Düsseldorf 1998, S. 49–72, S. 67; NOONAN, The Scholastic Analysis (wie Anm. 49), S. 323f.

als rechtmäßig anzusehenden Zinssatzes einräumte. Im Ergebnis sollte kaum mehr als eine allgemeine Missbrauchskontrolle übrig bleiben.

Bewundernswert ist dabei seine Uminterpretation des kanonischen Rechts. Er kommentierte die alte Grundlage des Wucher-Verbots. Was Gewinn sei, hänge von dem Wert des Gebrauchs der Sache ab.[88] Das würden die Menschen unterschiedlich entscheiden. Ebenso könnten sie mit einer Sache ganz Unterschiedliches anfangen. Rechtswidrig blieb nur noch das Darlehensgeschäft, das ausschließlich in Gewinnerzielungsabsicht abgeschlossen wurde. Azpilcueta bewies damit, dass auch unter dem kanonischen Recht eine weitergehende Ausrichtung auf Gewinn und Profit möglich war. Azpilcueta übernahm den klassischen Stoff, liberalisierte ihn für einen einfachen Handelsverkehr und instrumentalisierte das kanonische Recht damit für den spanischen Welthandel.[89] Für die Vertragslehren der spanischen Schule verwies Thomas Duve auf eine im Ergebnis ähnliche Abhängigkeit der spanischen Autoren von den Kanonisten.[90]

Die großen Vertreter der Schule von Salamanca wie Francisco de Vitoria betrachteten den Handel als nützlich für das Gemeinwesen.[91] Auch wenn sie diesen viel stärker durch die Umwälzungen ihrer Zeit erlebten, erbten sie diese grundsätzliche Einstellung von den mittelalterlichen Autoren. Allenfalls äußerten sie ihre Zustimmung freier. Jaime de Corella OFM († 1699) betonte bereits, dass der Kaufmann seinen Dienst im Dienst der Republica leiste und daher Gewinn verdiene.[92] Der späte Kommentator des kanonischen Rechts, Emanuel Gonzales Tellez († 1649), meinte, dass die reisenden Kaufleute *omne commiseratione digni* seien und daher angemessene Preise für ihre Leistung verdienten.[93] Er gab unumwunden zu, dass die Kanones des kirchlichen Rechts für die Lösung dieser Fragen mitunter problematisch seien.[94]

Damit gibt es Bereiche, in denen das kanonische Recht nicht nur fortgeschrieben wurde, sondern auch solche, in denen sich die Autoren der Schule von Salamanca klar vom kanonischen Recht lösten. Die offenbaren, kaum zu erklärenden Preissprünge der Waren auf dem Markt konnte man schwerlich noch mit der Idee eines

---

**88** Azpilcueta, Comentario (wie Anm. 85), S. 12, n. 16: [...] *por el valor del uso se toma en ella.*

**89** Schmoeckel, Das kanonische Zinsverbot (wie Anm. 83).

**90** Thomas Duve, Kanonisches Recht und die Ausbildung allgemeiner Vertragslehren in der spanischen Spätscholastik. In: Der Einfluss der Kanonistik auf die europäische Rechtskultur, Band 1: Zivil- und Zivilprozessrecht. Hg. von Orazio Condorelli. Köln u. a. 2009 (Norm und Struktur 37,1), S. 389–408.

**91** Daniel Deckers, Gerechtigkeit und Recht. Eine historisch-kritische Untersuchung der Gerechtigkeitslehre des Francisco de Vitoria (1483–1546). Freiburg i. B./Wien 1991, S. 260; Josef Höffner, Wirtschaftsethik und Monopole im 15. und 16. Jahrhundert. 2. Aufl. Darmstadt 1969, S. 261.

**92** Jacobus de Corella, Praxis Confessionalis II Partes. Augsburg 1757, II c.7 n. 36, 281.

**93** Emanuel Gonzalez Tellez, Commentaria perpertua in singulos testus quinque librorum Decretalium Gregorii IXi, III. Lyon 1693, zu X 3.17.1 n.10, 278. Zu ihm siehe die Beiträge in „Estudios sobre el Doctor Navarro en el IV centenario de la muerte de Martin de Aszpilcueta“, Pamplona 1988; Schmoeckel, Das kanonische Zinsverbot (wie Anm. 83), S. 199–205.

**94** Gonzalez Tellez, Commentaria perpertua (wie Anm. 93), 3.17.2, n. 6, 279.

einheitlichen gerechten Preises verbinden. Bereits de Vitoria stellte daher allein auf den Marktpreis ab. Dieser Preis sei gerecht, solange kein Irrtum oder Zwang im Geschäft zu finden sei.[95] Billiger einkaufen und teurer verkaufen gehört daher zum Beruf des Kaufmanns, Einschränkungen des Gewinns zum Zweck des Gemeinwohls werden nicht vorgenommen. Allerdings solle der Staat die Aufgabe haben, schädliche Geschäfte zu verbieten. Dazu zählte er insbesondere Monopole und Preisabsprachen, die generell als unzulässig angesehen wurden. Auch staatliche Preistaxen sah de Vitoria grundsätzlich als verpflichtend an. Hier zeigen sich deutliche Grenzen seiner wirtschaftsliberalen Einstellung. Es blieb bei der Berücksichtigung auch gesellschaftlicher und moralischer Fragen.

Durch die Bedeutung der spanischen Autoren strahlte ihre Lehre auf den Kontinent aus. Der Jesuit Leonardus Lessius (1554–1623), der in Leuven wirkte, hielt ganz allgemein Gewinn für erlaubt. Im Darlehensvertrag sah er das Prinzip der *amicitia* (Freundschaft) verwirklicht, die hier das Austauschverhältnis und seine Gegenleistung präge.[96] Aber auch deutsche Jesuiten, denen in dieser Hinsicht besonders konservative, wirtschaftsfeindliche Positionen nachgesagt wurden, erweisen sich bei näherer Hinsicht den neuen Anforderungen der Wirtschaft gegenüber wesentlich aufgeschlossener.[97]

## 2.4 Ergebnis

So neu die Probleme und oft innovativ die Lösungen waren, welche die Vertreter der Schule von Salamanca in wirtschaftsrechtlichen Fragen fanden, so blieben sie doch der kirchlichen Tradition treu, den Aspekt des Gewinns nicht zu verabsolutieren. Es blieb bei der Berücksichtigung des Willens der Beteiligen bzw. des Konsenses[98]. Dies belegt, dass die neuen Probleme der Wirtschaft auch mit Hilfe des klassischen kanonischen Rechts gelöst werden konnten; die spanischen Juristen waren offen und flexibel genug für innovative, praktikable neue Lösungen.

Dabei beherzigten sie als Theologen weiterhin die gesellschaftlichen und moralischen Fragen ihrer Gesellschaft. Wie die Theologen vor ihnen, suchten sie nach Ausgleich, ohne die Wirtschaft zu behindern. Insoweit wirken sie eher als die Fortsetzung der früheren Tradition und weniger als ein Neuanfang in der Wirtschaftsordnung. Es

95 Gerhard Otte, Das Privatrecht bei Francisco de Vitoria. Köln/Graz 1964 (Forschungen zur Neueren Privatrechtsgeschichte 7), S. 82/84.

96 Leonardus Lessius SJ, De iustitia et iure caeterisque Virtutibus Cardinalibus libri quatuor. Antwerpen 1609, Lib. 2 Cap. 20, Dub.V n. 35f., 249f.

97 Klaus Hausen, Petrus Canisius's Stand on Usury. An Example of Jesuit Tactics in the German Counter Reformation. In: Archiv für Reformationsgeschichte 55,2 (1964), S. 192–204.

98 Wim Decock, Theologians and Contract Law. The Moral Transformation of the Ius Commune (ca. 1500–1650). Leiden/Boston 2013, S. 608.

ist zu vermuten, dass genau darin die Stärke des Wirtschaftsrechts lag, das Neuerungen nicht im Wege stand, aber verlässlich einen Ausgleich in der Gesellschaft schuf.

Wie unsinnig Webers These ist, zeigt sich noch einmal in den Ausführungen des Flamen Josse de Damhouder (1507–1581). So klar wie wenige Autoren akzeptierte er den Gewinn als notwendigen Teil der neuen Wirtschaftsordnung. Er erschien ihm als Teil dessen, was durch Arbeit oder Werke erworben werde.[99] Soweit dadurch keiner geschädigt würde, sei der Gewinn in seiner Natur ehrbar, den alle rechtmäßiger Weise anstreben dürften. Der Gewinn stelle schließlich das Ziel jeder kaufmännischen Anstrengung dar. Doch diese Passagen stammten nicht aus den protestantischen Niederlanden, sondern Antwerpen. Warum sollte man auch nicht in dieser großen und alten Handelsstadt ein Verständnis für den Gewinn und seine Bedeutung für den wirtschaftlichen Fortschritt entwickelt haben?

# 3 Die Reformation

## 3.1 Martin Luther und die lutherische Tradition

Martin Luther hatte zwar das Studium des kanonischen Rechts abgebrochen und sein Exemplar des ‚Corpus iuris canonici' mit dem Eintritt in den Orden wieder verkauft.[100] Doch im theologischen Studium kam er mit dem kanonischen Recht immer wieder in Berührung.[101] Trotz seiner berühmten Verbrennung des ‚Corpus iuris canonici' sowie kanonistischer Schriften erweist er sich bei näherer Betrachtung in den meisten Fällen als treuer Schüler der Kanonistik, der – gewollt oder ungewollt – weiterhin deren Maßstäbe nutzte und einhielt. Das gilt zwar gerade nicht für das Kirchen- und Eherecht,[102] also den Fällen des klaren Dissenses, für den er allerdings auch eine klare Vorstellung vom herkömmlichen Recht benötigte. Doch in den übrigen Materien blieb er besonders traditionell, etwa im Testamentsrecht,[103] im Recht der Ablässe[104] und

99 Josse de Damhouder, Sententiae selectae pertinentes ad materiam praxios rerum criminalium et aliarum partium iuris scientiarumque. Antwerpern 1601, ND Aalen 1978, S. 105: *Lucrum est acquisitia ex labore vel opera.*

100 Heinrich Fausel, D. Martin Luther. Leben und Werk 1483 bis 1521. München/Hamburg 1966, S. 31.

101 Thomas Kaufmann, Geschichte der Reformation. Frankfurt a. M. 2009, S. 136, zur Verbindung zu Summenhart; Martin Brecht, Martin Luther. Sein Weg zur Reformation 1483–1521. Stuttgart 1981, S. 67f. zu Angelus de Clavasio.

102 Historisch-Kritischer Kommentar zum BGB/Mathias Schmoeckel, vor § 1313–1320. Tübingen 2018, Rn. 39.

103 Mathias Schmoeckel, Luther's Last Will and the Triumph of Testamentary Freedom. In: Donations, Inheritance and Property in the Nordic and Western World from Late Antiquity until Today. Hg. von Ole-Albert Rønning/Helle Vogt/Helle Møller Sigh. London/New York 2017, S. 179–212.

104 Mathias Schmoeckel, Vom Recht der Guten Werke. Ging Luthers Kritik am Ablasswesen fehl? (noch nicht erschienen).

ebenso im Wirtschaftsrecht[105]. In drei Phasen beschäftigte er sich mit der Frage des Wuchers.[106] 1519 und 1520 verurteilte er den Wucher, während er sich zwischen 1523 und 1525 aufgeschlossener zeigte und die Regelung den Fürsten überlassen wollte. Während einer Hungersnot 1539 predigte er erneut scharf gegen den Wucher und wollte den Zins verbieten. Ganz allgemein also ging Luther gegen den Zins vor, der ihm nach göttlichem und natürlichem Recht verboten erschien.[107]

Man kann sich nach Luther nicht aus dieser Pflicht befreien, weder durch den Hinweis auf die dem entgegengesetzte Gewohnheit, sogar die der Kirche, noch dem dann fehlenden Interesse, etwas zu verleihen, denn das Gebot Gottes ist hier unmissverständlich und unumstößlich. Hinsichtlich der moralischen Verpflichtung unterscheidet Luther allerdings drei Grade.[108] Gegenüber dem Verbot, Gewalt mit Gewalt zu beantworten und der allgemeinen Pflicht zu Almosen ist das Zinsverbot von geringster Verpflichtungskraft. Hier können entgegenstehende Bedenken daher ausnahmsweise zur Zulässigkeit des Zinses führen.[109]

1524 bekannte er dann zwar offen die Notwendigkeit der Kaufgeschäfte und des Handels, solange es sich um lebensnotwendige Waren und nicht um reine Luxusprodukte handele.[110] Ein begrenzter Gewinn gehöre zum Handel. Die Fürsten müssten den erlaubten Gewinn und Zins bestimmen.[111] Für die Zinshöhe von bis zu 5% bezog sich Luther auf eine Dissertation von Johannes Eck (1485–1543) in Bologna.[112] Nach 1539 schimpfte Luther zwar auf Zinsen, doch fiel er nicht hinter die Position von Thomas von Aquin zurück. Und viel schlimmer als der kleine „Wucherling“ seien die „großen Weltfresser“, die man eigentlich nicht hart genug bestrafen könne.[113]

---

**105** SCHMOECKEL, Das kanonische Zinsverbot (wie Anm. 83).

**106** Benjamin NELSON, The idea of usury from Tribal Brotherhood to Universal Otherhood, 2 Bde. Chicago/London 1949, S. 34f, 45; Martin HONECKER, Art. Geld II, Historisch und ethisch. In: Theologische Realenzyklopädie. Hg. von Gerhard KRAUSE/Gerhard MÜLLER, Bd. 12. Berlin/New York 1984, S. 278–298, bes. S. 286.

**107** Martin LUTHER, (Kleiner) Sermon von dem Wucher [1519]. In: D. Martin Luthers Werke, Kritische Gesamtausgabe (künftig WA), Bd. 6, Schriften 1519/20. Weimar 1888, S. 5. Die einschlägigen Werke Luthers finden sich auszugsweise auch mit englischer Übersetzung in Eric KERRIDGE (2002), S. 97f., 115f., 131–133, 145–148, 149–151, 153f., 155f.

**108** Dazu auch Oliver O'DONOVAN/Joan LOCKWOOD O'DONOVAN, Bonds of Imperfection. Christian Politics, Past and Present. Grand Rapids MI 2004, S. 117.

**109** Luther, (Kleiner) Sermon von dem Wucher [1519] (wie Anm. 108), S. 3.

**110** Luther, Von Kaufhandlung und Wucher [1524], WA Schriften, Bd. 15. Weimar 1899, S. 29–313, hier S. 293.

**111** Ebd., S. 302.

**112** Zu Johannes Ecks ‚Contractus trinus‘ siehe Willibald M. PLÖCHL, Geschichte des Kirchenrechts, Bd. 3, Wien/München 1969, S. 249f; Clemens BAUER, Conrad Peutingers Gutachten zur Monopolfrage. Eine Untersuchung zur Wandlung der Wirtschaftsanschauungen im Zeitalter der Reformation. In: Archiv für Reformationsgeschichte 45 (1954), S. 1–44 und 145–196, hier S. 177–184; August M. KNOLL, Der Zins in der Scholastik. Innsbruck/Wien 1933, S. 144f.

**113** Martin Luther, An die Pfarrherrn, wider den Wucher zu predigen. Vermahnung [1540], WA Schriften, Bd. 51, Predigten 1545/1546. Weimar 1914, S. 369.

Im Ergebnis war Luther aus moralischen Gründen bereit, Geldgeschäfte zu akzeptieren,[114] allerdings ging er lange nicht so weit wie bereits Petrus Olivi. Er stützt sich auf die ältere Literatur des kanonischen Rechts bis zur Dissertation von Eck, entwickelte keine eigene Position und blieb eher allgemein. Er kann kaum eine maßgebliche Referenzgröße für neue ökonomische Konzeptionen bilden.[115] Diese Beobachtung beweist vielmehr, wie die lutherische Strömung auf der Lehre des kanonischen Rechts aufbaute und die gemeineuropäische Tradition fortsetzte.

Auch seine Schüler suchten einen Ausgleich zwischen dem zulässigen Gewinn und dem Schutz der Gesellschaft. Noch bei Johann Gerhard zeigt sich dieser Versuch einer Balance. Dabei kann er sich auf zahlreiche Autoren der lutherischen Tradition, aber auch anderer Konfessionen stützen.[116]

## 3.2 Jean Calvin und die calvinistische Tradition

Das gilt ebenso für die Lehre von Jean Calvin zum Handelsrecht. Wie Luther war auch Calvin der Sohn eines Händlers. An einen Freund richtete er 1545 einen kurzen Text ‚De l'usure'.[117] Nach Calvin gab es kein klares Verbot des Zinses in der Bibel, sondern nur eine Mahnung zur Mäßigung. Das jüdische Zinsverbot gehöre nur zum politischen Gesetz Israels und sei daher nicht auf andere Länder und v.a. die Gegenwart zu übertragen. Geld müsse man sehr wohl als fruchtbringend einordnen, besonders in Verbindung mit menschlicher Arbeit.[118] Im Ergebnis formulierte er sieben Regeln zu einem moderaten Umgang mit dem Zins: Zins solle nicht von Armen genommen werden. Dabei dürfe man anderen nicht schaden. Die natürliche Billigkeit (*equite naturelle*) müsse eingehalten werden. Es komme nicht allein auf den privaten Nutzen der Vertragspartner an, vielmehr müsse auch der allgemeine Nutzen beachtet werden. Hier vertrat Calvin also eine durchaus klassische Position des kanonischen Rechts.

Schaut man dagegen auf seine ‚Institutio religionis Christianae' ergibt sich ein anderes Bild. Allerdings handelt es sich hierbei im Ergebnis um Interpretationen, die

---

**114** Restriktiver die Wahrnehmung von Hans-Jürgen PRIEN, Luthers Wirtschaftsethik. Göttingen 1992, S. 214f.

**115** Andreas PAWLAS, Die lutherische Berufs- und Wirtschaftsethik. Neukirchen-Vluyn 2000, S. 207–212.

**116** Johann GERHARD, Loci Theologici, Hg. von Eduard PREUSS. Berlin 1868, Bd. 6, locus 24, n. 232–269, 388–411; dazu demnächst Mathias SCHMOECKEL, Introduction to Johann Gerhard, On Interest and Usury. Übers. von Richard J. DINDA. Grand Rapids MI 2020.

**117** Jean Calvin, De l'usure [1545], Ioannis Calvini opera selecta, Bd. 2. Hg. von Peter BARTH/Wilhelm NIESEL. München 1952, S. 391–396; zu den Einflüssen von Luther und besonders Bucer vgl. Josef BOHATEC, Calvins Lehre von Staat und Kirche mit besonderer Berücksichtigung des Organismusgedankens. Breslau 1937; ND Aalen 1961, S. 716–719.

**118** So Kalle ELONHEIMO, Das Universale Recht bei Johannes Calvin, mit besonderer Berücksichtigung seines Naturrechtsverständnisses. Abo 2006, S. 158.

sich aus der Lektüre dieses Werks ergeben können, nicht direkt um Calvins Lehre. Da Gott der alleinige Souverän und die Gesellschaft durch einen Gesellschaftsvertrag begründet wurde, sei Gott nicht nur der höchste Souverän, sondern Chef aller Fürsten. In einem Vertrag mit gegenseitigen Rechten und Pflichten würde die Herrschaft Gottes anerkannt, dafür den Menschen gewisse Rechte zuerkannt. Fürsten und ihre Magistrate seien dazu da, die Gebote Gottes durchzusetzen.[119] Dabei müsse der Christ sich vor allem individuell durch die Kraft seines Glaubens entscheiden. Die von Gesetz und Obrigkeit geleistete Ordnung dient also dem Ziel der Selbsterziehung.[120] Das Gewissen der Menschen müsse frei sein, damit sich der Mensch aus freiem Herzen, also aus seinem Glauben heraus für die richtige Seite entscheiden könne.[121] Während die Bürger also ihre Rechte selbst wahrnehmen müssten, diene der Staat dazu, die Freiheit der Bürger zu schützen.[122]

Für den Menschen habe diese Freiheit daher einen zentralen Stellenwert im Leben,[123] sie ist eine der größten Gaben Gottes.[124] Je stabiler die Ordnung sei, desto größer könnten diese Freiheiten sein.[125] Calvin beschrieb diese bürgerliche Freiheit durchaus schon als Recht (*ius*),[126] insoweit sie im Staat besteht und von der Obrigkeit zu bewahren ist, sogar als ihre oberste Aufgabe.[127] Calvin bezog sich dabei wohl auf das Leben,[128] auf die Freiheit des Gewissens und damit des Bekenntnisses.[129] Bei näherer

---

119 Mathias SCHMOECKEL, Die Gewährleistung der Freiheit des Einzelnen als Staatszweck nach Calvin. In: Reformierte Staatslehre in der frühen Neuzeit. Hg. von Heinrich DE WALL. Berlin 2013 (Beiträge zur politischen Wissenschaft 102), S. 21–50.

120 So auch Volker REINHARDT, Die Tyrannei der Tugend. Calvin und die Reformation in Genf. München 2009, S. 213.

121 Jean Calvin, Institutio Christianae Religionis, Genf 1536, c. 6. 196f., 224f.

122 Jean Calvin, Institutio Christianae Religionis, Genf 1559, IV.20 n. 8, 1098: *Quinetiam huc summa diligentia intenti magistratus esse debent, neque in parte libertatem, cuius praesides sunt constituti, minui, nedum violari patiantur.*

123 Dazu schon Josef BOHATEC, Calvins Lehre (wie Anm. 118), S. 97 mit weiteren Nachweisen.

124 Jean Calvin, Homilia 29 zu Sam 1.8, CR 57, S. 556: *libertatis beneficium a solo Deo Opt. Max. profectum.*

125 John WITTE JR., The Reformation of Rights. Law, Religion and Human Rights in Early Modern Calvinism. Cambridge 2007, S. 65.

126 Jean Calvin, Commentarii Romanos et Corinthios et Sermons Corinthios Cap 10 et 11: Commentarius in epistolam Pauli ad Romanos, c. 10. 23 = CR 77, 468: *ius libertatis christianae.*

127 Jean Calvin, Institutio [1536] (wie Anm. 122), c. 6. 230, 260: *ut suum cuique salvum sit et incolume.*

128 So auch Josef BOHATEC, Calvins Lehre (wie Anm. 118), S. 114.

129 Jean Calvin, Institutio [1559] (wie Anm. 123), III.19 n. 14, S. 293: *Iam vero quum hac libertatis praerogativa* [...] *donatae fideles conscientiae id Christi beneficio consequutae sint, ne ullis observationum laqueis in iis rebus implicentur in quibus eas esse liberas Dominus voluit*; Josef BOHATEC, Calvins Lehre (wie Anm. 118), S. 114; Mario TURCHETTI, Der Beitrag Calvins und des Calvinismus zur Entstehung der modernen Demokratie. In: 1509 – Johannes Calvin – 2009: sein Wirken in Kirche und Gesellschaft; Essays zum 500. Geburtstag. Hg. von Martin Ernst HIRZEL. Zürich 2009, S. 237–266, S. 251f. zur Gewissensfreiheit; Joachim STAEDTKE, Calvins Genf. In: Staat und Kirche im Wandel der Jahrhunderte. Hg. von Walther Peter FUCHS. Stuttgart 1966, S, 100–114, S. 101, sieht die Gewissensfreiheit jedoch erstmals 1663 durch Roger Williams angesprochen.

Betrachtung kann man hier fast die klassischen Grundrechte finden. Zwar seien alle Menschen von der gleichen Natur,[130] doch nicht gleich. Die Menschen seien Brüder, jedoch auch Herren und Knechte.[131] Für die Rechtfertigung komme es nicht auf den Besitz an, sondern nur auf den Umgang damit. Wie der Mensch mit seinen Gaben und Gütern umgehe, erweise ihn als Mensch und entscheide darüber, ob jemand Rechtfertigung finden könne. Nur der Bettler und der Arme habe weder Macht noch Reichtum, mit dem er falsch umgehen könne. Wer mehr Macht und Eigentum habe, riskiere viel mehr, damit nicht ausreichend christlich umzugehen. Um dem Einzelnen nicht diese Bewährungsprobe abzunehmen, dürfe der Staat dem Einzelnen weder sein Vermögen noch seine Entscheidung über die sozialen Abgaben wegnehmen.

Wichtig war ihm demnach der verantwortliche Umgang mit den Gütern, die Vernunft (*ratio*) müsse das Handeln anleiten. Vernünftig sei es dabei durchaus, Handel zu treiben. Der Wohlstand eines Händlers könne zeigen, dass er sinnvoll mit dem Gut umgegangen sei, letztlich also auch ein Indiz für sein gottesfürchtiges Leben darstellen. Natürlich wären es nur einige, denen dies gelinge. Einige seien daher zum Heil, andere zur Verdammnis bestimmt. Gott kenne diese Entscheidung schon vor aller Zeit. Diese doppelte Prädestination sollte nicht die individuelle Entscheidung erübrigen, vielmehr kenne der allwissende Gott schon, wie sich die Anlagen der Individuen auswirken würden.

Wer also verantwortlich wirtschaftet und reich werde, könne dies als Indiz – jedoch nicht als Gewissheit – für seine Berufung zum Heil ansehen. Die Einschränkung des Staates und Betonung der individuellen Freiheit führte zur Einsicht, dass der Einzelne selber für sein Heil sorgen müsse, indem er die gesamtgesellschaftlichen Erwägungen mit einbezieht. Achtete er dabei allein auf seinen Gewinn, dann kann ihn zwar niemand daran hindern, doch er gefährdete selbst seine Rechtfertigung. Natürlich war Reichtum für Calvins Theologie kein Zweck in sich und keineswegs das einzige Ziel eines Lebens oder einer Gesellschaft. Doch der Erfolg in der Wirtschaft konnte wegen seiner Indizwirkung die Perspektive gefährlich verengen. Dies spricht durchaus für Webers These, offenbar gab es zumindest eine Möglichkeit, das Gewinnstreben theologisch zu motivieren.[132] Doch bei Calvin gab es noch den starken Staat, der für das Wohl seiner Untertanen sorgen und Auswüchse der Wirtschaft scharf verhindern müsse. Später, insbesondere bei den englischen Calvinisten, wurde dagegen die individuelle Verantwortung betont, der gegenüber die Aufgabe des Staates zurücktrat.[133]

---

**130** Jean Calvin, Comm. zu Deut 5.5.17, CR 54, S. 321: *nous sommes d'une meme nature: tous cela emporte que les hommes sont pareils*; dazu Josef Bohatec, Calvins Lehre (wie Anm. 118), S. 147; Ders., Calvin und das Recht. Feudingen 1934, S. 67.

**131** Jean Calvin, Sermo 46 zu Tim 6.1–2, CR 82, S. 554: *Nous sommes freres, et cela n'empeschera point que l'un ne soit maistre et l'autre valet* [...].

**132** Gegen Heinz Steinert, Max Webers unwiderlegbare Fehlkonstruktionen (wie Anm. 3), S. 19.

**133** Charles H. George, English Calvinists on Usury, 1600–1640. In: Journal of the History of Ideas 18,4 (1957), S. 455–474.

Die Theologie Calvins war damit offen für zahlreiche unterschiedliche Deutungen – ebenso auch wie die anderen Konfessionen. Die reformierten Kantone des 16. Jahrhunderts waren ebenso wenig Zentren von Handel und Wirtschaft wie die Generalstaaten. Dies ergab sich erst ab dem 17. Jahrhundert.

## 3.3 Wirtschaftliche Veränderungen

Man kann die ökonomischen Veränderungen in der Neuzeit nicht allein in der Theologie oder der Rechtsordnung suchen. Viel wichtiger noch können die Umwälzungen in den Wirtschaftsströmen dieser Zeit sein. Bekannt und Ausgangspunkt muss die berühmte „Krise des 17. Jahrhunderts"[134] sein, die Eric HOBSBAWM 1954 beschrieb. Die Zeitalter der Bürger- und Religionskriege führten in vielen Teilen Europas zu einer enormen Reduktion der Bevölkerungszahl und damit zu ökonomischen Krisen. Gleichzeitig kam der Mittelmeerhandel fast zum Erliegen, nicht zuletzt auch weil niemand mehr effizient den dortigen Piraten entgegentreten konnte. Die großen südlichen Wirtschaftsmächte verloren ferner ihre Bedeutung: Spanien erlebte mehrere Staatskonkurse, weil der Import von Gold und Silber die Standards verdorben hatte.[135] Der wachsenden Komplexität der Wirtschaft wurde nicht angemessen begegnet. Die norditalienischen Stadtstaaten wie Genua und Venedig lebten nur noch von vergangener Größe. Die Zunahme von Piraten im Mittelmeer machte das Befahren und das Leben an der Küste fast schon zu gefährlich.[136]

Dem gegenüber wuchsen Handel und die Bevölkerung der Städte entlang der Atlantikküste von La Rochelle bis Dänemark. An die Stelle des Levantehandels trat der transatlantische Handel, der sich noch auf den Handel in der Ostsee auswirkte. Die Städte von La Rochelle bis Kopenhagen profitierten von diesen neuen Wirtschaftsströmen. An die Stelle des Transports von Edelmetallen und Sklaven trat vor allem der Handel mit den Agrarprodukten wie Tabak, Tee, Kaffee und Baumwolle.[137] Dies begünstigte alle Regionen, die an dem neuen Handel teilnahmen, unabhängig von ihrer Konfession.

Diese Entwicklung wurde also von einem tiefgreifenden Wandel im europäischen Handel getragen. Wiederum ist es nur auf den ersten Blick einleuchtend, hier konfessionelle Tatsachen als relevant anzusehen. Keineswegs mussten hiervon die protestantischen Nationen wie England und die Generalstaaten besonders profitieren;

---

**134** Eric J. HOBSBAWM, The General Crisis of the European Economy in the 17th Century. In: Past & present 5 (1954), S. 33–53; 6 (1954), S. 44–65. Ansatzweise schon bei Josep A. SCHUMPETER, Konjunkturzyklen. Eine theoretische, historische und statistische Analyse des kapitalistischen Prozesses, Bd. 1. Göttingen 2008, S. 260–263.

**135** Mark GREENGRASS, Das verlorene Paradies. Europa 1517–1648. Darmstadt 2018, S. 577.

**136** GREENGRASS, Das verlorene Paradies (wie Anm. 138), S. 556.

**137** Jan DE VRIES, The Economic Crisis of the Seventeenth Century after Fifty Years. In: Journal of Interdisciplinary History 40,2 (2009), S. 151–194, hier S. 190.

erwartet worden wäre eher der Vorteil für die alten Handelsstädte Gent und Antwerpen. Die protestantischen Lande der deutschen Küste erlebten diesen besonderen Aufschwung demgegenüber nicht. Der Atlantikhandel allein förderte also nicht automatisch protestantische Staaten. Fraglich ist, ob wir in den unterschiedlichen Rechtsordnungen nicht den Grund finden, warum manche Staaten die neue wirtschaftliche Entwicklung des Atlantikhandels besonders gut ausnutzen konnten, also den neuen Motor der Wirtschaftsentwicklung für sich wirksam werden lassen konnten.[138]

## 3.4 Ergebnis

Vieles spricht für eine Bedeutung der Protestanten für die Entwicklung des Handels und der Wirtschaft. Bei Calvin findet man wie gesehen – wie schon bei den Franziskanern – eine Wertschätzung des subjektiven Eigentums und des Handels. Viele Ideen, die zu den ersten Ideen des Rechtsstaats, der Grundrechte, der Verfassung und des freien Handels führen, sind anhand von seinen Ideen durch die ersten calvinistischen Juristen entwickelt worden. Man kann die Entwicklung des Marktes mit seinen juristischen Grundlagen im Sinne Karl POLANYIS also durchaus auch auf Calvin bzw. die Reformation zurückführen. Ebenso lassen sich die Einflüsse Calvins im Werk des schottischen Calvinisten Adam Smith wiederfinden.[139] Nicht zuletzt bewirkte Melanchthon eine Sicht auf eine Gesellschaft von fast erkenntnisunfähigen Individuen, welche sich nur durch Austausch und Verträge gegenseitig die Grundlage zum Leben bieten konnten, eine neue Grundlage des Vertragsrechts.[140] Besonders die stärkere Bedeutung des Individualismus und der eigenen Verantwortung für Glauben und Gesellschaft förderte indirekt auch die Wirtschaft.

Max Weber lag insoweit nicht falsch, dem Protestantismus eine wirtschaftsfördernde Bedeutung zuzumessen. Nur wurde damit letztlich eine wirtschaftsfreundliche Tradition fortgesetzt bzw. intensiviert, während manche Territorien wie Siegburg lieber die alte Ordnung aufrechterhielten und dafür auf große Gewinne verzichteten. Doch die Bereitschaft spanischer Autoren, Gewinne zuzulassen, zeigt, dass man hier in konfessioneller Hinsicht nicht verallgemeinern sollte.

Zudem man darf neben dem Einfluss der Theologie die anderen Faktoren jedenfalls nicht ignorieren. Was für die Theologie Calvins gilt, darf man nicht gleichsetzen mit allen reformierten Territorien. Weder wurden alle reformierten Staaten reich, man denke an Rumänien, noch begann der spätere Reichtum unmittelbar mit Calvins

---

**138** Ebd., S. 151–194.

**139** Vgl. die Gegenüberstellung in: Mathias SCHMOECKEL/Matthias MAETSCHKE, Rechtsgeschichte der Wirtschaft. 2. Aufl., Tübingen 2016, S. 44–48.

**140** Mathias SCHMOECKEL, Melanchthons Konzept der Verträge. Archäologie der Privatautonomie. In: Zeitschrift der Savigny-Stiftung für Rechtsgeschichte. Kanonistische Abteilung 104 (2018), S. 304–345.

Wirken, das gilt in den Fällen von Genf, den Niederlanden oder England.[141] Selbst das calvinistische Emden konnte nach 1600 nicht länger mit den Niederlanden mithalten. Der Niedergang der protestantischen Hanse belegt, dass die Reformation allein kein Garant für Wirtschaftswachstum war und dass die Erfolge einer Fülle individueller Faktoren geschuldet waren. Man muss daher auf weitere politische und ökonomische Entwicklungen achten.

# 4 Ergebnisse

Die verschiedenen Ergebnisse sollen hier in wenigen allgemeinen Thesen festgehalten werden:

1. These: Der europäische Wirtschaftsaufschwung des 12./13. Jahrhunderts war abhängig von einem stabilen gesamtgesellschaftlichen Rahmen, für den das Recht hilfreich sein kann. Der Aufschwung ab dem 12. Jahrhundert war kein Phänomen, gegen das sich die Kirche stellte. Im Gegenteil wird man die moraltheologischen Vorgaben als Grundlage ansehen können, die sowohl eine gewisse allgemeine Sicherheit als auch eine gesellschaftliche Akzeptanz vermittelte. Die Theorie erklärte und beschwichtigte, während sich die Kirche in der Realität stets flexibel gegenüber den Bedürfnissen des Handels zeigte. Die Geschäfte zur Umgehung des Wuchers zeigen, wie stark die Kleriker bereit waren, sich den Forderungen der Geschäftswelt anzupassen.

   So sehr diese Rechtsordnung den wirtschaftlichen Entwicklungen nachfolgte, so half sie doch bei der weiteren Entwicklung des Handels und der sich steigernden Komplexität, einen gesellschaftlichen Konsens und einen Überblick herzustellen. Die Rechtsordnung half damit dem Handel und legitimierte ihn. Die Wirtschaft zog also sogar Vorteile aus der Rechtsordnung:

   (a) Das Recht schuf Regeln, die in allgemeinverständlicher Weise erklärten, was erlaubt und verboten war. Eine solche Juridifizierung sorgte für Transparenz und Vorhersehbarkeit, letztlich sogar für eine gewisse Rechts- und Planungssicherheit, auf deren Grundlage sich Handel entwickeln konnte.

   (b) Die Ethik sorgte darüber hinaus für einen Ausgleich in der Gesellschaft. Nicht der Gewinner wurde einseitig gefördert, sondern umgekehrt dazu gezwungen, der Gesellschaft etwas abzugeben. Sittenwidrigkeit in den verschiedenen Formen und die Angst vor allzu großer Wirtschaftsmacht (Monopole) führten schon früh zu einer kritischen Reflektion der Gesellschaft, die sich gegen Exzesse und Unwuchten auflehnte.

141 So auch bereits Hector M. Robertson, Aspects of the Rise of Economic Individualism. A Criticism of Max Weber and his School. Cambridge 1933, S. 210.

(c) Die Flexibilität bei gleichzeitiger Prinzipienfestigkeit ermöglichte es den Unternehmen, geeignete Umgehungsstrategien zu suchen. Das Argument der *utilitas* wog allgemein nicht zuletzt auch im Handel schwer.[142] Nutzen und Nachteil von Gewinn und die Auswirkungen für die verschiedenen Schichten wogen die Kleriker immer wieder gegeneinander ab.[143] Obwohl einige Verbote rigide waren, so schlossen sie Neuerungen und Entwicklungen der Umgehungsstrategie nicht aus. Dies sorgte dafür, dass die Wirtschaft nach neuen Formen und Mitteln suchte und Innovation sich lohnen konnte. Sicherlich bot die Möglichkeit der Anpassung der Wirtschafts- an die Sozialordnung auch Missbrauchsmöglichkeiten. Doch die großen Kräfte neben der Wirtschaft sorgten immer wieder für Korrekturen dysfunktionaler Entwicklungen. Immer mehr Menschen lernten, die Möglichkeiten der Wirtschaftsordnung zu nutzen und darin ihren ökonomischen Vorteil zu finden. Die zunehmende Bildung bei gleichbleibender Sicherheit der Rechtsgüter führte zur Entwicklung des Marktes, wie es Karl POLANYI beschrieben hat.

(d) Ökonomisch könnte man vermuten, dass geringe Abgaben und wenig Formvorschriften durch die Kirche die Transaktionskosten niedrig hielten. Die weltlichen Autoritäten mussten nur dafür Sorge tragen, dass die Händler vor Straftaten geschützt wurden.

2. These: Die neue wirtschaftsrechtliche Ordnung entstand keineswegs plötzlich, sondern entwickelte sich über Jahrhunderte. Man findet daher in Petrus Olivi klare Vorläufer sogar in der theologischen und kanonistischen Tradition der hochmittelalterlichen Kirche. Doch bis ins 20. Jahrhundert hielten sich konservative Ansichten, welche die neuen Formen der Wirtschaft und deren klare Gewinnorientierung für moralisch verwerflich erachteten.
3. These: Auch eine geschickte Uminterpretation des kanonischen Rechts, so wie es Martín de Azpilcueta bereits leistete, wäre imstande gewesen, die moderne Wirtschaft zu unterstützen. Die allgemeine Zulassung des Gewinns auch in katholischen Regionen sowie die damit verbundene Achtung von Handel und Geschäftsunternehmen zeigt, dass alles unternommen wurde, was man als notwendigen Kompromiss ansah.
4. These: Mit dem 16. Jahrhundert und der Reformation begann nicht unmittelbar die wirtschaftliche Blüte der protestantischen Staaten, vielmehr profitierten zunächst Portugal, Spanien und Frankreich vom Atlantikhandel. Nicht das Fehlen eines geeigneten Rechts oder einer angemessenen Religion, sondern die tiefgreifenden Veränderungen der Wirtschaftsströme führte ab dem 17. Jahrhun-

---

**142** Vgl. Murray ROTHBARD, Economic Thought before Adam Smith. An Austrian Perspective on the History of economic Thought, Bd. 1. Cheltenham UK/Northampton MA 1995, S. 59–64 insbesondere zu Petrus Joannes Olivi OFM.

**143** Z. B. deutlich für Innozenz IV. und Antoninus von Florenz bei Amileto SPICCIANI, Capitale e interesse tra mercatura e povertà nei teologi e canonisti dei secoli XIII–XV. Rom 1990, S. 49f, 143f.

dert zu einer Benachteiligung der südeuropäischen, mehrheitlich katholischen Territorien.

5. These: Die Entwicklung der modernen Wirtschaft in den Niederlanden und Großbritannien verdankt sich umgekehrt weder der Absenz des kanonischen Rechts noch direkt der Konfession dieser Staaten. Ursache hierfür ist primär der enorme Anstieg des Nordamerika-Handels, der Europa neu formieren sollte. Aufgrund der rechtshistorischen Tradition bedienten sich beide Länder jedoch bewusst nicht der kanonistischen Tradition, selbst dort, wo dies möglich gewesen wäre, sondern betonten die Aufgabe einer Neugestaltung der Rechtsordnung.
6. These: Gerade die calvinistische Konfession, insbesondere in der Fassung des 17. Jahrhunderts, welche die Bedeutung des Individuums betonte, erleichterte die Entwicklung, dem Markt mehr Freiheiten zu geben. Die einzelnen sollten und wollten sich in der Wirtschaft bewähren, sie sollten ohne Anleitung aus der Kraft ihres Gewissens und Glaubens den richtigen Weg finden. Die Freiheit der Märkte und die Gewährleistung der Sicherheit individueller Güter wurden zu den Bedingungen der neuen Wirtschaft. Hinzu kam eine größere Freiheit bei der Ausgestaltung der Geschäfte und der Bestimmung des Gewinns. Bedenken hinsichtlich des Gemeinwohls spielten kaum noch eine Rolle zur Bestimmung der Unzulässigkeit eines Geschäfts oder Preises.
7. These: Die europäische Wirtschaftsgeschichte lässt sich nicht mehr beschreiben als Wechsel von der wirtschaftsfeindlichen, von der Kirche beherrschten Zeit bis zum Wirtschaftsliberalismus und seinen Erfolgen. Diese Schwarz-weiß-Malerei von Intentionen und Erfolgen beschreibt nicht die Geschichte Europas.

Weniger der Calvinismus, sondern eher viel frühere und grundlegendere Überzeugungen und Anlagen prägten die europäische Wirtschaftsordnung und bildeten die Grundlage für deren langfristigen Erfolg. Dies gilt umso mehr, wenn wir nicht nur die einseitige Gewinnoptimierung, sondern auch die Kritik daran zugunsten einer die gesamte Gesellschaft zufriedenstellenden Lösung als gemeineuropäische Tradition ansehen. Das Gewinnstreben ist dann individuelles Recht und Pflicht ebenso wie die Realisierung von Solidarität und Barmherzigkeit. Der Vorteil der vielfachen Suche nach Neuerungsmöglichkeiten gilt dann nicht einseitig nur dem Ziel des Profits, sondern ebenso dem Ziel einer menschenwürdigen Ordnung für alle. In Fortschreibung einer liberalen Tradition braucht es dann umfassend „unsere Augen, unsere Hände und unsere Stimme“, um auf diese Weise gestärkt das umfassendere Ziel zu erreichen.

Pia Claudia Doering

# Reichweiten und Grenzen literarischer Ambiguität

## Giovanni Boccaccio, Christine de Pizan, Marguerite de Navarre

## 1 Einleitung

Literatur und bildende Kunst bergen ein besonderes Ambiguitätspotential, das sie von anderen Diskursen unterscheidet. Ambiguität zu stiften, bedeutet, Zeichen einzusetzen, die auf mehrere Bedeutungen gleichzeitig hinweisen können.[1] Für den einzelnen Rezipienten ergibt sich daraus die Möglichkeit, im Prozess des Verstehens und Deutens, d. h. in einem produktiven Akt, Sinnpotential zu aktualisieren. Die Reichweite eines Kunstwerkes, verstanden als seine Rezeption in Raum und Zeit, wächst mit der in ihm angelegten Deutungsvielfalt.[2] Eine solche durch Ambiguität begünstigte Reichweite ist jedoch vom unmittelbar eintretenden Publikumserfolg zu unterscheiden, der trotz fehlender Ambiguität – oder gerade deswegen – groß sein kann, denkt man etwa an Blockbuster im Kino oder Unterhaltungsliteratur im Buchhandel. Auf lange Sicht hingegen scheint Ambiguität zum Überdauern eines Werkes in Zeit und Raum wesentlich beizutragen. Dabei ist sie eine fragile Größe: Der Wunsch nach einfacher und eindeutiger Welterklärung, wie ihn politische und religiöse Ideologien befriedigen, steht ihr entgegen. Und auch ein Übermaß an Unbestimmtheit, das letztlich in die Bedeutungslosigkeit führt, zerstört das Verstehens- und Erkenntnispotential von Ambiguität.

Giovanni Boccaccio entwirft mit dem ‚Decameron' (um 1350) ein literarisches Werk, dessen zentrales Merkmal neben Komik und tiefgründigem Witz seine Ambiguität darstellt. Boccaccios innovative Leistung liegt in der Schaffung von Deutungspluralität und dem Verzicht auf moralische Unterweisung, durch die sich seine Novellen von anderen mittelalterlichen Erzählformen, insbesondere vom Exempel, unterscheiden. Die Offenheit für unterschiedliche Lesarten hat dazu geführt, dass dem ‚Decameron' ein Länder- und Epochengrenzen überschreitender Erfolg zuteil-

1 Thomas Bauer, Die Vereindeutigung der Welt. Über den Verlust an Mehrdeutigkeit und Vielfalt. Ditzingen 2018, S. 13, unterscheidet grundsätzlich zwischen Ambiguität im Sinne von Vagheit, die entsteht, wenn Zeichen oder Umstände nicht eindeutig genug sind, und Ambiguität im engeren Sinne, die aus Zeichen oder Umständen resultiert, die gleichzeitig auf mehrere Bedeutungen hindeuten. Um das Potential von Literatur, Ambiguität in diesem engeren Sinne zu stiften, sowie um künstlerische Tendenzen der Vereindeutigung soll es in diesem Aufsatz gehen.

2 Gemäß der von Hans Robert Jauss begründeten Rezeptionsästhetik spricht es für die Qualität eines literarischen Textes, wenn er nicht alle Erwartungen der Leserschaft erfüllt, sondern sie widerlegt oder modifiziert. Andernfalls wäre der Text trivial und von geringem ästhetischen Wert.

https://doi.org/10.1515/9783110740509-008

wurde.[3] Es erlangte schließlich Vorbildcharakter für die europäische Erzähltradition. Noch Goethes Novellen, die ‚Unterhaltungen deutscher Ausgewanderten', orientieren sich am Vorbild Boccaccios. Schiller beschreibt sie als *zusammenhängende Suite von Erzählungen im Geschmack des Decameron des Boccaz.*[4]

Die breite Rezeption des ‚Decameron' hatte zur Folge, dass die literaturwissenschaftliche Forschung die zentralen Merkmale des Werkes – Deutungsvielfalt und Verzicht auf moralische Unterweisung – zu Gattungskriterien der Novelle schlechthin erhoben hat.[5] Zugleich dienten der Verzicht auf Eindeutigkeit und die Herausbildung von Pluralität als Belege dafür, die Novelle in der Ausprägung Boccaccios als Zeichen der anbrechenden Renaissance zu deuten[6] oder im ‚Decameron' zumindest einen Schwellentext zu erkennen.[7] Boccaccio wird damit literaturgeschichtlich am Ausgangspunkt einer Entwicklung verortet, die geradewegs in die Neuzeit führt.

Die folgenden Überlegungen wollen dagegen die Widerstände hervorheben, die der Tradierung von Ambiguität als einer literarischen Innovation entgegenwirken. Die Merkmale der Uneindeutigkeit und Deutungspluralität werden, so möchte ich anhand von Beispielen aus Christine de Pizans ‚Livre de la Cité des Dames' (1405) und Marguerite de Navarres ‚Heptaméron' (postum 1559) zeigen, in der Erzähltradition nach Boccaccio zurückgenommen. Der für das ‚Decameron' charakteristischen Ambiguität kommt im Untersuchungszeitraum bis 1550 gerade keine große Reichweite zu. Problematisiert wird mit diesem Befund auch eine literaturgeschichtliche Epocheneinteilung, die von linearen Entwicklungen ausgeht und den gesellschaftlichen, politischen und religiösen Widerständen, denen innovative Ideen ausgesetzt sind, zu wenig Beachtung schenkt.

3 Zu den Verbreitungswegen des ‚Decameron' im 14. und 15. Jahrhundert in Italien siehe Marco CURSI, Il Decameron: scritture, scriventi, lettori. Storia di un testo. Rom 2007. Einen Einblick in die vielfältige europäische ‚Decameron'-Rezeption gibt der von Achim AURNHAMMER und Rainer STILLERS herausgegebene Band: Giovanni Boccaccio in Europa. Studien zu seiner Rezeption in Spätmittelalter und Früher Neuzeit. Wiesbaden 2014. Spezifisch zur deutschen Rezeption siehe Luisa RUBINI MESSERLI, Boccaccio deutsch. Die Dekameron-Rezeption in der deutschen Literatur (15.–17. Jahrhundert). Bd. 1: Untersuchung, Bd. 2: Texteditionen, Katalog der handschriftlichen und gedruckten Überlieferung, Bibliographien, Register und Verzeichnisse. Amsterdam u. a. 2012. Reiches Anschauungsmaterial bietet zudem der Ausstellungskatalog: Boccaccio in Deutschland. Spuren seines Lebens und Werks 1313–2013. Hg. von Achim AURNHAMMER/Nikolaus HENKEL/Mario ZANUCCHI. Heidelberg 2013.

4 Brief vom 7.11.1794, in: Schillers Werke. Nationalausgabe, 27. Band: Schillers Briefe 1794–1795. Hg. von Günter SCHULZ. Weimar 1958, S. 80.

5 Grundlegend für die Position, in der Ambiguität ein zentrales Gattungsmerkmal der Novelle zu erkennen, ist die Studie von Hans-Jörg NEUSCHÄFER, Boccaccio und der Beginn der Novelle. München 1969.

6 Siehe ebd. und in kritischer Auseinandersetzung mit NEUSCHÄFER, aber mit ähnlichem Ergebnis: Joachim KÜPPER, Affichierte ‚Exemplarität', tatsächliche A-Systematik. Boccaccios *Decameron* und die Episteme der Renaissance. In: Renaissance. Diskursstrukturen und epistemologische Voraussetzungen. Hg. von Klaus W. HEMPFER. Stuttgart 1993, S. 47–93.

7 Siehe Rainer STILLERS, Boccaccio, ‚Decameron': Erzählte Lebensentwürfe. In: Schwellentexte der Weltliteratur. Hg. von Reingard M. NISCHIK/Caroline ROSENTHAL. Konstanz 2002, S. 125–141.

## 2 Ambiguität als Merkmal des ‚Decameron'

Bevor in den folgenden Kapiteln Tendenzen der Vereindeutigung in der Boccaccio-Rezeption exemplarisch in den Blick genommen werden, sollen zunächst die wichtigsten Verfahren der Ambiguitätsstiftung im ‚Decameron' vorgestellt werden.

Das italienische Wort ‚novella' geht über die Stufe des altprovenzalischen ‚novela' auf lat. ‚novus' zurück. Novellen behandeln ihrer Etymologie zufolge somit neue Ereignisse, Ungewöhnliches oder Unbekanntes. Der erste Nachweis des Wortes ‚novella' findet sich im ‚Corpus Iuris Civilis' (533-542) des Kaisers Justinian.[8] ‚Leges novellae' regelten hier neu auftauchende Rechtsfragen, die in den Gesetzessammlungen des römischen Rechts nicht behandelt wurden.[9]

Die literarische Novelle widmet sich ebenfalls neuartigen, überraschenden oder regelwidrigen Geschehnissen. Das novellistische Ereignis lässt sich nicht ohne weiteres einer allgemeinen Regel oder Norm unterordnen. Seine Beurteilung bedarf vielmehr der Abwägung verschiedener, bisweilen widerstreitender Normen. Die Besonderheit des ‚Decameron' liegt nun darin, dass weder in den Novellen noch in der Rahmenerzählung eindeutige Beurteilungen vorgenommen werden, sondern dass Uneindeutigkeit absichtlich hergestellt wird. Die narrative Aufrechterhaltung von Ambiguität tritt in unterschiedlichen Aspekten zutage:[10] Die Rahmenhandlung des ‚Decameron' setzt mit der drastischen Beschreibung der Pestepidemie ein. Als mögliche Gründe für den Ausbruch der Pest nennt der Erzähler eine ungünstige Konstellation der Gestirne oder den gerechten Zorn Gottes.[11] Eine Entscheidung zwischen beiden möglichen Ursachen wird

8 Zur Wortgeschichte und zu der juristisch-politischen Wortbedeutung siehe Wolfgang RATH, Die Novelle. Konzept und Geschichte. 2. überarbeitete und aktualisierte Auflage, Göttingen 2008, S. 57.

9 Siehe Ulrich MANTHE, Corpus Iuris Civilis. In: Handwörterbuch zur deutschen Rechtsgeschichte. 2. völlig überarbeitete und erweiterte Aufl. Hg. von Albrecht Cordes u. a.. Bd. 1, Berlin 2008, S. 901–907, online unter www.HRGdigital.de/HRG.corpus_iuris_civilis (09.11.2018).

10 Die Ambiguität als Kennzeichen des ‚Decameron' stellt beispielsweise Roberta BRUNO PAGNAMENTA, Il Decameron. L'ambiguità come strategia narrativa. Ravenna 1999, heraus.

11 Siehe die ‚Introduzione' des ‚Decameron', 8: *Dico adunque che giá erano gli anni della fruttifera Incarnazione del Figliuolo di Dio al numero pervenuti di milletrecentoquarantotto, quando nell'egregia cittá di Firenze, oltre ad ogni altra italica nobilissima, pervenne la mortifera pestilenza, la quale o per operazion de' corpi superiori o per le nostre inique opere da giusta ira di Dio a nostra correzione mandata sopra i mortali* [...]. Die Zitate aus dem ‚Decameron' sind der von Vittore BRANCA hg. zweibändigen Ausgabe, Turin 1980, entnommen. Die Zahlenangaben verweisen auf die von BRANCA vorgenommene Einteilung in Paragraphen, ggfs. unter Nennung des Erzähltages und der Novelle. Übersetzungen P.C.D. Die Kombination einer astrologischen und einer theologischen Erklärung der Pestepidemie findet sich auch in der ‚Nuova Cronica' des Giovanni Villani. Allerdings wird die astrologische Begründung hier einem theologischen Zusammenhang eingeordnet, insofern als Gott auch über die Konstellation der Sterne bestimme. Anders als im ‚Decameron' wird durch die Hierarchisierung der Kausalzusammenhänge eine eindeutigere Erklärung für die Pest im Sinne einer Strafe Gottes gegeben. Siehe Giovanni Villani, Nuova Cronica. Kritische Edition. Hg. von Giovanni PORTA, 3 Bde., Parma 1991, Bd. 3, Kap. LXXXIV (‚Di grande mortalità che·ffu in Firenze, ma più grande altrove, come diremo apresso'), S. 1577, online unter http://www.letteraturaitaliana.net/pdf/Volume_2/t48.

nicht getroffen, ebenso wenig wird der astrologische Erklärungsansatz dem theologischen untergeordnet, wie es in zeitgenössischen Chroniken der Fall ist. Dass dem Leser mehrere mögliche Ursachen für eine Wirkung gleichrangig nebeneinander präsentiert werden, ist auch ein Merkmal der einzelnen Novellen. So lassen die Erzählerinnen und Erzähler es in der Regel offen, ob das geschilderte Ereignis der Handlungsweise der Protagonisten deren Tugend- oder Lasterhaftigkeit geschuldet ist, oder ob es auf das Eingreifen Fortunas oder aber der göttlichen Vorsehung zurückzuführen ist.[12] Nach einigen vorgetragenen Novellen diskutiert die Erzählergemeinschaft einen alternativen Schluss und spielt damit auf die Pluralität von Möglichkeiten an, wie sie auch die Zahl 100 symbolisiert.[13] An die Erzählung jeder Novelle schließen sich auf der Rahmenebene kurze Kommentare der Erzählergemeinschaft an. Hier wird jedoch nicht etwa ein moralisierendes, vereindeutigendes Resümee gezogen. Vielmehr bekundet die Erzählergemeinschaft meist einvernehmlich ihr Vergnügen an der gehörten Geschichte und fällt somit eher ein ästhetisches als ein moralisches Urteil. An Hinweisen, wie der Leser die Erzählung zu deuten habe, lässt sie es grundsätzlich fehlen.

Dieser Verzicht auf Eindeutigkeit und Belehrung sowie die radikale Infragestellung von Gewissheiten soll im Folgenden anhand zweier Erzählungen verdeutlicht werden, die Christine de Pizan in den ‚Livre de la Cité des Dames' aufnimmt: Novelle II,9 und Novelle X,10.

Dass die einhundertste Novelle des ‚Decameron' eine irritierende Ambiguität aufweist, ist ein in der Forschungsliteratur vielerorts festgestellter Befund.[14] Ihre Handlung sei in Grundzügen zusammengefasst:

---

pdf (22.04.2020): *E·lla detta mortalità fu predetta dinanzi per maestri di strologia, dicendo che quando fu il sostizio vernale, cioè quando il sole entrò nel principio dell'Ariete del mese di marzo passato, l'ascendente che·ffu nel detto sostizio fu il segno della Vergine, e 'l suo signore, cioè il pianeto di Mercurio, si trovò nel segno dell'Ariete nella ottava casa, ch'è casa che significa morte; e se non che il pianeto di Giove, ch'è fortunato e di vita, si ritrovò col detto Mercurio nella detta casa e segno, la mortalità sarebbe stata infinita, se fosse piaciuto a·dDio. Ma·nnoi dovemo credere e avere per certo che Idio promette le dette pestilenze e·ll'altre a' popoli, cittadi e paesi per pulizione de' peccati, e non solamente per corsi di stelle, ma talora, siccome signore dell'universo e del corso del celesto, come gli piace; e quando vuole, fa accordare il corso delle stelle al suo giudicio; e questo basti in questa parte e d'intorno a Firenze del detto delli astrolagi.*

12 Zum angedeuteten Kräftespiel zwischen Virtus und Fortuna siehe Francesco Ciabattoni, Decameron 2: Filomena's Rule between Fortune and Human Agency. In: Annali d'Italianistica 31 (2013), S. 172–196.

13 Lucia Battaglia Ricci, Griselda und der Marchese von Saluzzo. Die Perspektive des Dioneo. In: Die deutsche Griselda. Transformationen einer literarischen Figur von Boccaccio bis zur Moderne. Hg. von Achim Aurnhammer /Hans-Jochen Schiewer. Berlin/New York 2010, S. 13–24, hier S. 20, beschreibt das Erzählen von alternativen Enden als ein gängiges Verfahren Boccaccios, das auf den bewussten Einsatz von Vieldeutigkeit hinweise: „Darin zeigt Boccaccio ein genaues Bewusstsein von den vielfachen Deutungsspielräumen seiner Novellen, deren emblematische Zahl 100 das prinzipiell unendliche Potential des Wirklichen und Erzählbaren symbolisiert."

14 Thomas Klinkert, Die italienische Griselda-Rezeption im 14. und 15. Jahrhundert. In: Die deutsche Griselda (wie Anm. 13), S. 55–72, hier S. 55, formuliert unter Angabe einschlägiger Forschungsli-

> Der Markgraf Gualtieri von Saluzzo wird von seinen Vasallen gedrängt, sich zu verheiraten. Er wählt daraufhin Griselda, die Tochter eines armen Bauern, zur Frau, und unterzieht sie nach der Hochzeit einer Reihe äußerst grausamer Prüfungen: Er gibt vor, die gemeinsamen Kinder zu töten, verstößt Griselda und zwingt sie, nur mit einem Hemd bekleidet zu ihrem Vater zurückzukehren. Dann ruft er sie noch einmal auf sein Gut zurück, damit sie als Dienstmagd das Hochzeitsfest für Gualtieri und dessen neue, standesgemäße Ehefrau vorbereite. Griselda erträgt die schlimmsten Qualen und Erniedrigungen mit Gleichmut und kehrt schließlich, nachdem Gualtieri ihr seine Absicht, sie zu prüfen, eröffnet hat, voll Freude zu ihm zurück.

Die Erzählung könnte ein Exempel für die Treue und den Gehorsam einer Ehefrau darstellen. Sie könnte auch allegorisch auf den Christen verweisen, dessen Glaube Prüfungen und Versuchungen standhält. Tatsächlich ist Griselda als weiblicher Hiob[15] oder als Figura Christi[16] gedeutet worden. Jedoch stellen eine Reihe narrativer Verfahren – darunter der Wechsel von Perspektive und Tonlage sowie die fehlende Angabe von Handlungsmotiven – eine eindeutige, christlich unterweisende Lesart in Frage. Erzählt wird die Novelle von Dioneo, dem ‚enfant terrible' innerhalb der *brigata*, der das Privileg beansprucht, sich nicht an die vorgegebenen Tagesthemen zu halten, und stattdessen meist erotische – damit aber keineswegs belanglose, sondern höchst erkenntnisreiche – Geschichten erzählt. Die von Dioneo vorgetragene letzte Novelle fokussiert nun nicht etwa Griseldas Gleichmut, der unbegründet bleibt und dem Leser in seinem Ausmaß rätselhaft erscheint. Stattdessen konzentriert sie sich auf Gualtieris despotische Grausamkeit. Der Erzähler hebt diese Fokussierung einleitend hervor:

> *vo' ragionar d'un marchese non una cosa magnifica ma una matta bestialitá, come che ben ne gli seguisse alla fine; la quale io non consiglio alcun che segua, per ciò che gran peccato fu che a costui ben n'avvenisse.* (X,10,3)
>
> „So will ich euch von einem Markgrafen erzählen, keine großmütige Handlung aber, sondern eine bestialische Grausamkeit, wenngleich sie am Ende gut ausging. Indes rate ich niemandem zur Nachahmung; denn es ist zutiefst zu bedauern, dass jenem Gutes daraus erwuchs."

Dioneo hätte Griseldas Tugendhaftigkeit als edle Handlung, als *cosa magnifica* deuten und somit dem Thema des zehnten Erzähltages, an dem von Seelengröße und Edelmut die Rede sein soll,[17] entsprechen können. Stattdessen lenkt er die Aufmerk-

---

teratur: „Der Hinweis auf die Widersprüchlichkeit der Griselda-Novelle und die daraus resultierende Divergenz der Interpretationen besitzt in der Forschungsliteratur topischen Charakter."

15 Siehe Karin SCHÖPFLIN, Boccaccios Griselda und Hiob. In: Romanistisches Jahrbuch 42 (1991), S. 136–149.

16 Siehe Marga COTTINO-JONES, Fabula vs. Figura. Another Interpretation of the Griselda Story. In: Italica 50.1 (1973), S. 38–52.

17 Der zehnte Erzähltag ist überschrieben mit *incomincia la decima ed ultima* [scilicet *giornata*], *nella quale, sotto il reggimento di Panfilo, si ragiona di chi liberamente o vero magnificamente alcuna cosa operasse intorno a' fatti d'amore o d'altra cosa.*

samkeit auf Gualtieris Grausamkeit, die er als *matta bestialità* tadelt. Mit dem Vorwurf der *matta bestialità* ist auf Dantes ‚Inferno' angespielt: Im elften Gesang erklärt Vergil dem Wanderer Dante die Aufteilung der Hölle. Unter Hinweis auf die ‚Nikomachische Ethik' unterscheidet er *le tre disposizion che 'l ciel non vole, / incontenenza, malizia e la matta bestialitade.*[18] Vergil ordnet die Laster hierarchisch, indem er betont, dass Zügellosigkeit Gott weniger verletze und weniger tadelnswert sei als Bosheit und der Vernunft zuwiderlaufende Vertiertheit. Dioneo deutet Gualtieris Verhalten somit als besonders schwere Verfehlung, in welcher der auf der Vernunft beruhende Unterschied zwischen Mensch und Tier zur Aufhebung gelangt. Explizit rät er davon ab, dem Beispiel des Markgrafen zu folgen. Die Möglichkeit, die Novelle als Exempel zu verstehen, wird damit von Anfang an, wenn auch zunächst nur bezogen auf den Vorbildcharakter Gualtieris, in Frage gestellt. Kritisch blickt Dioneo zudem auf das Ende der Erzählung: Der glückliche Ausgang wird als *gran peccato*, also als sündhaft, beurteilt. Dass Gualtieri belohnt und nicht bestraft wird, folgt keinem göttlichen oder weltlichen Gerechtigkeitsprinzip, sondern erscheint eher als Laune der Fortuna.

Der einleitende Erzählerkommentar wird am Ende der Novelle erneut aufgegriffen, wenn Dioneo die Möglichkeit eines alternativen Schlusses, der ihm besser gefallen hätte, in Betracht zieht:

> Al quale [scilicet Gualtieri] non sarebbe forse stato male investito d'essersi abbattuto ad una che, *quando fuor di casa l'avesse in camiscia cacciata, s'avesse sì ad uno altro fatto scuotere il pilliccione, che riuscito ne fosse una bella roba.* (X,10,69)
>
> „Diesem [scilicet Gualtieri] wäre es vielleicht nicht schlecht bekommen, wenn er auf eine gestoßen wäre, die sich, als er sie im Hemd aus dem Haus jagte, von einem andern ihr Pelzlein so hätte schütteln lassen, dass ihr ein schönes Kleid daraus entstanden wäre."

Die Vorstellung eines alternativen Schlusses macht deutlich, dass der Ausgang keineswegs kausal zwingend ist, sondern dass die Geschichte auch anders hätte ausgehen können. In seiner Obszönität markiert der Erzählerkommentar einen deutlichen Bruch mit dem eher gehobenen, feierlichen Ton der letzten Novelle und des zehnten Erzähltages insgesamt. Durch diesen Bruch wird eine neue Lektüreperspektive eröffnet, die christliche Tugendkonzepte sowie jenseitige Erlösungsvorstellungen außer Acht lässt und stattdessen eine gänzlich säkulare Gerechtigkeitsvorstellung präsentiert. Dioneos Kommentar beinhaltet zudem eine Kritik an Griselda, deren maßloser Gehorsam die Niedertracht Gualtieris legitimiert und festigt, anstatt sie mit einer gerechten Strafe zu belegen. Dioneo zufolge taugen also weder der Markgraf noch seine gehorsame Ehefrau als Vorbilder.

Zwar enthält die Novelle durchaus Merkmale eines Exempels oder einer Heiligenvita ebenso wie Anspielungen auf Bibelstellen. Allerdings wird eine eindeutige

---

18 Dante Alighieri, La Divina Commedia. Kommentiert von Anna Maria CHIAVACCI LEONARDI, 3 Bde., Mailand 2005, Bd. 1 (*Inferno*), canto XI, 81–83.

Lesart im Sinne christlicher Unterweisung durch narrative Verfahren immer wieder in Zweifel gezogen. Auch das sich an die Novelle anschließende Gespräch auf der Rahmenebene dient nicht der Vereindeutigung, sondern der Steigerung von Ambiguität:

> *La novella di Dioneo era finita, ed assai le donne, chi d'una parte e chi d'altra tirando, chi biasimando una cosa, un'altra intorno ad essa lodandone, n'avevan favellato* [...]. (Conclusione X,1)

> „Die Novelle des Dioneo war zu Ende, und die Damen hatten lange und kontrovers darüber gesprochen; während die eine dies tadelte, lobte die andere jenes, das damit zusammenhing [...]".

Die Novelle gibt Anlass zu einer längeren Diskussion, wobei die Zuhörerinnen kein übereinstimmendes Urteil fällen. Selbst im Hinblick auf ein und denselben Aspekt werden unterschiedliche Meinungen, Tadel ebenso wie Lob, geäußert. Gänzlich offen bleibt, welche Handlungen nach Meinung der Zuhörerschaft Lob verdienten und welche Tadel.

Die Ambiguität der Novelle tritt mit besonderer Deutlichkeit hervor, wenn man – wie in der Forschung geschehen – Boccaccios Text mit Petrarcas lateinischer Nachdichtung in seinem Griseldis-Brief in den ‚Seniles' XVII,3 vergleicht.[19] Petrarcas Version tilgt die Ambiguität der Novelle und damit die Pluralität ihrer Deutungsmöglichkeiten. Bereits der von Petrarca gewählte Titel ‚De insigni obedientia et fide uxoris', der einer Kapitelüberschrift aus Augustinus' ‚Gottesstaat' nachgebildet ist,[20] zeigt, dass die Nachdichtung einem moralphilosophischen Thema untergeordnet wird: dem Gehorsam und der Treue der Ehefrau.

Petrarca erläutert allerdings, dass seine Version der ‚Griselda' nicht in erster Linie als Exempel für ehelichen Gehorsam zu verstehen sei; stattdessen betont er den allegorischen Sinn der Erzählung:

> *Hanc historiam stilo nunc alio retexere visum fuit, non tam ideo, ut matronas nostri temporis ad imitandam huius uxoris patientiam, que michi vix imitabilis videtur, quam ut legentes ad imitandam saltem femine constantiam excitarem, ut quod hec viro suo prestitit, hoc prestare Deo nostro audeant.*[21]

> „Diese Geschichte wollte ich jetzt in einem anderen Stil neu schreiben, und zwar nicht so sehr zu dem Zweck, die verheirateten Frauen unserer Zeit zur Nachahmung der Duldsamkeit dieser Ehefrau, die nachzuahmen mir kaum möglich erscheint, zu ermutigen, als vielmehr die Leserinnen wenigstens zur Nachahmung ihrer Standhaftigkeit anzuhalten, damit sie, was diese Frau ihrem Mann erwiesen hat, ihrerseits unserem Gott zu erweisen bereit sind."

---

19 Einen detaillierten Vergleich beider Texte nimmt beispielsweise Mario ZANUCCHI, Von Boccaccios ‚Griselda' zu Petrarcas ‚Griseldis'. In: Die deutsche Griselda (wie Anm. 13), S. 26–52, vor.

20 Es handelt sich um das Kap. XVI,23 *De obedientia et fide Abrahae*.

21 Francesco Petrarca, Rerum Senilium. Lettres de la vieillesse. Kritische Edition, hg. v. Elvira NOTA. Paris 2014, Bd. 5, XVII,3,38. Übersetzung P.C.D.

Petrarcas Ziel war es demzufolge, Boccaccios Novelle zu einer Allegorie des christlichen Glaubens umzuschreiben. Die Beziehung zwischen Gualtieri und Griselda sollte derjenigen zwischen Gott und dem gläubigen Christen entsprechen. Daher musste Petrarca eine Reihe tiefgreifender Veränderungen vornehmen: Damit Gualtieri als Allegorie Gottes, der die menschliche Seele prüft, gedeutet werden konnte, hat Petrarca all jene eindringlichen Momente der ‚Decameron'-Novelle abgeschwächt, die die Gewalt und Grausamkeit des Ehemanns akzentuieren. Die Szene beispielsweise, in der Gualtieri Griselda anlässlich ihrer Hochzeit zwingt, sich vor allen Anwesenden nackt auszuziehen, um ihr dann prachtvolle Kleider anzulegen,[22] ändert Petrarca dahingehend, dass Griseldis im Kreise von Frauen, die sie vor fremden Blicken schützen, ehrfurchtsvoll und geschwind umgekleidet wird.[23] Als Gualtieri/Valterius seine Frau verstößt, folgt eine zweite Umkleidungsszene, in der er ihr lediglich das erbetene Hemd lässt, damit sie nicht völlig nackt zu ihrem Vater zurückkehren muss. In Boccaccios Version wird die Unbeugsamkeit und Hartherzigkeit Gualtieris dadurch unterstrichen, dass dessen Gefolgsleute ihn bitten, Griselda doch wenigstens ein Kleid zu lassen, was Gualtieri jedoch ablehnt. In Petrarcas ‚Griseldis' fehlt dieses Handlungsmoment.

Zur Vereindeutigung trägt ferner bei, dass die Protagonisten in Petrarcas Version die christlich fundierten Beweggründe ihres Handelns offenlegen, wohingegen die Motive bei Boccaccio rätselhaft bleiben. Petrarcas moraltheologisch-didaktische Intention kommt zudem auf der Ebene des Stils zum Ausdruck: Seine Version der Griselda ist durch bekräftigende Wiederholungen, Explikationen, Redundanzen, Sentenzen und explizite biblische Reminiszenzen gekennzeichnet, die bei Boccaccio allenfalls spielerisch angedeutet werden. Zwar gelingt es Petrarca nicht vollständig, die ungeheuerliche Grausamkeit Gualtieris in seiner Figur des Valterius zurückzudrängen.[24] Ein unerklärlicher Überrest ist jedoch insofern mit der intendierten allegorischen Lesart zu vereinbaren, als die göttliche Transzendenz ihrerseits nicht restlos ausdeutbar ist.[25] Die Ambiguität von Religion hat zur Folge, dass das Sprechen über

---

22 Vgl. Boccaccio, Decameron (wie Anm. 11), X,10,19: *Allora Gualtieri, presala* [scilicet Griselda] *per mano, la menò fuori, ed in presenza di tutta la sua compagnia e d'ogni altra persona la fece spogliare ignuda* [.] Zur Ausgestaltung und Bedeutung der Kleiderwechsel in den unterschiedlichen Versionen der ‚Griselda' siehe Peter von Moos, Das mittelalterliche Kleid als Identitätssymbol und Identifikationsmittel. In: Ders. (Hg.), Unverwechselbarkeit. Persönliche Identität und Identifikation in der vormodernen Gesellschaft. Köln u. a. 2004, S. 123–146, hier S. 142–146.

23 Vgl. Petrarca, Rerum Senilium (wie Anm. 21), XVII,3,14: *Hinc nequid reliquiarum fortune veteris novam inferret in domum, nudari eam iussit et a calce ad verticem novis vestibus indui, quod a matronis circumstantibus ac certatim sinu illam gremioque foventibus verecunde ac celeriter adimpletum est.*

24 Klinkert, Die italienische Griselda-Rezeption (wie Anm. 14), S. 64–65, weist auf zwei distanzierende Erzählerkommentare an Schlüsselstellen in Petrarcas ‚Griseldis' hin, die er als Indizien dafür deutet, „dass das Ungeheuerliche der Handlung trotz der Allegorisierung nicht ganz zu tilgen ist."

25 Religion lässt sich mit Bauer, Vereindeutigung (wie Anm. 1), S. 33–34, beschreiben als „den Glauben an etwas, das über das rational Erkennbare hinausgeht, im Wortsinne es überschreitet bzw. transzendiert, den Glauben also an etwas, das größer und anders ist als wir. Und weil das so ist, ist es auch

Religion nicht nur im theologischen, sondern häufig auch im literarischen Diskurs auf Vereindeutigung ausgerichtet ist. Dies belegen neben mittelalterlichen Erzählgattungen wie der Exempelliteratur auch die Novellen der Marguerite de Navarre, von denen im vierten Kapitel dieses Beitrags die Rede sein soll. Der innovative Verzicht auf Eindeutigkeit, der das ‚Decameron' kennzeichnet, tritt im Vergleich mit diesen Texten deutlich hervor.

Wenngleich die Griselda-Novelle ein besonders eindrückliches Beispiel für die Ambiguität des ‚Decameron' bietet, sind auch in zahlreichen weiteren Erzählungen Verfahren der Ambiguitätsstiftung sichtbar. Als zweites Beispiel sei die Novelle von Bernabò und Zinevra (Decameron II,9) vorgestellt, die wie die ‚Griselda' ebenfalls Eingang in Christine de Pizans ‚Livre de la Cité des Dames' finden wird.

*In einer Herberge in Paris treffen einige italienische Großkaufleute abends in geselliger Runde zusammen. Sie kommen auf ihre Ehefrauen zu sprechen und sind einhellig der Meinung, dass diese es in Abwesenheit ihrer Männer mit der ehelichen Treue nicht allzu genau nehmen würden. Einer der Anwesenden jedoch, Bernabò da Genova, rühmt sich selbst als glückliche Ausnahme, da er mit einer so tugendhaften Frau verheiratet sei, wie es wohl keine Zweite in Italien gebe. Ambruogiuolo da Piacenza bestreitet das, und da die beiden Männer sich nicht einigen können, schließen sie eine Wette ab: Bernabò setzt 5000 Goldflorin auf die Treue seiner Frau und darauf, dass es Ambruogiuolo binnen drei Monaten nicht gelänge, sie zu verführen. Tatsächlich muss Ambruogiuolo feststellen, dass Zinevra so tugendhaft ist, wie ihr Mann behauptet. Er verschafft sich daher listenreich Zugang zu Zinevras Schlafgemach, prägt sich die räumlichen Gegebenheiten ein, betrachtet Zinevras nackten Körper, wobei er unter ihrer linken Brust ein Muttermal entdeckt, und nimmt schließlich einige ihrer persönlichen Gegenstände an sich. Dank der ‚Beweise' und intimen Kenntnisse gewinnt er die Wette. Der Ehemann gerät über den vermeintlichen Ehebruch und die verlorene Wette derart in Zorn, dass er einen Vertrauten beauftragt, seine Ehefrau heimlich zu töten. Der Bedienstete lässt sich aber von Zinevra erweichen, den Mord nur vorzutäuschen und sie ziehen zu lassen. In Männerkleidern und unter dem Namen Sicurano da Finale tritt sie in den Dienst des Sultans von Alexandria, der ihre Talente und ihre Tugendhaftigkeit zu schätzen weiß. Als Hauptmann der Wache des Sultans wird Zinevra eines Tages zu einer großen Messe nach Akkon geschickt, wo sie zufällig unter der Handelsware venezianischer Kaufleute ihre eigene Geldbörse und ihren Gürtel entdeckt. Der auf die Herkunft der Dinge befragte Ambruogiuolo brüstet sich mit der Erzählung, wie er die Besitzerin der Gegenstände verführt habe. Daraufhin strengt Zinevra in der Rolle des Sicurano einen Gerichtsprozess vor dem Sultan an, zu dem sowohl Ambruogiuolo als auch Bernabò geladen sind. Von Zinevra/Sicurano auf der einen Seite und vom Sultan auf der anderen Seite unter Androhung von Folter eingeschüchtert, gesteht Ambruogiuolo die Wahrheit, und auch Bernabò gibt zu, dass er seine Frau von einem Diener habe töten lassen. Nach beiden Geständnissen gibt Zinevra sich als Frau und Gattin des Bernabò zu erkennen. Während der Sultan Bernabò auf Wunsch Zinevras begnadigt, verhängt er über Ambruogiuolo eine drakonische Strafe.*[26]

---

nicht restlos ausdeutbar. Wie sehr sich auch die klügsten Theologen und Religionsgelehrten bemühen, das Transzendente in Begriffe zu fassen, bleibt doch immer ein Rest an Vagheit, Unbestimmtheit und Mehrdeutigkeit, also: an Ambiguität."

**26** Zu dieser Novelle, insbesondere zu den rechtlichen Aspekten (dem Wettvertrag, dem Betrug durch gefälschte Beweise, dem Gerichtsverfahren vor dem Sultan) siehe Pia Claudia Doering, Praktiken des Rechts in Boccaccios Decameron. Die novellistische Analyse juristischer Erkenntniswege. Berlin 2020, S. 219–253.

Die Komplexität der Novellenhandlung und die in ihr angelegte Ambiguität lassen sich gut im kontrastierenden Vergleich mit dem Sprichwort erkennen, das die Erzählerin Filomena zu Beginn und am Ende ihres Vortrags anführt und dessen Gültigkeit sie mit ihrer Novelle beweisen möchte: *Suolsi tra' volgari spesse volte dire un cotal proverbio: che lo 'ngannatore rimane a piè dello 'ngannato* (3, „Im Volk pflegt man häufig jenes Sprichwort anzuführen, demzufolge der Betrüger zu Füßen des Betrogenen bleibt.").[27] Das Sprichwort suggeriert die regelmäßige Herstellung eines gerechten Ausgleichs zwischen Betrüger und Betrogenem und vermittelt damit den beruhigenden Eindruck verlässlicher gesellschaftlicher Ordnung. Aber nicht nur viele andere Erzählungen des ‚Decameron', in denen Betrüger ungeschoren davonkommen und von ihrer List profitieren, zeigen, dass es so gerecht in der Welt nicht zugeht. Auch Novelle II,9 selbst problematisiert die Herstellung von Gerechtigkeit, anstatt deren sicheres Eintreten zu beweisen. So wird der Betrüger nicht etwa in Italien oder Frankreich, sondern am Hof des Sultans von Alexandria zur Rechenschaft gezogen. Nur hier, in einem wunderbar anmutenden Milieu, scheint es möglich, dass eine als Mann verkleidete Frau als Hauptmann des Sultans Karriere macht und das ihr widerfahrene Unrecht mithilfe des orientalischen Herrschers korrigiert. Die vom Sultan gegen den Betrüger verhängte Strafe besteht nun darin, dass er an einem erhöhten (!), sonnigen und weithin sichtbaren Platz in der Stadt an einen Pfahl gebunden und mit Honig bestrichen wird. Die angelockten Insekten töten ihn und fressen sein Fleisch, bis nur noch Knochen und Sehnen übrigbleiben, die lange Zeit öffentlich ausgestellt werden. Anders als das Sprichwort vorgibt, das die Erzählerin in ihrem letzten Satz *cosí rimase lo 'ngannatore a piè dello 'ngannato* als nun bewiesen erneut zitiert, befindet sich der Betrüger im Schlussbild der Novelle räumlich gerade nicht zu Füßen des Betrogenen. Durch die Boshaftigkeit und Ungeheuerlichkeit seiner Tat erlangt er vielmehr aufgrund der vom Sultan verordneten Bestrafung über den Tod hinaus eine symbolische Erhöhung.

Die Novelle schöpft ihre Ambiguität jedoch nicht nur aus dem Spannungsverhältnis zu dem die Weltverhältnisse vereinfachenden und vereindeutigenden Sprichwort. Auch andere Verfahren erzeugen Vieldeutigkeit. Bernabò verbürgt sich für die Treue seiner Ehefrau, die so tugendhaft sei wie keine Zweite in ganz Italien. Aber ausgerechnet diese Frau trägt den Namen Zinevra, eine Variante von Ginevra, die auf die ehebrecherische Liebe der Königin Guinevere in den Artusromanen hinweist.[28] Wie

27 Zum Verständnis des im Italienischen aufgerufenen Bildes habe ich wörtlich übersetzt. Karl Witte entscheidet sich in seiner ‚Decameron'-Übersetzung für das deutsche Sprichwort „Wer andern eine Grube gräbt, fällt selbst hinein". Siehe Giovanni Boccaccio, Das Dekameron. Nach der Übertragung aus dem Italienischen von Karl Witte. Frankfurt a. M. 2008, S. 190. Zur Funktion von Sprichwörtern, mit denen viele Novellen des ‚Decameron' beginnen und/oder enden, siehe Giuseppe Chiecchi, Sentenze e proverbi nel Decameron. In: Studi sul Boccaccio 9 (1975–1976), S. 119–168.

28 Auf die Artusromane wird im ‚Decameron' mehrfach angespielt, besonders prominent in dem im Incipit und im Explicit genannten Untertitel *prencipe Galeotto*. Zu diesem Beinamen des ‚Decameron' siehe Pia Claudia Doering, Verliebten Frauen zum Trost. Passio und compassio im Proemio des De-

auch an anderer Stelle, insbesondere in der ersten Novelle über die Verwandlung Ser Ciappellettos in einen Heiligen, wird hier deutlich, dass man Namen – und im weiteren Sinne Wörtern schlechthin – nicht trauen kann.[29] Die Novelle weckt somit nicht nur Zweifel an vermeintlich stichhaltigen Beweisen. Sie erschüttert noch grundlegender das Vertrauen in Sprache.

Wie sich Gemeinsamkeiten zwischen den Prüfungen Griseldas und denjenigen Hiobs nachweisen lassen, so finden sich auch deutliche Parallelen zwischen dem Schicksal Zinevras und der Josephsgeschichte in Genesis 37–50, darunter die Täuschungsmotive, der wunderbare Aufstieg in der Fremde, die Wiederbegegnung mit den Tätern und die Enthüllung der Identität der jeweiligen Hauptfigur.[30] Anders als in der Bibelgeschichte, die die glücklichen Wendungen, die Joseph widerfahren, stets explizit mit Gottes Lenkung erklärt, bleibt in der Novelle offen, ob für den glücklichen Ausgang der Zufall (wie etwa das Zusammentreffen von Zinevra/Sicurano und Ambruogiuolo in Akkon, das die Aufdeckung der Wahrheit überhaupt erst ermöglicht), göttliche Vorsehung oder die Tugendhaftigkeit und Tatkraft Zinevras verantwortlich sind.

Das an die Novelle anschließende Gespräch auf der Rahmenebene böte die Möglichkeit der Vereindeutigung, wenn die *brigata* beispielsweise die Tugendhaftigkeit Zinevras als nachahmenswert loben würde. Stattdessen aber ergreift Dioneo als Erzähler der folgenden Novelle das Wort und richtet den Fokus auf Bernabò, dessen Verhalten er als *bestialitá* (II,10,3) kritisiert. Am Ende von Dioneos Erzählung stimmen die anwesenden Damen ihm rückblickend zu und kommen zu dem Urteil *che Bernabò era stato una bestia* (Conclusione II,2). Bernabò hat, wenngleich er seine Ehefrau zunächst richtig eingeschätzt hat, eine Reihe von Erkenntnisfehlern begangen und das Geschehen durch den Abschluss einer unmoralischen Wette, mit der die Treue seiner Frau auf die Probe gestellt werden sollte, zum Bösen gewendet. Indem Dioneo sich Bernabò, also der dritten Figur neben dem Betrüger und der tugendhaften Ehefrau, zuwendet und deren Fehlverhalten hervorhebt, eröffnet er weitere Lesarten der Novelle. Verbunden über den Begriff der *bestialità* werden Bernabò und Zinevra zu Präfigurationen von Gualtieri und Griselda.[31]

---

cameron. In: Der Autor und sein Publikum. Zur kleinen Gattung des Vorworts. Hg. von DERS./Bettina FULL/Karin WESTERWELLE. Würzburg 2018, S. 95–128.

29 Die Skepsis gegenüber der Sprache unterstreicht Kurt FLASCH in seiner Deutung der Novelle I,1 in Giovanni Boccaccio, Poesie nach der Pest. Der Anfang des Decameron. Italienisch/Deutsch, neu übersetzt und erklärt von Kurt FLASCH. Mainz 1992, S. 115–153.

30 Zur Josephsgeschichte als einem Intertext der Novelle II,9 siehe William ROBINS, Intertextuality and Romance in the Novella of Bernabò and Zinevra (Decameron II,9). In: Heliotropia 14 (2017), S. 141–160.

31 Auf diese Verbindung zwischen den Novellen II,9 und X,10 und die spezifische Erkenntnisperspektive Dioneos weist Lucia BATTAGLIA RICCI, Griselda und der Marchese von Saluzzo (wie Anm. 13), hin.

## 3 Ambiguitätsreduktion und Apologie weiblicher Autorschaft in Christine de Pizans ‚Livre de la Cité des Dames'

In ihrem ‚Livre de la Cité des Dames', den Christine de Pizan zwischen 1404 und 1405 abschließt und in kostbar ausgestatteten und reich illuminierten Handschriften den Herzögen von Berry und von Burgund überreicht,[32] verteidigt sie Frauen gegen verbreitete misogyne Anschuldigungen, wie sie in der Literatur, beispielsweise bei Ovid, Jean de Meun oder Matheolus, Verbreitung finden. Mithilfe zahlreicher Exempla herausragender Frauenfiguren aus Mythologie, Bibel und Heiligenlegenden, Geschichte und Literatur will sie den Beweis erbringen, dass Frauen den Männern in jeder Hinsicht ebenbürtig sind. Darstellungsprinzip ist die Allegorie vom Erbauen einer Stadt, deren Baumaterial die einzelnen Exempla bilden und die, einmal angelegt, allen tugendhaften Frauen als Zufluchtsort dienen soll. Der allegorische Bauprozess vollzieht sich somit im Schreiben des Buches. Ausgangspunkt der Allegorie ist eine Vision der Sprecherin Christine, der im Moment größter Selbstzweifel, ausgelöst durch die Lektüre der frauenfeindlichen ‚Lamentationes Matheoli', die drei Tugenden Raison, Droitture und Justice erscheinen, die sie zur Errichtung der Stadt der Frauen auffordern und sie in den unterschiedlichen Bauphasen unterstützen. Die Sprecherin Christine tritt mit den allegorischen Frauen in einen Dialog ein, in dem sie sich als unwissende und ratsuchende Fragestellerin ausgibt und Topoi der misogynen Tradition zur Diskussion stellt. Ihre Fragen leitet die Sprecherin auffallend häufig mit der Formel „Je, Christine" ein. Die Formel ‚Je + Autorname' ist der Sprache der Juristen entlehnt.[33] Sie findet seit dem 13. Jahrhundert zudem in Prologen von Chroniken Verwendung, wo sie der Beglaubigung des im Folgenden Berichteten dient.[34] Die ungewöhnliche Häufung der Formel bei Christine weist indes auf deren selbstbewusste Inszenierung als Schriftstellerin und das Ansinnen hin, ihrer Stimme als ‚femme de lettres' Gehör zu verschaffen.[35] Der ‚Livre de la Cité des Dames' verfolgt somit zwei untrennbar miteinander verbundene Ziele: die Verteidigung von Frauen gegen misogyne Vorurteile im Allgemeinen und das Hervortreten weiblicher Autorschaft im Besonderen. Der Katalog großer Frauen der Vergangenheit hat dabei eine Erinnerungsfunktion und legitimiert zugleich das selbstbewusste Handeln von Frauen in der Gegenwart.

---

32 Siehe Margarete ZIMMERMANN, Christine de Pizan. Reinbek bei Hamburg 2002, S. 67.

33 Zur Tendenz der mittelalterlichen Juristen, ständig ‚ich' zu sagen, siehe Frank REXROTH, Fröhliche Scholastik. Die Wissenschaftsrevolution des Mittelalters. München 2018, S. 307.

34 Siehe Christiane MARCHELLO-NIZIA, L'homme en représentation. In: Précis de littérature française du Moyen Age. Hg. von Daniel POIRON. Paris 1983, S. 336–361, hier S. 347.

35 Zu Christines Strategien der Selbstinszenierung als Autorin siehe Bärbel ZÜHLKE, ‚Je, Christine...'. Zur Selbstdarstellung der Christine de Pizan. In: Geschriebenes Leben. Autobiographik von Frauen. Hg. von Michaela HOLDENRIED. Berlin 1995, S. 33–48.

Boccaccios literarische Werke bilden die wichtigste intertextuelle Vorlage des ‚Livre de la Cité des Dames'. Möglicherweise lernte Christines Vater Tommaso de Pizzano, der als Mediziner und Astrologe an der Universität Bologna lehrte, bevor er 1365 in den Dienst des französischen Königs Karl V. trat, Boccaccio persönlich kennen, als er sich im Frühjahr 1363 gemeinsam mit Petrarca in Venedig aufhielt.[36] Von der Möglichkeit der indirekten Bekanntschaft über den Vater abgesehen, gilt Christine de Pizan grundsätzlich als zentrale Vermittlerfigur im italienisch-französischen Kulturtransfer.[37]

Die größte Zahl der von Christine in den ‚Livre de la Cité des Dames' aufgenommenen Exempla entstammt Boccaccios ‚De claris mulieribus', weitere sind der Sammlung ‚De Casibus virorum illustrium' entnommen.[38] Aus dem ‚Decameron' greift Christine vier Erzählungen auf: 1) die Griselda Novelle (Decameron X,10, Livre de la Cité des Dames II,50), von der ihr jedoch auch die lateinische Version Petrarcas und deren französische Übersetzung durch Philippe de Métières in dessen Ehespiegel ‚Le livre de la vertu du sacrement de mariage' (zwischen 1385 und 1389) bekannt waren;[39] 2) die Geschichte von Bernabò und Zinevra (Decameron II,9, Le livre de la Cité des Dames II,52); 3) die Novelle von Ghismonda (Decameron IV,1, Livre de la Cité des Dames II,59) und 4) die Novelle von Lisabetta (Decameron IV,5, Livre de la Cité des Dames II,60), an deren Ende sie auf weitere Beispiele weiblicher Standhaftigkeit verweist, darunter auf Boccaccios Erzählung von Guiglielmo Rossignole (Decameron IV,9), der seiner Frau das Herz ihres Geliebten als Speise vorsetzt.[40] Alle vier Erzählungen stehen im

36 Siehe die biographischen Informationen in The Livre de la Cité des Dames of Christine de Pisan. Kritische Edition von Maureen Cheney CURNOW. 4 Bde., Ann Arbor 1986, Bd. 1, S. 22.

37 Siehe Margarete ZIMMERMANN, Christine de Pizan als Leserin von Boccaccio. Formen des Kulturtransfers zwischen Frankreich und Italien. In: Giovanni Boccaccio in Europa (wie Anm. 3), S. 45–68.

38 ‚De claris mulieribus' wurde 1401, möglicherweise von Laurent de Premierfait, erstmals unter dem Titel ‚De cleres et nobles femmes' ins Französische übersetzt. ‚De casibus virorum illustrium' wurde 1400 und erneut 1409 erwiesenermaßen von Laurent de Premierfait ins Französische übertragen. Dass Christine de Pizan – zumindest auch die französischsprachigen Übersetzungen als Vorlage heranzog, weist CURNOW, The Livre de la Cité des Dames (wie Anm. 36), Bd. 1, S. 138–148 nach.

39 Christine gibt selbst einen indirekten Hinweis darauf, dass ihr als Vorlage für die Griselda-Erzählung nicht allein die Version Boccaccios diente. Während sie nämlich in allen anderen Fällen Boccaccio und das ‚Decameron' als Quelle ausweist (z. B. zu Beginn von Kap. II, 52 ‚De la femme Bernabo le Genevois': *Encores a propos de femmes constans et saiges puet bien estre ramenee l'istoire que Bocace raconte en son Livre des cent nouvelles*, S. 913), fehlt diese Angabe im ‚Griselidis'-Exemplum. Der ‚Livre de la Cité des Dames' wird hier und im Folgenden unter Angabe der Seitenzahl nach der kritischen Ausgabe von Maureen Cheney CURNOW (wie Anm. 36), Bd. 3, zitiert. Übersetzungen P.C.D. Zu Philippe de Mézières und seinem Einfluss auf Christine de Pizan siehe Jean-Louis G. PICHERIT, De Philippe de Mézières à Christine de Pizan. In: Le Moyen Français 13 (1983), S. 20–36.

40 In der ‚Conclusio' von ‚De claris mulieribus' behauptet Boccaccio, seine Sammlung berühmter Frauen sinnvollerweise an der Schwelle zur Gegenwart zu beenden, da es nun ohnehin nur noch ganz selten glänzende Frauen gäbe: *In nostras usque feminas, ut satis apparet, devenimus, quas inter adeo perrarus rutilantium numerus est.* In: Giovanni Boccaccio, De claris mulieribus. Die großen Frauen. Lateinisch/Deutsch. Ausgewählt, übersetzt und kommentiert v. Irene ERFEN und Peter SCHMITT.

zweiten Teil der ‚Cité des Dames', der einen Schwerpunkt auf die Darstellung weiblicher Tugendhaftigkeit innerhalb von Ehe, Familie und Gesellschaft legt.

Im Sinne der Zielsetzung des Buches, die Vorbildhaftigkeit von Frauen vor Augen zu führen, muss Christine die Ambiguität, die die ‚Decameron'-Novellen auszeichnet, zurücknehmen. Dies geschieht ganz allgemein dadurch, dass Christine die Novellen in Exempla verwandelt, indem sie nicht nur die Länge, sondern auch die Komplexität reduziert. Der Anlage des Werkes entsprechend werden die Exempla nicht von einer Erzählergemeinschaft wie Boccaccios *brigata*, die unterschiedliche weibliche und männliche Charaktere vereint, vorgetragen, sondern von der Tugendallegorie Droitture. Da der Dialog zwischen den drei allegorischen Frauenfiguren und Christine didaktischer Natur ist, entfallen Perspektivwechsel und Brüche, wie sie im ‚Decameron' besonders deutlich durch den Erzähler Dioneo hervorgerufen werden. Anders als im ‚Decameron', das das Verhalten der männlichen und weiblichen Handlungsträger gleichermaßen beleuchtet und dabei den wechselnden Fokus auch auf vermeintliche Nebenfiguren lenkt, konzentriert sich die Darstellung Christines stets auf die weibliche Hauptfigur. Diese Gewichtung zeigt sich bereits in den Rubriken, die im ‚Decameron' deutlich detaillierter sind und zur Ambiguitätssteigerung beitragen, während sie im ‚Livre de la Cité des Dames' knapp und eindeutig formuliert sind.

Spezifische Verfahren der Ambiguitätsreduktion, wie sie in den einzelnen Exempla wirksam werden, sollen im Folgenden am Beispiel der Erzählungen von Griselda und Zinevra herausgestellt werden. Beide Exempla dienen innerhalb der Argumentation des ‚Livre de la Cité des Dames' dem Beweis weiblicher *constantia* gegen das verbreitete Vorurteil, Frauen seien unbeständig.[41] Nachdem Droitture die Beispiele schwacher, wankelmütiger und grausamer römischer Kaiser – darunter Claudius, Tiberius, Nero und Galba – genannt hat, führt sie kontrastiv außergewöhn-

Stuttgart 1995, S. 226; Kevin BROWNLEE, Il Decameron di Boccaccio e la Cité des Dames di Christine de Pizan: Modelli e contro-modelli. In: Studi sul Boccaccio 20 (1991–1992), S. 233–251, entwickelt die These, dass Christine de Pizan die ‚Lücke' berühmter zeitgenössischer Frauen füllt, indem sie ausgerechnet hervorragende Frauenfiguren aus dem ‚Decameron', die dem Zeithorizont des Trecento zuzuordnen sind, in den ‚Livre de la Cité des Dames' aufnimmt. Eine solche Vorgehensweise würde dem kreativen, spielerischen und bisweilen ironischen Umgang Christines mit dem Vorbild Boccaccio durchaus entsprechen.

**41** Seit Thomas von Aquin wird die *constantia* (Standhaftigkeit) in der katholischen Morallehre der Kardinaltugend der *fortitudo* (Stärke, Tapferkeit) untergeordnet und dabei von der *perseverantia* (Beharrlichkeit) unterschieden. Im Gegensatz zur Beharrlichkeit, die sich auf die dauerhafte Bewältigung innerer Widerstände richtet, besteht die *constantia* in der Meisterung äußerer Schwierigkeiten. Der aristotelischen *mesotes*-Lehre entsprechend werden *perseverantia* und *constantia* als Mitte zwischen den Lastern der *mollities* (Weichlichkeit, Schwäche, Unbeständigkeit) und der *pertinacia* (Hartnäkkigkeit, Starrköpfigkeit) bestimmt. Siehe Karl Alfred BLÜHER, Standhaftigkeit. In: Historisches Wörterbuch der Philosophie. Hg. v. Joachim RITTER/Karlfried GRÜNDER/Gottfried GABRIEL. 13 Bde., Basel 1971–2007, Bd. 10, S. 99–103.

lich willensstarke Frauen an, beginnend mit Gliselidis.[42] Bereits in der Rubrik wird die Differenz zwischen den Versionen Boccaccios und Christines deutlich:

*Il marchese di Saluzzo, da' prieghi de' suoi uomini costretto di pigliar moglie, per prenderla a suo modo, piglia una figliuola d'un villano, della quale ha due figliuoli, li quali le fa veduto d'uccidergli; poi, mostrando lei essergli rincresciuta ed avere altra moglie presa, a casa faccendosi ritornare la propria figliuola come se sua moglie fosse, lei avendo in camiscia cacciata e ad ogni cosa trovandola paziente, piú cara che mai in casa tornatalasi, i suoi figliuoli grandi le mostra e come marchesana l'onora e fa onorare.* (Decameron X,10)

Cy dit de Gliselidis, marquise de Saluces, forte femme en vertu. (Livre de la Cité des Dames, 900)

„Der Markgraf von Saluzzo wird durch die Bitten seiner Leute gedrängt, eine Ehefrau zu nehmen. Da sie aber seinen eigenen Vorstellungen entsprechen soll, wählt er die Tochter eines Bauern und bekommt von ihr zwei Kinder. Er lässt seine Frau glauben, dass er die Kinder getötet habe; dann sagt er ihr, er sei ihrer überdrüssig und habe eine andere Frau genommen. Er lässt seine eigene Tochter nach Hause zurückkehren, als wäre sie seine neue Ehefrau. Nachdem er die erste, nur mit einem Hemd bekleidet, fortgejagt hatte und sie bei alldem geduldig findet, nimmt er sie, die ihm teurer ist als je zuvor, wieder in sein Haus auf, zeigt ihr ihre erwachsenen Kinder, ehrt sie und lässt sie als Markgräfin ehren."

„Hier ist von Gliselidis die Rede, Markgräfin von Saluzzo, einer sehr tugendsamen Frau."

Boccaccios Rubrik konzentriert sich auf die Figur des Markgrafen von Saluzzo. Sie steht somit – wie Dioneos anschließender Erzählerkommentar – im Spannungsverhältnis zum Thema des zehnten Erzähltages, an dem von edlen Handlungen die Rede sein soll. Bereits zu Beginn weist die Novelle auf den Eigensinn (*a suo modo*) des Marchese hin. Durch die folgende Montage von Handlungselementen erscheint

---

42 Gliselidis wird bereits früher in der ‚Cité des Dames', nämlich in Kap. II,11, als ergänzendes Beispiel für die aufopferungsvolle Liebe, die Töchter ihren Eltern entgegenbringen, im Anschluss an eine *caritas romana*-Version genannt. Sie fungiert somit nicht nur als Exemplum für *constantia*, sondern auch für *caritas*.

dessen Verhalten gänzlich unverständlich, auch deshalb, weil die Rubrik auf jegliche Erklärung der Handlungsmotivation – denkbar wäre ein Hinweis auf den Wunsch, die Ehefrau zu prüfen – verzichtet. Griselda wird namentlich nicht genannt, sondern lediglich durch ihre niedere Abstammung (*una figliuola d'un villano*) und ihre – nicht näher begründete – *pazienza* charakterisiert. Bei Christine de Pizan dagegen wird ausschließlich Gliselidis genannt. Ihre gesellschaftliche Stellung als Marquise und ihre Tugendhaftigkeit entsprechen einander, ohne dass ein Konflikt auch nur angedeutet wird. Die niedere Herkunft Gliselidis', die die grausame Behandlung durch den Grafen zuallererst ermöglicht, ist ausgeblendet. Hinweise auf den männlichen Protagonisten und den Handlungsverlauf fehlen.

Ziel der exemplarischen Ausgestaltung ist es, Gliselidis als Verkörperung vollkommener Standhaftigkeit darzustellen. Dies gelingt durch den Kontext, durch das Vorhaben der Erzählinstanz Dame Droitture, Beispiele für standhafte Frauen zu geben, und durch die Leserlenkung in der Rubrik. Nicht bedingungslose Unterwürfigkeit, deren Berechtigung Boccaccios Dioneo in Frage stellt, wird hier präsentiert, sondern *constantia*, verstanden als Fähigkeit, äußere Widerstände zu meistern.

Anders als Petrarcas Version will Christines ‚Gliselidis'-Exempel keine allegorische Deutungsmöglichkeit hin auf das Verhältnis zwischen Gott und dem Gläubigen eröffnen. Ihr Gualtier ist daher von einer unerklärlichen Grausamkeit. Bereits zu Beginn der Erzählung weist Droitture auf die seltsamen Verhaltensweisen des Markgrafen hin (*Cestui estoit bel de corps et preudomme assez, mais moult estrange de meurs*, 900).[43] Im Laufe der Erzählung betont sie immer wieder die Grausamkeit des Markgrafen, die jedes Maß überschreite und mit der Motivation, die Ehefrau zu prüfen, schließlich nicht mehr zu vereinbaren sei, da Gliselidis ihre Tugendhaftigkeit längst bewiesen habe (*Ja avoyent esté ensemble douze ans, ouquel temps la bonne dame tant s'estoit bien portee que assez deust souffire l'espreuve de sa vertu* [...], 904). Gualtier wird damit zum Anti-Exempel für grausames und unbeständiges Verhalten, das Droitture zuvor an den Beispielen römischer Kaiser dargestellt hatte.

Auch bei der Aufnahme der Novelle von Bernabò und Zinevra in den ‚Livre de la Cité des Dames' werden Verfahren der Ambiguitätsreduktion wirksam. Erneut wird in der äußerst knappen Rubrik (*De la femme Bernabo le Genevois*, 913) und in der anschließenden Erzählung das Augenmerk auf die weibliche Hauptfigur gelegt. Das Thema der Täuschung, das bei Boccaccio im Vordergrund steht, tritt in der Version Christines zurück. Dementsprechend fehlt auch das Sprichwort *che lo 'ngannatore rimane a piè dello 'ngannato*, vor dessen Hintergrund sich die Ambiguität von Boccaccios Novelle – die zugleich auf die Uneindeutigkeit von Weltverhältnissen verweist – entfaltet. Der Teil der Novelle, der vom Disput der beiden Kaufleute, also der männlichen Protagonisten, handelt, wird bei Christine stark gekürzt und das Streitgespräch

43 Bei Petrarca wird Valterius dagegen als adlig im Sinne von Tugend- und Geburtsadel präsentiert. Siehe Petrarca, Rerum Senilium (wie Anm. 21), XVII,3,7: *et hic quidem forma virens atque etate, nec minus moribus quam sanguine nobilis [...] erat.*

zwischen Bernabò und Ambruogiuolo nur summarisch wiedergegeben. Der Name Zinevra ist komplett ausgespart, die weibliche Hauptfigur wird als *la dame, celle dame* oder *la bonne dame* und später, als sie sich als Mann ausgibt, mit dem Namen Sagurat da Finoli, einer Nachbildung von Boccaccios Sicurano da Finale, bezeichnet. Das Spannungsverhältnis zwischen dem Namen Zinevra, der auf eine berühmte Ehebrecherin hindeutet, und dessen Trägerin, einer außergewöhnlich treuen Ehefrau, ist damit aufgehoben. Die Frage nach der Verlässlichkeit sprachlicher Zeichen ist nicht Gegenstand von Christines exemplarischer Geschichte. Anders als im ‚Decameron' stellt die Erzählinstanz in der ‚Stadt der Frauen' eindeutige Kausalzusammenhänge her. So wird das zufällige Zusammentreffen Sagurats mit dem Betrüger Ambroise auf der Messe in Akkon explizit mit dem Einwirken Gottes erklärt (*Et comme il avenist – si que Dieu le voulst* [...], 918), der auf der Seite der zu Unrecht verfolgten Frau verortet wird. Im abschließenden Prozess ist die Rolle des Sultans deutlich zugunsten der Dame (noch in der Rolle Sagurats) zurückgenommen, die mit Ambroise und Bernabo ins Gericht geht. Dioneos kritische Perspektivierung von Bernabòs Verhalten als *bestialità* geht in abgeschwächter Form in die an den Ehemann gerichtete Anklage ein:

> *Pour tant se il [scilicet Ambroise] vous rapporta aucunes enseignes, estes vous si beste que vous ne doyés savoir que par assez de voyes frauduleusement il povoit sçavoir la façon du corps de elle sans y avoir couchié?* (921)
>
> „Auch wenn er [scilicet Ambroise] Euch einige Beweise lieferte, seid Ihr etwa so dumm, nicht zu wissen, auf wie vielen betrügerischen Wegen er das Aussehen ihres Körpers in Erfahrung bringen konnte, ohne dabei mit ihr geschlafen zu haben?"

Das Adjektiv *bête* hat denselben etymologischen Ursprung wie *bestialità* und bezeichnet mangelnde Urteilskraft und Dummheit. Die Sündhaftigkeit, die im Ausdruck *bestialità* mitschwingt, tritt zurück, betont wird dagegen die Erkenntnisschwäche des Ehemanns.

Den Betrüger bezichtigt die Dame in einem heftigen Angriff der Lüge und des Verrats. Die grausame Hinrichtung, zu der in Boccaccios Novelle der Sultan den Betrüger verurteilt, wird bei Christine jedoch nicht dargestellt. Betont werden dagegen die Qualitäten der Dame als Ehefrau, die nicht nur lebendig, sondern auch keusch (*vive entiere et chaste*, 922) zu ihrem Ehemann zurückkehrt.

Die nachgewiesenen Tendenzen der Vereindeutigung im ‚Livre de la Cité des Dames' resultieren aus der Zielsetzung des Werkes, die Tugendhaftigkeit von Frauen zu beweisen und damit zugleich weibliche Autorschaft zu legitimieren. Wie religiöse Überzeugungen im Zeitalter der Konfessionalisierung zur Ambiguitätsreduktion führen, soll abschließend am Beispiel von Marguerite de Navarres ‚Heptaméron' gezeigt werden.

## 4 Religiöse Heuchelei und literarische Ambiguitätsreduktion in Marguerite de Navarres ‚Heptaméron'

Marguerite de Navarre, die Schwester und enge Vertraute Franz' I., hinterließ bei ihrem Tod 1549 u.a. eine unvollendete Sammlung von 72 Novellen, die postum in Anlehnung an Boccaccios ‚Zehn-Tage-Werk' als ‚Heptaméron' veröffentlicht wurde.[44] Marguerite selbst nennt im Prolog Boccaccios Novellensammlung als Vorbild.[45] Allerdings übernimmt sie keinen konkreten Stoff der ‚Decameron'-Novellen. Die größte Gemeinsamkeit liegt in der Struktur beider Novellensammlungen. Wie das ‚Decameron' hat das ‚Heptaméron' eine Rahmenebene, die den Erzählanlass gibt und auf der das Gehörte diskutiert wird. Einen inhaltlichen Schwerpunkt bildet neben Liebes- und Tugendkonzepten die Heuchelei der Geistlichen, insbesondere der Franziskaner.[46]

Die Tatsache, dass Frömmigkeit simuliert werden kann, lässt letztere zweideutig werden.[47] Verdienst der Literatur ist es, das schwer fassbare Phänomen der Hypokrisie in zahlreichen Texten witzig, drastisch oder auch polemisch vor Augen zu führen.

---

44 ‚Erfinder' des Titels ‚Heptaméron' ist der zweite Herausgeber Claude Gruget; seiner Ausgabe von 1559 war ein Jahr zuvor Pierre Boaistuaus Fassung vorausgegangen, die den Titel ‚Histoires des Amans fortunez' trägt.

45 *Entre autres je croy qu'il n'y a nulle de vous qui n'ait leu les cent nouvelles de Jean Bocace, nouvellement traduictes d'Italien en François: desquelles le Roy treschretien François premier de ce nom, monseigneur le Daulphin, ma dame la Daulphine, ma dame Marguerite ont faict tant de cas, que si Bocace du lieu où il estoit, les eust peu ouïr, il eust deu resusciter à la loüenge de telles personnes.* In: Marguerite de Navarre, L'Heptaméron des nouvelles. Hg. von Nicole CAZAURAN. Paris 2000, S. 65. Zitate aus dem ‚Heptaméron' werden im Folgenden unter Angabe der Seitenzahl aus dieser Ausgabe zitiert. Übersetzungen P.C.D. Marguerites Interesse am ‚Decameron' geht auch daraus hervor, dass sie Antoine Le Maçon den Auftrag zu einer zweiten Übersetzung von Boccaccios Novellensammlung erteilte, die erstmals um 1410 von Laurent de Premierfait – allerdings auf der Grundlage einer lateinischen Version – ins Französische übertragen worden war.

46 Dass die Novellen des ‚Heptaméron' immer wieder vom Fehlverhalten der Franziskaner handeln, wird in den Gesprächen der Erzählergemeinschaft mehrfach thematisiert, am deutlichsten im Anschluss an die 48. Novelle: *Mon Dieu, dist Oisille, ne serons nous jamais hors des comptes de ces facheux cordeliers?* (455). Der Frage, warum der Vorwurf der Heuchelei im ‚Heptaméron' fast ausschließlich an Franziskanern exemplifiziert wird, geht Gary FERGUSON, Mal de vivre, mal croire: l'anticléricalisme de l'Heptaméron de Marguerite de Navarre. In: Seizième Siècle 6 (2010), S. 151–163, nach. Er nennt zum einen historische Gründe, darunter Streitigkeiten und Abspaltungsbewegungen innerhalb des Ordens, fehlende Strenge bei der Einhaltung der Ordensregel sowie das grundsätzliche Misstrauen der Bevölkerung gegenüber Bettelorden. Zum anderen ist der theologisch fundierte Gegensatz zwischen Franziskanern und *Évangéliques*, denen Marguerite nahesteht, besonders groß. Zu Beginn seines Episkopats in Meaux attackiert Guillaume Briçonnet insbesondere die Franziskaner scharf, die darauf mit dem Vorwurf des Lutheranismus reagieren.

47 Hans Robert JAUSS, Der Tartuffe-Skandal im Lichte von Mimesis und Simulation. In: DERS. (Hg.), Probleme des Verstehens. Ausgewählte Aufsätze. Stuttgart 1999, S. 40–73, hier S. 41, erklärt den Skandal, den Molières Komödie ausgelöst hat, damit, dass sie zeige, dass „die Sprache der Frömmigkeit in ihrem Gebrauch nicht mehr sichtbar zu machen vermag, ob sie aufrichtig oder nur simuliert ist, ob aus ihr der schlichte Glaube spricht oder ob sie die Absicht einer Täuschung verbirgt [...]."

Die Eingangsnovelle des ‚Decameron' beispielsweise vermittelt die erschütternde Erkenntnis, dass die Sprache der Devotion nicht ‚fälschungssicher' ist. Auf dem Sterbebett täuscht der zutiefst boshafte Notar Ser Cepparello, „der vielleicht schlechteste Mensch, der jemals geboren wurde" (*Egli era il piggiore uomo forse che mai nascesse*, I,1,15) einen ebenso frommen wie gelehrten Mönch mit einer falschen Beichte, die so gottesfürchtig daherkommt, dass Cepparello nach seinem Tod auf Betreiben des Beichtvaters als Heiliger San Ciappelletto verehrt wird, dem zahlreiche Wunder zugeschrieben werden. Die Novelle zieht die Verlässlichkeit theologischer Vermittlungsprozesse in Zweifel. Auf einer übergeordneten Ebene erschüttert sie das Vertrauen in Sprache, die selbst im Angesicht des Todes zu Täuschungszwecken eingesetzt werden kann. Das Skandalöse der Novelle, die Beichte und Heiligenverehrung in Frage stellt, bleibt von der Erzählinstanz unkommentiert. Das Beichtgespräch zwischen Cepparello und dem Mönch wird größtenteils in wörtlicher Rede wiedergegeben, d. h. Kommentierungen oder Bewertungen durch den Erzähler bleiben aus. Ähnlich zurückhaltend verhält sich der Erzähler Panfilo angesichts der doch schockierenden Transformation des verbrecherischen Notars in einen Heiligen. Geradezu nüchtern stellt er die sprachlichen und symbolischen Vermittlungsvorgänge dar, die bewirken, dass aus Ser Cepparello San Ciappelletto wird. Und auch auf der Rahmenebene wird die Brisanz des novellistischen Geschehens nicht explizit thematisiert, geschweige denn in eine moralische Belehrung überführt.

Anders verhält es sich im ‚Heptaméron'. Marguerite de Navarre kritisiert die Heuchelei der Mönche aus der Perspektive der *Évangéliques*, deren reformatorische Intention sie seit 1520 bis zum ihrem Tod 1549, also in der Zeit vor dem Ausbruch der französischen Religionskriege, engagiert unterstützt.[48] Die Brisanz ihrer Kritik ist u. a. daran erkennbar, dass die beiden ersten Herausgeber der Novellensammlung, Pierre Boaistuau und Claude Gruget, angesichts der Strenge, mit der Heinrich II. die Reformation bekämpfte, starke Eingriffe vornehmen und gerade jene Stellen streichen, in denen Marguerite ein besonders düsteres Bild heuchlerischer Geistlicher zeichnet.[49]

Die Ambiguität, die dem Gegenstand der Hypokrisie inhärent ist, wird auf der Rahmenebene des *Heptaméron*, in den Gesprächen der *devisants*, zugunsten einer ‚reformatorischen Gegenstrategie' zurückgenommen, wie das folgende Beispiel

**48** So stellt sich Marguerite schützend vor jene Humanisten und Theologen, die wegen ihrer reformatorischen Überzeugungen von der Sorbonne als Ketzer verfolgt werden, wie den Bibelübersetzer Jacques Lefèvre d'Étaples und den Rechtsgelehrten Louis de Berquin. Ihre unter dem Titel ‚Le Miroir de l'âme pécheresse' 1531 veröffentlichten Gedichte werden von der Sorbonne verurteilt und erst 1533, nachdem Franz I. großen politischen Druck ausgeübt hat, wieder vom Index der verbotenen Bücher gestrichen. Siehe Jonathan REID, King's sister – Queen of dissent. Marguerite de Navarre and her evangelical network. 2 Bde., Leiden 2009, Bd. 1, S. 35–84. Zur Position der *Évangéliques* siehe Thierry WANEGFFELEN, Ni Rome ni Genève. Des fidèles entre deux chaires en France au XVI$^{e}$ siècle. Paris 1997.
**49** Siehe Joachim LEEKER, Die Novelle der französischen Renaissance. Marguerite de Navarre, L'Heptaméron (1559) und Bonaventure Des Périers, Les nouvelles récréations et joyeux devis (1558). In: DERS. (Hg.), Renaissance. Tübingen 2003, S. 139–175, hier S. 140.

belegt: In Novelle 22 missbraucht ein Prior seine Macht als Beichtvater und Visitator, um eine junge Nonne zu verführen, die sich ihm jedoch standhaft widersetzt. Die bedauernswerte Schwester Marie Herouët ist – darin Griselda vergleichbar – einer Reihe äußerst grausamer Prüfungen, Verleumdungen und Bestrafungen seitens des heuchlerischen Mönches ausgesetzt. Das Gespräch, das auf die Erzählung folgt, ordnet das novellistische Geschehen einer religiösen Lehre ein:

> *Voilà, mes dames, une histoire qui est bien pour monstrer ce que dict l'Evangile [...]. Et pensez, mes dames, que sans la grace de Dieu, il n'y a homme où l'on doive croire nul bien, ne si forte tentation dont avecq luy l'on n'emporte victoire: comme vous pouvez veoir par la confusion de celuy que l'on estimoit juste, et par l'exaltation de celle qu'il vouloit faire trouver pecheresse et meschante. En cela est verifié le dire de Nostre Seigneur: ‚Qui se exaltera, sera humilié: et qui se humilliera, sera exalté.' – Hélas, dist Oisille, que ce prieur là a trompé de gens de bien, car j'ay veu qu'on se fioit plus en luy qu'en Dieu. [...] Et aussi en faisant vostre compte, vous m'avez remis en memoire une piteuse histoire que seray contraincte de dire, pource que je suis voisine du païs, où de mon temps elle est advenuë. Et à fin, mes dames, que l'hypocrisie de ceux, qui s'estiment plus religieux que les autres, ne vous enchante l'entendement, de sorte que vostre foy divertie de ce droict chemin, s'estime trouver salut en quelque autre creature, qu'en celuy seul qui ne veult avoir compaignon à nostre creation et redemption,* [...]. (284–286)

> „Diese Geschichte, meine Damen, ist gut geeignet zu zeigen, was das Evangelium lehrt [...].' ‚Bedenkt auch, meine Damen, dass es ohne die Gnade Gottes keinen Menschen gibt, in dem man etwas Gutes vermuten dürfte, und keine noch so starke Versuchung, über die man mit Gott nicht den Sieg davontrüge, wie ihr aus der Demütigung desjenigen ersehen könnt, den man für gerecht hielt, und aus der Erhöhung derjenigen, die er als Sünderin und Missetäterin verleumdete. Hierin bewahrheitet sich das Wort unseres Herrn: Wer sich selbst erhöht, der soll erniedrigt werden, und wer sich selbst erniedrigt, der soll erhöht werden.' ‚Ach', sagte Oisille, ‚welch rechtschaffene Leute dieser Prior hinters Licht geführt hat, denn ich habe gesehen, dass man ihm mehr Vertrauen geschenkt hat als Gott.' [...] ‚Ihr habt mich mit Eurer Geschichte an ein mitleiderregendes Geschehen erinnert, das ich Euch unbedingt erzählen muss, denn ich wohnte nicht weit weg von der Gegend, in der es sich zu meiner Zeit zugetragen hat, und ich bezwecke, dass Euch nicht die Scheinheiligkeit derer, die sich für frömmer halten als andere, den Verstand verneble, so dass Euer Glaube vom rechten Weg abkommt und meint, sein Heil in irgendeinem anderen Geschöpf zu finden als in dem, der zu unserer Schöpfung und Erlösung keinen Gehilfen haben wollte [...]."

Das hier stark gekürzt zitierte Gespräch zeigt, dass die Unterhaltungen, die im ‚Heptaméron' auf die jeweiligen Novellen folgen, weit größeren Raum einnehmen als im ‚Decameron'. Sie werden zudem deutlich lebhafter geführt. Aus dieser von Marguerite inszenierten Gesprächskultur könnte man schließen, dass die bei Boccaccio angelegte Offenheit und Deutungsvielfalt im ‚Heptaméron' noch verstärkt würde. Zumindest bei religiösen Themen ist jedoch das Gegenteil der Fall: Die Erzählerinnen und Erzähler ziehen aus dem novellistischen Geschehen einvernehmlich Lehren, die mit den Überzeugungen der *Évangéliques* in Einklang stehen. So wird der Novelle 22 eine Beweisfunktion im Sinne des Evangeliums zugeschrieben, wie die Verben *montrer* und *vérifier* verdeutlichen. Die Erzählung soll exemplarisch belegen, wie mit Hilfe der göttlichen Gnade die Schwachen die Starken besiegen können. Im Unterschied zum spannungsreichen Umgang mit Sprichwörtern im ‚Decameron' wird das Novellengeschehen hier als eindeutiger Beleg für die Geltung der biblischen Spruchweisheit *Denn wer sich selbst erhöht, der soll erniedrigt werden; und wer sich selbst erniedrigt, der soll erhöht werden*[50] gedeutet.

Das abschließende Gespräch dient zudem explizit der religiösen Unterweisung: Die Erzählerin Oisille sieht den Grund für die grausame Verfolgung einer tugendhaften Nonne durch einen lüsternen Prior darin, dass alle Beteiligten – mit Ausnahme der Bedrängten selbst – dem religiösen Würdenträger mehr Vertrauen geschenkt hätten als Gott (*car j'ay veu qu'on se fioit plus en luy qu'en Dieu*). Der Stellvertreter und Vermittler tritt damit auf geradezu häretische Weise an die Stelle Gottes. Die folgende Novelle, die ebenfalls von religiöser Heuchelei handelt, soll die Erzählergemeinschaft – und damit auch die Leserschaft – noch einmal eindringlich vor einer so gravierenden religiösen Verirrung warnen. Die Erzählerinnen und Erzähler sollen sich nicht von der Heuchelei jener Geistlichen, die eine besondere Frömmigkeit für sich in Anspruch nehmen, täuschen lassen. Sie sollen in ihrem Glauben nicht vom rechten Weg abkommen, indem sie ihre Heilshoffnung auf irgendeinen anderen als Gott selbst setzten. Die Wendung ‚Dieu seul' oder ‚Celuy seul' ist ein Gemeinplatz in den Schriften der *Évangéliques*.[51] Sie findet von dort Eingang ins ‚Heptaméron' und bestätigt die religiöse Ausrichtung der Sammlung im sprachlichen Detail.

Durch die Konfessionalisierung erfährt die christliche Religion eine Ambiguitätssteigerung.[52] In einem literarischen Werk, das eine eindeutige religiöse Position bezieht, muss Ambiguität in einer Gegenbewegung daher zurückgenommen werden.

## 5 Schlussbemerkungen

Der großen Reichweite des ‚Decameron' stehen die Widerstände gegen dessen innovative Ambiguität entgegen. Deutungspluralität und Verzicht auf moralische Unterweisung können nicht als generelle Merkmale der mit Boccaccio beginnenden europäischen Erzählliteratur gelten. Sie kennzeichnen vielmehr ein singuläres literarisches Werk.[53] An Boccaccios ‚Decameron' wird deutlich, dass sich literarische Innovation in

**50** Lk 14,11 und 18,14 sowie Mt 23,12.

**51** Zum Gebrauch des Adjektivs *seul* in den Schriften der *Évangéliques* siehe Isabelle GARNIER-MARTHEZ, L'Épithète et la connivence. Ecriture concertée chez les Evangéliques français (1523–1534). Genf 2005.

**52** Siehe den von Andreas PIETSCH und Barbara STOLLBERG-RILINGER hg. Band: Konfessionelle Ambiguität. Uneindeutigkeit und Verstellung als religiöse Praxis in der Frühen Neuzeit. Münster 2013.

**53** Es wäre Aufgabe einer umfassenderen – und gewiss höchst ergiebigen – Studie, Boccaccios lateinische Werke, denen in der gegenwärtigen Forschung nur wenig Aufmerksamkeit geschenkt wird, auf ihr Ambiguitätspotential zu befragen.

Sprüngen und nicht, wie häufig von der Literaturgeschichtsschreibung suggeriert, in einem linearen Prozess vollzieht.

Um die Gründe für das Zurückdrängen von Ambiguität in der Erzähltradition nach Boccaccio zu erfassen, bedürfte es einer größer angelegten Untersuchung. Zu vermuten ist ein Zusammenspiel höchst unterschiedlicher Ursachen. In anthropologischer Perspektive könnte ein genereller, im Menschen angelegter Widerstand gegen Uneindeutigkeit und unaufgelösten Zweifel eine Rolle spielen, der klare Deutungsmuster begünstigt.[54] Der europäische Erfolg von Petrarcas ‚Griselda', die zeitweilig stärker rezipiert wurde als Boccaccios Original, scheint diese These zu bekräftigen. Auf Seiten der Literaturproduktion – dies haben die Beispiele aus dem ‚Livre de la Cité des Dames' und dem ‚Heptaméron' gezeigt – führen spezifische politische, religiöse, soziale und auch persönliche Interessen, die mit einem Werk verfolgt werden, zur Ambiguitätsreduktion.

Ein großes Anliegen Boccaccios ist es dagegen, die Bedeutung von Literatur in einer sich ausdifferenzierenden, komplexer werdenden Gesellschaft vor Augen zu führen. Im 14. Buch der ‚Genealogia deorum gentilium', das der Verteidigung der Dichtkunst gewidmet ist, stellt er argumentativ-polemisch die Vorzüge von Literatur gegenüber Jurisprudenz, Theologie und Philosophie heraus. Im ‚Decameron' führt er die Erkenntnisleistung von Literatur mit den Mitteln der Erzählung selbst vor Augen. Nicht nur die besondere Anschaulichkeit literarischer Texte, die sie größeren Publikumskreisen zugänglich macht, sondern auch deren Ambiguität, die die Leserschaft zur Sinnproduktion anregt und es ermöglicht, unterschiedliche Perspektiven einzunehmen, begünstigt – so belegen es die ‚Decameron'-Novellen – die Erkenntnis komplexer und uneindeutiger Weltverhältnisse.

54 Bauer, Die Vereindeutigung der Welt (wie Anm. 1), S. 15, beschreibt den Menschen unter Hinweis auf psychologische Erkenntnisse, als „tendenziell ambiguitätsintolerant".

Carola Redzich

# *daz er dicz puch selber schreib mit seiner hant*

## Zum Einfluss der Verfasserfrage auf die Rezeption der Johannesapokalypse in deutschsprachigen Übersetzungen des 14. und 15. Jahrhunderts

## 1 *auctor* und *scriptor*: zur Verfasserschaft biblischer Texte

Vor einigen Jahren stieß ich in einer Proseminararbeit auf ein Zitat aus der Johannesapokalypse, auf das sich die folgende bibliographische Fußnote bezog: „Gott: Die Bibel, übersetzt von Martin Luther." Der studentische Verfasser betrachtet die Bibel gleichsam selbstverständlich als in sich geschlossenes Werk, in das die Johannesapokalypse als eine Art Kapitel integriert ist. Literarische Werke haben gewöhnlich einen Autor, und das Fehlen eines solchen auf dem Titelblatt einer Bibelausgabe wird als Leerstelle empfunden, die es nach bibliographischen Gepflogenheiten zu füllen gilt. Als Autoren des biblischen Gesamtwerks kommen für den studentischen Verfasser im vorliegenden Fall weder der Evangelist Johannes, dem die Autorschaft der Offenbarung zumindest im Mittelalter zugeschrieben wird, noch Martin Luther in Frage, dessen übersetzerischer Umgang mit der kanonischen Textsammlung ihren spezifischen Werkcharakter als einer deutschen ‚Heiligen Schrift' begründet und im kulturellen Gedächtnis des protestantischen Bildungsbürgertums mit dem Begriff ‚Bibel' gleichsetzt.[1] Der Verfasser der Proseminararbeit zieht es hier vor, die ‚literarische' Urheberschaft für die Bibel Gott zuzusprechen. Als bibliographische Referenzgröße mag eine metaphysische Instanz etwas aus dem wissenschaftlichen Rahmen fallen, aus der Perspektive Martin Luthers erscheint die Angabe indes vollkommen korrekt: *Die heilige Schrifft ist* [...] *allein Gottes, der hat sie allein gesprochen und geschrieben der sol sie auch allein deuten und auslegen, wo es not ist.*[2] Eine Verfasserinstanz ‚Gott' bleibt unberührt von Problemen der Historizität der Bibel als kanonischer Textsammlung, deren Textbestand, Ordnung und formale Gestalt (Kapitel- und Verszählung) im Laufe der Rezeptionsgeschichte ebenso starkem Wandel unterliegt, wie die Geltung

1 Vgl. Carola REDZICH, Luthers langer Schatten. Teleologie und Typologie in der Forschungsgeschichte zur Bibelübersetzung. In: Luther zeitgenössisch, historisch, kontrovers. Hg. von Richard FABER/ Uwe PUSCHNER. Frankfurt am Main 2017, S. 465–484; hier S. 465–468.

2 Martin Luther, Vom Schem Hamphoras und vom Geschlecht Christi. In: Martin Luthers Werke. Kritische Gesamtausgabe, Bd. 1ff., Weimar 1883ff., Bd. 53, S. 579–648; hier S. 644,25–29; vgl. Albrecht BEUTEL, In dem Anfang war das Wort. Studien zu Luthers Sprachverständnis. Tübingen 1991 (Hermeneutische Untersuchungen zur Theologie 27), S. 245–246.

https://doi.org/10.1515/9783110740509-009

der Sprachen, in denen diese Sammlung Gestalt gewinnt. Auch wenn die mittelalterlichen Theologen die Verantwortung für die Auslegung der heiligen Schriften keinesfalls Gott allein überlassen können, weil sie aus der hermeneutischen Aufgabe ihre Existenzberechtigung ableiten, lauten viele Aussagen zur Autorschaft der *sacra scriptura* ganz ähnlich. Thomas von Aquin z. B. formuliert in der ‚Summa theologiae': *auctor sacrae Scripturae est Deus, in cuius potestate est ut non solum voces ad significandum accommodet (quod etiam homo facere potest), sed etiam res ipsas.*[3] Während Luther die Instanz ‚Gott' ausdrücklich mit dem Akt des Schreibens in Beziehung setzt, als dessen Ergebnis sich das Werk der ‚Heiligen Schrift' als göttlicher Wortlaut manifestiert, und in diesem Sinne Autorschaft dezidiert als Verfasserschaft begreift, lässt die Formulierung der ‚Summa' diese Interpretation nur bedingt zu. Zwar stellt auch Thomas eine Beziehung zwischen *auctor* und *scriptura* her, allerdings geht es ihm hier weniger um schriftstellerisches als vielmehr generell um schöpferisches Handeln. Insofern, als dass Gott *auctor* aller Wörter und Sprachen sowie aller Dinge ist, die sie bezeichnen, bleibt die *sacra scriptura* johanneisch geprägte Metapher für jede Art schöpferischer Seins-Setzung. Während Luther das deutsche Äquivalent für *sacra scriptura* (*heilige Schrifft*) wie einen Werktitel verwendet, fokussiert Thomas mit dem lateinischen Äquivalent die (sich in den kanonischen Schriften manifestierende) Gott eigene Redeweise, in der sich sein Wille und Wirken in der Heilsgeschichte offenbart und die je nach Ort, Zeit und Erfordernis als theologisch-abstrakte, als erzählende, als poetische oder prophetische Schriftrede in Erscheinung tritt. Der entscheidende Punkt ist: Gott selbst schreibt nicht. Er offenbart sich den Auserwählten ([...] *ut* [...] *elevet eas ad cognitionem intelligibilium*), und er verbleibt dabei in seiner Göttlichkeit (*remanet in sua veritate*).[4] Wie diejenigen, *quibus revelatio facta est*, diese Offenbarung jeweils schriftsprachlich umsetzen, bleibt für Thomas im Anschluss an Augustinus eine didaktisch-pädagogische Frage.[5] Die *sacra scriptura* ist somit nicht die ‚Bibel' genannte, historisch gewachsene Sammlung kanonischer, semi-kanonischer und exegetischer Schriften, deren Verfasser gläubige Christen, mithin Menschen sind, sie ist vielmehr in allen diesen (und anderen) Schriften. Hugo von St. Viktor definiert die Sammlung, die er ungeachtet ihres menschlichen Ursprungs *divinae scripturae* (Plural!) nennt, wie folgt: *Scripturae divinae sunt quas, a catholicae fidei cultoribus editas auctoritas universalis ecclesiae ad eiusdem fidei corroborationem in numero divinorum librorum computandas recepit et legendas retinuit.*[6] Die *divini libri* sind für Hugo eigenständige Schriften und Werke, die von menschlichen Autoren zu verschie-

3 Sancti Thomae Aquinatis Doctoris Angelici Ordinis Praedicatorum Summa Theologiae. Cura Fratrum eiusdem ordinis. 5 Bde. 1961–1963; hier I, q. 1, a. 10, resp.

4 Ebd., I, q. 1, a. 9, ad 2.

5 So wertet Thomas (ebd.) die figurative Rede (*occultatio figurarum*) als *utilis* [...] *ad exercitium studiosorum, et contra irrisiones infidelium.*

6 Hugo von St. Viktor, Didascalicon. De studio legendi. Lateinisch/Deutsch. Übersetzt und eingeleitet von Thilo Offergeld. Freiburg u. a. 1997, 4, 1, 70.

denen Zeiten mit der Intention verfasst wurden, Glaubenswissen zu vermitteln, das von der Kirche als kanonisch bzw. orthodox anerkannt wird. Hugo denkt die Gesamtheit dieses Schrifttums mehr als eine Bibliothek denn als ein (einzelnes) Buch, was mit der mittellateinischen Verwendung des etymologisch verwandten griechischen Lehnwortes *bibliotheca* als Synonym für *biblia* korrespondiert.[7] Diese Bibliothek ist, wie Hugo ausführt, aufgrund ihrer Größe für einen ungeschulten Leser unübersichtlich, geradezu verwirrend, und es bedarf, um sich sicher in ihr zu bewegen und intellektuellen Nutzen aus ihr zu ziehen, einer inneren, aus dem Glauben gewonnenen Sicherheit:

> *Vix enim in tanto librorum pelago et multiplicibus sententiarum anfractibus, quae et numero et obscuritate animum legentis saepe confundunt, aliquid unum colligere poterit, qui prius summatim in unoquoque, ut ita dicam, genere aliquod certum principium firmum fide subnixum, ad quod cuncta referantur, non agnovit.*[8]

Für Hugo ist das wichtigste Kriterium für die Geltung einer Schrift als *divina* durchaus nicht allein deren Autorisierung durch die Kirche, sondern, wie er *divinus* hier semantisiert, dass sie *a falsitate contagionis aliena* („frei von der Ansteckung mit der Falschheit") sei.[9] Es gebe neben den kanonischen auch andere Schriften, *a religiosis viris et sapientibus diversis temporibus conscripta, quae licet auctoritate universalis ecclesiae probata non sint, tamen quia a fide catholica non discrepant et nonnulla etiam utilia docent, inter divina computantur eloquia.*[10]

Dass eine im Glauben basierte Rede von der göttlichen Wahrheit grundsätzlich auch jenseits der kirchlichen Doktrin möglich ist, relativiert nicht die Bedeutung der von der Kirche anerkannten kanonischen Schriften, macht aber Hugos Ansicht deutlich, dass es absurd wäre anzunehmen, Gottes Wort, die *sacra scriptura*, ließe sich in ihrer unendlichen Sinnfülle in einigen wenigen historischen Manifestationen, wie sie die kanonischen *sacrae scripturae* repräsentieren, zusammenfassen, deren Verhältnis zur *sacra scriptura* in etwa demjenigen von Zeichen und einem zu Bezeichnenden entspricht, das sich selbst vermittelst einer unendlichen Fülle von Zeichen nicht erschöpfend ‚bedeuten' lässt. Damit konstituiert, legitimiert und fordert Gott als *auctor* der *sacra scriptura* selbst den Konnex zwischen Schriftwort und Exegese,

---

7 Vgl. ebd. 4, 4 (*Quid sit bibliotheca*); dazu Redzich, Luthers langer Schatten (wie Anm. 1), S. 469.

8 Hugo, Didascalicon (wie Anm. 6), 6, 4, 120: „in einer solchen Flut von Büchern und in einem solchen Gewirr von Lehrmeinungen, welche sowohl durch ihre Zahl als auch durch ihre Unverständlichkeit oft den Geist des Lesers verwirren, kann man kaum auch nur in einem einzelnen Punkt zu einem Ergebnis kommen, wenn man nicht vorher sozusagen in jeder Kategorie summarisch ein festes, durch unerschütterlichen Glauben getragenes Prinzip für sich festgehalten hat, das für alle Punkte Gültigkeit besitzt." Übersetzung von Thilo Offergelt.

9 Ebd. 4, 1, 70.

10 Ebd. 71: „die von frommen und weisen Männern zu verschiedenen Zeiten geschrieben worden sind und die, wenn sie auch von der Autorität der allgemeinen Kirche nicht anerkannt worden sind, dennoch unter die heiligen Worte gerechnet werden".

durch den der Referenzhorizont für das, was als Glaubenswissen, als göttliche Wahrheit in und hinter dem Wort begriffen wird, allererst sichtbar werden und die verborgene Referentialität der *sacrae scripturae* offengelegt werden kann.

Bis zum Beginn der Frühen Neuzeit bleibt die ‚Bibel' für die Mehrheit der gläubigen Laien ein abstrakter und erhabener Begriff. Die performative Vergegenwärtigung des biblischen Wortes in der Liturgie und der monastischen *lectio divina* vollzieht sich in sakralen Räumen, die Laien nicht oder nur unter bestimmten Bedingungen und zu bestimmten Zeiten zugänglich sind. In der geistlichen Laienunterweisung (außerhalb des monastischen Raums) spielt die selbstständige Lektüre des Schriftwortes (in Übersetzungen) kaum eine Rolle.[11] In Predigten und anderen Gattungen geistlicher Literatur in der Volkssprache, die Teile des liturgisch relevanten biblischen Wortlautes übersetzen und mit je spezifischen Deutungen rahmen, dominiert die Vorstellung von den biblischen Büchern als einer großen Bibliothek. In aller Regel nehmen die Prediger vermittels einer Einleitungsformel auf den biblischen Wortlaut Bezug, die nach dem Muster ‚Matthäus sagt im Evangelium' oder ‚Johannes schreibt in der Apokalypse' sowohl das jeweilige Buch als auch dessen (menschlichen) Verfasser eindeutig benennt. Damit ist die je folgende Aussage als didaktisch-autoritatives Sprachhandeln einer anerkannten Lehrperson markiert, wobei in diesem Rezeptionskontext kein kategorialer Unterschied zwischen biblischen Autoren wie Paulus und Johannes und Kirchenlehrern wie Augustinus, Gregor oder Bernhard erkennbar wird.

## 2 Sprachlich-rhetorische *obscuritas* als didaktisches Prinzip: zur Deutung der Apokalypse im schultheologischen Kontext

Die Frage, ob und wenn ja, in welcher Weise der Mensch Anteil an der Verfasserschaft der biblischen Schriften hat, gewinnt seit dem 12. Jahrhundert zunehmend an Bedeutung.[12] Ist auktoriales Handeln schlechthin als dem freien Willen unterliegende, vom intellektuellen Vermögen eines Menschen abhängige und dessen Verantwortung unterliegende (gnadenhaft geschenkte) Fähigkeit zu begreifen oder bleibt es als Medium der Wirkabsicht Gottes dem menschlichen Wollen entzogen? Während der Benediktiner Rupert von Deutz dabei bleibt, dass Gott allein Gestalt und Redeweisen der biblischen Schriften im Zusammenhang mit seinen Wirkabsichten in spezifischen historischen Situationen bestimme, wobei er den Verfassern die Rolle von inspirier-

11 Vgl. BEUTEL, In dem Anfang (wie Anm. 2), S. 238–243.

12 Grundlegend Alastair MINNIS, Discussions of ‚Auctorial Role' and ‚Literary Form' in Late Medieval Scriptural Exegesis. In: Beiträge zur Geschichte der deutschen Sprache und Literatur 99 (1977), S. 37–65.

ten *scriptores* zuweist,[13] entwickelt Hugo von St. Viktor das Konzept einer doppelten Autorschaft, in dem sich göttlicher *auctor* und menschlicher *scriptor* harmonisch ergänzen. Die vom *scriptor* intendierte, auf einer Glaubenswahrheit basierende und eigenständig in Schrift gebrachte Aussage korrespondiert mit der dieser Aussage Geltung verleihenden *sententia divina*, die durch die Exegese aufgedeckt werden könne. Um Fehldeutungen zu vermeiden, sollte die Deutung sich so eng wie möglich daran orientieren, *quod certum apparuerit eum sensisse quem legimus.*[14] Wenn sich nicht eindeutig ermitteln lasse, was der *scriptor* „allem Anschein nach gemeint hat", empfehle es sich, einer orthodoxen Deutung zu folgen, die nicht vom rechten Glauben abweiche: *Aliud est enim quid potissimum scriptor senserit non dinoscere, aliud a regula pietatis errare.*

Das betrifft vor allem Schriften wie die Johannesapokalypse, deren sprachliche *obscuritas* Hugo als schwer verdauliche Speise bezeichnet, die man gut kauen müsse, bevor man sie verdauen könne. Der Wortlaut entsprechender Schriften habe zwar, wie er formuliert, eine tiefere Bedeutung (*sententia*), bleibe aber auf der Textoberfläche unverständlich: *Illa* [*narratio*] *vero litteram et sententiam tantum habet, ubi ex sola pronuntiatione nihil concipere potest auditor nisi addatur expositio.*[15] Einem ungeübten Leser verwehrten solche Texte einen unmittelbaren verstehensbasierten Zugang und blieben ohne die gelehrte *expositio* verschlossen.[16]

Hugos Plädoyer für die Orientierung an der orthodoxen Auslegung bei der Lektüre schwieriger biblischer Schriften spiegelt sich im schultheologischen Umgang mit dem letzten Buch des biblischen Kanons: Die allegorisch-ekklesiologische Deutung der Apokalypse, die den Text als chronologisch-linear oder zyklisch-rekapitulierend geordnete Offenbarung der gesamten Heils- und Kirchengeschichte versteht, wird seit dem 9. Jahrhundert zum exegetischen Standard.[17] Schon Ambrosius Autpertus wertet die Bildsprache des Textes als Ausdruck einer gattungsspezifischen Literarizität, die sich in verschiedenen *modi locutionis* auf der Textoberfläche offenbare. Die Frage, wer hier eigentlich spricht und wer schreibt, wird in diesem Zusammenhang, ausgehend vom göttlichen Schreibbefehl *quod vides scribe in libro* (Apc 1, 11), zur zentralen exegetischen Aufgabe.[18] Es gilt, das auktoriale Beziehungsgefüge zwischen der real-

---

**13** Vgl. Carola Redzich, *Quod vides scribe in libro.* Zum Verhältnis von visionärer Schau und ihrer sprachlichen Vermitteltheit in der Apokalypseauslegung vom 8. bis zum 12. Jahrhundert. In: Sehen und Sichtbarkeit in der Literatur des deutschen Mittelalters. XXI. Anglo-German Colloquium London 2009. Hg. von Ricarda Bauschke/Sebastian Coxon/Martin H. Jones, Berlin 2011, S. 272–289; hier S. 286–287.

**14** Vgl. zum Folgenden Hugo, Didascalicon (wie Anm. 6), 6, 11, 129.

**15** Ebd., 6, 8, 125: „Jene Erzählung aber, bei der der Hörer aus dem bloßen Vortrag heraus nichts verstehen kann, wenn keine Auslegung hinzugefügt wird, enthält nur Wortlaut und tiefere Bedeutung."

**16** Vgl. ebd., 6, 4, 120.

**17** Vgl. E. Ann Matter, The Apocalypse in Early Medieval Exegesis. In: The Apocalypse in the Middle Ages. Hg. von Richard K. Emmerson/Bernard McGinn, Ithaka/London 1992, S. 38–50.

**18** Redzich, *Quod vides* (wie Anm. 13), S. 273–279.

historischen Person Johannes, der die Offenbarung zuteilwird, der ‚Ich' sagenden und als ‚Johannes' angesprochenen Textinstanz und dem Verfasser Johannes aufzudecken, der dieses ‚Ich' mit rhetorischen Mitteln inszeniert. Die Identität dieses Verfassers mit Johannes, dem Apostel, Evangelisten und Lieblingsjünger Christi, der beim letzten Abendmahl an der Brust des Herrn ruht, wird seit dem 5. Jahrhundert im sog. Pseudo-Hieronymus-Prolog kanonisch fixiert.[19] Im Rahmen dieser Deutungstradition avanciert die Apokalypse zum Antitypus der alttestamentlichen Prophetien.

Mit dem in der Theologie aufkommenden Interesse an den menschlichen Verfassern der *divinae scripturae* verbindet sich auch die Frage der (Mit-)Verantwortung für die *obscuritas* prophetischer Schriften. Solange diese der Sphäre der göttlichen *auctor*-Instanz zugerechnet wird, bleibt sie ein theologisches, mit den Mitteln der Exegese zu lösendes Problem. Sobald sie jedoch zum selbst verantworteten literarischen Produkt eines menschlichen Verfassers erklärt wird, werden text- und literaturkritische Fragen virulent.[20] Entsprechend etablieren sich in der Kommentarliteratur zur Johannesapokalypse sprachphilosophisch und literaturtheoretisch basierte, von der Antikenrezeption beeinflusste, Überlegungen zur rhetorischen Gestalt und Komposition des Textes, die die artistische Gelehrsamkeit ihres Verfassers betonen und ihm eigenständige theologisch-didaktische Wirkabsichten zuerkennen. Dass das angesichts der überragenden heilsgeschichtlichen Bedeutung des Evangelisten Johannes überhaupt als notwendig erachtet wird, liegt daran, dass sich das akademisch geformte Verfasserprofil des Evangelisten nicht bruchlos mit der anthropologisch basierten Visionstheorie des Augustinus überblenden lässt, der dem Visionär Johannes weit weniger intellektuelles Potential zugesteht, als dies die Schultheologen für einen kanonischen Autor vorsehen.[21] Augustinus hatte, ohne explizit zwischen der Textgestalt und dem *modus visionis* zu unterscheiden, die in der Apokalypse als bildhafte Schau inszenierte Erlebnisweise der *visio spiritalis* zugeordnet und sie damit als etwas für den gewöhnlichen Sterblichen potentiell Erfahrbares klassifiziert. Die höchste Schauweise, die unvermittelte *visio intellectualis*, sei, so Augustinus, nur Paulus zuteil geworden, der somit hierarchisch über anderen Visionären wie Johannes und den alttestamentlichen Propheten steht. Augustinus lässt zwar offen, ob er Johannes zu einer (sich seiner Ansicht nach im Text nicht manifestierenden) eigenständigen Interpretation der von ihm geschauten Bilder grundsätzlich für fähig hält, dennoch kommen diesbezüglich implizit Zweifel zum Ausdruck, die zunehmend theologischen Widerspruch provozieren. Die akademische Rehabilitierung des Verfassers der Johannesapokalypse findet ihren Höhepunkt im Apokalypsenprolog

19 Vgl. zur Prologtradition DIES., *Apocalypsis Joannis tot habet sacramenta quot verba*. Studien zu Sprache, Überlieferung und Rezeption hochdeutscher Apokalypseübersetzungen des späten Mittelalters. Berlin/New York 2010 (Münchener Texte und Untersuchungen 137), hier S. 85–95.

20 Vgl. Alastair J. MINNIS/A. B. SCOTT, Medieval Literary Theory and Criticism: c. 1100–c. 1375. The Commentary-Tradition. Oxford 1988.

21 Zum Folgenden REDZICH, *Quod vides* (wie Anm. 13), S. 275–278.

‚Omnes qui pie volunt vivere', der Gilbert von Poitiers, einem Schüler Anselms von Laon, zugeschrieben wird, und der als ein Schulbeispiel für den modernen Typ des biblischen *accessus* in das Korpus der kanonischen Vulgataprologe aufgenommen wird.[22] Im Anschluss an die kurzen Bemerkungen zur Komposition des Textes, die Anselm an den Anfang seines Glossenkommentars zur Apokalypse stellt,[23] erörtert Gilbert *materia, compositio, intentio* und *modus tractandi* der Apokalypse, die er traditionsgemäß der Gattung der Prophetie zuordnet, einer Gattung, der ein bestimmter *modus locutionis* eignet. Die artistisch-literarische Kompetenz des Verfassers Johannes steht in diesem Zusammenhang außer Frage: *Joannes*, so Gilbert, *hunc librum composuit*, verfasste das Buch nach den Regeln der *compositio*. Gilbert klassifiziert die bildhafte Redeweise des biblischen Buches als sprachliches Register und weist sie der Ebene der Textproduktion zu. Die *figurae* werden in diesem Zusammenhang als vom Verfasser gewählte, der *materia* angemessene rhetorisch geformte sprachliche Repräsentationen des Geschauten interpretierbar. Damit wird die sprachliche Gestalt des Textes in der Exegese endgültig von der Frage der Schau des Visionärs und dessen mentalen Kapazitäten abgekoppelt. Auf der Basis des neuen Verfasserprofils wird es nun möglich, auch dem Visionär Johannes die höchste Form der Schau, die *visio intellectualis*, zuzubilligen, denn es steht nun außer Frage, dass Johannes das, was er sah, mit seinem Verstand erfassen und adäquat zum Ausdruck bringen konnte.

Mit der ‚mystischen Wende' in der Exegese gegen Ende des 12. Jahrhunderts erfährt die Wertschätzung des menschlichen Verstandes als Instrument der Gotteserkenntnis bekanntlich eine Relativierung. Das erklärt, weshalb Richard von St. Viktor in seinem Kommentar zur Apokalypse (um 1170) den in der vorgängigen Exegese so zentralen Begriff der *visio intellectualis* aufgibt und die *contemplatio* hierarchisch über die Erkenntnisweisen der *cognitio* stellt.[24] Die höchsten Dinge sind Richard zufolge nicht mit dem Verstand und auch nicht aktiv zu erfassen. Um zur *contemplatio* zu gelangen, müsse der Geist sich berühren lassen und die dem menschlichen Denken eigenen Ordnungskategorien (*figurae, qualitates*) überwinden. Richard zufolge gibt es zwei Möglichkeiten, eine visionäre Gottesbegegnung sprachlich zu vermitteln. Im Anschluss an Dionysius Areopagita bezeichnet er sie als *symbolica* und *anagogica demonstratio*.[25] Die symbolische Vermittlung verberge die Wahrheit unter Gestalten, Zeichen und Gleichnissen, während die *anagogica demonstratio* sie „nackt und pur,

---

22 Der Text wird zitiert nach: Préfaces de la Bible Latin. Hg. von Donatien de Bruyne. Namur 1920, S. 262; vgl. Redzich, *Quod vides* (wie Anm. 13), S. 281–283.

23 Vgl. Anselm von Laon, Enarrationes in Apocalypsin. Patrologiae latinae cursus completus. Hg. von Jacques Paul Migne, 217 Bde., Paris 1844–1855 (im Folgenden: PL), Bd. 162 (1889), Sp. 1499–1586, hier Sp. 1500. Die Zuweisung des Kommentars an Anselm ist umstritten; vgl. Redzich, *Apocalypsis* (wie Anm. 19), S. 74. Ich nutze den Namen hier aus pragmatischen Gründen als Chiffre für den Verfasser, da neuere Forschungen diesbezüglich bislang fehlen.

24 Zum Folgenden ebd., S. 283–286; der Text wird zitiert nach: Richard von St. Viktor, In Apocalipsim Joannis. PL (wie Anm. 23), Bd. 196 (1880), Sp. 683–888.

25 Zur dionysischen Bildlehre vgl. Minnis/Scott (wie Anm. 20), S. 165–173.

ohne Verhüllung“ zum Ausdruck bringe: *nude et pure sicut est absque integumento exprimitur*. Dass der Verfasser der Apokalypse nicht die *anagogica demonstratio* wählt, ergibt sich daraus von selbst. Da Johannes, so Richard, von sich selbst sagte, er sei *in spiritu* gewesen, könne er nur in einem der beiden *modi spirituales* geschaut haben. Die bildhafte Redeweise des Textes entspreche der *symbolica demonstratio* und damit dem dritten *modus* der Schau. Wie Richard betont, entspricht dieser jedoch nicht dem mangelnden Erkenntnisvermögen des Johannes, sondern demjenigen seiner Rezipienten: Dem Visionär obliegt die didaktische und sozialethische Verpflichtung, sein Wissen, das er in der Vereinzelung der Schau erlangt hat, durch eine adäquate Vermittlungsweise in die Gemeinschaft zu integrieren. Diese Verpflichtung erscheint Richard als Bürde, ja als Prüfung, denn sie bedeutet für den Visionär sowohl einen erzwungenen Rückschritt im persönlichen Aufstieg zur höchsten Gotteserkenntnis als auch den Verzicht auf die größtmögliche Gottesnähe, die nur in der Vereinzelung erfahrbar ist. Für Richard ist nicht das erzwungene Exil auf Patmos das Opfer, das Johannes zu bringen hat, sondern die ihm von Gott auferlegte Rückkehr in die Gemeinschaft der *ecclesia*.

Für das Selbstverständnis des Dominikanerordens ist das von Richard als Spannungsverhältnis zwischen Wunsch und Verpflichtung gezeichnete Wirk- und Handlungsspektrum des von Gott begnadeten Einzelnen konstitutiv, das den Rückzug aus der Gemeinschaft, verbunden mit strenger Askese, Kontemplation und intensiver Schulung des Intellekts an der und durch die theologische Schriftlichkeit ebenso fordert, wie die religiöse Unterweisung der Gemeinschaft durch Seelsorge und Predigt in Schrift und Sprache.[26]

Der Dominikaner Heinrich von Schaffhausen zeichnet um 1300 in einer deutschen Predigt ein Profil des Evangelisten, das dessen hohes Identifikationspotential für die dominikanischen Gelehrten gut fassbar macht:

> *sant Johannes ewangelista der was siben iar in der wust da er nie leiplich speise versucht. Vnd lebet nicht wan gotlicher gesicht vnd gotliches kosen emsiger troeste vnd engelischer gesellschaft. Da schraib er das buch der gotlichen haimlichait mit dem er alle maister mude het gemachet. Nu sult ir wissen: Alles das die propheten vnd die patriarchen ie von got gesagten das was in ainer vinster vnd vnder ainem schatten vnd was bedecket als vnder ainem nebel das hat sant Johannes alles erleuchtet mit seiner schrift vnd mit seiner lere vnd hat es zuerkennen geben aller der welt.*[27]

26 Johannes wird in diesem Zusammenhang zur Leitfigur einer *vita mixta*, die kontemplative und aktive Elemente harmonisiert und auf diesem Weg zur apostolischen Vollkommenheit zu gelangen sucht. Dazu grundlegend Martina WEHRLI-JOHNS, Das Selbstverständnis des Predigerordens im Graduale von St. Katharinenthal. Ein Beitrag zur Deutung der Christus-Johannes-Gruppe. In: *Contemplata aliis tradere*. Studien zum Verhältnis von Literatur und Spiritualität. Hg. von Claudia BRINKER/Urs HERZOG/Nikolaus LARGIER/Paul MICHEL. Bern 1995, S. 241–272, hier S. 246–251.

27 Zit. nach der Handschrift Pommersfelden, Gräflich-Schönbornsche Bibliothek, Ms. 120, hier fol. 88rb.

Die prophetischen und mystisch-theologischen Qualitäten der Apokalypse korrespondieren mit der exklusiven Nähe zu Gott, die ihr Verfasser in der völligen Abgeschiedenheit der *wüeste* findet. Durch übermenschliche körperliche Askese schärft er seine Verstandeskräfte, was ihn dazu befähigt, sieben Jahre lang ohne leibliche Nahrung am Buch der Offenbarung zu arbeiten. Dieses Buch, das in verdichteter Form die gesamte Heilsgeschichte bis zu ihrem Ende offenbart, stellt eine intellektuelle Höchstleistung dar, die jeden Exegeten (*meister*) zur Demut zwingt und mit den Grenzen seiner (defizitären) Menschlichkeit konfrontiert. Streng genommen ist es, wie wohl auch die Rezipientinnen der Predigt wissen, eigentlich Johannes der Täufer, der bis zum Erscheinen des Herrn als Asket in der Wüste verbringt.[28] Es geht Heinrich hier jedoch nicht darum, die asketische Sonderbegabung des Täufers zu relativieren, sondern den engen Konnex zwischen Askese und Intellekt hervorzuheben. Zudem referiert Heinrich mit dem Wort *wüeste* nicht auf eine ‚heiße vegetationsarme Gegend', sondern auf einen ‚verlassenen, einsamen Ort' (*locus desertus, locus solitarius*). Die Insel Patmos wird in der Glossentradition als ein solcher Ort imaginiert,[29] ein Ort, der aufgrund seiner Kargheit wie geschaffen scheint für eine exklusive Gottesbegegnung, der aber vor allem, wie Heinrich (wie man vermuten darf) im Rekurs auf Richards Apokalypsenkommentar andeutet, perfekte Bedingungen für schriftstellerisches Arbeiten im Dienst Gottes bereitstellt. Somit geht es Heinrich hier nicht um den historischen Ort des Johannes aufgezwungenen Exils, weshalb er ihn auch nicht Patmos nennt, sondern um den symbolisch-allegorisch gefassten *locus solitarius*, der Literaturproduktion zum Heil der Christenheit ermöglicht. Wie er ausführt, hatte Johannes schon für die Abfassung des Evangeliums selbst die *wuste* aufgesucht, um in Ruhe schreiben und arbeiten zu können: *do sant Johannes die ewangelium schreiben wolt do gieng er in aine wust von den lewten vnd bat vnsern herren das er regen noch wint niemer dar ließ kommen das er von vngewitter nicht geirret wurd an seinen wercken.*[30] Johannes benötigt nicht erst einen Schreibbefehl von Gott, im Gegenteil ist es ihm ein drängendes Bedürfnis, das Evangelium zu verfassen. Um konzentriert arbeiten zu können, wählt er selbst den Rückzug aus der Gemeinschaft und den Aufenthalt in der *wüeste*. Kontemplation und intellektuelle Schriftproduktion führen nur in vollkommener (selbst vom Wetter unbeeinträchtigter) Ungestörtheit und Ruhe zu

---

**28** Johannes Baptista steht mit dem Evangelisten bezüglich der größten Nähe zu Christus in einem gewissen Konkurrenzverhältnis, das seinen Ausdruck auch in den Formen der Verehrung der beiden Heiligen findet. Vgl. zum sog. Johannsen-Streit Jochen CONZELMANN, Die Johannsen-Devotion im Dominikanerinnenkonvent St. Katharinenthal bei Dießenhofen. Ein Modellfall für Literaturrezeption und -produktion in oberrheinischen Frauenklöstern zu Beginn des 14. Jahrhunderts. In: Predigt im Kontext. Hg. von Volker MERTENS/Hans-Jochen SCHIEWER/Regina D. SCHIEWER/Wolfram SCHNEIDER-LASTIN. Berlin/Boston 2013, S. 299–332, hier S. 302–306.

**29** Vgl. Anselm, Enarrationes (wie Anm. 23), Sp. 1504: *Locus enim solitarius aptus est in quo secreta coelestia fidelibus revelentur.*

**30** Pommersfelden, Ms. 120 (wie Anm. 27), fol. 85ra.

einem religiösen Schrifttum, das dem Heil der Christenheit dienen kann.[31] In diesem Zusammenhang lässt es sich Heinrich nicht nehmen, die augustinische Visionslehre zu korrigieren: Paulus sei zwar mit dem höchsten Modus der Schau begnadet worden, er sei aber nicht in der Lage gewesen, davon zu sprechen:

> *das er [Paulus] verzucket wart in den dritten himel vnd das er da sach vnd horte die wort von den im nit mügelich was ze reden Aber sant Johannes der wart [...] gezucket in den grunt der gothait vnd in den gruntlosen brunnen aller weißhait vnd sach vnd erkante in dem vberkreftigen liecht dar nie creature ir augen hin gebieten getorst daz drei personen seint in der ewigkait gottes [...] vnd des was sant Johannes allaine wirdig das er das kunt aller der welt vnd was im mugelich davon ze reden vnd ze schreiben aller der cristenhait.*[32]

Johannes, den Albertus Magnus den hochfliegenden Adler nenne, weil er als einziger Mensch die Fähigkeit besitze,[33] in das Licht der göttlichen Erkenntnis zu schauen, kommt allein die Würde zu, das im *gruntlosen brunnen aller weißhait* Geschaute unmittelbar und unvermittelt zu begreifen. Was Johannes gegenüber Paulus zusätzlich auszeichnet, ist die Fähigkeit, die in der *visio* geschaute Wahrheit literarisch umzusetzen (*schreiben*) und den Gläubigen zu verkünden (*reden*). Damit gesteht ihm Heinrich, in diesem Punkt wieder an die ältere akademische Tradition anknüpfend, die höchste Form der Gottesschau zu, die Richard von St. Viktor dem Evangelisten abspricht, weil er nicht an die sprachliche Vermittelbarkeit einer unvermittelt geschauten Wahrheit glaubt.

## 3 Die Apokalypse als mystagogische Schrift

Die zentrale Bedeutung, die Dominikaner wie Heinrich von Schaffhausen der Apokalypse als Zeugnis einer exklusiven Gottesbegegnung zuschreiben, spiegelt sich auch im deutschen Schrifttum, das im Rahmen der *cura monialium* entsteht. Die zitierte Predigt ist im sog. ‚Pommersfeldener Johanneslibellus' überliefert, einer thematisch auf die beiden Johannsen konzentrierten Sammlung von deutschen Traktaten und Predigten,[34] die nicht zufällig mit einer Übersetzung der Apokalypse eingeleitet wird. Die Übersetzung ist durch eine maßvolle syntaktische Umstrukturierung des biblischen Wortlautes nach den Gepflogenheiten der Zielsprache und rhetorische Formen der Textverbreiterung charakterisiert, die ihr ein stärker narrativ ausgerichtetes Profil verleihen. Dies sichert eine bessere Verständlichkeit auch bei auditiver Rezeption und

---

31 Vgl. Conzelmann, Johannsen-Devotion (wie Anm. 28), S. 312–313.

32 Pommersfelden, Ms. 120 (wie Anm. 27), fol. 85va.

33 Ebd.; vgl. Wehrli-Johns, Selbstverständnis (wie Anm. 26), S. 246.

34 Grundlegend zur Textsammlung dieser Handschrift Conzelmann, Johannsen-Devotion (wie Anm. 28), S. 306–328; vgl. Redzich, *Apocalypsis* (wie Anm. 19), S. 568–570 (dort mit der Sigle Pom).

macht es zugleich leichter, den Verfasser als einen rhetorisch geschulten Autor zu imaginieren, der souverän über seine ‚Erzählung' verfügt:

| | |
|---|---|
| *(Apc 1, 1–3) Apocalypsis Iesu Christi quam dedit illi Deus palam facere servis suis quae oportet fieri cito et significavit mittens per angelum suum servo suo Iohanni qui testimonium perhibuit verbo Dei et testimonium Iesu Christi quaecumque vidit beatus qui legit et qui audiunt verba prophetiae et servant ea quae in ea scripta sunt* | *Die offenwarung Jhesu Chrsti die got gab sancto Iohanni zu offewaren seinem knecht sancto Iohanni der ding die geschehen mussen bald vnd zaichent vnd sand bei seinem engel seinem knecht Iohanni der bezeügnüß gab von gottes wort vnd bezeugnuß gab Jhesu Christi aller der ding die er gesehen hat Beatus qui Der ist selig der liset vnd die da horent die wort diser weissagung vnd behalt die ding die daran geschriben sint*[35] |

Der übersetzerische Umgang mit dem biblischen Wortlaut steht in engem Zusammenhang mit dem in der Schultheologie entworfenen und in der dominikanischen Theologie weiter ausgeformten Verfasserprofil des Johannes. Erst im Rekurs auf dieses Profil kann die Übersetzung glaubwürdig davon Zeugnis ablegen, was Heinrich in der oben zitierten Predigt betont, dass *sant Johannes alles erleuchtet mit seiner schrift vnd mit seiner lere vnd hat es zuerkennen geben aller der welt.*

Die dominikanische Lesart der Offenbarung als „mystagogische[m] Text, der in die tiefsten Geheimnisse der Gottesschau einführt",[36] prägt spezielle Lese-und Rezeptionsmuster aus, die ihrerseits wieder auf die textuelle Gestalt von Übersetzungen zurückwirken. Das Konzept der Teilhabe einer Gemeinschaft an der exklusiven Gottesbegegnung eines ausgezeichneten Einzelnen wird im Rahmen einer weiblichen, mystisch geprägten monastischen Spiritualität, die die persönliche Begegnung mit Christus sucht, didaktisch und literarisch funktionalisiert. Es gewinnt modellhaften Charakter für eine Reihe literarischer Formen des durch die prinzipielle Unsagbarkeit und Unaussprechlichkeit der Erfahrung relativierten und distanzierten Nachvollzugs, vor allem in der Viten- und Offenbarungsliteratur des frühen 14. Jahrhunderts. Die große, auch körperliche Nähe zu Christus, die dem Lieblingsjünger Johannes beim letzten Abendmahl zuteilwird, erscheint in diesem Zusammenhang als Manifestation einer alle menschliche Erfahrung übersteigenden Liebe, durch die ihm in einem symbolisch verdichteten Moment die höchste Form der Gottesschau gewährt wird.

Im sog. ‚Bamberger Johanneslibellus' vermittelt sich diese Lesart der Apokalypse über die Sprache ihrer Übersetzung: *Daz sein di haymleikait vnd di tavgen vnsers herren Jhesu Christi di der zart minnikleich got geoffent hat dem lyben zwelf poten vnd ewangelisten Johanni daz er si kvnt tun scholt allen seinen dinern dev dink di schir geschehen*

35 Pommersfelden, Ms. 120 (wie Anm. 27), fol. 1ra. Zum Textprofil der Übersetzung vgl. REDZICH, *Apocalypsis* (wie Anm. 19), S. 511–521. Der lateinische Text wird im Folgenden zitiert nach: Biblia Sacra iuxta Vulgatam Versionen. Hg. von Robert WEBER/Roger GRYSON, 4. Aufl., Stuttgart 1994.
36 CONZELMANN, Johannsen-Devotion (wie Anm. 28), S. 313.

*schvllen.*[37] Schon durch die Platzierung der Pronomina wird die persönliche Nähe zwischen Gott, dem Verfasser und seinen Adressatinnen betont: *vnd hat vns kvnt getan durch seinen wirdigen engel vnd dvrch seinen liben diener Johannem Der hat selbe zevgnvsse bewerte mit dem wort gotes vnd mit vnserm herren Jhesu Christi daz dev dinch war sein di er gesehen hat.*[38] Der Übersetzer überschreibt die schroff, abgehackt und monoton wirkende Sprache des lateinischen Textes, die als rhetorisches Spiegelbild des Schreckens und der Überforderung für Texte der Gattung Apokalypse konstitutiv ist,[39] durch eine mystisch akzentuierte Sprache der Liebe: *Er hat vns gemînnet vnd lyp gehabet vnd von rehter lyeb hat er vns gewaschen in seinem rosen varben plvt von allen vnsern svnden.*[40] Der biblische Wortlaut wird mit affekt- und wertbetonenden Zusätzen und variierenden Wiederholungen gleichsam ornamental ausgeschmückt und umrankt und damit systematisch verbreitert: Aus einer *vox magna* wird z. B. *ain grozzev wvnderleichev* oder eine *vngehaevr groz stimme*, der Morgenstern, die *stella matutina*, erscheint als *der schone zarte metten stern*, die *iris* als *aîn zarter schoner regen pog*. Den Altar im Tempel macht der Übersetzer zu einem *schönen zarten gvldeinn alter*. Schmerz (*dolor*) wird zu *rehtem herzkleichen laide*, Weinen zum *pitterleich wainen vnd iemerleich klagen*. Der *zart minniglich got*, der als Protagonist dieser Offenbarung agiert, ist ein höflicher Gott. Er befiehlt nicht, er bittet und macht deutlich, dass zwischen ihm und den Angesprochenen eine emotionale Bindung besteht. So formuliert der Übersetzer z. B. den knappen Befehl Gottes an die zwei auferstandenen Propheten, zu ihm heraufzusteigen (Apc 11, 12: *ascendite huc*), in eine freundliche Aufforderung um: *Ir liben propheten kvmpt her avf zv mir*. Die harsche Anweisung an das Volk, die Stadt Babylon zu verlassen (Apc 18,4: *exite de illa populus meus*) wird zu einer anrührenden, fast flehentlichen Bitte: *Libes volke meins daz mich angehoret ich pit evch daz ir avz get avz diser stat·* Akteure, die in der lateinischen Vorlage nur durch Proformen oder indirekt durch das Prädikat bezeichnet sind, werden durch zusätzliche Attribuierungen eindeutig als gut (Apc 4,3: *et supra sedem sedens - vnd auf dem stvl sazze ain schoner gewaltiger man*) oder böse (Apc 6,8: *et qui sedebat desuper - vnd auf dem selben rosse saze gar ain grevleicher man*) identifizierbar.

Der Text wird, ähnlich wie die Pommersfeldener Übersetzung, einer konsequenten syntaktischen Glättung unterzogen. Auch hier werden Plustextelemente eingefügt, um syntaktische Brüche und Ellipsen des lateinischen Textes aufzufüllen. Partizipien werden durch flektierte Verbformen ersetzt, was dem deutschen Text eine der Vorlage vollkommen fremde Eindeutigkeit der Tempusstrukturen verleiht. Der

---

**37** Bamberg, Staatsbibliothek, Msc. hist. 153, fol. 145r; zu dieser Handschrift (dort mit der Sigle Bam34) REDZICH, *Apocalypsis* (wie Anm. 19), S. 162–164; zum Überlieferungskontext, in dem die johanneischen Schriften mit Legenden, Traktaten, Gebeten und Predigten zu einem erbaulich-narrativen ‚Vademecum' der Johannesdevotion kombiniert werden, vgl. ebd., S. 565–567; zum Textprofil der Übersetzung mit weiteren Beispielen ebd., S. 521–530.

**38** Bamberg, Msc. hist 153 (wie Anm. 37), fol. 146r.

**39** Vgl. REDZICH, *Apocalypsis* (wie Anm. 19), S. 43–61.

**40** Bamberg, Msc. hist 153 (wie Anm. 37), fol. 146r; vgl. Apc 1,5.

Übergang vom Bibeltext zum Kommentar, der als Tendenz auch in der Pommersfeldener Übersetzung greifbar ist, wird hier noch konsequenter durch die Integration von unmarkierten Plustextelementen vollzogen, die im Wortlaut zwar an die Kommentartradition angelehnt sind, aber insgesamt weniger auf spezifische Deutungen zielen als vielmehr auf eine moralisierende Wieder- und Forterzählung einzelner Passagen nach dem Vorbild der Predigt. Ein Beispiel aus dem Sendschreiben an die Gemeinde von Sardis (Apc 3, 1–3):[41]

*et angelo ecclesiae Sardis scribe haec dicit qui habet septem spiritus Dei et septem stellas scio opera tua quia nomen habes quod vivas et mortuus es esto vigilans et confirma cetera quae moritura erant non enim invenio opera tua plena coram deo meo in mente ergo habe qualiter acceperis et audieris et serva et paenitentiam age si ergo non vigilaveris veniam tamquam fur et nescies qua hora veniam ad te*

*Dem fvnten engel vnd dem selben pistum daz ist der kirchen sardîs der scholt dv also schreiben Daz sprichet der der da hat di siben gaist gotes vnd der da tregt in seiner hant siben stern Deinev werk di wais ich wol wi di sein dv hast den namen vor den levten daz dv lebest dv pist aber leyder tod dv scholt dich mventern vnd scholt derwachen von deinem posen leben vnd di totleichen gewonhait di dv avch an dir hast di scholt dv derkveken vnd derwekken mit gvten werken wann deinev werke han ich also fvnden daz si niht ganz sein vor meinem got Dv scholt in deinem sinne haben dev dinch di ich dir enpoten han vnd di dv gehoret hast vnd scholt si auch behalten vnd scholt rew haben Jst daz dv niht derwachen wilt von deinen svnden so wirt ich zv dir sleichen reht als ain diep vnd an der zeit wenne dv sein wenig getrawest so wirt ich zv dir kvmen*

Ziel der Textgestaltung ist die Transformation des Visionsberichtes in eine ‚Geschichte', eine Erzählung, über die der Verfasser Johannes gerade deshalb souverän verfügt, weil er sie erlebt hat. Das Erlebnis der Offenbarung wird hier durch ein breites Aufgebot an rhetorischen Mitteln für die Rezipientinnen über emotionale Teilhabe nachvollziehbar gemacht: Die Kluft zwischen Gut und Böse, Freude und Leid, Liebe und Hass wird suggestiv verstärkt. Die Erzählung ist spannend und dramatisch, sie erweckt Furcht und Mitleid, aber auch Freude und Genugtuung, wenn das Böse seine Niederlage erkennen muss (Apc 12, 13):

**41** Bamberg, Msc. hist. 153 (wie Anm. 37), fol. 153r/v.

| | |
|---|---|
| *et postquam vidit draco quod proiectus est in terram persecutus est mulierem quae peperit masculum* | *Do nv der drakke sah daz er von den himelischen eren vertriben waz vnd gestozzen waz avf daz ertreich do gedaht er îm er wolt sich rechen an der frawen di daz kint geporen het daz svnlein vnd fvr hin also zorniger nach der frawen vnd svcht si in der wvste*[42] |
| *(Apc 12, 17) et iratus est draco in mulierem* | *Do nv der drakke sah daz im di frawe en gangen waz do wart er bütig vnd zornig. daz er sich seines vngemaches niht gerechen an ir moht alz er im gedaht het*[43] |

Zwischen den Protagonisten und den Rezipientinnen wird auf diese Weise eine identifikatorische Beziehung hergestellt, die letztere quasi in den Text hineinzieht und sie durch den affektiven Mit- und Nachvollzug zu Mitstreiterinnen im Kampf gegen den Teufel und seine Gehilfen macht. Zusammen mit dem evangelischen Bericht vom letzten Abendmahl des Johannesevangeliums bildet die Apokalypse innerhalb des ‚Bamberger Johanneslibellus' das biblische Fundament für die mystische Akzentuierung der Johannesfigur und ihrer brautmystisch überformten Minnebeziehung zu Christus, die ihn, die *virgo*, mit der *sponsa* des Hohen Liedes identifiziert. In der Abendmahlsszene konzentriert sich in einem der irdischen Zeit quasi enthobenen Augenblick das gesamte spirituelle Gotteserleben des Johannes, das in den angelagerten legendarischen und apokryphen Textblöcken in ein für die Gemeinschaft nachvollziehbares historisches Nacheinander ausgefaltet wird. Die Abendmahlsszene verweist modellhaft auf die Gleichzeitigkeit von mystischer Vereinzelung in der Gottesschau und gemeinschaftlicher Teilhabe am *mysterium* durch das Zeugnis des Evangelienberichts, während die Apokalypse das Bezeugte selbst in Sprache bringt.

Mag die mystische Rede über die Christus- und Gottesliebe prinzipiell durch eine besondere emotionale Emphase gekennzeichnet sein,[44] bleibt dennoch zu konstatieren, dass das hier vorgestellte Übersetzungsverfahren, das die Sprache visionärer Überforderung in die Sprache emotionaler Teilhabe und somit in die Sprache der Rezipientinnen transformiert, eine bemerkenswerte Sonderform im Umgang mit dem biblischen Wortlaut darstellt. Aus der Überlagerung der abstrakten prophetischen Rede, die wie ein Palimpsest durch die Übersetzung durchscheint, resultiert eine

**42** Ebd., fol. 75v.

**43** Ebd., fol. 176r.

**44** Die affektbetonende Redeweise erinnert nicht zufällig an Ausdrucksweisen spätmittelalterlicher geistlicher Lyrik, wie sie z. B. in der Marienlyrik des Mönchs von Salzburg auftreten. Auch einige lyrische Passagen im ‚Fließenden Licht der Gottheit' Mechthilds von Magdeburg sind in ähnlicher Art und Weise gestaltet. Entsprechende Formen der strategischen Emotionalisierung finden sich in der deutschen Rezeption der homiletischen, brautmystisch geprägten Hohelied-Auslegung Bernhards von Clairvaux, Beispiele bei REDZICH, *Apocalypsis* (wie Anm. 19), S. 526–527.

nicht unbeträchtliche Spannung zwischen Inhalt und Ausdruck der Apokalypse, was zugleich die besondere Wirkung dieses Textes ausmacht. Diese Apokalypse spricht unmittelbar in eine Rezeptionssituation hinein, die stärker durch affirmative denn durch paränetische Rede geprägt ist, und zwar so stark, dass die Wirkung des biblischen Textes erst durch seine Gestaltung nach vertrauteren literarischen Mustern garantiert werden kann. Es ist Johannes, die ‚minnende Seele', die hier spricht, und er spricht exklusiv zu einer Gruppe von Frauen, deren Ziel es ist, in spiritueller Hinsicht wie er zu werden und ihn gleichzeitig zu einem der ihren zu machen. Die gemeinsame Schau der letzten Dinge in einer Sprache, die zugleich emotional und kindgerecht erscheint, lässt diese letzten Dinge buchstäblich kleiner und weniger bedrohlich erscheinen, konnotiert sie sogar positiv als Teil des göttlichen Erlösungswerks, indem die Erinnerung an Christi Opfertod und Auferstehung als größtmögliches Liebeshandeln präsent gehalten wird. Somit sind auch die letzten Dinge ein Werk der Liebe, der *dilectio* und der *compassio*, was auch der Gilbert-Prolog betont. Das Bewusstsein, dass am Ende die Erlösung und die endgültige Nähe zum Erlöser stehen, spendet der Seele Trost und Hoffnung und verleiht der Figur des an der Brust Christi ruhenden Johannes als Präfiguration der erlösten Seele eine eschatologische Dimension.

## 4 Die Apokalypse als kanonische Schrift

Seit der Mitte des 15. Jahrhunderts zeichnet sich in der Überlieferung die Tendenz ab, Übersetzungen der Apokalypse in den Sammlungstyp ‚Neues Testament' zu integrieren, womit ihr kanonischer Status in den Vordergrund tritt.[45] Mit der zunehmenden Standardisierung der deutschsprachigen Überlieferung nach dem Vorbild des lateinischen Kanons korrespondieren Übersetzungsverfahren, die die oberflächenstrukturelle Beschaffenheit des lateinischen Wortlautes ins Zentrum stellen und seine syntaktischen Strukturen gleichsam abbilden bzw. imitativ auf sie zurückverweisen.[46]

45 Vgl. ebd., S. 535–543.

46 Die normative und damit die Frage der Orthodoxie berührende Geltung des wortorientierten Übersetzungsprinzips, das üblicherweise mit dem Plädoyer des Kirchenvaters Hieronymus für das wortorientierte Übersetzen der heiligen Schriften in Zusammenhang gebracht wird, das dieser im Rekurs auf die in jedem einzelnen Wort der Schrift verborgenen göttlichen *sacramenta* für notwendig erachtet und damit zugleich einen theologisch legitimierten Konnex zwischen Bibelübersetzung und Exegese herstellt, behauptet explizit erst der katholische Theologe Johannes Eck. Genötigt durch den Druck des medialen Erfolgs der Lutherbibel legitimiert Eck im Vorwort seiner Bibelübersetzung von 1537 Formen wortorientierten Übersetzens, die bis dahin ausschließlich oder überwiegend im klösterlichen Milieu praktiziert werden, als einzig orthodoxen Zugang zum Text der heiligen Vulgata, vgl. Carola Redzich, *so zuo vnser zeiten vil die Bibel mer zerrissen dan verteütscht haben*: Konfessionelle Programmatik und ihre sprachliche Inszenierung in Johannes Ecks Übersetzung des Alten Testaments (1537). In: Sprache – Reformation – Konfessionalisierung. Hg. von Mechthild Habermann. Berlin/Boston 2018 (Jahrbuch für Germanistische Sprachgeschichte 9), S. 119–134, hier S. 126–128.

Die Apokalypse wird durch dieses Übersetzungsverfahren wieder zu einem Text ohne buchstäblichen Sinn, behält ihre gattungsspezifische sprachliche Vagheit, die durch das Übersetzungsverfahren fast überbetont wird (Apc 13, 11–15):

| | |
|---|---|
| *et vidi aliam bestiam ascendentem de terra* | *vnd ich sah ein ander tyre* |
| *et habebat cornua duo similia agni* | *auff steigen von der erden* |
| *et loquebatur sicut draco* | *vnd es hat czwey hörner enleich des lammes* |
| *et potestatem prioris bestiae omnem faciebat* | *vnd rette als der trache* |
| *in conspectu eius* | *vnd tat alle gewalt des ersten tyres* |
| *et facit terram* | *in seinem angesichte* |
| *et inhabitantes in eam* | *vnd es machte die erden* |
| *adorare bestiam primam* | *vnd dy einwonenden in yr* |
| *cuius curata est plaga mortis* | *auch anczubetten das erste tyre* |
| *et fecit signa magna* | *der pflag des todes geheilt ist* |
| *ut etiam ignem faceret de caelo* | *vnd tatt große zeichen* |
| *descendere in terram* | *das er auch fewer machte* |
| *in conspectu hominum* | *absteigen [...] yn dy erden* |
| *et seducit habitantes terram* | *ym angesichte aller lewte* |
| | *vnd vorleite dy einwonenden yn der erden* |
| *propter signa* | *durch der czeichen willen* |
| *quae data sunt illi facere* | *dy ym gegeben sint czu thun* |
| *in conspectu bestiae dicens* | *ym angesichte des tyres sagent* |
| *habitantibus in terra* | *den einwonenden ynder erden* |
| *ut faciant imaginem* | *das sie machen ein pylde* |
| *bestiae quae habet* | *dem tyre das do hat* |
| *plagam gladii et vixit* | *dy pflage des swertes vnd lebte* |
| *et datum est illi ut daret* | *vnd ym ist gegeben das er geb* |
| *spiritum imagini bestiae* | *den geist dem pilde des tyres* |
| *ut et loquatur imago bestiae* | *das do rede das pilde des tyres* |
| *et faciat quicumque* | *vnd mach das ein itlicher* |
| *non adoraverint* | *der nicht anpett* |
| *imaginem bestiae occidantur* | *das pilde des tyres werden ertött* [47] |

Das Beispiel stammt aus einer Bibelhandschrift aus dem Nürnberger Klarissenkloster.[48] Die Art der Textreproduktion, deren Grenzen zu den Formen der Interlinearglossierung fließend erscheinen, ist nicht nur für lateinunkundige Rezipienten schwer lesbar. Der Text enttäuscht eingeübte Leseerwartungen und -gewohnheiten, da er nur in Ansätzen sinnstiftende Kohärenz aufweist und überwiegend durch syntaktische Imitate lateinischer Konstruktionstypen und eine signifikante Häufung von denotativen Wortäquivalenten geprägt ist.[49] Es genügt dem Übersetzer (bzw. der Übersetze-

47 Stuttgart, Württembergische Landesbibliothek, HB 8, fol. 278ra.

48 Zur Handschrift vgl. Redzich, *Apocalypsis* (wie Anm. 19), S. 185; zum Textprofil ebd., S. 431–436 (dort mit der Sigle S14).

49 Auch die oberdeutschen Bibeldrucke in der Tradition der Straßburger Mentelin-Bibel (1466) sind durch diesen Übersetzungstyp charakterisiert, was sie als Lektüre für Laien nicht qualifiziert, vgl. Dies., Luthers langer Schatten (wie Anm. 1), S. 473–480.

rin), formal-syntaktische Similaritätsrelationen herzustellen. Die sinnstiftende Verknüpfung der Äquivalente im Zieltext ist dagegen von untergeordneter Bedeutung. Der so erzeugte sprachliche Verfremdungseffekt provoziert den Leser immer wieder, innezuhalten, bei einem Wort zu verweilen oder zurückzuspringen, um über die semantische, etymologische oder exegetische Verweisfunktion einzelner Äquivalente nachzudenken. Die Nähe zum meditativen Prinzip der *lectio continua* ist evident: Das einzelne Wort eröffnet einen kognitiven Spiel-Raum, in dem punktuell und gleichzeitig verschiedene Ebenen der Deutung aufscheinen können. Aus diesem Grund bleiben Übersetzungen dieses Typs frei von jeder Kommentierung und betonen so ihre an die lateinische Schriftlichkeit gebundene Funktionalität. Sie stehen in einer Rezeptionstradition, die als ein fortgesetzter Prozess der Rückversicherung in der lateinischen Schrifttradition konturiert ist. Im Gegensatz zu Übersetzungen, deren Textprofil der Predigt angenähert ist, werden Texttypen wie die der Stuttgarter Handschrift weniger als eigenständige Werke betrachtet, sondern eher als punktuelle Manifestationen einer nie abgeschlossenen oder abschließbaren hermeneutischen Arbeit, die mit jeder schriftlich fixierten Aktualisierung wieder auf den lateinischen Ausgangstext zurückweist, ohne den sie notwendig und ganz bewusst sprachlich unvollkommen bleiben muss.

## 5 Die Apokalypse als Reformschrift

Aus der umfänglichen Bibliothek des 1431 der Observanz beigetretenen Straßburger Dominikanerinnenklosters St. Nikolaus in undis[50] stammt eine auf 1498 datierte Sammelhandschrift, in der sich eine Übersetzung der Apokalypse mit drei Prologen und einem in die Übersetzung integrierten Kommentar an eine Auslegung der letzten Worte Christi am Kreuz anschließt.[51] Die Übersetzung dokumentiert dasselbe Prinzip wie diejenige der Stuttgarter Handschrift. Im Zentrum steht die oberflächenstrukturelle *imitatio* der lateinischen Vorlage. Der biblische Wortlaut wird hier regelmäßig von Kommentareinschüben unterbrochen, die durch die Auszeichnung *Gloss* als solche ausgewiesen werden, während der biblische Wortlaut durch den Initiator *Textus* markiert ist (Apc 1, 1–3):

---

**50** Zum Bibliotheksbestand im Kontext der Klostergeschichte vgl. Hans-Jochen SCHIEWER/Andreas RÜTHER, Die Predigthandschriften des Straßburger Dominikanerinnenklosters St. Nikolaus in undis. Historischer Bestand, Geschichte, Vergleich. In: Die deutsche Predigt im Mittelalter. Hg. von Volker MERTENS. Tübingen 1992, S. 169–193.

**51** Berlin, Staatsbibliothek zu Berlin – Preußischer Kulturbesitz, Ms. germ. fol. 88, fol. 169r–212r; zur Handschrift (dort unter der Sigle B) vgl. REDZICH, *Apocalypsis* (wie Anm. 19), S. 155–157; zum Textprofil der Übersetzung und zum Überlieferungskontext ebd., S. 454–462, S. 580–582.

> *Die offenborung Jhesu Christi die jm got geben hot offenbor zu machen sinen knechten* ***Glos*** *Nit den juden noch den philosophen* ***Text*** *Die ding die do kúrzlichen geschehen müssent Vnd er het bezeichnet sinen engel sinem knecht Johanny / Der dem wort gottes gezúgnis gab / vnd gezúgniß Jhesu Christi jn allen dingen die er gesehen het / Selig ist der der disser prophetig wort lyset vnd sy höret Vnd die ding behaltet die dorjnn geschriben sint / Wann die zit* ***Glos*** *Des todes oder des strengen urteils Textus jst nohe by.*[52]

Biblischer und kommentierender Wortlaut werden hier auch optisch zwei verschiedenen Geltungsebenen zugewiesen und bleiben nach dem Vorbild akademischer Glossenkommentare streng voneinander getrennt. Der biblische Text wird durch die Kommentareinschübe, bei denen dasselbe imitierende Übersetzungsprinzip zur Anwendung kommt, in kleine Abschnitte und einzelne Phrasen zergliedert, was eine sehr langsame, sorgfältige Lektüre gleichsam erzwingt. Die Kommentarpassagen stammen, soweit sich das nachweisen lässt, aus dem ekklesiologisch akzentuierten Apokalypsenkommentar des Beda Venerabilis, der hinsichtlich Autorität und Ansehen den Kirchenvätern gleichgestellt ist. Auszüge aus Bedas Kommentar werden in die ‚Glossa ordinaria' integriert und gehören somit zur orthodoxen Standardexegese. Der Umfang der Kommentarpassagen in der Berliner Handschrift legt indes die Vermutung nahe, dass sie direkt aus dem Kommentar übersetzt wurden. Ein Beispiel aus dem Sendschreiben an die Kirche von Philadelphia (Apc 3, 11–12):

| | |
|---|---|
| *Text Sich ich kumm illende* | *venio cito* |
| *halt dz du hast vff dz nieman* | *tene quod habes ut nemo* |
| *din cron nem* | *accipiat coronam tuam* |
| *Glosz Dz ist sum dich nit* | *Ne tolerando lassescas.*[53] |
| *Jch kumm dir jllende zü hilff* | *Cito enim auxiliabor,* |
| *vnd ist dz dir gebristet* | *ne forte te deficiente,* |
| *so entpfohe ein anderer der es wúrdig ist din* | *alius tibi decretam accipiat* |
| *gelopte kron* | *mercedem.* |
| *wenn die gezalte zal der helgen* | *Sic sanctorum numerum,* |
| *wurt vor got nit gemynderet* | *qui apud Deum fixus est,* |
| *ist dz etlich ab fallen* | *impossibile est zizaniorum* |
| *so kumen ander an jr statt [...]* | *crescentium perfidia breviari* |
| *Text vnd ich sol den namen* | *et scribam super eum* |
| *mynes gottes vber jn schriben* | *nomen dei* |
| *Glosa Dz ist dz wir erkorne kinder* | *Quia videlicet per adoptionem* |
| *gottes geheissen werden* | *filii Dei dicimur* |
| | *et nomen civitatis dei mei* |

52 Berlin, Ms. germ. fol. 88 (wie Anm. 51), fol. 189v.

53 Der Kommentartext wird zitiert nach Beda Venerabilis, Explanatio Apocalypsis. PL (wie Anm. 23), Bd. 93 (1862), Sp. 129–206.

| | |
|---|---|
| *Text Vnd den namen myns gottes statt der* | *novae hierusalem* |
| *nuwen Ierusalem* | *quae descendit de caelo* |
| *die von dem hymel nider kumen ist* | *a deo meo* |
| *von mynem gott* | *Unitati Ecclesiae* |
| *Glosa Er sol der einikeit der kilchen* | *sociabitur* |
| *zü gefüget werden* | *quae gratia coelesti* |
| *die von der hymelschen gnod geboren ist jn* | *in novam vitam generata est* |
| *ein nüw leben* | |
| *Text Vnd ich sol vber jn schriben* | |
| *mynen nuwen namen* | *et nomen meum novum* |
| *Glosz Dz ist cristen* | *Hoc est nomen Christianum,* |
| *nit dz disser namm dem sün gottes nüw syg* | *non quod novum sit istud Filio Dei,* |
| *wenn er het disse hohe clorheit* | *qui hanc habuit claritatem* |
| *E die welt wart* | *antequam mundus fieret,* |
| *Sunder dem sün des mönschen ist er nüw* | *sed novum Filio hominis* |
| *der do starp vnd erstund* | *qui fuit mortuus et resurrexit,* |
| *vnd eines mit sinem vatter ist* | *et sedet ad dexteram Dei* |

Wie sich hier zeigt, wird die geistliche Unterweisung der reformierten Dominikanerinnen gelehrter, um nicht zu sagen: ‚theologischer', da sie die Rezipientinnen nicht nur mit den Inhalten der orthodoxen Auslegungstradition eines der schwierigsten Bücher des Kanons vertraut macht, sondern ihnen auch das typische Layout vor Augen führt, in der sich diese Tradition schriftlich manifestiert. Dass dafür ausgerechnet die Apokalypse gewählt wird, bestätigt einmal mehr ihre konstitutive Rolle für den Dominikanerorden.[54] Auch dieses Textensemble lanciert das Profil des Kirchenlehrers Johannes, dem die Gelehrten Hieronymus (Prolog), Beda (Kommentar) und Gilbert (Prolog) zur Seite treten, die biblische und kirchliche Heilsgeschichte als ‚Theologiegeschichte' miteinander in Beziehung setzen. Die Einbettung des Textensembles in passionsmystisches Schrifttum lenkt den Blick der Rezipientinnen auf das zentrale Heilsgeschehen der Kreuzigung, zu dessen eschatologischer Perspektivierung die Kommentarpassagen beitragen (Apc 6, 12):

> ***Textus*** *Vnd ich sah vnd do hatt er vff gedon dz sechst sygell vnd nemen war ein grosser erdbydem ist geschehen* ***Glosa*** *By dissen sehsten sygell ist des endcristen durechtung bezeichnet / Also dz die welt mit vinsternisz vnd mit erdbydemung wz do Christus gecrúcziget vff dem gütten fritag / dz ist vff den sehsten dag jn der wüchen Also sol jn dissem sehsten sygell geschehen* ***Text*** *Vnd die sunn ist swarcz worden als ein herin sack* ***Glos*** *Dz ist die rechten lerrer söllen versmohet werden vnd für nút gehalten / vnd sy sollen verworffen werden also ein vnwerder sack* ***Textus*** *Vnd der gancz mon ist recht worden als blüt* ***Glos*** *Der mon entpfohet sin liecht von der sunnen / Also sint alle glöibigen by*

54 Dass biblische Texte in diesem Kontext nach wie vor eine untergeordnete Rolle spielen, zeigt der rekonstruierte historische Bibliotheksbestand von St. Nikolaus, der außer der Apokalypse nur noch zwei Psalter, eine Evangelienharmonie und das Nikodemusevangelium umfasst, vgl. SCHIEWER/RÜTHER, Predigthandschriften (wie Anm. 50), S. 171, die die hier vorgestellte Apokalypsenübersetzung innerhalb der Berliner Handschrift offenbar übersehen haben.

*dem monen zü verston / die alles jr lůcht von Christus entpfohen / Die söllen me blüttes vergiessen denn sy zü vor toten.*[55]

Im Horizont der Passion Christi legt die Apokalypse Zeugnis ab für einen von Gott inszenierten, die gesamte Heilsgeschichte umspannenden Reformprozess, der in der Zeit des sechsten Siegels endgültig Sache der *ecclesia* werden muss. In dem Maße, in dem (forciert durch die Kommentierung) das paränetische Potential der Apokalypse wieder stärker zum Tragen kommt, tritt auch der Lieblingsjünger Johannes zurück hinter den Ehrfurcht gebietenden prophetischen Seher, der das Kollektiv Kirche am Ende der Zeiten zur Ordnung und zur Umkehr ruft: (Apc 6, 17) *wenn der grosz dag jres zornes ist kumen vnd wer sol mögen ston Glosz Es syg denn dz jm von uweren gebet geholffen werden vnd nün manlichen beginn zü ston vnd zü wachen jn dem glöben.* Es erscheint nur folgerichtig, dass die religiösen und emotionalen Bedürfnisse einzelner religiöser Frauen dem Kampf der Christenheit gegen den Antichristen untergeordnet werden müssen, gegen den nur das kollektive Gebet schützen kann.[56] Als religiöse Bewegung einer krisenhaften Endzeit gewinnt die Observanz dabei selbst eine eschatologische Dimension, indem sie ihren Anhängern das ‚apokalyptische' Gefühl vermittelt, am Ende der Zeiten auf der richtigen (reformierten) Seite (des Ordens) zu stehen.

Obwohl sämtlichen hier vorgestellten Übersetzungen der Apokalypse derselbe Bibeltext zugrunde liegt und obwohl sie alle in unterschiedlicher Weise auf die schultheologische Tradition bezogen bleiben, unterscheiden sich die jeweiligen Textprofile und Überlieferungskontexte doch beträchtlich voneinander. Die gut verständlichen, nähesprachlich akzentuierten Übersetzungen aus dem ‚Bamberger' und dem ‚Pommersfeldener Johanneslibellus', die den Lieblingsjünger und -heiligen zum eigentlichen Fluchtpunkt der Lektüre machen, sprechen buchstäblich eine andere Sprache als die distanzsprachlichen Übersetzungen der Stuttgarter und der Berliner Handschrift, die den Heiligen in eine ehrfurchtgebietende Ferne rücken und somit weniger zur Nachahmung und Identifikation mit der Person des Heiligen als zur Meditation und zum angeleiteten Studieren seines Schrifttums auffordern. Mag letzteres auch ein Ausdruck dafür sein, dass das theologische Niveau in den reformierten Frauenklöstern gezielt gefördert wurde, und mag man es aus einer *gender*-theoretischen Perspektive als positive Entwicklung erachten, dass den Frauen damit die Teilhabe an der gelehrten Tradition zugetraut und ermöglicht wurde, der sprachlich-literarischen Kreativität der Apokalypse-Rezeption der früheren Jahre, die das Übersetzen dieses

55 Berlin, Ms. germ. fol. 88 (wie Anm. 51), fol. 196r.

56 Vgl. zur Lesart der Apokalypse als ‚Reformtext' im Kontext der dominikanischen Observanzbewegung auch Carola REDZICH, The 'Last Things' as Represented in a Series of Sermons on Revelation 22,14–15 by Friar Johannes Nider. In: The Last Judgement in Medieval Preaching. Hg. von Thom MERTENS/Maria SHERWODD-SMITH/Hans-Jochen SCHIEWER/Michael MECKLENBURG, Turnhout 2013, S. 135–161.

biblischen Textes auch als identifikatorisches Handeln einer Glaubens- und Lebensgemeinschaft greifbar macht, haben die Ordensreformen des späten Mittelalters im Bemühen um die Normierung und Standardisierung der ‚orthodoxen' Übersetzungssprache den Wind aus den Segeln genommen.

Ingrid Baumgärtner

# Dynamiken in der Kartographie um 1500

Auf der Suche nach dem ‚richtigen' kartographischen Wissen prallten im 15. Jahrhundert recht gegensätzliche Vorstellungen aufeinander: Die praktischen Erfahrungen von Seeleuten standen gegen die Anschauungen der gelehrten Kosmographen, die neuen Entdeckungen des Christoph Kolumbus gegen die alten Vermessungen des Claudius Ptolemäus, mündlich vorgetragene Erklärungen gegen schriftlich tradierte Einsichten, die Erweiterungen des geographischen Weltbilds gegen allgemein bekannte Traditionen, lokale Verfahrensweisen gegen universale Denkansätze, individuelle Adaptionen gegen den Wunsch nach Generalisierbarkeit. In all diesen Auseinandersetzungen ging es darum, der eigenen Interpretation Reichweite und Relevanz zu verschaffen, selbst wenn die Details ein Geheimnis bleiben sollten. In der Folge entstand ein Konglomerat, das sich aus vielfältigen Wurzeln speiste und aus den Gegensätzen weitreichende Dynamiken entwickelte.

So ist es nicht überraschend, dass die Pluralität kartographischer Bilder zu Zweifeln, aber auch zu kreativen Konstruktionen führte. Selbst die äußere Form der Welt war umstritten und wurde vielfältig diskutiert. Der Ulmer Dominikaner Felix Fabri (1437/38–1502), der in seinem *Evagatorium* um 1484 über seine beiden Jerusalemfahrten berichtete und dabei auch die Welt als Ganzes beschrieb, war davon überzeugt, „drei Arten des Meeres, nämlich das große Meer, das größere Meer und das größte Meer" unterscheiden zu können, von denen das größte Meer derjenige Ozean sei, der „von ganz außen den Erdkreis ringförmig umgibt und ihn umschließt."[1] Diese Zeilen spiegeln das Modell einer Erde, deren Land allseitig vom Wasser des Welte-

1 Félix Fabri, Les Errances de frère Félix Fabri, pèlerin en Terre sainte, en Arabie et en Égypte. Édition critique de Jean MEYERS / Michel TARAYRE, Bd. 1–6. Paris 2013–2017 (Textes litteraires du Moyen Age 25, 26, 31, 32, 40, 41), hier Bd. 1, S. 354: *Mare in genere est triplex, scilicet mare magnum, mare maius et mare maximum. Mare magnum est mare Mediterraneum, quod dicitur mare nostrum; mare maius est mare Ponticum; mare maximum est oceanus, quod ambit mundum.* [...] *Oceanus uel oceanum mare maximum, quod exterius per modum circuli ambit orbem terrarum eumque amplectitur.* Vgl. Fratris Felicis Fabri Evagatorium in Terrae Sanctae, Arabiae et Egypti peregrinationem. Hg. von Konrad Dietrich HASSLER, 3 Bde., Stuttgart 1843–1849 (Bibliothek des Literarischen Vereins in Stuttgart 2–4), hier Bd. 1, S. 107; Übersetzung ins Deutsche von Ingrid Baumgärtner, frei nach Margit STOLBERG-VOWINKKEL. In: Quellen zur Geschichte des Reisens im Spätmittelalter. Ausgewählt und übers. von Folker REICHERT unter Mitarbeit von Margit STOLBERG-VOWINCKEL. Darmstadt 2009 (Ausgewählte Quellen zur deutschen Geschichte des Mittelalters. Freiherr-vom-Stein-Gedächtnisausgabe 46), S. 155. Zu Person und Werk vgl. Stefan SCHRÖDER, Zwischen Christentum und Islam. Kulturelle Grenzen in den spätmittelalterlichen Pilgerberichten des Felix Fabri. Berlin 2009 (Orbis medievalis. Vorstellungswelten des Mittelalters 11), S. 53–76; Jacob KLINGNER, Fabri, Felix. In: Deutsches Literatur-Lexikon. Das Mittelalter. Hg. von Wolfgang ACHNITZ. Bd. 3: Reiseberichte und Geschichtsdichtung. Berlin/Boston 2012, Sp. 922–935; Kathryne BEEBE, Pilgrim and Preacher. The Audiences and Observant Spirituality of Friar Felix Fabri (1437/38–1502). Oxford 2014; Die Welt des Frater Felix Fabri. Hg. von Folker REICHERT/ Alexander ROSENSTOCK. Weißenhorn 2018 (Veröffentlichungen der Stadtbibliothek Ulm 25).

https://doi.org/10.1515/9783110740509-010

nozeans umfangen ist. Felix Fabri kannte solche Vorstellungen zweifellos von den einfachen TO-Schemata mittelalterlicher Provenienz. Außerdem hatte er bei seinem zweiten Besuch in Venedig einen solchen Ringozean auf einer kartographischen Darstellung gesehen, die der Kamaldulenser Fra Mauro um 1459, also 25 Jahre zuvor, vollendet hatte. Die nach Süden ausgerichtete enzyklopädische Weltkarte, damals in San Cristoforo (della Pace), der Kirche der weißen Mönche auf ihrer Insel zwischen der Dogenstadt und Murano, scheint ihn sehr beeindruckt zu haben.[2] Auf einer Größe von fast zwei mal zwei Metern spiegelte sie das damals aktuelle geographische Wissen wider. Erstellt im Auftrag der Portugiesen, die den Seeweg nach Indien suchten und dabei die afrikanische Küste erforschten, folgte sie deren Überzeugung, dass die Südspitze Afrikas vom Meer umflossen und mit dem Schiff zu umrunden sei. Dieser kartographische Zuschnitt der Erde ging letztlich auf den Weltenozean der Griechen zurück, eine Idee, die im 15. Jahrhundert noch lange nicht vergessen war, obwohl ein solches Weltbild ganz im Widerspruch zu einer anderen, damals höchst beliebten und viel rezipierten Auffassung eines spätgriechischen Geographen stand: Claudius Ptolemäus hatte die letztlich ebenfalls ins Bild umgesetzte Meinung vertreten, dass ein Streifen Land den Indischen Ozean umschließe. Dies hätte bedeutet, dass das Wasser von Land umsäumt und infolgedessen das sogenannte „größte Meer" nicht unendlich gewesen wäre.[3]

Allein dieses Beispiel veranschaulicht einige Dynamiken und Grenzen kartographischer Transfer- und Transformationsprozesse, bei denen Wissensbestände immer wieder modifiziert und neu konzipiert wurden. Welche Rolle spielten also Vorstellungen, Denkmuster und Erfahrungen für die Distribution und Diffusion kartographischer Konfigurationen im 15. und beginnenden 16. Jahrhundert? Es ist danach zu fragen, wie verbreitet Kartenproduktion und Kartengebrauch damals überhaupt waren, wenn es darum ging, geographisches Wissen in Konkurrenz oder in Ergänzung zu textuellen Beschreibungen zu erfassen und zu tradieren. Es ist zu überlegen, welche Diskurse, Techniken und Praktiken eingesetzt wurden, um eine große Breitenwirkung zu erreichen oder sie sogar zu verhindern. Zu erörtern ist auch, in welchem Verhältnis Kartierungen zu zeitgenössischen Reiseerfahrungen standen und wer jeweils die Handlungsträger waren. Es geht also um die Reichweiten und Grenzen geographischen Denkens, um den Aktionsradius kartographischen Handelns und um die territorialen Konfigurationen kultureller Phänomene.

Die folgenden Bemerkungen werden diese Reichweiten anhand ausgewählter Beispiele in vier Schritten skizzieren. Sie thematisieren erstens die Wandelbarkeit

---

2 Félix Fabri, Les Errances (wie Anm. 1), Bd. 1, S. 350: *Est enim inter Venecias et Murianam insula, in qua est ecclesia noua et pulchra sancti Christophori cum monasterio ordinis albi. In illo monasterio est depicta una mappa mundi ualde pulchra*. Vgl. Fabri Evagatorium (wie Anm. 1), Bd. 1, S. 106.

3 Zum sich wandelnden Verhältnis von Land und Meer vgl. Christoph Mauntel, Vom Ozean umfasst. Gewässer als konstitutives Element mittelalterlicher Weltordnungen. In: Ozeane, Mythen, Interaktionen und Konflikte. Hg. von Friedrich Edelmayer/Gerhard Pfeisinger. Münster 2017, S. 57–74.

von Weltbildern im TO-Modell des ausgehenden Mittelalters, zweitens den überlieferten Kartenbestand, drittens die Erschließung der Welt als kartographische Herausforderung und viertens den internationalen Austausch kartographischer Produkte und Akteure, ehe daraus fünftens einige Thesen abgeleitet werden. Die sich anschließenden Reflexionen richten sich dabei auf drei Ebenen, nämlich erstens auf die Modifikationen bei der Herstellung, Verbreitung und Nutzung des Mediums Karte im Laufe des vorgegebenen Zeitraums von etwa 1400 bis zur Mitte des 16. Jahrhunderts, zweitens auf die Formen, Praktiken und Techniken der Raumorganisation und Raumdeutung angesichts der Erweiterung des Raumes sowie drittens auf die Methoden von Selektion und graphischer Reduktion, die mit der Erstellung von Karten und deren jeweiliger Zielsetzung relational verbunden waren.

## 1 Die Wandelbarkeit von Weltbildern im TO-Modell

Die Wiederentdeckung des ptolemäischen Weltbilds zu Beginn des 15. Jahrhunderts führte zu einer grundsätzlichen Infragestellung geographisch-kartographischer Traditionen. Nicht zuletzt vermehrte sich die Typen- und Formenvielfalt kartographischer Darstellungen, wobei das vorhandene Spektrum, darunter TO-Schemata, enzyklopädische Weltkarten, Portolan- oder Seekarten, Stadtpläne, Regionalkarten und vieles mehr, immer wieder ergänzt und modifiziert wurde, da die individuellen Kartentypen ständig neue Kombinationen miteinander eingingen. So blieb es auch nicht aus, dass etwa die Methoden der Projektion und Vermessung von den Seekarten des Mittelmeeres auf die ganze Welt übertragen wurden, während gleichzeitig das TO-Model im Denken der christlichen Welt zutiefst verankert war und weiterlebte. Die Dimensionen dieser Gleichzeitigkeit sind bisher gerade für die TO-Karten oft unterschätzt worden. Im Folgenden sollen sie deshalb kurz umrissen werden.

Schon Isidor von Sevilla hatte im 13. Buch seiner viel rezipierten *Etymologiae* versucht, den großen Ozean mit seiner Form („weil er kreisförmig den Erdkreis umgibt“) und seiner Geschwindigkeit („weil er sehr schnell dahinfließt“) zu erklären.[4] Der Weltenstrom, so schrieb er auch im nachfolgenden 14. Buch seiner Enzyklopädie,

4 Vgl. Isidor von Sevilla, Etymologiarum sive Originum libri XX. Hg. Wallace M. Lindsay, 2 Bde. Oxford 1911, XIII, 15.1: *De Oceano. Oceanum Graeci et Latini ideo nominant eo quod in circuli modum ambiat orbem. Sive a celeritate, eo quod ocius currat.* Vgl. Isidoro di Siviglia, Etimologie Libro XIII: De mundo et partibus. Edizione, traduzione e commento. Hg. von G. Gasparotto. Paris 2004, S. 86; Mauntel, Vom Ozean umfasst (wie Anm. 3), S. 57–74; Sebastian Kolditz, Imaginationen des Ozeans und atlantische Erkundungen im frühen Mittelalter. In: Maritime Entdeckung und Expansion. Kontinuitäten, Parallelen und Brüche von der Antike bis in die Neuzeit. Hg. von Raimund Schulz. Berlin/Boston 2019 (Historische Zeitschrift. Beiheft 77), S. 173–204, hier S. 173f.

umfließe die drei Teile der Welt, deren Anordnung er genau vorzugeben suchte.[5] Diese Hypothese vertrat er auch in seiner gerne gelesenen Naturkunde ‚De natura rerum'.[6] Solchermaßen gelang es ihm, die griechische Erfindung des Okeanos und die antiken Diskurse um die Grenzen zwischen Europa, Asien und Afrika langfristig mit dem christlichen Erfahrungsschatz zu vereinen. Die zahlreichen Abschriften beider Werke Isidors zeigen, dass diese Gedanken schon bald mit passenden Skizzen im Stile eines TO-Schemas konkretisiert und verfestigt wurden. Das Modell eines aus Gewässern geformten T im O des Weltenozeans erreichte räumlich und temporär größte Ausbreitung und wurde, verstreut über ganz Europas, hundert- wenn nicht gar tausendfach in Handschriften und Inkunabeln wiederholt.

Das Bild Isidors blieb, so lässt sich konstatieren, für das ganze Mittelalter autoritativ: Der gewaltige Strom des Okeanos umschließe, so die Lehrmeinung, ringförmig die dreigeteilte Ökumene. Dieser Vorgabe folgten viele Beschreibungen und Kartierungen der Welt von den frühmittelalterlichen Beatus-Karten[7] bis hin zum Reisebericht des Ulmer Pilgers Felix Fabri, der die verschiedenen Weltsichten aus den Traditionen von Isidor, Ptolemäus und den Seekarten kannte und sie Seite an Seite verarbeitete.[8] Trotz greifbarer Alternativen hatte das einfach aussehende, aber durchaus komplexe TO-Modell noch lange Bestand. Dazu trugen sicher auch die Drucker ihren Teil bei, die – wie Günther Zainer 1472 in seiner Augsburger Offizin (Abb. 1) – die ‚Etymologiae'

---

5 Vgl. Isidor von Sevilla, Etymologiarum (wie Anm. 4), XIV, 2.1–3: *Orbis a rotunditate circuli dictus, quia sicut rota est; unde brevis etiam rotella orbiculus appellatur. Undique enim Oceanus circumfluens eius in circulo ambit fines. Divisus est autem trifarie: e quibus una pars Asia, altera Europa, tertia Africa nuncupatur. 2 Quas tres partes orbis veteres non aequaliter diviserunt. Nam Asia a meridie per orientem usque ad septentrionem pervenit; Europa vero a septentrione usque ad occidentem; atque inde Africa ab occidente usque ad meridiem. 3 Unde evidenter orbem dimidium duae tenent, Europa et Africa, alium vero dimidium sola Asia; sed ideo istae duae partes factae sunt, quia inter utramque ab Oceano mare Magnum ingreditur, quod eas intersecat. Quapropter si in duas partes orientis et occidentis orbem dividas, Asia erit in una, in altera vero Europa et Africa.*

6 Vgl. Isidore de Séville, Traité de la nature. Ed. Jacques Fontaine, Bordeaux 1960 (Bibliothèque de l'École des Hautes Études hispaniques, fasc. 28), ND 2002, cap. 48, S. 324–327; diese Edition mit französischer Übersetzung folgt München, BSB, clm 14300 (8. Jh.) und zeigt, wie die späteren Druckausgaben des 15.–18. Jahrhunderts, sieben Diagramme in Nachzeichnung, hier ohne TO. Vgl. Isidore of Seville, On the Nature of Things, Translated by Calvin B. Kendall/Faith Wallis, Liverpool 2016, S. 75f. sowie S. 66–101 zu den Editionen und überlieferten Handschriften, bei deren Kurzbeschreibung jeweils angegeben ist, welche Diagramme enthalten sind.

7 Vgl. Ingrid Baumgärtner, Graphische Gestalt und Signifikanz. Europa in den Weltkarten des Beatus von Liébana und des Ranulf Higden. In: Europa im Weltbild des Mittelalters. Kartographische Konzepte. Hg. von Ingrid Baumgärtner/Hartmut Kugler. Berlin 2008 (Orbis mediaevalis 10), S. 81–132, hier bes. S. 83–101; Patrick Gautier Dalché, Comment penser l'Océan? Modes de connaissance des fines orbis terrarum du nord-ouest (de l'Antiquité au XIIIe siècle). In: Ders., L'espace géographique au Moyen Âge. Florenz 2013, S. 203–226, hier S. 207f.

8 Ingrid Baumgärtner, Felix Fabris Räume. In: Die Welt des Frater Felix Fabri (wie Anm. 1), S. 173–200.

neu auflegten und dabei das didaktisch eingängige Memorierdiagramm bereitwillig übernahmen.[9]

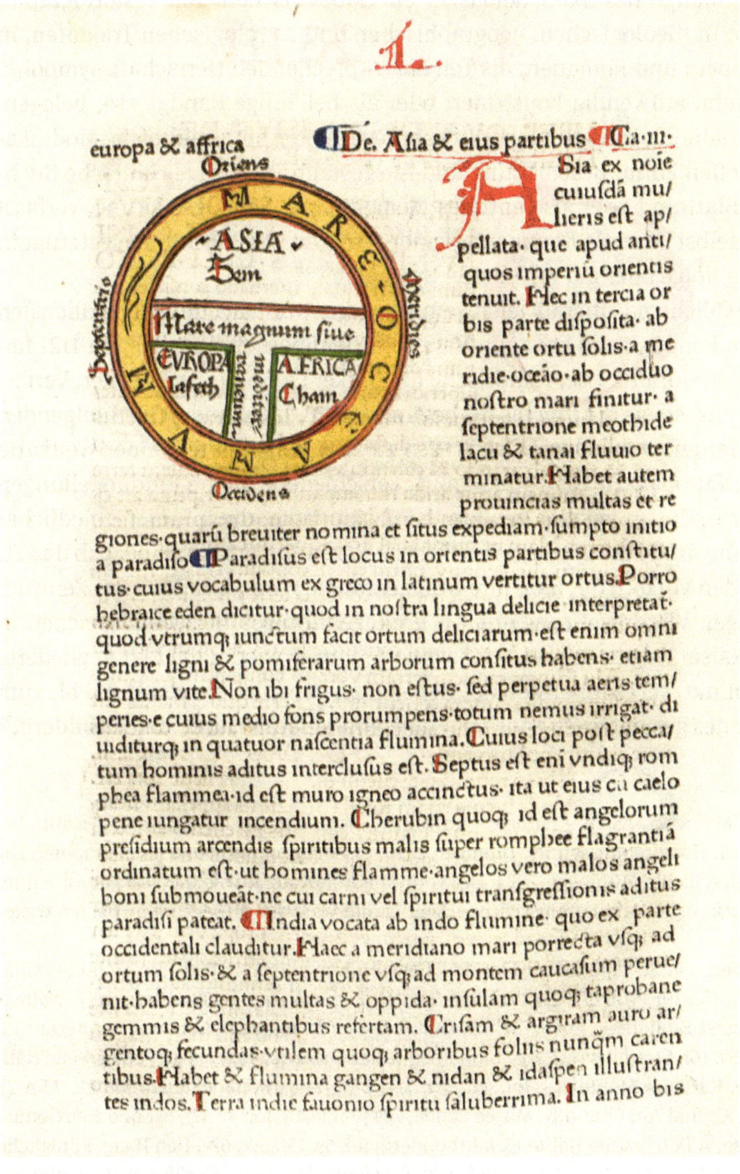

De. Aſia & eius partibus Ca·iii·
Aſia ex noie
cuiuſdã mu/
lieris eſt ap/
pellata· que apud anti/
quos imperiũ orientis
tenuit. Hec in tercia or
bis parte diſpoſita· ab
oriente ortu ſolis·a me
ridie·oceão·ab occiduo
noſtro mari finitur· a
ſeptentrione meothide
lacu & tanai fluuio ter
minatur. Habet autem
prouincias multas et re
giones·quarũ breuiter nomina et ſitus expediam·ſumpto initio
a paradiſo Paradiſus eſt locus in orientis partibus conſtitu/
tus·cuius vocabulum ex greco in latinum vertitur ortus. Porro
hebraice eden dicitur·quod in noſtra lingua delicie interpretatᷓ·
quod vtrumqȝ iunctum facit ortum deliciarum·eſt enim omni
genere ligni & pomiferarum arborum conſitus habens· etiam
lignum vite. Non ibi frigus· non eſtus· ſed perpetua aeris tem/
peries·e cuius medio fons prorumpens·totum nemus irrigat· di
uiditurqȝ in quatuor naſcentia flumina. Cuius loci poſt pecca/
tum hominis aditus interclusus eſt. Septus eſt eni vndiqȝ rom
phea flammea·id eſt muro igneo accinctus· ita ut eius cũ caelo
pene iungatur incendium. Cherubin quoqȝ id eſt angelorum
preſidium arcendis ſpiritibus malis ſuper romphee flagrantiá
ordinatum eſt·ut homines flamme·angelos vero malos angeli
boni ſubmoueãt·ne cui carni vel ſpiritui tranſgreſſionis aditus
paradiſi pateat. India vocata ab indo flumine· quo ex parte
occidentali clauditur. Haec a meridiano mari porrecta vſqȝ ad
ortum ſolis· & a ſeptentrione vſqȝ ad montem caucaſum perue/
nit·habens gentes multas & oppida· inſulam quoqȝ taprobane
gemmis & elephantibus refertam. Criſam & argiram auro ar/
gentoqȝ fecundas·vtilem quoqȝ arboribus foliis nunq̃m caren
tibus. Habet & flumina gangen & nidan & idaſpen illuſtran/
tes indos. Terra indie fauonio ſpiritu ſaluberrima. In anno bis

**Abb. 1**: TO-Weltkarte, Isidor von Sevilla, Etymologiae, Augsburg, Günther Zainer, 1472; München, BSB, 2 Inc.c.a. 129, fol. 189v

9 Vgl. Isidor von Sevilla, Etymologiae, Augsburg, Günther Zainer, 1472, erhalten u.a. in München, Bayerische Staatsbibliothek, 2 Inc.c.a. 129, f. 189v (kolorierte Fassung); Zürich, ETH-Bibliothek, Rar 3044, f. 181v (nicht koloriert).

Beschreibungen, TO-Schemata und Karten ergänzten sich im ausgehenden Mittelalter also in größter Harmonie. Die unterschiedlichen Überlieferungs- und Verwendungszusammenhänge des TO-Schemas in enzyklopädischen und historiographischen Schriften, in theologischen, geographischen und astrologischen Traktaten, in illuminierten Bibeln und Romanen, als Teil einer sprechenden Herrschaftssymbolik, gemeißelt in Stein, aufwendig konstruiert oder als beiläufige Randglosse, belegen, wie groß die Variabilität im Gebrauch sein konnte. Erhalten sind zahlreiche Modifikationen; sie betreffen Form, Beschriftung und Ausgestaltung, etwa als einfache Stichzeichnung am Blattrand oder als zentrales Element einer Seitengestaltung, verfasst vom Schreiber selbst oder als Kommentar einer späteren Leserschaft, ausgefertigt in verdrehter Erdteilfolge oder mit raffinierter Spiegelung.[10]

Dass das TO-Schema überall leicht einzupassen war und unterschiedlichsten Zwecken dienen konnte, zeigt etwa die Handschriftenüberlieferung des um 1121 fertiggestellten ‚Liber floridus'. Der flandrische Kanoniker Lambert von St-Omer, Verfasser des Autographs, sowie die ihm bis ins beginnende 16. Jahrhundert nachfolgenden Kopisten integrierten, wohlgemerkt zusätzlich zu zwei Zonenkarten, einer Weltkarte mit T und einer Europakarte als T-Ausschnitt, verschiedene kleine Erddarstellungen mit TO-Struktur in die aufwendig bebilderte Enzyklopädie, die in unterschiedlicher Zusammensetzung und Fassung eine beachtliche Rezeption erfuhr. Dabei gab das TO unter anderem den Völkern der Erde ihre wohlgeordnete Form, formierte das Zentrum einer zwölfteiligen Windrose, fungierte als erdkugelförmiges Herrschaftszeichen in der Hand von Kaiser Augustus und repräsentierte immer wieder die klar gegliederte Erde als Mittelpunkt, sei es innerhalb der sieben Planetensphären vom Mond bis zum Saturn oder gar des gesamten Kosmos mit Planetenlaufbahnen und Sternenbildern.[11]

---

10 Vgl. Christoph Mauntel, Asien – Europa – Afrika. Die Erdteile in der Weltordnung des Mittelalters, masch. schriftl. Habilitationsschrift. Tübingen 2020, erscheint in der Reihe Monographien zur Mittelalterlichen Geschichte, Tübingen 2022. Der vorliegende Aufsatz wurde verfasst, bevor ich im Herbst 2020 Einblick in die Habilitationsschrift erhielt, in der viele der vorliegenden Themen weiter ausgeführt werden.

11 Vgl. u. a. Lambert von St. Omer, Liber Floridus, Gent, Universitätsbibliothek, Ms. 92 [Autograph, St. Omer, ca. 1121], fol. 19r (Völker), 24r (Winde), 94v (Planetensphären), 138v (Erdkugel); Wolfenbüttel, Herzog August Bibliothek, Cod. Guelf. 1. Gud. lat. [Nordfrankreich/Flandern/Hennegau, 12. Jahrhundert], fol. 5v, 16r, 61r und 64v; Paris, Bibliothèque nationale de France, Lat. 8865 [zweite Hälfte 13. Jahrhundert, Kartause Montdieu], fol. 45r, 57r, 59r; Den Haag, Königliche Bibliothek, 72 A 23 [1460], fol. 6v, 15r, 72r und 76r; Chantilly, Musée Condé, 724 [um 1470], fol. 5v, 17r, 62r und 65v; Genua, Sammlung Durazzo, A IX 9 [zweite Hälfte 15. Jahrhundert], fol. 5v, 15r, 59r, 62v; Den Haag, Königliche Bibliothek, 128 C 4 [1512], fol. 12r, 15r, 153r und 159v. Faksimile: Der *Liber Floridus* in Wolfenbüttel. Eine Prachthandschrift über Himmel und Erde. Hg. von Christian Heitzmann/Patrizia Carmassi. Darmstadt 2014, fol. 5v, 16r, 61r und 64v. Vgl. Albert Derolez, The Making and Meaning of the Liber Floridus. A Study of the Original Manuscript, Ghent, University Library, MS 92, Turnhout 2015; Hanna Vorholt, Shaping Knowledge. The Transmission of the *Liber Floridus*, London 2017 (Warburg Institute Studies and Texts 6), S. 246–249 mit einer Konkordanz zu den Abbildungen der neun überlieferten Handschriften.

Diese Multifunktionalität der Grundstruktur mit hohem Wiedererkennungswert lässt sich in mindestens sieben der zwölf erhaltenen Handschriften, von denen immerhin vier zwischen 1450 und 1512 entstanden sind, bestens verfolgen. Auch wenn die Kopisten das zur Wissensvermittlung vielseitig einsetzbare TO-Modell nicht immer gleichermaßen nutzten, verzichteten sie gerade bei den nach 1400 hergestellten enzyklopädisch-didaktischen Schriften selten darauf, es abzubilden.

Diesen bemerkenswerten Befund kann Christoph MAUNTEL für weitere Werke bestätigen. Er hat mich darauf hingewiesen, dass sich sieben TO-förmige Erddarstellungen unter den Miniaturen befinden, die eine aufwendige Pariser Handschrift von etwa 1480 schmücken, deren Inhalt eine französische Übersetzung der Enzyklopädie ‚De proprietate rerum' des Franziskaners Bartholomaeus Anglicus bildet.[12] Ähnlich wie bei Lambert von St-Omer und seiner Rezeption geht es jeweils um ganz unterschiedliche Aussagen und Zusammenhänge: Die TO-Form mit den namentlich benannten Erdteilen leitet das achte Kapitel über Welt und Kosmos ein, andere Diagramme zeigen die winzige Erde im Kosmos oder inmitten der vier Himmelsrichtungen mit deren Winden sowie – im Kapitel über das Wasser und in dem an Isidor angelehnten Kapitel über die Erdteile – die TO-Erde mit dem Paradies im Osten. Unbestritten war es die Kombination aus Einfachheit, Wandelbarkeit und Anpassungsfähigkeit in Form und Inhalt, der das charakteristische TO-Schema seinen langanhaltenden Erfolg verdankte.

Gerade im 15. Jahrhundert kamen weitere originelle Ideen zur Verwendung des TO-Konzepts auf. Albrecht von Bonstetten, Dekan des Benediktinerklosters Einsiedeln, verfasste mit seiner ‚Descriptio Superioris Germanie Confoederationis' um 1479 eine Landesbeschreibung, in der er die Eidgenossenschaft als Teil einer TO-Bilderfolge auf der Erde und in Europa lokalisiert (Abb. 2a-c) und dabei – wie es Martina STERCKEN so anschaulich formulierte – „wie durch ein Zoom-Objekt heranholt", um sie als regionale Einheit zu etablieren.[13]

Mit einer leichten Verschiebung des T-Balkens nach oben und der Verlagerung der Erdteile im Uhrzeigersinn um jeweils eine Einheit erfand er eine neue Interpretation auf bekannter Grundlage. Vor allem zeichnete er die imposanten Berge der Eidgenossenschaft in das Zentrum Europas, wo er sie zwischen den Schriftzügen von Italien, Alemannien und Gallien verortete. Es ist offensichtlich, dass er damit das traditionelle Memorierschema in seinem Sinne umfunktioniert hat, um dem jungen politischen Gemeinwesen nach den Erschütterungen der Burgunderkriege eine möglichst

---

12 Bartholomaeus Anglicus, Livre des propriétés des choses, Paris, Bibliothèque nationale de France, Ms fr. 9140 [ca. 1480], fol. 157r mit Beginn des achten Kapitels; fol. 162r, 164r, 169r zur Erde im Kosmos; f. 203 zu Himmelsrichtungen und Winden; fol. 226v und fol. 242v zur TO-Erde mit Paradies. Ich bedanke mich bei Christoph MAUNTEL für den Hinweis auf dieses Werk sowie die Folio-Angaben zu den TO-Diagrammen.

13 Paris, Bibliothèque nationale de France, Lat. 5656, fol. 5v und 6r; vgl. Martina STERCKEN, Regionale Identität im spätmittelalterlichen Europa. Kartographische Darstellungen. In: Europa im Weltbild des Mittelalters (wie Anm. 7), S. 277–300, hier S. 281–286; Zitat S. 281.

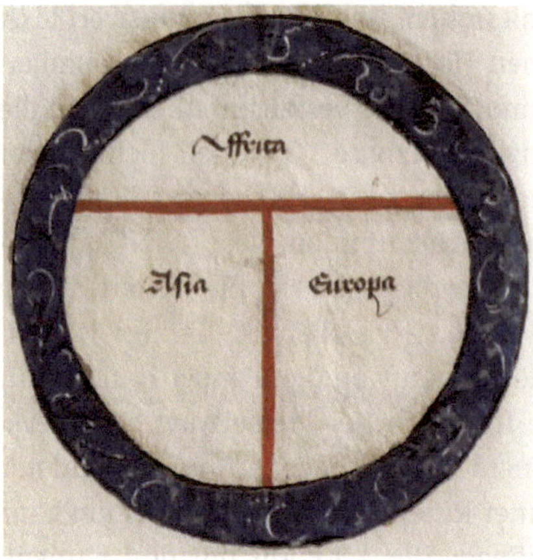


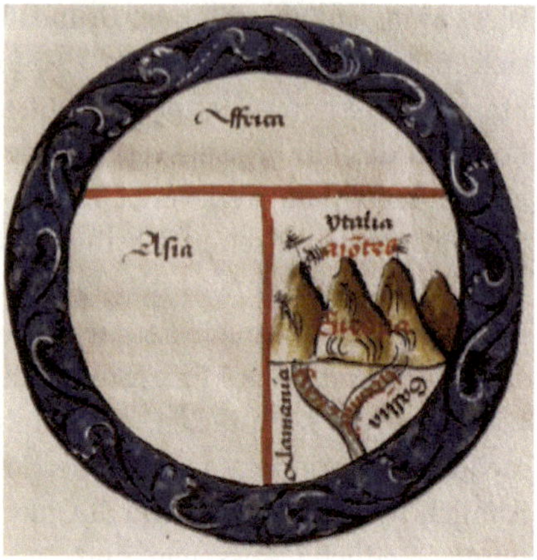


große Bedeutung beizumessen. Denn nicht zuletzt dadurch, dass er die verwendeten topographischen Symbole – Alpen, Rhein und Limmat – mit dem roten Schriftzug *Europa* überlagerte, schrieb er dem damals aufgrund innerer Konflikte stark gefährdeten Bund der Eidgenossen in der Abgrenzung nach außen eine gemeinsame Identität und – noch mehr – eine erhöhte Legitimität zu.

Professionelle Buchilluminatoren und Maler gebrauchten das TO-System auch im Kontext enzyklopädischer und theologischer Weltbeschreibungen und deren volkssprachlicher Übersetzungen. Sie nutzten es, um die Erde als Ganzes in den Blick zu nehmen, vor allem in Abhandlungen über die Schöpfung, in romanhaft phantasievollen Weltdarstellungen und in wissenschaftlichen Aufzeichnungen über Erde und Kosmos, die für ein breites Publikum gedacht waren.

Dazu gehören etwa die mehrfach übersetzten Verse der ‚Image du monde' des Gautier (Walther oder Gossouin) von Metz (Abb. 3),[14] die im 15. Jahrhundert noch viel gelesen wurden, oder das angeblich auf Aristoteles zurückgehende Werk ‚Du ciel et du monde', das Nikolaus von Oresme in königlichem Auftrag zusammen mit anderen antiken Schriften ins Französische übertrug.[15] Das TO-Modell finden wir selbst in Abschriften von Augustinus' ‚De civitate Dei', wie in einem Exemplar aus den Jahren 1473 bis 1480, heute in Macon, in dem recht unterschiedliche Baum- und Waldbestände

14 L'image du monde de maître Gossouin. Rédaction en prose. Texte du manuscrit de la Bibliothèque Nationale fonds francais no 574. Hg. von Oliver H. Prior, Lausanne/ Paris 1913 mit Edition des Textes; für den vorliegenden Zeitraum vgl. etwa die Überlieferung in London, British Library, Harley 334 [zweite Hälfte des 15. Jahrhunderts], fol. 29r und 94v.

15 Paris, Bibliothèque nationale de France, Ms. fr. 565 [1400–1420], f. 23r; vgl. auch Nicola Oresme. Trattato sull'origine, la natura, il diritto e i cambiamenti del denaro. Testo latino a fronte. Hg. von Alberto Labellarte. Bari 2016, S. 39 u. S. 297; Nicole Oresme, Le livre du ciel et du monde. Hg. Albert D. Menut/Alexander J. Denomy CSB, Translated with an introduction Albert D. Menut. Madison/ London 1968.

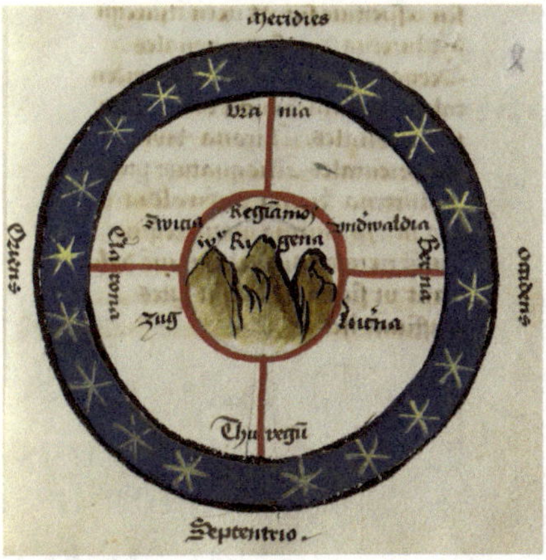


**Abb. 2a–c**: TO-Weltkarten bei Albrecht von Bonstetten, Descriptio Superioris Germanie Confoederationis, um 1479; Paris, Bibliothèque nationale de France, Lat. 5656, fol. 5v–6r

die Landschaften der dreigeteilten Erde prägen.[16] Die sanft bewaldeten Hügellandschaften Asiens, im Erdenbild oben mittig, stehen ganz im Gegensatz zum dichten, fast schwarzen und beängstigenden Wald des leicht vergrößerten europäischen Viertels, in dem auch das Fegefeuer seinen Platz fand. Wie in den meisten TO-Diagrammen wird auch hier auf das Paradies verzichtet, obwohl gerade Augustinus den Garten Eden als geographischen Ort innerhalb des Weltenhorizonts etabliert hatte.

Am vertrautesten ist uns heute vielleicht die häufig abgebildete, ganzseitige Miniatur im Brüsseler Manuskript von Jean Mansels Universalgeschichte ‚La Fleur des Histoires', das der Werkstatt des französisch-flämischen Malers und Illuminators Simon Marmion entstammt.[17]

---

16 Augustinus, De civitate Dei, Macon, Bibliothèque Municipale, MS Franc. 2 [ca. 1473–1480], fol. 19r.

17 Brüssel, Bibliothèque Royale Albert I, Ms 9231–9232, hier Ms 9231, fol. 281v (um 1455, Valenciennes). Vgl. Mappaemondes A.D. 1200–1500. Catalogue préparé par la Commission des Cartes Anciennes de l'Union Géographique Internationale. Hg. von Marcel Destombes. Amsterdam 1964 (Monumenta cartographica vetustioris aevi 1), S. 179, Nr. 51.1 u. Taf. X, Abb. XX; Jörg-Geerd Arentzen, Imago mundi cartographica. Studien zur Bildlichkeit mittelalterlicher Welt- und Ökumenekarten unter besonderer Berücksichtigung des Zusammenwirkens von Text und Bild, München 1984 (Münstersche Mittelalter-Studien 53), S. 118 und S. 118f. zu Hartmann Schedels Noachiden-Karte; David Woodward, Medieval *Mappaemundi*. In: The History of Cartography, Bd. 1: Cartography in Prehistoric, Ancient, and Medieval Europe and the Mediterranean. Hg. von John Brian Harley/David Woodward. Chicago/London 1987, S. 286–370, hier S. 290; Maurits Smeyers, Flämische Buchmalerei vom 8. bis zur Mitte des 16. Jahrhunderts. Die Welt des Mittelalters auf Pergament, Stuttgart 1999, S. 311f., S. 338–352; Klaus Oschema, Bilder von Europa im Mittelalter. Ostfildern 2013 (Mittelalter-Forschungen 43), S. 480 mit weiteren Hinweisen. Zur Datierung des Werks auf ca. 1455 vgl. den Ausstellungskatalog La librairie de Philippe le Bon. Exposition organisée à l'occasion du 500e anniversaire de la mort du duc (Bibliothèque Albert Ier, Bruxelles, 9 septembre–12 novembre 1967). Hg. von Georges Dogaer/Marguerite Debae. Brüssel 1967, Nr. 175, S. 118–119; Sylvia Tomasch, Mappae Mundi and "The Knight's Tale": The Geography of Power, the Technology of Control. In: Literature and Technology. Hg. von Mark L. Greenberg/Lance Schachterle. Bethlehem/London/Toronto 1992 (Research in

**Abb. 3:** TO-Modell in Gautier von Metz, Image du monde, Abschrift zweite Hälfte 15. Jh.; London, British Library, Harley 334, fol. 94v

Die kleine Illustration (Abb. 4) veranschaulicht eine dreiteilige Erde inmitten von Himmelssphären. Befestigte Ansiedlungen und eine üppige Vegetation beleben die lieblichen Landschaften der drei Erdteile, deren Zuweisung an die Söhne Noahs nach

Technology Studies 5), S. 72, Abb. 3; François AVRIL/Nicole REYNAUD, Les Manuscripts à Peintures en France 1440–1520. Paris 1993, S. 73ff.; Peter Cornelius CLAUSSEN, Unsichtbares sichtbar machen. Der Marientod des Hugo van der Goes. In: Die Wahrheit der Begegnung. Anthropologische Perspektiven der Neurologie. Hg. von Peter Cornelius CLAUSSEN/ Rainer-M. E. JACOBI/Peter WOLF. Würzburg 2001 (Beiträge zur medizinischen Anthropologie 3), S. 510, Anm. 46 folgt der Datierung um 1455, erwähnt aber auch eine etwas frühere Datierung.

**Abb. 4**: TO-Weltkarte von Simon Marmion, in: Jean Mansel, La Fleur des Histoires; Brüssel, Bibliothèque Royale Albert I, Ms 9231–9232, hier Ms 9231, fol. 281v

der Sintfut (Gen. 10) durch kraftvolle Personifizierungen verdeutlicht wird. Klaus OSCHEMA hat darauf aufmerksam gemacht, dass diese Verteilung der Noachiden auf die Erdteile zum Erstaunen heutiger Betrachter keine unmittelbaren Rassen- oder Religionszugehörigkeiten impliziert, sondern einer exegetischen Bibelauslegung entspricht, die sich seit dem 6. Jahrhundert langsam durchgesetzt hat. In den ‚Fleur des Histoires' steht die Altersabfolge der Brüder thematisch im Vordergrund: Sem als der Älteste, Cham mit kräftigem Vollbart in den besten Jahren und der Jüngste Japhet geben jeder einzelnen der drei Weltregionen einen jeweils eigenen Charakter, der statt religiöser oder ethnischer Zuschreibungen eher kulturelle Markierungen wie Kleidung, Kopfbedeckung und Farbe nutzt, um das Programm individuell zu vertiefen.[18] Auch die auf einem Berg in Asien thronende Arche Noah verweist auf den biblischen Ursprung der Geschichte.

Solche Noachiden-Repräsentationen im TO-System waren im 15. Jahrhundert immer noch stark verbreitet, ganz im Gegensatz zum sogenannte V-in-Rechteck-Dia-

18 OSCHEMA, Bilder (wie Anm. 17), S. 115f. u. S. 480f. Vgl. Benjamin BRAUDE, The Sons of Noah and the Construction of Ethnic and Geographical Identities in the Medieval and Early Modern periods. In: The William and Mary Quaterly 54,1 (1997), S. 103–142.

gramm, bei dessen Herstellung – statt einem T im O – ein V in ein Rechteck oder Quadrat eingeschrieben wurde.[19] Die Vorstellung von der Erde als Rechteck, das durch ein V dreigeteilt wird, hätte ohnehin leicht veränderte Zuordnungen erfordert, nämlich Sem (Asien) in die nach Osten (oben) geöffnete Mitte, Japhet (Europa) in das linke und Cham (Afrika) in das rechte Dreieck, wobei Europa dem Westen zugehört hätte und der Norden als Himmelsrichtung übergangen worden wäre. In jedem Fall wird am Beispiel der Noachiden erneut klar, wie komplex und dauerhaft bestimmte Denksysteme wie das TO waren und wie grundlegend sich neue Kontextualisierungen samt einer Anpassung in Form- und Farbgebung auswirken konnten.

Es ist zu vermuten, dass sich die aus dem TO-Beispiel gezogenen methodischen Rückschlüsse auf andere Kartentypen übertragen lassen. Für unsere Fragestellung ist aus den Bespielen vor allem zu erkennen, wie wandelbar Modelle und wie schwierig Klassifikationen kartographischer Abbildungen sein können. Hinzu kommt, dass die Übergänge von den Karten und TO-Diagrammen zu den Erddarstellungen, wie sie in Frontispizen und Bordürenmedaillons zu sehen sind, sowie zu den Globusreproduktionen, die in Miniaturen und Fresken aller Art zu entdecken sind, fließend verlaufen. Philine HELAS hat dies für Florentiner Beispiele des Quattrocento bestens herausgearbeitet.[20] Aus solchen Studien lässt sich schließen, dass es keine klare Abgrenzung dessen gibt, was überhaupt als Karte zu bezeichnen ist, geschweige denn, was als welcher Kartentyp zu gelten hat.

## 2 Der Kartenbestand

Verkompliziert werden solche Überlegungen zum Kartenbestand nicht nur durch die fließenden Grenzen innerhalb und nach außen, sondern auch noch durch die Tatsache, dass die in der Forschung der vergangenen Jahrzehnte verwendeten Klassifikationssysteme recht unterschiedlich waren und immer noch heftig umstritten sind.[21]

19 Mappaemondes. Hg. DESTOMBES (wie Anm. 17) mit 33 Handschriften zu diesem Typ, den er als A2 kategorisiert; Chet VAN DUZER, A neglected type of medieval *mappamundi* and its re-imagining in the *mare historiarum* (BnF MS lat. 4915, fol. 26v). In: Viator 43 (2012), S. 277–302, hier S. 278f. Anm. 12 reduziert diese Liste um ein Beispiel und ergänzt drei weitere.

20 Vgl. Philine HELAS, Der ‚Fliegende Kartograph'. Zu dem Federico da Montefeltro und Lorenzo de' Medici gewidmeten Werk „Le septe giornate della geographia" von Francesco Berlinghieri und dem Bild der Erde im Florenz des Quattrocento. In: Mitteilungen des Kunsthistorischen Instituts in Florenz 46 (2002), S. 271–320.

21 Zur Klassifizierung vgl. Patrick GAUTIER DALCHÉ, De la glose à la contemplation. Place et fonction de la carte dans les manuscrits du Haut Moyen Âge. In: Testo e Immagine nell'Alto Medioevo. Spoleto 1994 (Settimane di Studio del Centro Italiano di Studi sull'Alto Medioevo 41), S. 693–771, hier S. 700–704, auch in: DERS., Géographie et culture. La représentation de l'espace du VIe au XIIe siècle. Aldershot 1997 (Variorum Collected Studies Series CS 592), Nr. VIII. Vgl. auch Evelyn EDSON, Maps in Context. Isidore, Orosius, and the Medieval Image of the World. In: Cartography in Antiquity and

So lässt sich die Verbreitung der einzelnen Kartenmodelle im ausgehenden Mittelalter derzeit nur vage abschätzen. Eine genaue Übersicht über den spätmittelalterlichen Bestand bis 1520 fehlt.

Eine erste Grundlage schuf Marcel Destombes, der zuerst die gedruckten Karten des 15. Jahrhunderts zu registrieren versuchte, ehe er dann in einem vorläufigen Katalog für die Zeit bis 1500 nicht weniger als 660 mittelalterliche TO-Schemata (davon nur 219 bis 1200), 335 hemisphärische, 16 viergeteilte und 95 ökumenische Karten diverser Form und Größe, also insgesamt 1106 Karten, zu erfassen vermochte.[22] Davon konnte er 330 Stück, also an die 30 Prozent, 283 Handschriften zuordnen, die bis 1200 produziert wurden. Seine Eingruppierungen waren allerdings noch recht unsystematisch. Sie konzentrierten sich primär auf Zuordnungen zu Autoren (wie Isidor, Sallust, Beatus und Macrobius) sowie sekundär auf Beschriftung und Aussehen. So formten etwa die V-im-Quadrat-Diagramme eine eigene Rubrik A2, während sie gleichzeitig unter dem Verfasser des jeweiligen Werks einsortiert wurden. Faktoren wie Intention und Kontext der Darstellung oder die Rolle der Kopisten wurden völlig übergangen.

Die größte Gruppe der sog. Ökumenekarten unterteilte Destombes in zwei Gruppen: erstens die TO-Schemata mit den drei Erdteilen, zu denen er alle schematischen Abbildungen zählte, darunter die mit den zwölf Winden, mit Völkerlisten, Noachiden, Klimazonen und vertauschten Erdteilen, sowie zweitens die geographisch angelegten TO-Karten, bei denen er davon ausging, dass sie zusätzliche Angaben zum Weltenozean, zu den Wassergrenzen zwischen den Erdteilen, zu den Mäotischen Sümpfen und Ähnlichem enthielten.[23] Weitere Kategorien bildeten drittens die griechischen Karten, in späteren Untersuchungen meist als Zonenkarten bezeichnet, und viertens die Darstellungen mit einem vierten Kontinent, namentlich die Beatus-Tradition. Dabei überging er ganz offensichtlich zahlreiche Differenzen speziell bei der inhaltlichen Ausrichtung und bei der handschriftlichen wie thematischen Kontextualisierung – Parameter, die für die heutige Forschung wichtig geworden sind. So ist es auch nicht verwunderlich, dass sich sein Ansatz letztlich nicht durchgesetzt hat. Patrick Gautier Dalché hat ihn sogar recht grundsätzlich kritisiert und die damit verbundene Typenbildung abgelehnt, die nur die Form, aber weder Funktion noch

---

the Middle Ages. Fresh perspectives, new methods. Hg. von Richard J. A. Talbert/Richard W. Unger. Leiden/Boston 2008 (Technology and change in history 10), S. 219–236, hier S. 219–221; Johannes Giessauf, Historische Wissensspeicher. Erinnerte Geschichte(n). In: Mittelalterliche Wissensspeicher. Interdisziplinäre Studien zur Verbreitung ausgewählten ‚Orientierungswissens' im Spannungsfeld von Gelehrsamkeit und Illiteratheit. Hg. von Wernfried Hofmeister. Frankfurt am Main 2009 (Mediävistik zwischen Forschung, Lehre und Öffentlichkeit 3), S. 61–96.

**22** Catalogue des cartes gravées au XVe siècle. Ed. Marcel Destombes. Paris 1952; Mappaemondes. Hg. Destombes (wie Anm. 17), S. 3–23.

**23** Mappaemondes. Hg. Destombes (wie Anm. 17), S. 19–23 und 56f.

Kontext, Intention oder kodikologischen Befund berücksichtige und die individuelle Vielfalt in ein starres, autorenbezogenes Schema presse.[24]

Dem Strukturierungsversuch von DESTOMBES waren andere, keinesfalls glücklichere Klassifizierungen vorausgegangen und nachgefolgt: Michael Corbet ANDREWS hatte 1926 die dreigeteilten und einfachen Ökumenekarten von den Hemisphären und den Zwischenformen (‚intermediate') unterschieden und diese drei Familien weiter nach Arten unterteilt.[25] Etwas vorsichtiger war Jörg-Geerd ARENTZEN, der meinte, es genüge, den strukturierenden Stellenwert der äußeren Form zu hinterfragen und zwei grundlegende Typen, die parallel existiert hätten, voneinander abzusondern. So setzte er die dreigeteilten Ökumenekarten ganz unterschiedlicher Größe und Funktion gegen die weitläufigeren Weltkarten, die er dahingehend definierte, dass sie die gesamte irdische Hemisphäre einschließen würden.[26] Doch es ist offensichtlich, dass auch solche Systemvereinfachungen der spätmittelalterlichen Modifikationsvielfalt mit ihren spezifischen Ausformungen nicht gerecht wurden, ganz zu schweigen von den noch größeren und sehr grundsätzlichen Schwierigkeiten, die kartographischen Produkte überhaupt voneinander und nach außen abzugrenzen, um sie numerisch zu erfassen.

Auf solchen Vorarbeiten aufbauend, hat David WOODWARD im ersten Band seiner ‚History of Cartography' weitere Schätzungen vorgenommen und dabei die *mappaemundi* in fünf Kategorien eingeteilt:[27] erstens die dreigeteilten schematischen TO-Karten von Isidor bis Gautier von Metz, zu denen er letztlich auch die V-im-Rechteck-Modelle rechnete, zweitens die dreigeteilten, nicht-schematischen Ökumenekarten, die er von Orosius bis Ranulph Higden ansetzte, drittens die Zonenkarten von Macrobius bis Pierre d'Ailly, viertens die Kartenmodelle mit einem vierten Kontinent wie bei Beatus und fünftens die Welt- und Portolankarten unter ptolemäischem Einfluss, die er als ‚transitional' bezeichnete. Zudem hat WOODWARD die von DESTOMBES ermittelten Zahlen in absoluter und relativer Form graphisch veranschaulicht.[28] Die Graphiken zeigen den deutlichen Anstieg der Überlieferung im 12. Jahrhundert, der mit einer Verbreitung über ganz Europa hinweg von Italien und Spanien bis Skandinavien verknüpft war. Zu erkennen ist auch der zahlenmäßige Höchststand im 15. Jahrhundert, für den in allen fünf Kategorien zusammen circa 330 Karten mit Schwerpunkt auf den schematischen TO-Modellen und den Zonenkarten angenommen wurden.[29] Auch

---

24 GAUTIER DALCHÉ, De la glose à la contemplation (wie Anm. 21), S. 700–704; Patrick GAUTIER DALCHÉ, 'Mappae mundi' antérieurs au XIIIe siècle dans les manuscrits latins de la Bibliothèque Nationale de France. In: Scriptorium 52 (1998), S. 102–162, hier S. 107f.

25 Michael Corbet ANDREWS, The Study and Classification of Medieval Mappae Mundi. In: Archaeologia 75 (1925-1926), S. 61–76.

26 ARENTZEN, Imago mundi cartographica (wie Anm. 17), S. 29–131.

27 WOODWARD, Medieval *Mappaemundi* (wie Anm. 17), S. 294–299.

28 Mappaemondes. Hg. DESTOMBES (wie Anm. 17), S. 21–23; WOODWARD, Medieval *Mappaemundi* (wie Anm. 17), S. 298.

29 Mappaemondes. Hg. DESTOMBES (wie Anm. 17), S. 21–23; WOODWARD, Medieval *Mappaemundi* (wie Anm. 17), S. 298.

wenn solche Zahlen nach wie vor keinen Anspruch auf Vollständigkeit erheben und sich zwischenzeitlich wohl mehr als verdoppelt haben, ist festzuhalten, dass sich im Spätmittelalter die Relationen zwischen den Kartentypen verschoben haben und neue Arten wie die See- oder Portolankarten hinzukamen.

Der heute gebräuchliche Kartenbegriff ist sehr viel umfassender als dies vor dreißig Jahren der Fall war. Zudem ist das Bewusstsein für kartographische Skizzen und Abbildungen gewachsen. Dabei sind Paradigmen wie Datierung, Herstellungsort, Überlieferungszusammenhang und Rezeptionsweg einer jeden kartographischen Darstellung wichtiger geworden und werden künftig genau zu erforschen sein. So hat Patrick GAUTIER DALCHÉ bereits 1998 vermeldet, mindestens 625 Weltkarten in 465 Handschriften bis zum Jahr 1200 gefunden zu haben und jedes Exemplar einzeln registrieren und beschreiben zu wollen.[30] Seine grundlegende Revision des alten Katalogs von DESTOMBES steht inzwischen kurz vor dem Abschluss, und die vor zwanzig Jahren genannte Zahl hat sich inzwischen, wie zu erwarten, nochmals deutlich erhöht. Wenn wir solche Mengen für die Zeit bis 1200 haben, bedeutet dies letztlich, dass wir für das 15. Jahrhundert noch weit von einer annährungsweisen Erfassung der kartographischen Bestände in Handschriften und anderen Medien entfernt sind und damit zu rechnen ist, dass alle bisherigen Kalkulationen übertroffen werden.

Denn neben den Weltrepräsentationen ist natürlich an weitere Kartenformate zu denken: Tony CAMPBELL hat in den 80er Jahren das mutige Unternehmen gestartet, die handschriftlich überlieferten Portolankarten bis 1500 in einer Aufstellung zusammenzutragen, und dabei immerhin 180 Exemplare aufgelistet.[31] Seine Ausführungen hat er ein Jahr später nochmals ausgeweitet und spezifiziert.[32] Zuletzt hat Philipp BILLION allein für die Zeit bis 1440, also die Frühzeit der Produktion, insgesamt 94 Portolankarten bzw. Portolanatlanten mit weitreichenden Ergebnissen zu den länderübergreifenden Wechselbeziehungen zwischen den Produzenten analysiert, ohne die nachfolgenden Jahrzehnte mit erhöhter Produktion berücksichtigen zu können.[33] Weitaus üppiger ist die Überlieferung der äußert heterogenen Orts- und Regionalkarten, zu denen Paul D. A. HARVEY bereits 1987 erste Überlegungen angestellt hat, ehe er seine Eindrücke zu England und Palästina später noch weiter differenziert und ergänzt hat.[34] Auch diese groben Schätzungen, die vor allem an England und dem Heiligen Land ausgerichtet

---

30 Patrick GAUTIER DALCHÉ, 'Mappae mundi' (wie Anm. 24), hier S. 110.

31 Tony CAMPBELL, Census of Pre-Sixteenth-Century Portolan Charts. In: Imago Mundi 38 (1986), S. 67–94.

32 Tony CAMPBELL, Portolan Charts from the Late thirteenth Century to 1500. In: The History of Cartography. Bd. 1 (wie Anm. 17), S. 371–463, bes. S. 382–392 zu Ursprung und Herstellungsmethoden der Portolankartographie.

33 Philipp BILLION, Graphische Zeichen auf mittelalterlichen Portolankarten. Ursprünge, Produktion und Rezeption bis 1440. Marburg 2011; vgl. auch Ramon J. PUJADES I BATALLER, Les cartes portolanes. La representació medieval d'una mar solcada. Barcelona 2007.

34 Paul D. A. HARVEY, Local and Regional Cartography in Medieval Europe. In: The History of Cartography. Bd. 1 (wie Anm. 17), S. 464–501; Paul D. A. HARVEY, Manors and Maps in Rural England, from

waren, müssen, wie die Studien der letzten Jahre zeigen, kräftig nach oben korrigiert werden. Denn die Suche in regionalen Archiven hat hier nicht nur in Bayern, das früh erforscht wurde, zu einer überraschenden Ausbeute geführt.[35]

Die Dimensionen der Überlieferung im 15. und 16. Jahrhundert zeigen anschaulich, dass kartographische Repräsentationen aller Art im damaligen Europa höchst verbreitet und beliebt waren. In Süd- und Mitteleuropa erreichten sie eine noch größere Streuung als im Norden und Osten. Aber wir sind noch weit davon entfernt, überhaupt an einen groben Überblick denken zu können. Gedruckte Karten ergänzten die handschriftlichen, einfache Skizzen die Luxusausführungen, so dass kartographisches Material in fast alle Lebensbereiche eindrang. Einzelne Kartenmacher, die – wie der Venezianer Battista Agnese – für den wachsenden Markt arbeiteten, haben so viele Kartenerzeugnisse gemalt oder drucken lassen, dass heute noch Tausende aus ihrer Produktion erhalten sind. Aus der Werkstatt Agneses, deren Aktivitäten von circa 1534 bis 1564 zu verfolgen sind, kennen wir beispielsweise knapp 1.000 handgemalte Portolankarten zur gesamten Welt und ihren Teilen, die größtenteils in leuchtenden Farben auf Pergament gezaubert und in Form von Atlanten mit bestimmten Kartenkombinationen an den Höfen Europas erworben wurden. Solche Zahlen zeigen die Ausmaße der Kartenproduktion und deren Verbreitung, die künftig detailliert zu recherchieren und zu erforschen sein werden.

## 3 Die Erschließung der Welt im kartographischen Referenzsystem

Es ist kein Geheimnis, dass die zunehmende Erschließung der Welt durch die Europäer ein wichtiger Stimulus für alle möglichen Veränderungen war, auf welche die Kartographen wie auch ihr Publikum mit großer Wissbegierde reagierten. Berichte über die portugiesischen Entdeckungen an den Küsten Afrikas und über Kolumbus' Erfahrungen in der Neuen Welt hatten Anlass gegeben, antike wie mittelalterliche Vorstellungen zu überdenken und kartographisch zu transformieren. Die Reichweite

---

the Tenth Century to the Seventeenth. Farnham 2010 (Variorum collected studies series 950); Paul D. A. Harvey, Medieval Maps of the Holy Land. London 2012.

35 Vgl. u.a. Thomas Horst, Die älteren Manuskriptkarten Altbayerns. Eine kartographiehistorische Studie zum Augenscheinplan unter besonderer Berücksichtigung der Kultur- und Klimageschichte, 2 Bde. (Schriftenreihe zur bayerischen Landesgeschichte 161,1–2.), München 2009; Fürstliche Koordinaten. Landesvermessung und Herrschaftsvisualisierung um 1600, Hg. von Ingrid Baumgärtner unter Mitarbeit von Lena Thiel. Leipzig 2014 (Schriften zur sächsischen Geschichte und Volkskunde 46). Einen ersten Überblick über die Entwicklungen in den verschiedenen europäischen Ländern geben die zahlreichen Artikel in: The History of Cartography, Bd. 3, p. 1–2: Cartography in the European Renaissance. Hg. von David Woodward. Chicago/London 2007. Felicitas Schmieder und Michael Rothmann planen ein Corpus deutscher Landkarten bis ca. 1600.

und Schnelligkeit solcher Rezeptionsvorgänge, die alle Typen von Weltkarten betrafen, lassen sich auch in der Weltkarte des Venezianers Fra Mauro erkennen.[36] Angesichts ihrer beachtlichen Größe war es nicht schwer, einzelne geographische Informationen zu aktualisieren, ohne auf das klassische Repertoire verzichten zu müssen: So sind, wie gesagt, die Konturen Afrikas vom seemännischen Erfahrungshorizont der Portugiesen bestimmt, während zahlreiche Texteinträge die ptolemäischen Vorgaben etwa zur Darstellung des Indischen Ozeans als Binnenmeer diskutieren. Fra Mauro war mutig genug, Ptolemäus zu widersprechen und den Ozean im Sinne der portugiesischen Erwartungen um alle drei Erdteile zu ziehen,[37] obwohl die Voraussetzung dafür letztlich erst 1488, also etwa dreißig Jahre später, von Bartolomeu Diaz bewiesen wurde, als er in geheimer Mission das Kap der Guten Hoffnung umrundete.

Solche Repräsentationen belegen erstens, dass kartographisches Wissen schnell und transnational kursierte (etwa von Portugal nach Venedig in den 1450er Jahren), solange es sich nicht um kleinräumige Details handelte und das Wissen nicht geheim gehalten werden musste. Sie zeigen zweitens, dass es angesagt war, die Reichweiten des Kartographischen bewusst auszuloten und die Grenzräume zum Unbekannten immer weiter zu verschieben. Es versteht sich von selbst, dass die damit verbundenen Herausforderungen nur in vielen kleinen Schritten anzugehen und in gemeinsamen Anstrengungen zu lösen waren.

Zehn Jahre nach dem ‚Evagatorium' von Felix Fabri, 1494, beschlossen die Spanier und Portugiesen, im Vertrag von Tordesillas die Welt untereinander aufzuteilen. Die Verhandlungspartner verstanden die räumlichen Dimensionen nicht viel besser als Felix Fabri und Fra Mauro. Trotzdem legten sie eine Demarkationslinie fest, die von Nord nach Süd mitten durch den Atlantik verlaufen sollte, und zwar 370 spanische Seemeilen (gut 1800 Kilometer) westlich der Kapverdischen Inseln. Alle westlich davon gelegenen Gefilde sollten bekanntlich den spanischen Königen, alles Östliche den Portugiesen gehören. Es war eine Teilung, die bis heute nachwirkt, obwohl die damals Beteiligten ihr Handeln nur bedingt einschätzen konnten und schon gar nicht die technischen Möglichkeiten besaßen, um solche Distanzen im offenen Meer zu vermessen. Absurd erscheint uns heute der Plan, innerhalb von zehn Monaten eine gemeinsame Flotte von jeweils gleicher Stärke aussenden und eine feste Markierung ‚in situ' von der Arktis zur Antarktis ziehen zu wollen. Auch eine gemeinsame Expertenkommission schaffte es nicht, die Demarkationslinie so zu kartieren, dass die wissenschaftliche Berechnung des Erdumfangs vereinheitlicht und die Zustimmung beider Seiten gesichert war. Bis 1529, also 35 Jahre lang, blieb es bei der recht

36 Piero FALCHETTA, Fra Mauro's World Map, with a Commentary and Translations of the Inscriptions. Turnhout 2006 (Terrarum Orbis 5), S. 19–32; Angelo CATTANEO, Fra Mauro's Mappa Mundi and Fifteenth-Century Venice. Turnhout 2011 (Terrarum Orbis 8), S. 38–46; Piero FALCHETTA, Il mappamondo di Fra' Mauro: una storia. Rimini 2013, S. 11–49.

37 FALCHETTA, Fra Mauro's World Map (wie Anm. 36), S. 193 Nr. 53, S. 699 Nr. 2834; FALCHETTA, Il Mappamondo di Fra' Mauro (wie Anm. 36), S. 60–77.

vagen textuellen Beschreibung. Erst dann war es möglich, im Zuge eines politischen Kompromisses, aber ohne weitergehende topographische Kenntnisse die Linie kartographisch so zu fixieren, dass sie die Zustimmung beider Seiten fand.[38]

Dieser Fall veranschaulicht die Dynamiken und Grenzen kartographischer Transferprozesse angesichts der Herausforderungen, die eine Erschließung der Welt begleiteten. Die Aufgabe, den Längengrad zu bestimmen und damit die Demarkationslinie festzulegen, war technisch zu komplex und überforderte alle Beteiligten; sie sollte erst 250 Jahre später gelöst werden. Aber Kolumbus Amerikafahrten und Magellans Weltumrundung (1519–1522) hatten zu einer gänzlich neuen Definition des Erfahrungsraumes geführt: Die seit griechischer Zeit bekannte Kugelgestalt der Erde war erstmals konkret erlebt worden und fortan mehr ein abstraktes Modell. Die Reisen hatten die Verteilung der Meere über die Erdoberfläche begreifbar und die Konturen Amerikas sichtbar gemacht. Spätestens 1498 hatte Vasco da Gama endgültig widerlegt, was bereits vorher in Zweifel gezogen war, den ptolemäischen Subkontinent im Süden Asiens. Bald wurde auch klar, dass Amerika nicht Asien war und als eigener Kontinent zu gelten hatte. Und die Seeleute Magellans hatten die später nach ihm benannte Meerenge in Südamerika durchfahren, den Pazifischen Ozean überquert und die Philippinen betreten.[39] Diese wegweisenden Vorgänge basierten auf akribischen Forschungen aller Beteiligten und verbanden sich mit symbolischer Relevanz.

Kapitäne wie Christoph Kolumbus und Fernando Magellan trugen vor ihren abenteuerlichen Unternehmungen alle verfügbaren Aussagen zur Größe der Ozeane und zum Umfang der Erde zusammen; auf ihren Reisen führten sie außer Schriften auch Karten und Instrumente mit sich. Kolumbus scheint jedenfalls viele Texte persönlich kopiert zu haben, darunter einen Brief, den der Florentiner Geograph Paolo dal Pozzo Toscanelli am 25. Juni 1474 über einen Mittelsmann an König Alfons V. von Portugal gerichtet und mit einer eigenhändig gezeichneten, mittlerweile verlorenen Karte versehen hatte.[40] Denn Toscanelli hatte, ausgehend von den Küsten und Inseln in portugiesischem Besitz, die westliche Route zu den Gewürzinseln

38 Ute Schneider, Tordesillas 1494 – Der Beginn der globalen Weltsicht. In: Saeculum. Jahrbuch für Universalgeschichte 54 (2003), S. 39–62; Wolfgang Reinhard, Die Unterwerfung der Welt. Globalgeschichte der europäischen Expansion 1415–2015. München 2016, S. 107 und 139 zum Vertrag von Saragossa; vgl. auch Ingrid Baumgärtner, Neue Karten für die Neue Welt? Kartographische Praktiken der Exploration. In: Maritime Entdeckung und Expansion. Kontinuitäten, Parallelen und Brüche von der Antike bis in die Neuzeit. Hg. Raimund Schulz. Berlin/Boston 2019 (Historische Zeitschrift. Beihefte N.F. 77), S. 243–268, hier S. 246 und S. 254–257.

39 Reinhard, Die Unterwerfung (wie Anm. 38), S. 76, 106–107, 138.

40 Der Brief hat sich in der Abschrift des Kolumbus unter dem Titel *Copia misa Christophoro Colombo per Paulum fixicum cum una carta navigacio* erhalten, vgl. Raccolta di documenti e studi pubblicati dalla R. Commissione Columbiana pel quarto centenario dalla scoperta dell'America, Bde. I–IX. Roma 1892–1896, hier Bd. I/2, S. 364–365 in Latein; italienische Version von der Hand des Christoph Kolumbus: Bd. IV/1, S. 110–111; Cristoforo Colombo, Autografi, con prefazione e trascrizione diplomatica di C. De Lollis. Roma 1892 = Raccolta, Bd. I/3 tav. 63 mit Abbildung der Abschrift und mit Transkription des Textes; vgl. auch Raccolta, Bd. V/1, S. 571–575 und tav. 4. Moderne deutsche Übersetzung bei Alf-

und den Schätzen Asiens in Meilen berechnet, die Entfernung der Route zum Pol und zum Äquator kalkuliert sowie vor allem angenommen, dass der kürzeste Weg nach Westen über das Meer anstatt über den Süden Afrikas gen Osten führen müsse. Kolumbus übertrug den Text in sein eigenes, mit Randglossen versehenes Exemplar von Eneas Silvio Piccolominis kosmographisch-geographischer Beschreibung Asiens, also derjenigen Ausgabe der ‚Historia rerum ubique gestarum', die 1477 bei Johannes de Colonia und Johannes Manthen de Gerretzheim in Venedig gedruckt worden war.[41] Beide Werke taxierten den Erdumfang auf etwa 180.000 Stadien, also ungefähr 32.233 km.[42] Solche Annahmen und entsprechende Darstellungen belebten auch die Hoffnungen seiner Nachfolger. Magellan startete 27 Jahre später nach langen und sorgfältigen Vorbereitungen, nicht zuletzt aufgrund portugiesischer Seekarten, zu seiner Fahrt mit immerhin 23 der neuesten Seekarten, einer Weltkarte, zahlreichen Quadranten, Astrolabien und Kompassen. All das zeigt, dass die Seefahrer versuchten, ihr eigenes kartographisches Referenzsystem aufzubauen.

Denn die Trag- und Reichweite solcher Informationen war enorm: Es ging nicht nur um den Anteil der Meere an der Erdoberfläche, sondern um die Aufteilung der ganzen Welt. Dies veranlasste Spanier wie Portugiesen dazu, ihre Kontroversen unter Rückgriff auf Karten auszutragen, die sich zu machtvollen Beweismitteln entwickelten. Denn spätestens in dem Moment, als beide Seiten die in Tordesillas theoretisch vereinbarte Demarkationslinie zu konkretisieren versuchten, war die kartographische Fixierung zu einem politischen Instrument geworden:

Spanien verdankte seine Version Juan de la Cosa (gest. 1510), einem Lotsen und Begleiter von Kolumbus, der sich nach 1500 angeblich dazu hinreißen ließ, die Welt so abzubilden, dass der neue Kontinent im Westen unter der Schutzherrschaft des Heiligen Christophorus stand und nahezu ausschließlich seinen königlichen Hoheiten gehörte (Abb. 5). Erhalten ist nur die vor 1510 erstellte Kopie, die die Form eines Portulans besitzt.[43]

---

red Stückelberger, Kolumbus und die antiken Wissenschaften. In: Archiv für Kulturgeschichte 69 (1987), S. 331–340, hier S. 335; vgl. Reinhard, Die Unterwerfung (wie Anm. 38), S. 97.

**41** Aeneas Silvius Piccolomini, Historia rerum ubique gestarum, cum locorum descriptione non finita Asia Minor, Venedig, Johannes de Colonia und Johannes Manthen, 1477. Das persönliche, mit eigenhändigen Notizen versehene Exemplar von Christoph Kolumbus ist überliefert in Sevilla, Biblioteca Capitular y Colombina. Vgl. Stückelberger, Kolumbus (wie Anm. 40), S. 335–336.

**42** Enea Silvio Piccolomini, Papa Pio II, Asia, a cura di Nicola Casella. Bellinzona 2004, S. 27, cap. 4: *Ptolemaeus, de latitudine consentiens, longitudinem variam prodit [...] totumque ambitum noti orbis stadiis centum et octuaginta milibus constare censet*; Stückelberger, Kolumbus (wie Anm. 40), S. 336; Raccolta (wie Anm. 40), Bd. I/2, S. 291–369, hier S. 293.

**43** Madrid, Museo naval, Nr. 257; Abb. u. a. bei Ute Schneider, Die Macht der Karten. Eine Geschichte der Kartographie vom Mittelalter bis heute. 3. Aufl. Darmstadt 2012, S. 94–95; L'âge d'or des cartes marines. Quand l'Europe découvrait le monde. Hg. von Catherine Hofmann/Héléne Richard/Emmanuelle Vagnon. Paris 2012, S. 114–115.

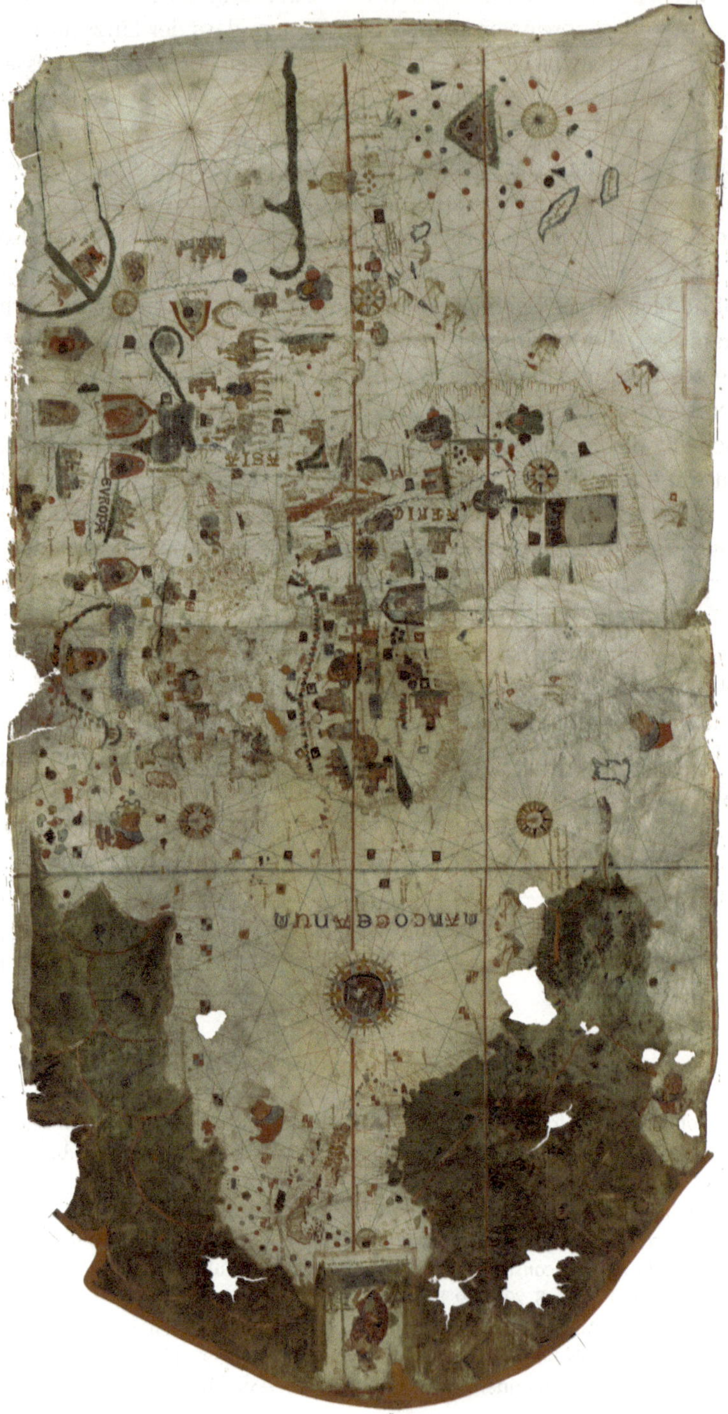

**Abb. 5:** Juan de la Cosa, Portolankarte, um 1510; Madrid, Museo naval, Nr. 257; Abb. aus Ute SCHNEIDER, Die Macht der Karten. Eine Geschichte der Kartographie vom Mittelalter bis heute. 3. Aufl. Darmstadt 2012, S. 94–95, L'âge d'or des cartes marines. Quand l'Europe découvrait le monde. Hg. Catherine HOFMANN/Hélène RICHARD/Emmanuelle VAGNON. Paris 2012, S. 114–115.

**Abb. 6:** Cantino-Planisphäre, 1502; Modena, Biblioteca Estense Universitaria, C.G.A.2; Abb. aus SCHNEIDER, Macht der Karten (wie Anm. 43), S. 98–99; L'âge d'or des cartes marines (wie Anm. 43), S. 132–133.

Die portugiesische Interpretation des Vertrags von Tordesillas ist erstmals auf der Cantino-Planisphäre von 1502 überliefert.[44] (Abb. 6) Ihr unbekannter Zeichner schlug Brasilien, in dessen Osten sein Landsmann Pedro Álvares Cabral zwei Jahre zuvor gelandet war, als eine Art Insel der portugiesischen Sphäre zu. Unabhängig von diesem folgenschweren Grenzstreit im weitgehend Unbekannten waren beide Lösungen so angelegt, dass sie das brennendste Problem der Zeit geschickt umgingen, nämlich die Frage, ob die neu entdeckten Inseln und Territorien zu Asien gehörten oder nicht.

Die kartographische Festlegung der Demarkationslinie wurde zu einer noch größeren Herausforderung, als die Portugiesen 1511 die Molukken, die sog. ‚Gewürzinseln', erreichten und einige Jahre später Magellans Entdeckung der Westpassage bewies, dass die beiden Hemisphären grundsätzlich miteinander verbunden waren. Jenseits aller navigatorischen Leistungen bedeutete dies, dass sich die Linie im Atlantik auf der anderen Seite des Globus fortsetzte und auch der Gegenmeridian im Pazifik entlang der Philippinen und Molukken zu bestimmen war.[45] Der portugiesisch-spanische Streit um die molukkischen Handelsrechte wurde somit zum Kampf um die Abgrenzung zweier Hälften einer Erde, deren Globusgestalt einer differenzierten kartographischen Ausgestaltung bedurfte.

Es verwundert also nicht, dass alle Bemühungen um die Festlegung eines Grenzmeridians scheiterten, zunächst wegen unterschiedlicher Berechnungen des Erdumfangs, dann wegen differierender Projektionsformen und vor allem wegen abweichender Positionierungen unter anderem der Kapverdischen Inseln. Es erwies sich als schwierig, die Grenze in einem nahezu unbekannten Raum inmitten von Atlantik und Pazifik konkret zu bestimmen, so dass die paritätisch besetzte Expertenkommission, die Ortsbegehung samt Markierungen vornehmen sollte, ihre Reise gar nicht antrat. Man war sich einig, dass die topographische Repräsentation auf Karten und Globen solche Praktiken vor Ort ersetzen sollte.[46]

Die Differenzen wurden bei der Zusammenkunft von Badajoz-Elvaz am 1. März 1524 auf der Grenzbrücke des Rio Caia zwischen beiden Territorien diskutiert, um die vorhandenen Geheimkarten, die die Ansprüche demonstrierten, nicht außer Landes

---

44 Modena, Biblioteca Estense Universitaria, C.G.A.2; vgl. Schneider, Macht der Karten (wie Anm. 43), S. 94–101; Schneider, Tordesillas 1494 (wie Anm. 38), S. 56–59; L'âge d'or des cartes marines (wie Anm. 43), S. 132–133; Ernesto Milano, Le grandi scoperte geografiche e i loro riflessi cartografici. In: Alla scoperta del mondo. L'arte della cartografia da Tolomeo a Mercatore. Modena 2001, S. 65–168, hier S. 107–111. Vgl. auch Folker Reichert, Die Erfindung Amerikas durch die Kartographie. In: Archiv für Kulturgeschichte 78 (1996), S. 115–143, hier S. 122 (auch in: Folker Reichert, Asien und Europa im Mittelalter. Studien zur Geschichte des Reisens. Göttingen 2014, S. 447–476, hier S. 454).

45 Zur Politisierung des Raumes vgl. Arndt Brendecke, Imperium und Empirie. Funktionen des Wissens in der spanischen Kolonialherrschaft. Köln/Weimar/Wien 2009, S. 110–119; Jörg Dünne, Der verschwundene Tag. Weltreisen und die Datumsgrenze seit der Frühen Neuzeit. In: Grenzerfahrungen. Hg. von Achim Landwehr. Düsseldorf 2015 (Studia Humaniora 48), S. 75–97.

46 Schneider, Tordesillas 1494 (wie Anm. 38), S. 60–61. Zum Kontext vgl. Reichert, Die Erfindung Amerikas (wie Anm. 41), S. 115–143, auch in: Reichert, Asien und Europa (wie Anm. 41), S. 447–476.

bringen zu müssen. Dabei wurden die zur Beweisführung dienenden Karten, Globen, Itinerare und Berichte taktisch eingesetzt: Die Portugiesen legten frisch gezeichnete Karten zu den Routen um Afrika vor, um die geheimen Passagen nicht preisgeben zu müssen und die delikaten Stellen einfach weiß lassen zu können. Einige ihrer mitgebrachen Karten und ein Itinerar verschwanden, als sich die Spanier dadurch in ihren Ansprüchen bestätigt fühlten. Die Spanier schlugen vor, nur die Beweiskraft besonders alter, vor dem Streit entstandener Karten anzuerkennen, um jeglicher Manipulation vorzubeugen. Und die Portugiesen meinten voller Misstrauen, man solle statt der Seekarten einen weißen Globus nehmen und nur diejenigen Informationen eintragen, auf die man sich jeweils geeinigt hätte.[47] Aber das Ziel, gemeinschaftlich einen Längengrad zu bestimmen und ihn zusammen mit den Molukken in eine einzige Kartierung einzutragen, erreichte man vorerst freilich nicht. Selbst der Blick in das Logbuch Magellans, der den Portugiesen gewährt wurde, und die Befragung der 16 Überlebenden der Weltumrundung, deren Zeugenaussagen erhalten sind, brachte die Verhandlungen nicht weiter. Es fehlte ganz einfach ein „verbindliches Referenzsystem"[48].

Eine Lösung fand sich zuletzt auf praktischem Weg, als der immer finanzbedürftige Kaiser Karl V. seine angeblichen Handelsrechte im Vertrag von Saragossa (1529) zu einem Höchstpreis an Portugal abtrat, den – wie wir heute wissen – damals rechtmäßigen Besitzer, der diesen Anspruch nicht nachweisen konnte, aber Rechtssicherheit für seine Handlungen haben wollte. Der spanische Hegemonialanspruch drückte sich fortan dadurch aus, dass die vorgesehene Demarkationslinie auf einer kastilisch autorisierten Seekarte eingezeichnet und in doppelter kartographischer Ausfertigung von beiden Herrschern anerkannt wurde. Selbst für den Fall, dass die Linie geographisch falsch läge, sollte sie, so eine Vertragsbestimmung, in Relation zu den Molukken dauerhaft gültig bleiben. Geschaffen war damit eine referentielle Musterkarte für die Zukunft, wenngleich keine konsensuale Repräsentation geographischen Wissens. Aber die kartographische Ergänzung zum Vertrag bedeutete den wissenschaftlich begründeten und politisch gewünschten Versuch beider Mächte, ein gemeinsames Referenzsystem zu etablieren, das künftig die navigatorische Praxis bestimmen sollte.

An dem über dreißig Jahre währenden politischen Verfahren zur Umsetzung der Demarkationslinie war, zumindest für die späteren Jahre, auch Hernando Colón (auch als Fernando Kolumbus bekannt) beteiligt, der seinen Vater Christoph Kolumbus schon als Heranwachsender auf dessen vierter Amerikareise (1502–1504) begleitet hatte. Der Kosmograph, der eine der größten Privatbibliotheken seiner Zeit aufbaute, soll die im Zuge der Verhandlungen immer schwächer werdende Position der Spanier erkannt und Kaiser Karl V. zu seinem diplomatischen Schachzug geraten haben. Den institutionellen Rahmen lieferte die seit 1503 in Sevilla existierende Casa de la Contratación, die,

47 BRENDECKE, Imperium und Empirie (wie Anm. 45), S. 116–119. Zu einer Karte von Giovanni Vespucci aus dem Jahr 1523/24 vgl. auch Christian HEITZMANN, Wem gehören die Molukken? Eine unbekannte Weltkarte aus der Frühzeit der Entdeckungen. In: Zeitschrift für Ideengeschichte 2 (2007), S. 101–110.
48 SCHNEIDER, Tordesillas 1494 (wie Anm. 38), S. 61.

zuständig für Seefahrt und Handel, die Expeditionen kastilischer Schiffe in die außereuropäischen Räume koordinierte, die Lizenzen für Kapitäne und Schiffe ausstellte und die Erhebung der kolonialen Handelssteuern überwachte. In der Seekartographie war sie von 1508 an, als das Amt des Piloto Mayor geschaffen wurde, dafür verantwortlich, einen Padrón Real, eine allseits verlässliche Generalkarte, zu entwickeln, um der Pluralität der Karten mit ihren Unstimmigkeiten und Widersprüchen ein Ende zu setzen.[49] Ziel war es, das kartographische Wissen dadurch zu verbessern, dass die einzelnen empirischen Operationen zu See verzeichnet und entsprechend den Angaben der Steuermänner in ein Gesamtsystem integriert wurden. Aus dem kontinuierlichen Abgleich von Erfahrungswissen sollte also eine Musterseekarte mit handlungsleitender Funktion entstehen, bei der es weniger um geographische Richtigkeit als um die kollektive Anstrengung ging, unnötige Fehler des Einzelnen künftig zu vermeiden.

Mit einer solchen Generalkarte sollte also ein gemeinsames Bezugssystem begründet werden, um die Konkurrenz zwischen den Seefahrern in ein kollektives Erfahrungswissen überzuleiten. Die Kartenzeichner waren als Vermittler vorgesehen, um das seemännische Praxiswissen in einem andauernden Prozess in das kartographische Bild zu übertragen, das der navigatorischen Praxis letztlich wieder als Bezugspunkt dienen sollte. Führender Mitarbeiter der Casa de la Contratación war zeitweilig der aus Portugal stammende, um 1518/19 in spanische Dienste aufgenommene Diogo Ribeiro, der 1524 auch an den Diskussionen um die Demarkationslinie beteiligt war.[50] Ribeiro war ein seekundiger Navigator, Instrumentenbauer und Verfasser kosmographisch orientierter Seekarten, der unter anderem mit der kartographischen Umsetzung von Magellans Erfahrungen aus der Weltumrundung betraut war. Mit seinen vielseitigen Kenntnissen unterstützte er Hernando Colón im Bemühen, den kosmographischen Ansatz mit Himmelsbeobachtung, Astrolab- und Quadrantengebrauch zur wissenschaftlich-astronomischen Positionsbestimmung in der Ausbildung der Schiffskapitäne zu verstärken, die in der Praxis vor allem nach Küstenlinien, Gezeiten, Strömungen und Winden navigierten. Diese Reformversuche richteten sich in gewisser Weise auch gegen Sebastiano Caboto, den eigentlichen Piloto Mayor, der eine Erfahrungsnavigation vertrat, aber in den Jahren 1526 bis 1532 absent war, weil er auf dem Weg zu den Gewürzinseln an der Mündung des Rio de la Plata hängenblieb, um nach Gold und Bodenschätzen zu suchen, und sich anschließend in einem Gerichtsverfahren verantworten musste.

---

49 Brendecke, Imperium und Empirie (wie Anm. 45), S. 119–128 zur Casa de la Contratación und zum Padrón Real.

50 Brendecke, Imperium und Empirie (wie Anm. 45), S. 130–132 zu Diogo Ribeiro; vgl. Armando Zuzarte Cortesão, Diogo Ribeiro. In: Cartografia e Cartografos portugueses dos seculos XV e XVI. Lissabon 1935, S. 130–167; L. A. Vigneras, The Cartographer Diogo Ribeiro. In: Imago Mundi 16 (1962), S. 76–83; Surekha Davies, The Navigational Iconography of Diogo Ribeiro's 1529 Vatican Planisphere. In: Imago Mundi 55 (2003), S. 103–112; Jerry Brotton, A History of the World in Twelve Maps. Londona. 2012, S. 186–217, hier S. 212–214 zu Diogo Ribeiro.

Das Kartenoriginal des Vertrags von Saragossa überlebte nicht, aber vier Ribeiro zugeschriebene Planisphären, auf denen die aufgezeichneten astronomischen Navigationsmittel Astrolab, Quadrant und Deklinationstabelle ganz bewusst sein methodisches Vorgehen verdeutlichen.[51] Die dritte Version seiner Weltkarte, die 1529 auf feinstem Pergament für den erwählten, aber noch nicht gekrönten Kaiser Karl V. gefertigt wurde, erregte allergrößtes Aufsehen. (Abb. 7)

Auf einer Fläche von 85 x 204 cm zeigt sie eine zweigeteilte Welt, in der die Molukken – wie vor Karls Verzicht vom 22. April 1529 – der kastilischen Oberhoheit unterstehen. Auf der beeindruckenden Karte, heute in der Vatikanischen Bibliothek,[52] markieren Herrschaftszeichen die beiden Einflusssphären: Unten mittig symbolisiert die alte Flagge von Kastilien-Leon neben dem portugiesischen Banner den Ansatzpunkt für die Demarkationslinie, die zwar nicht durchgezogen wurde, aber auf der anderen Seite der Welt kurz vor dem rechten Kartenrand nochmals durch beide Banner angedeutet ist. Zudem sind am unteren Rand drei Wappen aufgemalt; das rechte trägt auf dem Schild die Hoheitszeichen von Agostino Chigi il Magnifico (gest. 1520), des äußerst finanzkräftigen Bankiers, europaweit agierenden Unternehmers und Förderers der Künste,[53] das mittige zeigt die von der Tiara bekrönte Eiche der Della Rovere, die auf Papst Julius II. verweisen dürfte, der Agostino Chigi mit dem Recht zur Führung des Eichenwappens in seine Familie aufgenommen hatte, und das linke das Chigi-Wappen mit dem Stern über dem Sechsberg.

---

**51** Vgl. DAVIES, The Navigational Iconography (wie Anm. 50), S. 103–112. Vier Weltkarten Ribeiros aus den Jahren 1525, 1527 und 1529 haben sich erhalten: erstens die *Carta Castiglione* oder Castiglione Planisphäre von 1525, heute in Modena, Biblioteca Estense Universitaria, C.G.A.12 (81 x 209,5 cm), zweitens eine Weltkarte von 1527, heute in Weimar, Klassik Stiftung Weimar, Herzogin Anna Amalia Bibliothek, Kt 020–57 S (86 x 213 cm); drittens die sog. Borgia-Seekarte von 1529, heute in der Biblioteca Apostolica Vaticana, Borgiano, Carte nautiche III (85 x 204,5 cm) und viertens eine Weltkarte von 1529, heute in Weimar, Klassik Stiftung Weimar, Herzogin Anna Amalia Bibliothek, Kt 020–58 S (88 x 212 cm). Vgl. Vgl. Amando CORTESÃO/ Avelino TEXEIRA DA MOTA, Portugaliae monumenta cartographica, Lissabon 1960, ND 1987, Bd. 1, S. 87–109 und Plate 37–41; MILANO, Le grandi scoperte (wie Anm. 41), S. 136–143; Felipe FERNÁNDEZ-ARMESTO, Maps and Exploration in the Sixteenth and Early Seventeenth Centuries. In: The History of Cartography, Bd. 3, p. 1: Cartography in the European Renaissance. Hg. von David WOODWARD. Chicago/London 2007, S. 738–759, hier S. 759 und Abb. 30.25, 30.28–30.30.

**52** Biblioteca Apostolica Vaticana, Borgiano, Carte nautiche III. Das anfällige Original ist nicht einsehbar, nur die digitalisierte Version in der Digital Vatican Library; vgl. FERNÁNDEZ-ARMESTO, Maps and Exploration (wie Anm. 51), Abb. 30.29; Guida delle fonti per la storia dell'America Latina negli archivi della Santa Sede e negli archivi ecclesiastici d'Italia. Hg. Lajos PÁSZTOR. Città del Vaticano 1970 (Collectanea Archivi Vaticani, 2), S. 601. Die Karte befand sich Ende des 18. Jahrhunderts im ‚Museum Borgianum', der Privatgalerie mit ethnographisch-historischem Charakter von Kardinal Stefano Borgia (1731–1804), deren Sammlungen nach seinem Tod sukzessiv in den Vatikan gebracht wurden, so dass Ribeiros Karte im Jahre 1830 in die Akten der Kongregation für die Glaubenslehre einfloss; vgl. DAVIES, The Navigational Iconography (wie Anm. 50), S. 109.

**53** Zu den Chigi vgl. Irene POLVERINI FOSI, Chigi. In: Volker REINHARDT, Die großen Familien Italiens. Stuttgart 1992, S. 164–170, hier S. 164–166. Die beiden Söhne Agostino Chigis, Lorenzo Leone und Alessandro Giovanni, wurden erst kurz vor bzw. erst nach seinem Tod geboren und waren damit noch zu jung, um seine Geschäfte weiterzuführen.

**Abb. 7 in zwei Teilen:** Diogo Ribeiro, Sog. Borgia-Seekarte von 1529; Biblioteca Apostolica Vaticana, Borgiano, Carte nautiche III (85 x 204,5 cm); Abb. nach BAUMGÄRTNER, Atlas Heinrichs VIII. (wie Anm. 67).

Battista Agnese. Barb. Lat. 4357. Kommentarband zur Faksimile-Edition der Handschrift aus der Biblioteca Apostolica Vaticana, Vatikanstadt und Stuttgart 2020, S. 48f., Abb. 20, 1–2

Jerry Brotton hat vermutet, dass die Karte als Geschenk nach Rom kam, um den Autoritäten am päpstlichen Hof die weltweite Dominanz Karls V. vor Augen zu führen, bevor er am 24. Februar 1530 in Bologna seine Kaiserkrone erhielt.[54] Die drei Wappen deuten darauf hin, dass beim Transfer nach Italien das nach dem Tod Agostinos im Niedergang begriffene Handelsnetzwerk der Chigi eine wichtige Rolle spielte. Das Bankhaus der Chigi wurde zwar 1528 geschlossen, aber Agostinos einzig überlebender Sohn Lorenzo dürfte das Wappen weitergeführt haben. Die Mittlerfunktion der Chigi wird noch wahrscheinlicher, wenn wir bedenken, dass ein weiteres Exemplar des Jahres 1530, dessen Fragmente in Dillingen an der Donau verwahrt werden, an den Augsburger Großkaufmann Bartholomäus Welser ging,[55] dem die spanischen Könige 1528 vertraglich die Statthalterschaft über die koloniale Provinz Venezuela zugesprochen hatten, um eine Finanzierung für die Schiffsflotte zur Erschließung der Gebiete zu erhalten. Dies legt die Annahme nahe, dass die Welser Ribeiro-Karte genau in diesem Zusammenhang produziert und nach Deutschland transportiert wurde.

Die kosmographisch-wissenschaftlichen Ribeiro-Karten scheinen also gerade in den großen Handelshäusern mit Überseeambitionen besonders gefragt gewesen zu sein. Für diplomatische und repräsentative Zwecke eingesetzt, dürften sie mehr der Veranschaulichung als der praktischen Seefahrt gedient haben und schon allein deswegen keinerlei Geheimhaltung unterstanden haben, während die praktische Seekartographie mit größerem Maßstab der Küstennavigation in fremden Gewässern dienlich war und deshalb eher der Schweigepflicht unterlag. Das Beispiel zeigt ferner, dass Karten und Globen in den 1520er Jahren längst zu einem Referenzmedium von Politik und Handel geworden waren, das aus dem internationalen Leben nicht mehr wegzudenken war.

---

54 Brotton, A History of the World (wie Anm. 50), S. 207–214; zur Entwicklung der zeitgenössischen italienischen Kartographie vgl. Marica Milanesi, La cartografia italiana nel Medio Evo e nel Rinascimento. In: La cartografia italiana. Circle de conferéncies sobre historia de la cartografia. Tercer curs. Barcelona 1993, S. 15–80.

55 Von der Karte, die Ribeiro um 1530 für die Welser anfertigte, sind nur Fragmente erhalten: Diogo Ribeiro, ‚Welserkarte' 1530, Dillingen, Studienbibliothek, Mapp. 1; vgl. Oswald Dreyer-Eimbcke, Auf den Spuren der Entdecker am südlichsten Ende der Welt, Gotha 1996, S. 40. Zur Welser-Gesellschaft vgl. u.a. Mark Häberlein, Expertenwissen und Verflechtung. Die Familie Peutinger und die Welser-Gesellschaft. In: Konrad Peutinger. Ein Universalgelehrter zwischen Spätmittelalter und Früher Neuzeit: Bestandsaufnahme und Perspektien. Hg. Von Rolf Kiessling und Gernot Michael Müller, Berlin 2018 (Colloquia Augustana 35), S. 47–63, hier S. 57f.

## 4 Internationaler Austausch und Dissemination – Akteure und Erzeugnisse

Um 1500 waren Seefahrt, Handel, Politik und Kartographie eng miteinander verzahnt. Die Protagonisten waren international vernetzt und ihre Kartenerzeugnisse erfuhren größten Zuspruch.[56] Wissen, das globale Zusammenhänge veranschaulichte und Navigationswege aufzeigte, war politisch und wirtschaftlich höchst brisant und an den Höfen und Handelshäusern Europas mehr als gefragt. Dies galt auch für die Produzenten kartographischen Materials, die trotz aller Versuche der Verheimlichung von Spezialkenntnissen durchschlagende Erfolge auf dem internationalen Parkett zu erzielen vermochten und nicht selten zum ‚Feind' überliefen. Gerade die Spanier und Portugiesen waren mit ihrer Ausbildung und ihren Abwerbungsversuchen höchst erfolgreich und heizten den internationalen Austausch entscheidend an, ohne allerdings verhindern zu können, dass sich einzelne Akteure in andere Seefahrerländer wie Italien, Frankreich, England oder die Niederlande absetzten.

Die Mobilität der Kartographen war enorm, ihre praktische und theoretische Vorbildung recht unterschiedlich: Amerigo Vespucci, von seinem Patron Lorenzo di Pierfrancesco de' Medici als Agent in die Niederlassung in Sevilla gesandt, schaffte es beispielsweise, an mindestens zwei Erkundungsfahrten an die Ostküste Südamerikas unter spanischer und dann portugiesischer Flagge teilzunehmen und trotzdem im Jahre 1508 auf den Vertrauensposten des ersten Piloto Mayor ernannt zu werden.[57] Gleichzeitig berichtete er dem ehemaligen Gönner in Florenz über seine Expeditionserfahrungen und seine kosmographisch-mathematischen Forschungen, wohl davon ausgehend, dass sich die Informationen in den Elitekreisen seiner Heimatstadt und darüber hinaus verbreiten und ihm den Ruf eines vielseitig begabten Seefahrers und bedeutenden Gelehrten einbringen würden. Seine in zweiter Fassung unter dem Titel ‚Mundus Novus' gedruckten Briefe sollten dieses Image ganz offensichtlich festigen.[58] In Sevilla oblag ihm die Aufgabe, die Aktualisierung des Padrón Real voranzutreiben. Der italienische Humanist Pietro Martire d'Anghiera, der am spanischen Hof weilte,

56 Zum Folgenden vgl. auch Julien Bérard, Kommunikation, Wissensproduktion und Kartographie: Abraham Ortelius und die Kartenproduktion im Antwerpen des späten 16. Jahrhunderts. Baden-Baden 2020.

57 Felipe Fernández-Armesto, Amerigo. The Man who Gave his Name to America. New York 2008, S. 55–61 und S. 178–183; Frederick J. Pohl, Amerigo Vespucci Pilot Major, New York 1944, ND 1966, S. 36–181; Christian Kiening, ‚Erfahrung' und ‚Vermessung' der Welt in der frühen Neuzeit. In: Text – Bild – Karte. Kartographien der Vormoderne. Hg. Jürg Glauser/Christian Kiening. Freiburg 2007, S. 221–251, hier S. 231–235; Klaus A. Vogel, Amerigo Vespucci und die Humanisten in Wien. Die Rezeption der geographischen Entdeckungen und der Streit zwischen Johachim Vadian und Johannes Camers über die Irrtümer der Klassiker. In: Die Folgen der Entdeckungsreisen für Europa. Hg. Stephan Füssel. Nürnberg 1992, S. 51–104, hier S. 65–67.

58 Veröffentlicht in Latein sowie u.a. in italienischer, deutscher und niederländischer Übersetzung; vgl. Fernández-Armesto, Amerigo (wie Anm. 57), S. 66–135.

beschreibt im zehnten Buch seiner zweiten Dekade, wie er bei einem Besuch in der Casa de la Contratación Sphären und Navigationskarten auf Pergament gesehen habe, darunter eine, die von den Portugiesen gezeichnet war und an die auch der weitgereiste Amerigo Vespucci Hand angelegt hätte.[59] Solche Kombinationen, also ein mit den Portugiesen nach Brasilien gereister Florentiner als Hüter der geheimen kastilischen Generalkarte, sind umso erstaunlicher, wenn man bedenkt, dass man in Sevilla spätestens mit den Regularien des Jahres 1527 versuchte, den internationalen Austausch drastisch einzuschränken, also die Geheimhaltung strenger zu überwachen und Ausländern den „Zugriff auf Seekarten oder Bilddarstellungen (*pinturas*) Amerikas“ [60] ganz zu verweigern.

Überall stellte sich die Frage, welche Wissensausschnitte zu schützen waren und was man wann wem mitteilen sollte, um den gemeinsamen Lernprozess zu fördern und trotzdem die eigenen Vorteile gegenüber der Konkurrenz zu wahren. Der Drang nach Expeditionen war gewaltig; sie zu finanzieren, war oftmals sogar ein Grund zum Übertritt auf die andere Seite. Der Portugiese Fernando Magellan, der 1514 wegen illegalen Handels mit den Mauren aus portugiesischen Diensten entlassen wurde, lief im Oktober 1517 zu den Spaniern nach Sevilla über.[61] Die Planungen für seine 1519 beginnende Reise zu den Gewürzinseln, die in eine Weltumseglung mündete und unter dem Kommando von Juan Sebastián Elcano vollendet wurde, sollen sich auf geheim gehaltene Dokumente, angeblich eine Karte, gestützt haben, die er zuvor im portugiesischen Seefahrtsarchiv eingesehen hatte; dementsprechend suchte er die Durchfahrt zum Pazifik zuerst einmal am Rio de la Plata, ehe er nach Süden weitersegelte. Bei seinem Übertritt soll er eine ganze Gruppe portugiesischer Kartographen mit Spezialkenntnissen aus den Indienfahrten mit sich gezogen haben, darunter Estevão Gomes bzw. Estevan Gómez wie auch Diogo Ribeiro,[62] der anschließend sein Wissen als Assistent von Hernando Colón weiterentwickelte.

---

**59** Pietro Martire d'Anghiera, De Orbe Novo Decades I–VIII. Parte prima (I–IV). Hg. Rosanna Mazzacane/Elisa Magioncalda. Genua 2005, S. 286 (mit italienischer Übersetzung): *Inclusi uno cubiculo, multos harum rerum iudices habuimus ad manus, solidam universi cum his inventis sphaeram, et membranas, quas nautae chartas vocant navigatorias, plures, quarum una a Portugalensibus depicta erat, in qua manum dicitur imposuisse Americus Vespucius Florentinus, vir in hac arte peritus, qui ad Antarcticum et ipse, auspiciis et stipendio Portugalensium, ultra lineam aequinoctialem plures gradus adnavigavit*. Vgl. Peter Martyr von Anghiera, Acht Dekaden über die Neue Welt. Übers., eingef. und mit Anm. vers. von Hans Klingelhöfer, Bd. 1–2. Darmstadt 1972–1973, hier Bd. 1, 2. Dekade, Buch X, 51, S. 209 mit problematischer Übersetzung. Vgl. Pohl, Amerigo Vespucci (wie Anm. 57), S. 191–193.

**60** Brendecke, Imperium und Empirie (wie Anm. 45), S. 131.

**61** Le voyage de Magellan (1519–1522). La relation d'Antonio Pigafetta & autres témoignages. Hg. von Xavier de Castro. Paris 2007, S. 50–54; Antonio Pigafetta. Die erste Reise um die Welt. An Bord mit Magellan. Erstmals vollständig übersetzt und kommentiert von Christian Jostmann. Darmstadt 2020, S. 21–23.

**62** Vigneras, The Cartographer Diogo Ribeiro (wie Anm. 50), S. 76; Maria Fernanda Alegria, Suzanne Daveau, João Carlos Garcia, Francesc Relaño, Portuguese Cartography in the Renaissance. In: The History of Cartography, Bd. 3, p. 1 (wie Anm. 51), S. 975–1068, hier S. 988; Alison Sandman,

Sein kaum jüngerer Zeitgenosse, der aus Italien stammende Sebastiano Caboto, war bereits 1512, vermutlich wegen günstigerer Arbeitsbedingungen, aus englischen Diensten nach Spanien gewechselt, um dort im Februar 1518 zum führenden Navigator der Casa de Contratación aufzusteigen.[63] Damit überwachte wiederum ein Ausländer nicht nur die Navigationsmethoden, Instrumentenherstellung und Navigatorenausbildung, sondern auch das vertraulich eingestufte Kartenmaterial. War er doch Herr des Padrón Real, der geheimen Weltkarte der spanischen Krone, auf die alle kastilischen Schiffe zurückgreifen mussten. Die damit verbundenen Aufgaben erfüllte er aber nur bedingt und sehr praxisorientiert: In den Jahren 1526 bis 1529 am Rio de la Plata unterwegs und anschließend seinen Prozess wegen zu eigenständigen Handelns und Zurücklassens führender Crewmitglieder abwartend, entglitt ihm die Kontrolle vor Ort, die faktisch Hernando Colón übernahm.[64] In der Folge erlaubten ihm die Spanier nicht, eine weitere Expeditionsplanung zu realisieren, bei der er die Nordwestpassage entdecken wollte. Immer noch als Piloto Mayor verhandelte er deshalb, letztlich erfolglos, mit der Republik Venedig über sein Vorhaben, ehe er sein kartographisches Wissen zu vermarkten begann. So ließ er 1541 bis 1545 mehrere Auflagen einer eigenen Weltkarte drucken. In der Bibliothèque national de France in Paris erhalten hat sich ein eventuell in Nürnberg publiziertes Exemplar von 1544, dessen Zeichnung laut Vertrag 1541 an den im Überseehandel tätigen Kaufmann Lazarus Nürnberger, der unter anderem die Expedition von 1526 finanziell unterstützt hatte, übergeben wurde, um schließlich über die auch den Absatzmarkt in Sevilla kontrollierende Cromberger Druckerwerkstatt verbreitet zu werden. Letztlich zog es Caboto 1547/48 nach dem Tod seiner Frau zurück an den englischen Hof.

Dabei verschlug es die Kartenproduzenten nicht immer freiwillig an andere Orte. Der Portugiese Diogo Homem, dessen Vater Lopo Homem 1524 als führender Kartograph auf portugiesischer Seite an der Konferenz von Badajoz-Elvaz teilgenommen, den Abwerbungsversuchen Karls V. widerstanden und danach reichlich Pension bezogen hatte, wurde nach seiner Ausbildung in der väterlichen Werkstatt in Lissabon 1547 des Mordes angeklagt und musste ins Exil nach London fliehen. In der Folge suchte der produktive Diogo sein Leben damit zu finanzieren, dass er unter anderem eine ganze Kartenserie vor dem Obersten Admiralitätsgericht zum Verkauf anbot und

---

Spanish Nautical Cartography in the Renaissance. In: The History of Cartography, Bd. 3, p. 1 (wie Anm. 51), S. 1095–1142, hier S. 1111–1112.

63 Robert W. Karrow, Mapmakers of the Sixteenth Century and Their Maps. Biobibliographies of the Cartographers of Abraham Ortelius, 1570. Chicago 1993, S. 103–112. Zu seinem Vater Giovanni Caboto und dessen Zeit in Venedig vgl. Piero Falchetta, Maps and Mapmakers in Venice in Cabot's Time. In: Attraversare gli oceani. Da Giovanni Caboto al Canada multiculturale. Hg. von Rosella Mamoli Zorzi. Venezia 1999, S. 73–82.

64 Heather Dalton, Merchants and Explorers. Roger Barlow, Sebastian Cabot, and Networks of Atlantic Exchange. Oxford 2016, S. 34–39, 72–119.

prunkvolle Atlanten fertigte, mindestens einen davon 1558 in königlichem Auftrag.[65] Angeblich um an einer Westafrika-Expedition nicht teilnehmen zu müssen, setzte er sich 1568 nach Venedig ab, wo er mit den Venezianern zusammenarbeitete und weitere Atlanten produzierte. Auch Andreas Homem, wahrscheinlich sein Bruder, verschlug es ins Ausland, zuerst wohl nach Antwerpen, wo er zumindest 1559 eine Weltkarte fabrizierte, dann nach Frankreich an den Hof Karls IX. und zuletzt nach England, wo er an der finanziellen Organisation einer Ostafrika-Expedition scheiterte, so dass es ihn wieder nach Paris zurückzog.[66]

Die Erzählungen solcher Schicksale lassen sich beliebig vermehren, da gute Kartographen in ganz Süd- und Westeuropa äußerst gefragt waren. Während einige neben den Praktiken des Kartierens auch die empirischen Erkundigungen vorantrieben und selbst nach Übersee reisten, gab es andere, die hauptsächlich für die grenzüberschreitende Diffusion von geographischem Wissen und kartographischer Kompetenz sorgten. So wurden etwa Ribeiros exzellente Entwürfe zu einer wichtigen Grundlage für die Darstellung der neuen Welt. Etliche Akteure übernahmen die dort eingeführten Innovationen, darunter auch der Venezianer Battista Agnese, der in den Jahren 1534/35 bis 1564 an den Höfen Europas eine große Breitenwirkung erlangte.[67] Seine Werkstatt schuf eine große Anzahl handgemalter Portulan-Atlanten,

65 Der mit raffinierter Gold- und Farbornamentik ausgestaltete und vermutlich im Auftrag von Königin Maria I. von England für ihren Ehemann König Philip II. von Spanien gefertigte Portolan-Atlas von 1558 mit neun großen Karten auf Pergament befindet sich in London, British Library, Add. MS 5415.A (sog. Queen Mary Atlas). Vgl. Bérard, Kommunikation (wie Anm. 56), S. 140; Cortesão/ Texeira da Mota, Portugaliae monumenta (wie Anm. 51), Bd. 2, S. 3–66, bes. S. 5–10, S. 13–15 und Plate 100–108; ibid., Bd. 1, S. 67–68 zu Lopo Homem.

66 Alegria u.a., Portuguese Cartography (wie Anm. 62), S. 988f.

67 Der Portulan-Atlas des Battista Agnese. Das Kasseler Prachtexemplar von 1542. Hg. von Ingrid Baumgärtner. Darmstadt 2017, S. 131–135 mit einem Verzeichnis der bekannten Exemplare; Zsolt Török wies mich zudem auf eine dort noch nicht erfasste einzelne Karte in der Nationalbibliothek in Budapest hin; erfasst in: Ingrid Baumgärtner, Atlas Heinrichs VIII. Battista Agnese. Barb. lat. 4357. Kommentarband zur Faksimile-Edition der Handschrift aus der Biblioteca Apostolica Vaticana. Vatikanstadt/Stuttgart 2020, S. 108–116; vgl. auch Ingrid Baumgärtner, Die Portolan-Atlanten des Battista Agnese. In: Kartographie der Frühen Neuzeit. Weltbilder und Wirkungen. Ergebnisse des in Kooperation mit der Kartenabteilung der Staatsbibliothek zu Berlin durchgeführten internationalen Symposiums am Weserrenaissance-Museum Schloss Brake (4.–6. April 2014). Hg. Von Michael Bischoff/Vera Lüpkes/Wolfgang Crom. Marburg 2015, S. 19–36; Ingrid Baumgärtner, Battista Agnese e l'atlante di Kassel. La cartografia del mondo nel Cinquecento. In: Venezia e la nuova *Oikoumene*. Cartografia del Quattrocento / Venedig und die neue *Oikoumene*. Kartographie im 15. Jahrhundert. Hg. von Ingrid Baumgärtner/Piero Falchetta. Rom/Venedig 2016 (Venetiana 17), S. 245–270; Angelo Cattaneo, L'Atlante nautico di Battista Agnese. Descrizione codicologica e analisi storico-cartografica del codice della Biblioteca Nazionale Centrale di Firenze. In: Battista Agnese. Atlante nautico. Codice conservato presso la Biblioteca Nazionale Centrale di Firenze con la segnatura Banco Rari 32. Saggi e commenti. Rom 2008, S. 139–161; Alberto Magnaghi, Agnese, Battista. In: Enciclopedia Italiana di scienze, lettere ed arti, Bd. 1. Mailand 1929, ND Rom 1949, S. 898–899; Francesco Cagnetti, Agnese, Battista. In: Dizionario Biografico degli Italiani, Bd. 1. Rom 1960, S. 439.

von denen heute noch 78 Exemplare mit insgesamt fast 1000 Blättern erhalten sind; weitere neun Karten sind, soweit bekannt, einzeln überliefert. Sie alle zeigen, wie die Umrisse einer neuen Welt ganz allmählich aus dem Ozean hervortreten. Dabei lassen sie erkennen, in welcher Weise sich empirisch-vermessungstechnische Praktiken und astronomisch-kosmographische Auffassungen gegenseitig ergänzten und wie sich Erkenntnisinteresse und Veranschaulichungsformen im Laufe dieser drei Jahrzehnte wandelten.

Vereinzelt können wir diese Wege, auf denen sich das Wissen verbreitete, ganz gut nachvollziehen. So spiegeln die Kartierungen des Pazifischen Ozeans von Amerika bis zu den Molukken im äußersten Westen auch in Agneses Atlanten die großen Neuerungen und – eigentlich viel grundlegender – den Prozess, in dessen Verlauf sich die Konturen entfernter Inseln und eines ganzen Kontinents aus den Fluten des Meeres erhoben (Abb. 8).

Die Voraussetzungen schufen einzelne Seefahrer und Entdecker, die auf immer neuen Wegen nach Norden und Süden, nach Osten und Westen segelten, um den Weltenraum auszuloten. Zu ihnen gehörte unter anderem der damals in französischen Diensten stehende Seefahrer Giovanni da Verrazzano, der bei seiner ersten Amerikareise von Januar bis Juli 1524 nach einer nördlichen Durchfahrt Richtung Asien fahndete und dabei den östlichen Küstenverlauf Nordamerikas vom heutigen North Carolina bis Maine und Nova Scotia erkundete. Dieses Wissen konnte er vor allem deshalb nach Frankreich zurückbringen, weil ihn sein jüngerer Bruder Girolamo, ein Kartenmacher, auf dieser Reise begleitete und das, was er sah und erahnte, fleißig kartierte.

Der große Vermittler Diogo Ribeiro, der 1533 viel zu jung an einer Seuche starb, kannte vor allem den in spanischen Diensten tätigen Portugiesen Estevan Gómez, der samt seiner mit den neuesten Karten von Ribeiro ausgestatteten kastilischen Flotte einige Monate später, aber noch im Jahr 1524/25, gleichfalls die Ostküste Amerikas nach Norden verfolgte. Auch er hatte im Zuge seiner fast elfmonatigen Bemühungen um die Nordwestpassage feststellen müssen, dass das Land nicht enden wollte.[68] Vermutlich dürfte er nur bis zur Höhe von Kap Race (44° Nord) an der Südspitze Avalons in Neufundland gekommen sein. Dieser Wendepunkt lag realiter noch sehr viel weiter im Süden, als dies Ribeiro in seinen kartographischen Umsetzungen annahm. Dennseine überlieferten Amerikakarten und seine Planisphären der Jahre 1525 bis 1529 wiederholten genau diese Küstenlinie mehrfach und mit leichten Modifikationen, so dass eine weite Verbreitung gesichert war. Dem folgten verschiedene Kartenmacher, darunter explizit Battista Agnese mit dem Satz *terra che descrobrio steuen comes* („das Land, das Estevan Gomez entdeckt hat").

---

**68** Vgl. Der Portulan-Atlas des Battista Agnese 2017 (wie Anm. 67), S. 62–66; Pierluigi Portinaro/ Franco Knirsch, The Cartography of North America, 1500–1800. New York 1987; Henry Harrisse, The Discovery of North America. A Critical Documentary and Historic Investigation. Paris 1892, S. 216, 366, 542–543, 558, 603, 625, 626–630, 631 u. 647 zu Battista Agnese; Henry Raup Wagner, The Cartography of the Northwest Coast of America to the Year 1800. Amsterdam 1968, S. 7, 10, 14, 16–18, 21–23, 26–29, 47, 50–52 u. 59 zu Battista Agnese.

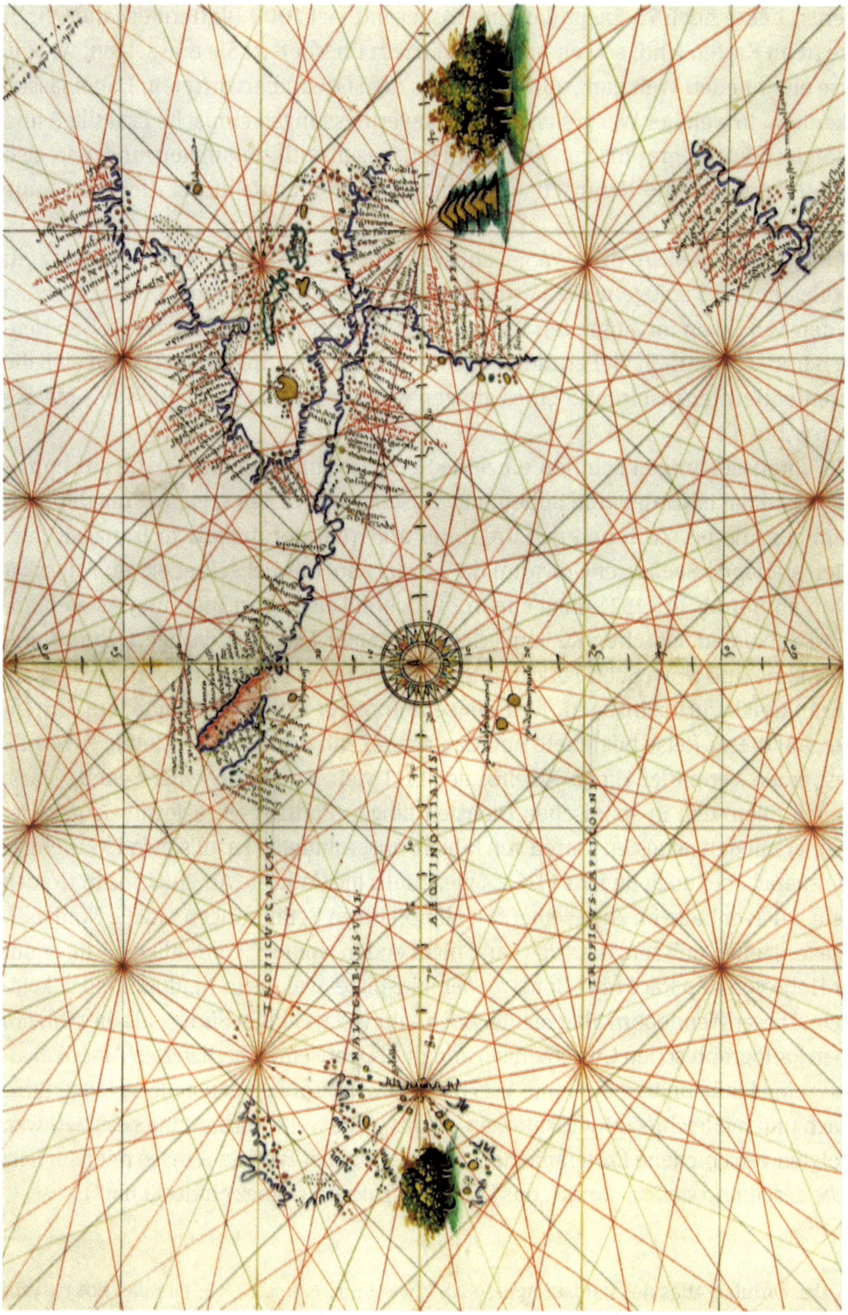

**Abb. 8:** Battista Agnese, Pazifischer Ozean von den Molukken bis nach Amerika mit der Halbinsel Kalifornien und den Neuentdeckungen an der Ostküste Nordamerikas; Kassel, Universitätsbibliothek Kassel – Landesbibliothek und Murhardsche Bibliothek der Stadt Kassel, 4° Ms. Hist. 6, fol. 6v–7r

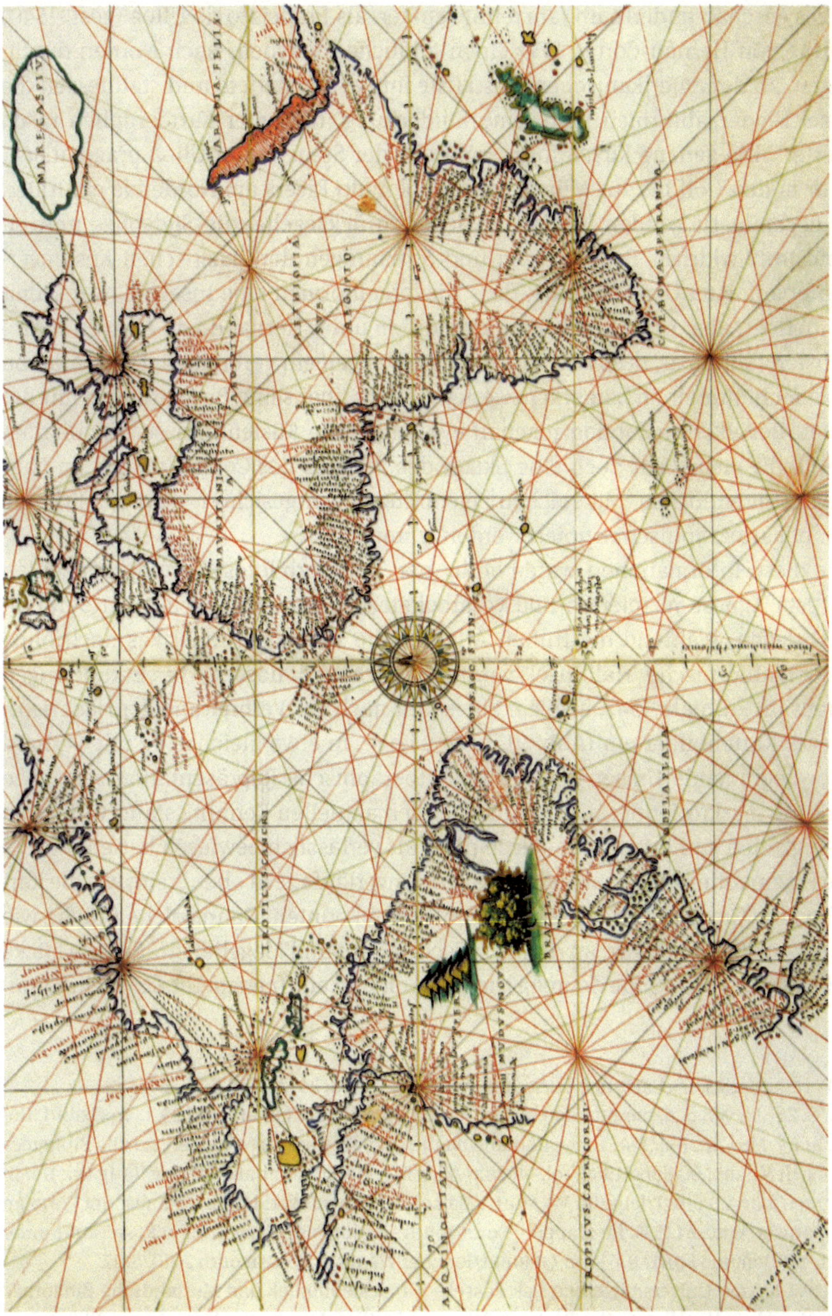

**Abb. 9:** Battista Agnese, Atlantik mit den angrenzenden Kontinenten Europa, Afrika und dem fragmentierten Amerika; Kassel, Universitätsbibliothek Kassel – Landesbibliothek und Murhardsche Bibliothek der Stadt Kassel, 4° Ms. Hist. 6, fol. 7v–8r

Ähnliches geschah anderthalb Jahrzehnte später, als Francisco de Ulloa (gest. 1540) im Auftrag von Hernán Cortés 1539 einen ähnlichen Versuch, nach Norden durchzudringen, an der amerikanischen Westküste im Pazifik startete und stattdessen die Halbinsel Niederkalifornien fand, eine Entdeckung, die unter Kartographen rasch zirkulierte.[69] Die genaue Küstenform ermittelte der Steuermann Ulloa pragmatisch, indem er in den Golf bis zur Mündung des Colorado Rivers am Nordende eindrang, an der gegenüberliegenden Golfküste wieder zurücksegelte, die Südspitze umrundete und trotz widriger Bedingungen und Strömungen den pazifischen Küstenverlauf weiterverfolgte. Die Annahme, dass Niederkalifornien eine Insel sei, war damit zwar widerlegt, aber erst eine weitere Expedition unter Hernando de Alarcòn führte im nächsten Jahr dazu, dass sich dieses Wissen allgemein verbreitete. Denn Alarcón verfasste nicht nur einen bemerkenswerten Bericht über seine Begegnungen mit der indigenen Bevölkerung, sondern schaffte es auch, die Küstenumrisse festzuhalten und den Indigenen sogar noch eine Skizze des Verlaufs des Colorado River im Landesinneren zu entlocken. Mit solchen Zeichnungen war gesichert, dass das Erfasste überhaupt kartographisch rezipiert werden konnte.

Alle diese Informationen waren völlig neu und vorbildlos. Kartenproduzenten wie Battista Agnese rezipierten und verarbeiteten sie in der Regel aus kartographischen Vorlagen. Während die frühen Atlanten die Westküste Amerikas noch ohne die niederkalifornische Halbinsel veranschaulichen,[70] flossen die Erkundungen spätestens im Frühjahr 1542, also ein gutes Jahr nach der Verbreitung der Nachricht, in Agneses Kartenbilder ein (Abb. 9).[71] Die zügige, in etwa gleichzeitig mit Gerhard Mercator beginnende Umsetzung in die kartographische Repräsentation zeigt, wie aufmerksam marktorientierte Kartenmacher den aktuellen Kenntnisstand verfolgten und Neuigkeiten einfügten, sobald sich diese als verlässlich bewiesen hatten.

Die Fragmentierung der abgebildeten Küstenverläufe zeigt obendrein, wie die Kartographen die Grenzen des Wissens verdeutlichen konnten. Denn solche Brüche wie an den Küsten Südamerikas, an denen zwischen Peru und Magellanstraße eine Lücke klafft, bezeichnen das Ende der registrierten Welt und eröffnen methodisch ein räum-

69 Der Portulan-Atlas des Battista Agnese 2017 (wie Anm. 67), S. 26–28 und S. 62–66.

70 Ebd., S. 26–28; vgl. u. a. die Atlanten in San Marino, Huntington Library, HM 25, f. 4r; Oxford, Bodleian Library, MS Can. Ital. 144, f. 16v; L'Atlante nautico di Battista Agnese conservato alla Biblioteca Trivulziana di Milano. Mailand 1968, fol. 4r; zum Atlas in London, Admiralty Library VA 1g vgl. Dominic Fontana/John Lippiett/Jennifer Wraight, Map of the Known World from a Manuscript Portolan Atlas by Battista Agnese c1535. In: Mapping Portsmouth's Tudor Past. Hg. von Mary Rose Trust unter Mitarbeit von Dominic Fontana/John Lippiett/Jennifer Wraight. Portsmouth 2010, S. 17.

71 Vgl. etwa Kassel, Universitätsbibliothek Kassel – Landesbibliothek und Murhardsche Bibliothek der Stadt Kassel, 4° Ms. Hist. 6; Der Portolan-Atlas des Battista Agnese von 1546 aus der Russischen Nationalbibliothek Sankt Petersburg. Hg. von Arthur Dürst. Kommentar zur Faksimile-Ausgabe v. Tamara P. Woronowa. Graz/Disentis/Moskau 1993; Der Portulan-Atlas des Battista Agnese 2017 (wie Anm. 67), S. 28–33 und die Angaben im Verzeichnis S. 131–135; Baumgärtner, Atlas Heinrichs VIII. (wie Anm. 67), S. 31–37 und S. 108–116.

liches Potential. Sie trennen gewissermaßen das Gesicherte vom Ungesicherten, das Neuentdeckte vom noch zu Entdeckenden, den Erfahrungs- vom Möglichkeitsraum,[72] also die in vergangenen Zeitstufen erfahrenen Räume von den Möglichkeiten, in der Zukunft die Erkundungen fortzusetzen. Ihr kartographischer Ausdruck waren gebrochene Küstenlinien, mit denen man Erwartungen an die Zukunft weckte, ohne sie aus der Vergangenheit heraus festzuschreiben.

## 5 Einige zusammenfassende Thesen

Im Blick auf die Reichweiten, Dynamiken und Grenzen kultureller Transfer- und Transformationsprozesse in der europäischen Kartographie des 15. und beginnenden 16. Jahrhunderts lassen sich einige grundlegende Tendenzen aufzeigen, die künftig mittels lokaler und regionaler Detailstudien zu überprüfen und dann wieder generalisierend zu verorten wären. Dabei ist festzuhalten, dass Karten im Gegensatz zu anderen literarischen und visuellen Gattungen *sui generis* die Raumkoeffizienten in sich tragen, denn sie organisieren, deuten und schaffen Raum, während sie gleichzeitig helfen Räume zu überbrücken.

Ausgangspunkt für die vorliegende Zusammenstellung eines weitgreifenden Spektrums von Beispielen war die Erkenntnis, dass sich sowohl die Produktion als auch der Gebrauch von Karten in vielfältigen Formen, Diskursen, Techniken und Praktiken niederschlugen, die bisher oft nur vereinzelt betrachtet wurden. Dabei richteten sich die vorliegenden Überlegungen vor allem auf die verschiedenen Formen und Typen von Welt- und Seekarten, die von individuellen Zeichnungen bis zu umfassenden Atlanten eine große Breitenwirkung entfalteten und weitreichende Ansätze für eine europäisch dimensionierte Interkonnektivität erkennen lassen. Denn gerade global oder transnational ausgerichtete Karten fügten sich in Denkzusammenhänge jeglicher Art ein und waren über Herrschaftsgrenzen hinaus in ganz Europa und sogar in kolonialen Kontexten gefragt. Diese Multifunktionalität wirkte sich wiederum auf ihre räumliche Diffusion, Ausstrahlung und Rezeption aus. In diesem Sinne richtete sich die vorliegende Fragestellung darauf, erstens die Wandelbarkeit und Verbreitung der TO-Modelle ebenso wie die der Welt- und Seekarten zu thematisieren, zweitens die Dimensionen des vorhandenen Kartenbestands anzudeuten, drittens nach den Referenzsystemen bei der kartographischen Erschießung der Welt zu fragen sowie

72 Benjamin SCHELLER, Erfahrungsraum und Möglichkeitsraum: Das sub-saharische Westafrika in den ‚Navigazioni Atlantiche' Alvise Cadamostos. In: Venezia e la nuova ‚Oikoumene'. Cartografia del Quattrocento / Venedig und die neue ‚Oikoumene'. Kartographie im 15. Jahrhundert. Hg. von Ingrid BAUMGÄRTNER/Piero FALCHETTA. Rom/Venedig 2016 (Venetiana 17), S. 201–220. Vgl. Benjamin SCHELLER, Verkaufen, Kaufen und Verstehen. Die Atlantikexpansion der Europäer, die Fernhändler und die neue Erfahrung des Fremden im 14. und 15. Jahrhundert. In: Maritimes Mittelalter. Hg. von Michael BORGOLTE/Nikolas JASPERT. Ostfildern 2016, S. 233–260.

viertens auf den großräumigen internationalen Austausch von Akteuren und Ideen hinzuweisen.

Auffallend ist zunächst einmal, dass eine große Vielfalt und enorme Verbreitung kartographischer Bilder von einfachen TO-Modellen und enzyklopädischen Weltkarten bis hin zu ausgefeilten Seekarten und vielschichtigen Atlanten vorherrscht. Am Beispiel der TO-Modelle konnte zudem aufgezeigt werden, welchen Wandlungsprozessen selbst einfache kartographische Weltbilder unterliegen, wie multifunktional diese einzusetzen sind und welche kulturellen Tragweiten sich daraus ergeben. Dabei ist es nicht leicht, den überlieferten Kartenbestand überhaupt zu erfassen, zumal die nach außen nicht einmal klar abgegrenzte Gattung ‚Karten' eine grenzüberschreitende Wirkmacht entfaltete, sei es inhaltlich in andere Disziplinen, sozial in eine breite Leserschaft, sprachlich von den lateinischen Kosmologien bis zu volkssprachlichen Übersetzungen oder geographisch von Süd- und Nordeuropa bis in die Kolonien.

Ausgangspunkt der kartographischen Innovationen des 15. Jahrhunderts in Europa waren vor allem die Seefahrernationen, also Italien, Portugal, Spanien und später England, samt ihren kulturell hochstehenden Hafen- und Handelsstädten. Aus regionaler Perspektive spielte zuerst das Mediterraneum, später der Atlantik eine stimulierende Rolle für die Entwicklung der Portolankartographie. Mehr als die Reisen über Land waren es die Entdeckungsreisen zur See, die den Bedarf an kartographischen Darstellungen stimulierten und deren Diffusionsdichte und Ausstrahlung vervielfachten. Aus solchen zwar lokal orientierten, aber international ausgerichteten Verdichtungen ergaben sich Konsequenzen für die Interaktion wie etwa die große internationale Mobilität der Kartenproduzenten, die Personalunion oder enge Kooperation von Seefahrern und Kartographen sowie der grenzüberschreitende Handel mit Karten für die über ganz Europa verstreuten Kartenrezipienten.

Mit dem Kartentyp verband sich auch die Frage nach den Akteuren, deren soziale und professionelle Herkunft sich verlagerte, von den Gebildeten klösterlicher und städtischer Provenienz zu Personen mit empirischer Erfahrung. Die Dynamik um 1500 bestand darin, dass das kartographische Entwicklungspotential in den großen, diplomatisch vernetzten Hafenstädten Spaniens, Portugals und Italiens eine besondere Relevanz gewann. Ausgebildete Seefahrer, vor allem Lotsen und Kapitäne, drängten verstärkt in die Kartenherstellung oder trugen mit ihren Praktiken und in Auseinandersetzung mit den Kosmographen zur Verbesserung der Karten bei. Das daraus resultierende Wissen war nicht nur auf den Schiffen, sondern vor allem auch an den Höfen Europas und im Ambiente der finanzkräftigen Großkaufleute, die die Schiffe in die Kolonien zu Handelszwecken ausrüsteten, gefragt.

Geographische Beobachtungen und vor allem deren kartographische Umsetzungen blieben trotz aller Bemühungen oft nicht lange vertraulich. Selbst strengste ortspezifische Geheimhaltungsmaßnahmen schlugen vereinzelt in ihr Gegenteil um, so dass verheimlichte Informationen über Spionage, Diebstahl und Korruption translokale Wirkungen entfalteten. Ergebnis war eine Transgression über sprachliche und nationale Grenzen hinweg, die jeglicher Forderung widersprach, das Spezialwissen über die Kolonien möglichst lange im Besitz einer einzigen Herrschaft zu halten. Dabei konnten intendierte und realisierte Reichweite durchaus stark voneinander abweichen, aber Welt- und Portolankarten waren, seien sie einzeln überliefert oder in Atlanten gebunden, eindeutig Medien mit raumüberbrückender Funktion. Bestimmungen etwa zur Verfügbarkeit von Karten auf allen Schiffen oder der Versuch, eine Einheitskarte durchzusetzen, schufen neue Bedingungen für die Verbreitung kartographischen Wissens.

Unter Beachtung des Zeitfaktors lässt sich letztlich um etwa 1500 eine deutliche Dynamisierung feststellen, die mit den zunehmenden Überseereisen der Portugiesen und Spanier verbunden war. Die Überbrückung großer Raumdistanzen erfolgte in immer kürzeren Abständen und in immer weniger Zeit, wobei viele Auswirkungen in den Jahrzehnten von 1520 bis 1550 noch sichtbarer wurden. In jedem Fall waren Welt- und Portolankarten, Atlanten und Globen hybride Gattungen, in denen sich neue Sehgewohnheiten und Erfahrungen vielfältig niederschlugen. Gerade Abweichungen, Veränderungen und Unstimmigkeiten regten die Kartographen dazu an, neue visuelle Wege zu suchen und neue Praktiken zu entwickeln. Solche Erfahrungen haben im Zeitraum zwischen etwa 1450 und 1550 die Exploration neuer Meere und Länder angetrieben. Es entwickelten sich neue Diskurse, Techniken und Praktiken, um die Dynamiken der Zeit nicht nur in adaptierte Textgattungen, sondern auch in kartographische Bilder zu übersetzen und die Welt neu zu konfigurieren.

Folker Reichert

# Reisen am Limit

## Der Blick über die Grenzen der Erfahrung hinaus

Wo lagen – von Europa aus gesehen – am Ende des Mittelalters die Grenzen der Welt? Wie weit musste man reisen, um die Notwendigkeit der Umkehr zu verspüren? Im äußersten Westen erübrigt sich die Nachfrage. Am Kap Finisterre hinter Santiago de Compostela schien das „Ende der Erde" zu liegen. Deutsche Pilger sprachen vom „Finsteren Stern" und fingen mit einer miserablen Übersetzung den mythischen Charakter des Ortes ein: Die Begrenztheit des Daseins war hier mit Händen zu greifen. Im Süden und Osten dagegen, nach Afrika und Asien hin, verschwammen die Grenzen. Sie konnten sich öffnen, sie konnten sich schließen. Immer blieben sie fließend. Reisende kamen auch hier an ein Ende. Oft aber sahen sie sich herausgefordert, über den Horizont ihrer Erlebnisse hinaus zu spekulieren. Dass sich damit ganze Weltentwürfe verbinden konnten, soll an drei Beispielen gezeigt werden. Sie handeln von drei Reisenden, wie sie unterschiedlicher kaum sein konnten:

- ein Geistlicher, der das Bildungswissen der Antike und des christlichen Mittelalters parat hatte;
- ein Adliger, dem es angeblich nur um sein Pilgererlebnis, tatsächlich aber um Bewährung in der sichtbaren Welt ging;
- ein Söldner, der sich nacheinander an verschiedene Herren verdingte.

Doch bei aller Verschiedenheit der Lebensentwürfe gehörten alle drei derselben Epoche an. Nur ein Vierteljahrhundert trennt die Reiseerfahrungen des ersten von denen des dritten. Freilich lebten sie in einer bewegten, einer dynamischen Zeit.

## 1 Der Panoramablick vom Sinai: Felix Fabri OP

Der Ulmer Dominikaner Felix Fabri († 1502) wurde im Lexikon des Mittelalters glatt übersehen. Dabei wissen wir über ihn und seine Reisen mehr als über jeden anderen Reisenden des Mittelalters. Dafür gibt es Gründe. Geboren in Zürich, ausgebildet in Basel, dann aber an die Donau versetzt, wirkte er über Jahrzehnte als Prediger und Lesemeister in seinem Konvent, kümmerte sich als Seelsorger um eine Reihe von Frauenklöstern in der Region und trug als hochgebildeter Geistlicher zum Kulturleben in Ulm bei. Als Person mag er nicht immer leicht zu ertragen gewesen sein; schließlich hatte er zu allem und jedem etwas zu sagen. Aber seine Verdienste waren immens: Vor allem mit seinen Schriften über das Land Schwaben (‚Descripcio Theutonie et

https://doi.org/10.1515/9783110740509-011

Suevie') und die Stadt Ulm (,Tractatus de civitate Ulmensi') gab er zu erkennen, wie sehr ihm seine Wahlheimat ans Herz gewachsen war.[1]

Ähnliches gilt für sein Hauptwerk, das ,Evagatorium in Terre Sancte peregrinacionem'.[2] Denn wer reist, kehrt meistens auch gerne zurück. Fabri war viel in Ordensangelegenheiten unterwegs. Aber seine Pilgerfahrt ins Heilige Land unternahm er aus eigenem Antrieb. Er reiste sogar zweimal dorthin, 1480 und 1483/84, weil er beim ersten Mal nicht alles hatte sehen können, was er sehen wollte. Damit stand er nicht völlig allein. Aber ungewöhnlich war sein Fall schon. Denn ein Aufenthalt im Heiligen Land, in der Heiligen Stadt Jerusalem und am Heiligen Grab in der Grabeskirche wurde immer mit Mühen und Strapazen erkauft. Den Pilgern wurde geraten, sich in die Lage des Herrn Jesus Christus zu versetzen und so wie er alle Leiden mit Geduld zu ertragen. Die Wallfahrt nach Jerusalem wurde deshalb von den adligen Pilgern als besonders ehrenvoll betrachtet. Ihr Rittertum bewährte sich im Angesicht der Gefahren, die sie auszuhalten hatten, und wer sich in Jerusalem zum Grabesritter schlagen ließ, durfte das fünffache Jerusalemkreuz als persönliches Ehrenzeichen führen. Je größer der Aufwand, desto größer die Ehre: *Qui plus fait, mieux vault* – „wer mehr tut, ist auch mehr wert."[3] Für einen Geistlichen wie Felix Fabri galten andere Maßstäbe. Aber viel leiden musste auch er.

1 Zur Person und zu den Werken vgl. Kurt HANNEMANN, Fabri, Felix. In: Die deutsche Literatur des Mittelalters. Verfasser-Lexikon. 2. Aufl. Hg. von Kurt RUH, Bd. 2. Berlin/New York 1980, Sp. 682–689; Bd. 11. Nachträge und Korrekturen. Berlin/New York 2004, Sp. 435f.; Europäische Reiseberichte des späten Mittelalters. Eine analytische Bibliographie. Hg. von Werner PARAVICINI, Teil 1: Deutsche Reiseberichte. Bearb. von Christian HALM. 2. Aufl. Frankfurt a. M. 2001, S. 195, 210–220, 547–549; Jacob KLINGNER, Fabri, Felix. In: Deutsches Literatur-Lexikon. Das Mittelalter. Hg. von Wolfgang ACHNITZ. Bd. 3: Reiseberichte und Geschichtsdichtung. Berlin/Boston 2012, Sp. 922–935; Jacob KLINGNER, Überlieferung und Edition der Werke Felix Fabris. In: Die Welt des Frater Felix Fabri. Hg. von Folker REICHERT/Alexander ROSENSTOCK. Weißenhorn 2018 (Veröffentlichungen der Stadtbibliothek Ulm 25), S. 263–272. – Felix Fabri, Tractatus de civitate Ulmensi. Traktat über die Stadt Ulm. Hg., übersetzt und kommentiert von Folker REICHERT, Konstanz/Eggingen 2012 (Bibliotheca Suevica 35); Kathryne BEEBE, Pilgrim and Preacher. The Audiences and Observant Spirituality of Friar Felix Fabri (1437/38–1502). Oxford 2014.

2 Ich zitiere im Folgenden das ,Evagatorium' nach der völlig veralteten Ausgabe von Konrad Dietrich HASSLER (Evagatorium in Terrae Sanctae, Arabiae et Egypti peregrinationem, Bd. 1–3. Stuttgart 1843–1849) sowie – soweit bereits erschienen – nach der neuen, zweisprachigen von Jean MEYERS (Les errances de frère Félix, pèlerin en Terre sainte, en Arabie et en Égypte, Bd. 1ff. Paris 2013ff.). Alle Zitate wurden mit dem Autograph im Besitz der Stadtbibliothek Ulm verglichen.

3 Werner PARAVICINI, Von der Heidenfahrt zur Kavalierstour. Über Motive und Formen adligen Reisens im späten Mittelalter. In: Wissensliteratur im Mittelalter und in der frühen Neuzeit 13. Hg. von Kurt RUH/Norbert Richard WOLF. Wiesbaden 1993, S. 91–130, hier S. 97f.; DERS., Fahrende Ritter. Literarisches Bild und gelebte Wirklichkeit im Spätmittelalter. In: Mittelalterliche Menschenbilder. Hg. von Marina NEUMEYER. Regensburg 2000 (Eichstätter Kolloquium 8), S. 205–254, hier S. 241f. (Nachdrucke in: Werner PARAVICINI, Noblesse. Studien zum adeligen Leben im spätmittelalterlichen Europa, Ostfildern 2012, S. 131–170, 171–216).

Das hatte zunächst einmal mit den geographischen Verhältnissen, also mit den äußeren Umständen der Wallfahrt, zu tun.[4] Die Pilger wurden zwar intensiv betreut, befanden sich immer im Schutz einer Gruppe und bei den (meistens) venezianischen Seeleuten in erfahrenen Händen. Aber sie waren monatelang unterwegs, mussten ein ungewohntes Klima ertragen und mit fremdartiger Kost zurechtkommen. Zypern zum Beispiel war wegen seiner „bösen Luft" gefürchtet, und auf hoher See setzten den Reisenden (vor allem den deutschen) Orientierungslosigkeit, Unwetter und Windstillen zu. Irgendwann (meistens auf der Heimreise) stellten sich Krankheiten oder Schwächeanfälle ein. Todesfälle waren nicht selten. Hinzu kamen die kulturellen Unterschiede. Zwar galt Jerusalem jedem guten Christenmenschen als die Mitte der Welt, und in der Grabeskirche unter der Vierung des griechischen Katholikon konnte man sich davon überzeugen. Denn dort wird bis heute der *umbilicus mundi* gezeigt.[5] Aber tatsächlich reisten die Pilger an den Rand der christlichen Ökumene. Gottes eigenes Land befand sich seit Langem in der Hand der Muslime. Gerne hätte man daran etwas geändert. Gerade die adligen Pilger durften sich als Vorboten eines neuen Kreuzzugs verstehen. Doch für den Augenblick mussten sie sich mit den gegebenen Verhältnissen abfinden und obendrein die Anfeindungen der Muslime ertragen. Konflikte (auch handfeste) waren an der Tagesordnung; oft eskalierte die Situation bei der Abreise. Christliche Pilger erlebten die Wallfahrt nach Jerusalem als eine Reise in Feindesland, als eine Reise an den Rand ihrer Welt.[6] Schaudernd nahmen sie zur Kenntnis, dass es jenseits der Heiligen Stadt nur noch schlimmer kommen konnte. Die meisten von ihnen beließen es denn auch bei den obligatorischen Ausflügen nach Bethanien, Bethlehem und an den Jordan und strebten nach einem in aller Regel kaum mehr als einwöchigen Aufenthalt zügig nach Hause.

Nur eine kleine Auswahl wagte sich noch weiter in eine als zutiefst fremdartig empfundene Lebenswelt vor. Nur wenige entschlossen sich, nach dem Grab Jesu Christi auch das Grab der heiligen Jungfrau Katharina von Alexandria auf dem Sinai

---

4 Zu den Heiliglandfahrten vgl. Nicole CHAREYRON, Pilgrims to Jerusalem in the Middle Ages, New York 2000; Folker REICHERT, Erfahrung der Welt. Reisen und Kulturbegegnung im späten Mittelalter. Stuttgart 2001, S. 137–157.

5 Jürgen KRÜGER, Die Grabeskirche zu Jerusalem. Geschichte – Gestalt – Bedeutung. Regensburg 2000, S. 134–137; Folker REICHERT, Nabel der Welt, Zentrum Europas und doch nur Peripherie? Jerusalem in Weltbild und Wahrnehmung des späten Mittelalters. In: DERS., Asien und Europa im Mittelalter. Studien zur Geschichte des Reisens. Göttingen 2014, S. 123–141.

6 Folker REICHERT, Pilger und Muslime im Heiligen Land. Formen des Kulturkonflikts im späten Mittelalter. In: DERS., Asien (wie Anm. 5), S. 161–179; Stefan SCHRÖDER, Zwischen Christentum und Islam. Kulturelle Grenzen in den spätmittelalterlichen Pilgerberichten des Felix Fabri. Berlin 2009 (Orbis mediaevalis 11); DERS., Kulturelle Fremdheit bei Felix Fabri. In: Die Welt des Frater Felix Fabri (wie Anm. 1), S. 219–241; Albrecht CLASSEN, Encounters Between East and West in the Middle Ages and Early Modern Age. Many Untold Studies About Connections and Contacts, Understanding and Misunderstanding. In: East Meets West in the Middle Ages and Early Modern Times. Transcultural Experiences in the Premodern World. Hg. von DEMS. Berlin/Boston 2013 (Fundamentals of Medieval and Early Modern Culture 14), S. 1–222, hier S. 122–130.

aufzusuchen und an den zahlreichen Gedenkstätten in der Umgebung zu beten.[7] Geistlich gesehen, handelte es sich um eine Fortsetzung, ja sogar Steigerung der religiösen Erfahrung, um eine *secunda peregrinatio*, die zu jenen Orten führte, an denen der 40-jährigen, ziellosen Wanderungen des Volkes Israel gedacht wurde und Gott sich ihm offenbart hatte. Es handelte sich um eine Wallfahrt zu Gottvater. Weltlich gesehen, hielt die Reise zum Sinai noch mehr Abenteuer bereit, die zu bestehen man als besonders ehrenvoll betrachten konnte. Das begann mit der Anreise auf Karawanenwegen, auf denen Haufen ausgebleichter Gebeine die Richtung wiesen, und endete mit der Abreise von Alexandria, dessen Sklavenmarkt den Pilgern vor Augen führte, was ihnen glücklicherweise erspart blieb. Unterwegs mussten sie die Megastadt Kairo passieren, deren Größe und Bevölkerungsreichtum ihnen die Beschränktheit der eigenen Lebensverhältnisse bewusst machte. Felix Fabri versuchte, seinen Lesern einen Eindruck zu vermitteln, indem er ihnen vorrechnete, dass Kairo siebenmal so groß wie Paris, Paris dreimal so groß wie Köln, Köln drei- bis viermal so groß wie die Reichsstadt Ulm, Kairo also alles in allem 84-mal so groß wie diese sei. Den Sensationen und Bedrängnissen, die ihm in der Metropole des Mamlukensultanats zuteilwurden, widmete er mehrere Kapitel.[8]

Doch das Ziel und den Höhepunkt der Reise, der erhebenden Erlebnisse wie der zermürbenden Strapazen, stellte der Aufstieg zu Mosesberg (2285 m) und Katharinenberg (2637 m) auf der Sinai-Halbinsel dar. Fabri war zeichnerisch so gut wie gar nicht begabt, hinterließ aber eine Kartenskizze, die nicht die wirkliche, sondern die gefühlte Steilheit des Wegs zu den beiden Gipfeln höchst eindrucksvoll zur Anschauung bringt (Abb. 1).

Man sieht mit dem Katharinenkloster (*mo[n]a[steriu]m s[ancte] K[atherine]*), der Höhle des Propheten Elias (*Helye*) und dem (längst verschwundenen) Kloster der vierzig heiligen Märtyrer (*xl s[an]ctor[um]*) etwas von den heiligen Stätten und erfährt gleichzeitig, dass die 3700 Granitstufen zum Mosesberg (*Moyses*) durch den stundenlangen Aufstieg zum Gipfel des Katharinenbergs (*Kath[eri]na*) noch deutlich übertroffen wurden. Wer ihn bewältigte, hatte die Grenzen seines Leistungsvermögens berührt. Regelmäßig wurden selbst die jungen Adligen unter den Pilgern schwach. Man darf von „Grenzerfahrungen“ sprechen.[9]

---

7 Rudolf HIESTAND, Der Sinai – Tor zu anderen Welten. In: Reisen in reale und mythische Ferne. Reiseliteratur in Mittelalter und Renaissance. Hg. von Peter WUNDERLI. Düsseldorf 1993 (Studia humaniora 22), S. 76–102; Folker REICHERT, Wallfahrt zu Gott. Der Sinai als Pilgerziel. In: Wallfahrt und Kulturbegegnung. Das Rheinland als Ausgangspunkt und Ziel spätmittelalterlicher Pilgerreisen. Hg. von Helmut BRALL-TUCHEL. Erkelenz 2012 (Schriften des Heimatvereins der Erkelenzer Lande 26), S. 172–187.

8 Evagatorium (wie Anm. 2), Bd. 3, S. 18–105, Kairos Größe: S. 80 f. (HASSLER).

9 Stefan SCHRÖDER, Grenzerfahrungen. Mittelalterliche Reisende an den Rändern Europas. In: Europa im Weltbild des Mittelalters. Kartographische Konzepte. Hg. von Ingrid BAUMGÄRTNER/Hartmut KUGLER. Berlin 2008 (Orbis mediaevalis 10), S. 219–237; zu Fabris Skizze vgl. Ingrid BAUMGÄRTNER, Felix Fabris Räume. In: Die Welt des Frater Felix Fabri (wie Anm. 1), S. 173–200. – Zu den Gedenkstät-

**Abb. 1:** Felix Fabris Zeichnung von Moses- und Katharinenberg; Ulm, Stadtbibliothek, Hs. 19555–2, fol. 51v

Dafür wurde der fromme Reisende gleich mehrfach entschädigt. Er wusste sich am Rand der erfahrbaren Welt. Weiter führte kein Weg für den Pilger. Für Felix Fabri und auch alle anderen, von denen wir wissen, war hier die äußerste Grenze der ganzen Wallfahrt erreicht (*ultimus terminus* [...] *tocius peregrinacionis*).[10] Auf dem Mosesberg, dem „Gottesberg" (*mons Dei*), wie er auch geheißen wurde, hatte Moses die Zehn Gebote empfangen. Der Besucher durfte sich an einer „Grenze zur Transzendenz" fühlen[11] und konnte gleichzeitig rundum auf Gottes Schöpfung blicken. So rein sei die Luft, so klar die Sicht. Bis in fernste Länder könne man sehen. Das war meistens

---

ten vgl. Andreas KÜLZER, Peregrinacio graeca in Terram Sanctam. Studien zu Pilgerführern und Reisebeschreibungen über Syrien, Palästina und den Sinai aus byzantinischer und metabyzantinischer Zeit. Frankfurt a. M. 1994 (Studien und Texte zur Byzantinistik 2), S. 260–266.

**10** Evagatorium (wie Anm. 2), Bd. 2, S. 329 (HASSLER); Bd. 7, S. 22 (MEYERS).

**11** HIESTAND, Sinai (wie Anm. 7), S. 101.

übertrieben. Aber wer da oben angekommen war, durfte die Gedanken in die Ferne schweifen lassen. Genau das tat auch Felix Fabri.

Sein Standort war der Katharinenberg. Denn der ragte noch höher hinauf als der *mons Dei*. Man schaue geradezu auf diesen hinab. Seine Eindrücke fasste Fabri zu einem geographischen Exkurs zusammen, in dessen Überschrift der Autor behauptet, tatsächlich gesehen zu haben, wovon er spricht: *De regionibus mundi, quas vidimus in quatuor plagis terre ex hoc sacro monte, et descripcio terrarum, aquarum etc.*[12] Das trifft so nicht zu. Fabri selbst musste zugeben, dass er manches wegen natürlicher Hindernisse, manches wegen der großen Entfernung nicht sehen konnte. Vielmehr vermischte er das Wenige, das er optisch wahrnahm, mit vielem, was er außerdem wusste. Auch einige Abschweifungen glaubte er, sich erlauben zu können. Denn das war das Prinzip, das die Gestaltung des ganzen Werks durchzog und ihm auch den Namen ‚Evagatorium' gab.[13]

Der geographische Exkurs enthält somit die Skizze eines Weltbilds, nach den vier Himmelsrichtungen gegliedert, an Ländern, Städten und Flüssen orientiert. Persepolis, Ekbatana und Susa werden kurz behandelt, desgleichen Ninive und Babylon mit ihren Gründern und Monumenten. Afrika ist durch seine seltsamen Menschen und wundersamen Tiere vertreten. Die vier Paradiesflüsse Eufrat, Tigris, Ganges und Nil geben der Vorstellung einen Halt, eine Kette von Gebirgen (die *catena mundi*) durchzieht Asien von Westen nach Osten und teilt den Kontinent in zwei Hälften. Sucht man nach einer Karte, die Fabri als Unterlage benutzt haben kann, kommt vor allen anderen die Weltkarte zur ptolemäischen Geographie infrage, die 1482 bzw. 1486 in Ulm gedruckt worden war und Fabri in der Bibliothek seines Klosters zur Verfügung stand (Abb. 2).[14] Mehrfach bezog er sich auf die *pictura Phtolomei*.[15]

---

12 Evagatorium (wie Anm. 2), Bd. 2, S. 468–474 (Hassler); Bd. 7, S. 368–386 (Meyers). Man könnte versuchen, das Kapitel in die Geschichte des „Blicks von oben" seit dem 14. Jahrhundert einzuordnen: Von oben gesehen. Die Vogelperspektive. Hg. von Yasmin Doosry. Nürnberg 2014.

13 Jean Meyers, Fabris Latein. In: Die Welt des Frater Felix Fabri (wie Anm. 1), S. 59–74, hier S. 72f.

14 Karl-Heinz Meine, Die Ulmer Geographia des Ptolemäus von 1482. Zur 500. Wiederkehr der ersten Atlasdrucklegung nördlich der Alpen. Weißenhorn 1982 (Veröffentlichungen der Stadtbibliothek Ulm 2); Patrick Gautier Dalché, La Géographie de Ptolémée en Occident (IVe–XVIe siècle). Turnhout 2009 (Terrarum orbis 9), S. 306–308; Bernd Breitenbruch, Catalogus et inuentarium librorum omnium qui inuenti sunt Vlmae in bibliotheca summi et parochialis templi, anno 1549. Der erste Katalog der Stadtbibliothek Ulm. Edition und Bestandsanalyse. Ulm 2018 (Veröffentlichungen der Stadtbibliothek Ulm 26), S. 233. – Fabri benutzte die Ausgabe von 1486, wie aus einem Hinweis auf Johannes Regers nur dort vorhandenes Register hervorgeht (Evagatorium [wie Anm. 2] Bd. 3, S. 80 [Hassler]).

15 Evagatorium (wie Anm. 2) Bd. 3, S. 216 (Hassler); ferner Bd. 1, S. 307 (Bd. 3, S. 82 [Meyers]); Bd. 2, S. 386 (Bd. 7, S. 168 [Meyers]); Bd. 3, S. 2, 83, 122, 452. Zu Fabris kartographischen Kenntnissen: Baumgärtner, Felix Fabris Räume (wie Anm. 1), S. 175–177.

**Abb. 2:** Felix Fabris Blick vom Sinai (Entwurf: Folker Reichert)

Glücklicherweise nennt der Verfasser auch einige der Quellen, auf die er sich stützte. So erfahren wir, dass er im vielgelesenen ‚Speculum maius' seines Ordensbruders Vincenz von Beauvais einiges über den Magnetberg gelesen hatte, der den indischen

Seeleuten so zu schaffen mache, dass sie kein Metall an ihren Schiffen zuließen, und bei demselben Autor fand er weitere Nachrichten über das Grab des Propheten Mohammed in Mekka. Die Vorstellung, dass der eiserne Sarkophag auf wundersame, ja diabolische Weise durch Magneten in der Luft gehalten werde, war in Europa so weit verbreitet, dass sie nicht weiter belegt werden musste.[16] Im ‚Catholicon' des Giovanni Balbi und (indirekt oder direkt) bei Plinius hatte Fabri sich über den Ursprung des Pfirsichs und seines Namens kundig gemacht, bei Petrus de Abano über Steine, die Menschen in ihr Verderben locken können. Anderes wusste er durch die Heilige Schrift, die Vitas patrum und den Kirchenlehrer Hieronymus, aus Werken also, die ein Geistlicher besonders gut kennen musste. Hinzu kamen Erkundigungen, die er bei den Mönchen des Sinai-Klosters eingeholt hatte, sowie eigene Erkenntnisse über ein Volk mit Namen *Zigari* oder *Zigineri*, das aus Mesopotamien stamme, angeblich über Ägypten nach Europa gekommen sei und sich dort als getaufte Christen ausgebe.[17]

Aus all dem formte sich ein Weltbild. Es reichte deutlich über Fabris Erfahrungswissen hinaus. Denn dieses wurde durch die Reichweite der spätmittelalterlichen Heiliglandfahrten, durch den Sinai als *ultimus terminus* [...] *tocius peregrinacionis*, begrenzt. Felix Fabri machte sich die Vogelperspektive zu eigen, um den optischen Eindruck nachträglich durch angelesenes oder sonstwie erworbenes Wissen zu ergänzen und den Panoramablick, der sich ihm vom höchsten Gipfel des Sinai-Gebirges darbot, zu einem geographischen Gesamtbild zu erweitern.

## 2 Fingierte Grenzüberschreitung: Arnold von Harff

Gerade von den adligen Pilgern hat es wohl manchen gereizt, auch die scheinbar gleich hinter dem Horizont gelegenen Orte aufzusuchen und auf diese Weise noch mehr weltliche Ehre einzuheimsen. Doch bezeichnend ist die folgende Episode: Der kastilische Edelmann Pero Tafur traf am Ufer des Roten Meeres den venezianischen Kaufmann Niccolò de' Conti, der nach 25-jährigen Reisen in Süd- und Südostasien genug von der Welt gesehen hatte und unbedingt nach Hause zurückkehren wollte. Als Tafur den dringenden Wunsch äußerte, nach Indien weiterzureisen, wurde ihm ebenso dringend davon abgeraten: Der Weg sei lang, mühsam und gefährlich obendrein. Das fremde Klima und die ungewohnte Nahrung würden dem Reisenden zusetzen, und die wunderbaren Dinge, die man sehen könne, würden ihm keine Befriedigung verschaffen: Was fängt man mit all den Edelsteinen an, wenn sie von

16 Folker REICHERT, Der eiserne Sarg des Propheten. Doppelte Grenzen im Islambild des Mittelalters. In: DERS., Asien (wie Anm. 5), S. 181–195.

17 Zur frühen Geschichte der ‚Zigeuner' in Europa vgl. Klaus-Michael BOGDAL, Europa erfindet die Zigeuner. Eine Geschichte von Faszination und Verachtung. Berlin 2013, S. 23–43 (der Fabris pointierte Aussage nicht kennt).

schrecklichen Leuten getragen werden? Tafur verzichtete auf die indische Reise und begnügte sich mit Mitteleuropa.[18]

Das war 1437. Doch im ganzen 15. Jahrhundert markierte der Sinai für europäische Reisende eine Grenze. Für die meisten galt: Bis hierhin und nicht weiter! Wer es trotzdem versuchte, musste entweder vorzeitig umkehren (Joos van Ghistele 1481/1485)[19] oder verschwand von der Bildfläche (Pero de Covilhã seit 1487),[20] oder aber der Bericht über die Reise steht unter dem dringenden Verdacht fingiert zu sein. Für Letzteres gibt das ‚Pilgerbuch' des rheinischen Ritters Arnold von Harff das treffendste Beispiel. Es entstand nach einer zweijährigen Reise, die durch weite Teile Europas und des Nahen Ostens führte (1496–1498).[21] Der Autor entstammte einer vornehmen Familie, die sich im Dienst der Herzöge von Jülich und Berg bewährte. Arnold selbst bekleidete nach seiner Heimkehr das Amt eines Erbkämmerers in Geldern. Da er aber schon im Alter von 34 Jahren verstarb (1505), blieb ihm eine höhere Stellung versagt. Als Jugendlicher hatte er an der Kölner Universität die Artes studiert. Als er seinen Reisebericht schrieb, hat ihm die Kenntnis der wichtigsten historischen und geographischen Werke durchaus geholfen. Sein Grab ist verschollen; aber der Grabstein, der sich heute in der katholischen Pfarrkirche zu Lövenich bei Erkelenz befindet, zeigt ihn so, wie er sich selbst in seinem Buch beschrieb, nämlich als frommen Christen, der fast alle bedeutenden Pilgerziele aufgesucht hatte: Rom, Santiago de Compostela, Mont-Saint-Michel, Saint-Antoine-de-Vienne, Konstantinopel, Beirut, Sinai und Mailapur in Indien (Jerusalem, sicher der geistliche Höhepunkt der ganzen Reise, fehlt

---

18 Pero Tafur, Travels and Adventures 1435–1439. Hg. und übersetzt von Malcolm LETTS, London 1926, S. 84–86. – Zu Niccolò de' Conti vgl. F[rancesco] SURDICH, Conti, Niccolò de'. In: Dizionario Biografico degli Italiani, Bd. 28. Rom 1983, S. 457–460; G[ünther] HAMANN, Conti, Niccolò dei. In: Lexikon des Mittelalters, Bd. 3. München/Zürich 1986, Sp. 197f.; Dietmar HENZE, Enzyklopädie der Entdecker und Erforscher der Erde. Darmstadt 2011, Bd. 1, S. 636–642.

19 Ambrosius Zeebout. Tvoyage van Mher Joos van Ghistele, hg. von R. J. G. A. A. GASPAR. Hilversum 1998 (Middeleeuwse Studies en Bronnen 58), S. 252–256; Europäische Reiseberichte (wie Anm. 1), Teil 3: Niederländische Reiseberichte. Bearb. von Jan HIRSCHBIEGEL, Frankfurt a. M. 2000, S. 131–138.

20 Dokumente zur Geschichte der europäischen Expansion. Hg. von Eberhard SCHMITT, Bd. 2: Die großen Entdeckungen. Hg. von Matthias MEYN u. a. München 1984, S. 76–83; HENZE, Enzyklopädie (wie Anm. 18), Bd. 1, S. 746 f.

21 Die Pilgerfahrt des Ritters Arnold von Harff von Cöln durch Italien, Syrien, Aegypten, Arabien, Aethiopien, Nubien, Palästina, die Türkei, Frankreich und Spanien, wie er sie in den Jahren 1496 bis 1499 vollendet, beschrieben und durch Zeichnungen erläutert hat. Hg. von E[berhard] von GROOTE. Cöln 1860; Rom – Jerusalem – Santiago. Das Pilgertagebuch des Ritters Arnold von Harff (1496–1498). Nach dem Text der Ausgabe von Eberhard von Groote übersetzt, kommentiert und eingeleitet von Helmut BRALL-TUCHEL/Folker REICHERT, 3. Aufl. Köln/Weimar/Wien 2009. Zu Autor und Werk vgl. Volker HONEMANN, Arnold von Harff. In: Die deutsche Literatur des Mittelalters (wie Anm. 1), Bd. 1. Berlin/New York 1978, Sp. 471f.; H[artmut] BECKERS, Arnold v. Harff. In: Lexikon des Mittelalters, Bd. 1. München/Zürich 1980, Sp. 1007; Europäische Reiseberichte, Bd. 1 (wie Anm. 1), S. 273–281, 554f.; HENZE, Enzyklopädie (wie Anm. 18), Bd. 2, S. 459f.; Jacob KLINGNER, Arnold von Harff. In: Deutsches Literatur-Lexikon (wie Anm. 1), Sp. 1077–1082. – Zum Titel vgl. Volker HONEMANN in: Germanistik 48 (2007), S. 761f.

überraschenderweise). Als vollkommener Pilger ging er zunächst in die familiäre, dann in die regionale Erinnerung ein.[22]

Auch Arnold hat das Katharinenkloster auf dem Sinai besucht und die Reliquien der heiligen Jungfrau verehrt. Er hat der Wanderungen des Volkes Israel gedacht und schließlich zuerst den Moses-, dann den Katharinenberg bestiegen, um voller Ehrfurcht ringsum auf die Länder und Meere hinunterzuschauen. Auch ihn beeindruckten die Schiffe, die Gewürze, Sandelholz und Edelsteine aus Indien brachten. Dass er den Aufstieg nicht von Norden, von Jerusalem her kommend, sondern von Westen, von Kairo aus, in Angriff nahm, war zwar ungewöhnlich, kam aber vor.[23] Singulär war alles, was dann folgte: Im Hafen al-Tūr, für Felix Fabri *ultimus orientis portus nobis notus*,[24] schloss er sich zusammen mit zwei Kaufleuten aus Genua einer Gesandtschaft aus Indien an, die in die Heimat zurückkehren wollte. Dadurch gelang ihm, was so vielen anderen verwehrt blieb: die Reise am Roten Meer entlang, dann über den Indischen Ozean und schließlich über Ceylon um Kap Komorin herum an die östliche, die Malabarküste des indischen Subkontinents. Unterwegs konnte er einige spektakuläre Dinge erleben, von denen er zu Hause gerne erzählte:

- In Mekka (*la Mecha*) sah er die Große Moschee (*meskita* geheißen) mit dem Grab des Propheten Mohammed, von den „Heiden" mit großer Inbrunst (*ynnicheyt*) verehrt. Zwar war der Zutritt für Juden und Christen verboten; „denn die Heiden glauben, wir seien Hunde und nicht würdig, in die heilige Stadt zu gehen" (*as die heyden vermeynen, wir sijnt hunde ind sijnt nyet wirdich in die heylige stat zo gayn*). Aber ein mamlukischer Geleitsmann (für Arnold ein „abgefallener Christ" [*verlouckent cristen*]) nahm ihn verkleidet und heimlich nach Mekka mit.[25]
- Auf der Insel Sokotra im Indischen Ozean ließ er sich Merkwürdiges von zwei nahen Eilanden erzählen: Auf dem einen lebten nur Männer, auf dem anderen nur Frauen, und einmal im Jahr träfen sich die Bewohner, um Kinder zu zeugen. Nach der Geburt blieben die Knaben bei den Vätern, die Mädchen bei den Müttern. Den

22 Abbildung des Grabsteins: Rom – Jerusalem – Santiago (wie Anm. 21), S. 14; Folker REICHERT, Ehre durch Demut. Wallfahrten des Adels im späten Mittelalter. In: DERS., Asien (wie Anm. 5), S. 143–160, hier S. 159f. Jerusalem: Helmut BRALL-TUCHEL, Jerusalem im Pilgerbericht Arnolds von Harff (1496–98). In: Jerusalem in Aachen – „Aachener" in Jerusalem. Mittelalter und Frühe Neuzeit. Hg. vom Geschichtsverein für das Bistum Aachen. Neustadt a. d. Aisch 2018 (Geschichte im Bistum Aachen. Beiheft 9), S. 145–170. – Zur familiären Erinnerung vgl. das Protokoll eines Gerichtsverfahrens um einen Diamanten, den Arnold aus Jerusalem mitgebracht haben soll: Die Urkunden des Archivs von Schloß Frens. Regesten, Bd. 1. 1316–1565. Bearb. von Dieter KASTNER. Bonn 2009 (Inventare nichtstaatlicher Archive 50), S. 242f., Nr. 460 (1562 X 11). – Mit einem anderen ihm zugeschriebenen Mitbringsel aus dem Heiligen Land hat Arnold nichts zu tun: Folker REICHERT, *Ein cleins ringlein, an allen heilgen stetten angerürt*. Zur materiellen Überlieferung der Heiliglandfahrten im 15. Jahrhundert. In: Deutsches Archiv für Erforschung des Mittelalters 67 (2011), S. 609–623.

23 Vgl. etwa Itinéraire d'Anselme Adorno en Terre Sainte (1470–1471). Texte édité, traduit et annoté par Jacques HEERS et Georgette de GROËR. Paris 1978, S. 216–247.

24 Evagatorium (wie Anm. 2), Bd. 2, S. 469 (HASSLER); Bd. 7, S. 374 (MEYERS).

25 Pilgerfahrt (wie Anm. 21), S. 133f.; Rom – Jerusalem – Santiago (wie Anm. 21), S. 156.

jungen Frauen aber werde die (rechte) Brust abgeschnitten, damit sie im Krieg Schild und Bogen richtig handhaben können. Zwei dieser Frauen will Arnold mit eigenen Augen in der Stadt Sokotra gesehen haben. Sein Wunsch, die Insel der Frauen zu besichtigen, ließ sich leider nicht realisieren.[26]

- Bei der Überfahrt nach Indien habe er einen „Meerdrachen" (*draiche des mers*), Leviathan (*Leuiacon*) genannt, mit einem Walfisch, bei der Rückfahrt einen „Meerochsen" bis auf den Tod mit einer „Meerkuh" kämpfen gesehen. Der Anblick war so grässlich (*gruyslich*), dass Arnold den Leser mittels zweier Zeichnungen daran teilhaben ließ.[27]
- In Kalamina bzw. Mailapur in Südindien wandelte der Pilger auf den Spuren des Apostels Thomas. Denn dieser habe dort große Wunder gewirkt und werde deshalb bis auf den heutigen Tag von indischen Christen verehrt. Arnold besuchte das Grab des Apostels und verschaffte sich die Gewissheit, auch am fernen Rand der Ökumene in keiner gottverlassenen Gegend zu sein.[28]
- Anderswo in Indien fand er schwarze Menschen, die wie Hunde aussahen, deshalb *Cenofalles* hießen und auf der Stirn das Brandmal eines Ochsen trugen. Und auf „Madagaskar" sah er den Pfeffer wachsen und ließ sich erzählen, wie man ihn erntet. Die Legende, dass dazu Feuer unter den Sträuchern gelegt werde, konnte er mit kundiger Geste widerlegen.[29]
- Von dort aus fuhr er schließlich ins Innere Afrikas zu den sogenannten Mondbergen, um endlich die Quellen des Nils ausfindig zu machen. Seit der Antike hatte niemand das Rätsel lösen können. Arnold ist es tatsächlich gelungen.[30]

Wirklich? Seit Langem weiß man, dass nichts davon so stattfand, wie Arnold es beschrieb.[31] Die Chronologie ist nicht stimmig, und Punkt für Punkt lässt sich nachweisen, auf welche Quellen der Verfasser sich stützte, woher er sein Wissen bezog. Es basierte nicht auf Empirie, sondern auf Literatur. Am meisten hat ihm Marco Polo genützt. Dessen Buch, die ‚Beschreibung der Welt' (‚Divisament dou monde') bzw. in lateinischer Übersetzung die ‚Gewohnheiten und Verhältnisse in den östlichen Ländern' (‚De consuetudinibus et condicionibus orientalium regionum'), galt mittlerweile als geographisches Referenzwerk, ohne das man von der Welt nicht viel verstand. Fabri kannte es ebenfalls und erweiterte damit seinen geographischen Hori-

26 Pilgerfahrt (wie Anm. 21), S. 136; Rom – Jerusalem – Santiago (wie Anm. 21), S. 157f.
27 Pilgerfahrt (wie Anm. 21), S. 137, 147; Rom – Jerusalem – Santiago (wie Anm. 21), S. 158f., 169.
28 Pilgerfahrt (wie Anm. 21), S. 141–143; Rom – Jerusalem – Santiago (wie Anm. 21), S. 163f.
29 Pilgerfahrt (wie Anm. 21), S. 144f., 146f.; Rom – Jerusalem – Santiago (wie Anm. 21), S. 166, 168f.
30 Pilgerfahrt (wie Anm. 21), S. 149–151; Rom – Jerusalem – Santiago (wie Anm. 21), S. 169–172.
31 So schon Leonard KORTH, Die Reisen des Ritters Arnold von Harff in Arabien, Indien und Ost-Afrika. In: Zeitschrift des Aachener Geschichtsvereines 5 (1883), S. 191–218; R. von SEYDLITZ, Die Orientfahrt des Ritters A. von Harff. Beiträge zu einer Kritik seiner Reisebeschreibung. Weimar 1890 (Zeitschrift für wissenschaftliche Geographie. Ergänzungsheft 2).

zont im Osten bis nach Japan (*Zinpanga*).[32] Arnold von Harff verdankte dem Buch fast alles, was er von Indien bis hin zur Craueninsel wusste. Er fügte aber einiges, was ihm passend schien, aus anderer Überlieferung hinzu, etwa indem er Bernhard von Breydenbachs gedrucktem Pilgerbericht ein äthiopisches Alphabet entnahm und es als indisches ausgab oder indem er die brustlosen Amazonen der Antike ins Spiel brachte, um die Geschichten von der Fraueninsel plausibler erscheinen zu lassen. Die Kenntnis Madagaskars hatte er von Marco Polo (der Mogadishu damit meinte), die Beschreibung der Pfefferernte von dem noch mehr gelesenen, aber allmählich ins Hintertreffen geratenden Johann von Mandeville, der seinerseits auf den Augenzeugenbericht Odoricos da Pordenone rekurrierte. Sogar dort, wo Arnold intime Kennerschaft vortäuschte, folgte er ganz seiner Vorlage. Von Ptolemäus hatte er Ortsnamen in Ägypten und Nubien sowie die Mondberge (*montes lunae*) in Zentralafrika, Seeungeheuer konnte man auf den zeitgenössischen Karten sehen.[33]

Mehr muss man dazu nicht sagen. Arnold von Harff gehörte zu jenen „travel liars", von denen es bekanntlich nicht wenige gibt.[34] Schon Lukian von Samosata machte sich mit seiner ‚Wahren Geschichte' über die Erfindungen der Reiseschriftsteller und Paradoxographen lustig. Arnold kann man sogar ein handfestes Motiv dafür unterstellen, dass er nicht wie Felix Fabri einen Exkurs über die vom Sinai aus zu erahnenden Länder einflocht, sondern dem Leser eine veritable Exkursion nach Indien und Afrika vorgaukelte. Angeblich wollte er die Welt kennenlernen – wahrscheinlich hatte er etwas zu verbergen.[35] Doch darum geht es hier nicht. Vielmehr gibt Arnolds fingierte Reise geographische Kenntnisse wieder, die ihm dabei halfen, einen Teil

---

**32** Evagatorium (wie Anm. 2), Bd. 1, S. 3 (Hassler); Bd. 1, S. 76f. (Meyers; hier fälschlich mit Ceylon identifiziert). Vgl. Baumgärtner, Felix Fabris Räume (wie Anm. 9), S. 185; Folker Reichert, Descripcio Theutonie et Suevie. In: Die Welt des Frater Felix Fabri (wie Anm. 1), S. 243–263, hier S. 256f.; Ders., Felix Fabri, Marco Polo und die japanischen Inseln, in: Deutsches Archiv für Erforschung des Mittelalters 75 (2019), S. 617–627. – Zur Rezeption Marco Polos im 14. und 15. Jahrhundert vgl. Folker Reichert, Begegnungen mit China. Die Entdeckung Ostasiens im Mittelalter, Sigmaringen 1992 (Beiträge zur Geschichte und Quellenkunde des Mittelalters 15), S. 197–253; Christine Gadrat-Ouerfelli, Lire Marco Polo au Moyen Age. Traduction, diffusion et reception du *Devisement du monde*. Turnhout 2015 (Terrarum orbis 12).

**33** Francesc Relaño, The Shaping of Africa. Cosmographic Discourse and Cartographic Science in Late Medieval and Early Modern Europe. Aldershot 2002, S. 197–204; Chet Van Duzer, Seeungeheuer und Monsterfische. Sagenhafte Kreaturen auf alten Karten. Darmstadt 2015. – Zu Arnolds Behandlung seiner Vorlagen vgl. ausführlicher Folker Reichert, Die Welt des Arnold von Harff. In: Ders., Asien (wie Anm. 5), S. 343–360, hier S. 349–357. – Zu Mandeville und Marco Polo vgl. Reichert, Begegnungen (wie Anm. 32), S. 203–205, 267–269. – Zu Madagaskar/Mogadishu vgl. Paul Pelliot, Notes on Marco Polo. Paris 1959–1973, Bd. 2, S. 779–781; Marco Polo, Milione. Versione toscana del Trecento. Edizione critica a cura di Valeria Bertolucci Pizzorusso. Indice ragionato di Giorgio R. Cardona. Milano 1975, S. 656–658.

**34** Percy G. Adams, Travelers and Travel Liars, 1660–1800. Berkeley 1962. – Zu Madagaskar/Mogadishu vgl. Paul Pelliot, Notes on Marco Polo. Paris 1959–1973, Bd. 2, S. 779–781; Marco Polo, Milione (wie Anm. 33), S. 656–658.

**35** Reichert, Welt (wie Anm. 33), S. 357–360.

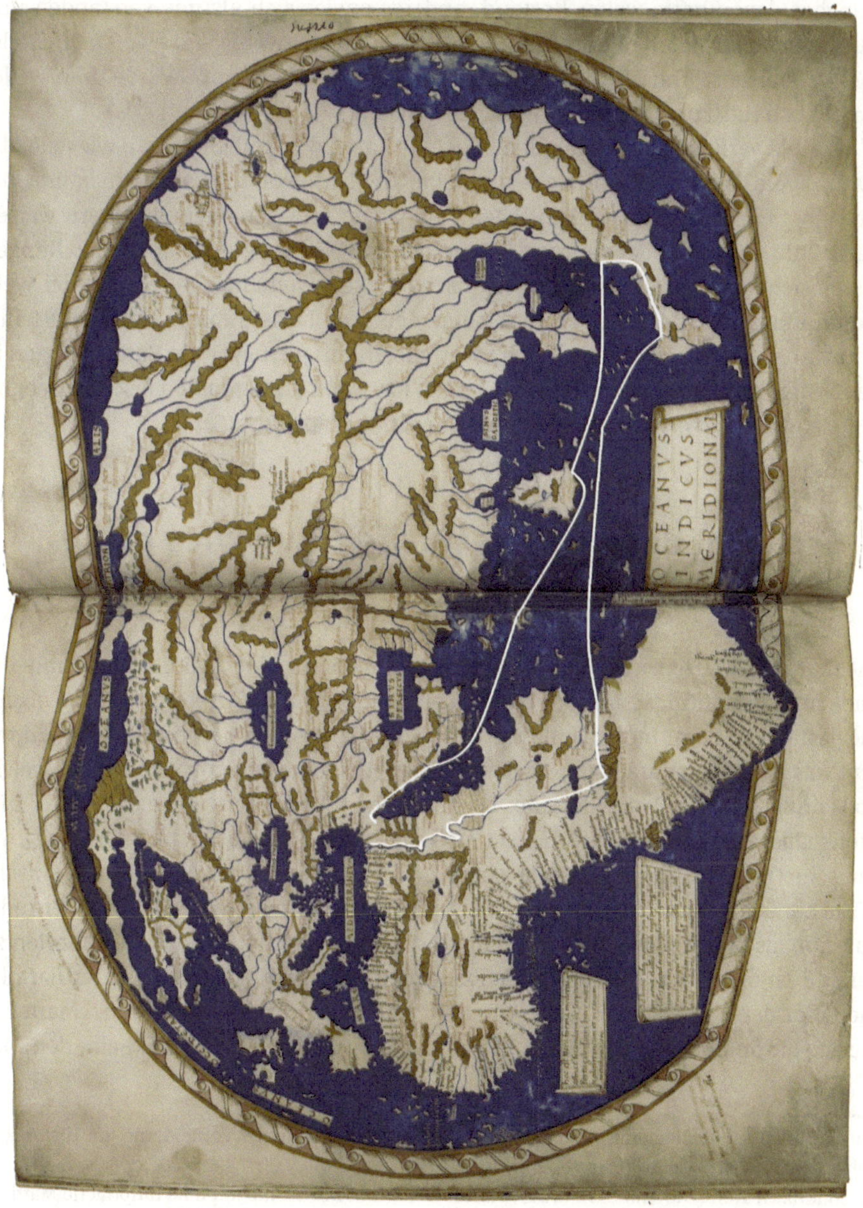


**Abb. 3:** Arnolds von Harff angebliche Reiseroute in Asien und Afrika (Entwurf: Folker Reichert)

seiner Biographie umzuschreiben. Sie beruhten auf den gleichen Wissensbeständen, zu denen Felix Fabri Zugang hatte, bezogen aber viel entschiedener die Erkenntnisse, Hinweise und Irrtümer ein, die man Marco Polos Reiseerfahrungen verdankte.

Manches davon hatte weiter Bestand, anderes erwies sich als missverstanden und wurde später korrigiert. Man könnte also – Martin MULSOW folgend – von mancherlei „Fehlreferenzen" und „Fehlreichweiten" sprechen.[36] Aber damit würde man weder Arnold von Harff noch seinen Unterlagen gerecht.

Arnold verfügte wahrscheinlich über eine Karte, die ähnlich aussah wie jene, die Martin Waldseemüller benützte, als er seine Weltkarte von 1507 zum Druck brachte. Übereinstimmungen bei afrikanischen Ortsnamen und den Seeungeheuern weisen darauf hin. Sie ging aber verloren.[37] Arnolds von Harff geographische Vorstellungen lassen sich daher am sinnvollsten veranschaulichen, wenn man ihnen eine der Weltkarten unterlegt, die der in Florenz tätige deutsche Kartograph Henricus Martellus Germanus alias Arrigho di Federigho Martello anfertigte, bevor die Entdeckungen in der Neuen Welt publik wurden.[38] Sie zeigen das Weltbild der ptolemäischen Geographie, ergänzt und erweitert um das Wissen Marco Polos (Abb. 3).

## 3 Grenzen, die sich verschieben: Ludovico de Varthema

Die Karten des Henricus Martellus besitzen mehrere Merkmale, die sie mit der antiken Tradition in Gestalt der ptolemäischen Geographie verbinden. Zum Beispiel die gestauchte Form Indiens und die übergroße Darstellung der Insel Ceylon (*Taprobana insula*) gehen darauf zurück. Doch die Wiedergabe der Südspitze Afrikas weicht vollständig von den Vorbildern ab. Zeigten frühere Weltkarten (etwa die zum Ulmer Ptolemäus) eine Landbrücke, die von Afrika bis nach Südostasien reichte, sodass der Indische Ozean als Binnenmeer erschien, so ließ Henricus Martellus die afrikanische Küste zunächst nach Nordosten, dann zurück nach Nordwesten verlaufen. Der Indik galt nun als offenes Meer. Das hatte mit den portugiesischen Entdeckungsfahrten zu tun, durch die Schritt für Schritt die Küste vermessen und schließlich unter Bartolomeu Dias der Weg um das Kap der Guten Hoffnung herum gefunden wurde. Martellus wusste davon und trug die neuen Ortsnamen bis zum äußersten Punkt ein, den Dias

36 Martin MULSOW, Elemente einer globalisierten Ideengeschichte der Vormoderne. In: Historische Zeitschrift 306 (2018), S. 1–30, hier S. 20f., 30.

37 REICHERT, Welt (wie Anm. 33), S. 355; Martin LEHMANN, Die Cosmographiae Introductio Matthias Ringmanns und die Weltkarte Martin Waldseemüllers aus dem Jahre 1507. Ein Meilenstein frühneuzeitlicher Kartographie. München 2010, S. 230–238; Chet VAN DUZER, Henricus's Martellus World Map at Yale (c. 1491). Multispectral Imaging, Sources and Influence. Cham 2019.

38 Zur Identität des Kartographen vgl. Lorenz BÖNINGER, Die deutsche Einwanderung nach Florenz im Spätmittelalter. Leiden 2006 (The Medieval Mediterranean 60), S. 313–348; Klaus ARNOLD, ARIGO – Heinrich Schlüsselfelder aus Nürnberg? Arrigho di Federigho della Magna/Henricus Martellus in Florenz? In: Die Pirckheimer. Humanismus in einer Nürnberger Patrizierfamilie. Hg. von Franz FUCHS. Wiesbaden 2006 (Pirckheimer-Jahrbuch für Renaissance- und Humanismusforschung 21), S. 161–168.

erreichte. Vasco da Gama fuhr schließlich auch über diesen hinaus und bekam heraus, wie man mithilfe der Monsunwinde den Ozean überqueren konnte, um das indische Festland zu erreichen. Die Portugiesen mischten sich in den bis dahin von arabischen Kaufleuten dominierten Überseehandel ein, schlugen, wo sie konnten, die Konkurrenz aus dem Feld und sicherten die Route nach Lissabon durch befestigte Niederlassungen an den Küsten. Es entstand ein System von Stützpunkten rund um den Indik und darüber hinaus, das allmählich die Gestalt eines portugiesischen Kolonialreichs annahm und seit 1509 im Auftrag der Krone von einem Vizekönig regiert wurde.[39]

Als Seemann oder Soldat am Auf- und Ausbau des portugiesischen Estado da Índia mitzuwirken, war extrem gefährlich, aber äußerst lukrativ zugleich. Auch Nichtportugiesen traten deshalb in den Dienst der portugiesischen Krone. Einer von ihnen war Ludovico de Varthema († 1517). Von seinem „Vorleben" weiß man nur wenig. Er selbst nennt sich einen Bolognesen; aber sein Name klingt nicht italienisch. Es wurde sogar erwogen, einen deutschen Ursprung in den Namen hineinzulesen: Wartmann, Wertheim oder ähnlich. Aber auch das ist nur Spekulation. Das Hauptproblem liegt darin, dass wir über Varthema kaum mehr wissen als das, was er selbst in seinem Buch von sich mitteilt. Doch diesem ist nicht zu trauen. Es verschleiert mehr, als es preisgibt. Vielleicht verfolgte der Autor nur zwei Ziele: erstens mit einer abenteuerlichen Reiseerzählung ein möglichst breites Publikum zu unterhalten und zweitens die dunklen Seiten seiner Biographie zu übermalen. Beides ist ihm weitestgehend gelungen.[40]

Anders als Felix Fabri und Arnold von Harff war Ludovico de Varthema kein gebildeter Mann, sondern ein Söldner und Abenteurer, der sich auf den Umgang mit Waffen verstand und wahrscheinlich schon dem Mamlukensultanat mit seinen Kenntnissen gedient hatte. Als einen erfahrenen Geschützbauer bezeichnete er sich einmal.[41] Literarische Anspielungen darf man deshalb von ihm nicht erwarten. Nur gelegentlich deutet er an, dass er von Personen, Orten und Sachen gehört hatte, die schon beim älteren Plinius oder in der Alexandertradition vorkamen. Natürlich kannte er den sagenhaften Priesterkönig Johannes und natürlich wusste er, dass man den Elefanten von jeher bestimmte Fähigkeiten zuschrieb und schon immer irgendwo

---

**39** Sanjay SUBRAHMANYAM, The Portuguese Empire in Asia 1500–1700. A Political and Economic History. London/New York 1993; Peter FELDBAUER, Estado da India. Die Portugiesen in Asien 1498–1620. Wien 2003 (Expansion, Interaktion, Akkulturation 3); Jürgen G. NAGEL, Estado da India. In: Lexikon zur Überseegeschichte. Hg. von Hermann HIERY. Stuttgart 2015, S. 249; Wolfgang REINHARD, Die Unterwerfung der Welt. Globalgeschichte der europäischen Expansion 1415–2015. 3. Aufl. München 2016, S. 113–136.

**40** Ludovico de Varthema, Reisen im Orient. Eingeleitet, übersetzt und erläutert von Folker REICHERT. Sigmaringen 1996 (Fremde Kulturen in alten Berichten 2); Ludovico [de] Varthema, Itinerario dallo Egypto alla India. A cura di Enrico MUSACCHIO, Bologna 1991. – Zu Autor und Werk vgl. HENZE, Enzyklopädie (wie Anm. 18), Bd. 5, S. 385–387; Folker REICHERT, Von Mekka nach Malakka? Ludovico de Varthema und sein Itinerar (Rom 1510). In: DERS., Asien (wie Anm. 5), S. 361–376.

**41** Varthema, Reisen (wie Anm. 40), S. 80.

in Indien oder Hinterindien die Wohnsitze grässlicher Anthropophagen vermutete.[42] Doch das alles gehörte zum Allgemeinwissen der Zeit. Man musste nicht studiert haben, um es zu kennen. Auch die gelehrten Debatten über das Aussehen der Erde haben Ludovico sicher nicht interessiert. Karten wird er, wenn überhaupt, nur zu praktischen Zwecken benutzt haben. Aber er wusste, was man im entstehenden portugiesischen Kolonialreich wissen konnte: dass man über Afrika und den Ozean nach Indien gelangte und dass östlich davon weitere Objekte der Begierde lockten. Die sogenannte Cantino-Karte von 1502, hergestellt in Lissabon und nicht zur Veröffentlichung bestimmt, sondern heimlich außer Landes geschafft, zeigt den Kenntnisstand der Portugiesen zu Beginn des 16. Jahrhunderts. Sie zeigt, dass man vor allem an der genauen Erfassung der Küsten interessiert war und wie viel Ungewissheit nach Südost- und Ostasien hin noch bestand. Sie zeigt den räumlichen Rahmen, in dem die Reisen eines Ludovico de Varthema, die wirklichen wie die angeblichen, verortet werden können (Abb. 4).[43]

Mit Sicherheit weiß man, dass er sich längere Zeit an der indischen Westküste aufhielt. Er nahm an der Seeschlacht von Cannanore (16./17. März 1508) teil und wurde wegen seiner Heldentaten vom Vizekönig persönlich zum Ritter geschlagen. Als er wenig später nach Europa zurückkehrte, wurde die Urkunde über den Ritterschlag durch König Manuel I. bestätigt und im Archiv der Krone registriert. Der Registereintrag stellt das einzige amtliche Dokument dar, das Ludovicos Aufenthalt in Indien und überhaupt in Asien belegt.[44] Es steht freilich außer Zweifel, dass er die gesamte Westküste des Subkontinents von Cambay im Norden bis Quilon im äußersten Süden kennenlernen konnte. Was immer er über religiöse Riten und die Rechte der Kasten, von frommen Brahmanen, militanten Yogis und dem (matrilinearen) Erbrecht der Krieger in Kerala, von Handelswaren und Schiffstypen, von der Tierwelt und den Früchten des Landes erzählte, wirkt wohlinformiert und basierte auf Augenzeugenschaft und Auskünften vor Ort.[45] In Europa verbreitete Legenden wie jene, dass Elefanten keine Kniegelenke besäßen und deshalb nicht mehr aufstehen könnten, wenn sie einmal zu Boden gefallen seien, konnte er leicht widerlegen. Offenbar hat

42 Ebd., S. 91, 110, 116, 127, 144, 193f., 224, 236.

43 Zur Cantino-Karte vgl. Peter Whitfield, The Image of the World. 20 Centuries of World Maps. London 1994, S. 44f.; Thomas Suárez, Early Mapping of South East Asia. The Epic Story of Seafarers, Adventurers, and Cartographers Who First Mapped the Regions between China and India. Singapore 1999, S. 94f.; Cartography in the European Renaissance. Ed. by David Woodward. Chicago/London 2007 (The History of Cartography 3). Bd. 1, S. 755f., 993f.

44 Italienische Übersetzung: Ludovico de Varthema, Itinerario ... nello Egypto, nellaSuria, nella Arabia Deserta et Felice, nella Persia, nella India et nella Etiopia. La fede, el vivere et costumi de tutte le provincie. Hg. von Paolo Giudici. Milano 1928 (Viaggi e scoperte di navigatori ed esploratori italiani 2), S. 32 f.; Abb.: Varthema, Reisen (wie Anm. 40), S. 17.

45 Ebd., S. 123–188. Dazu ausführlich: Joan-Pau Rubiés, Travel and Ethnology in the Renaissance. South India through European Eyes, 1250–1625. Cambridge 2000, S. 125–163; Meera Juncu, India in the Italian Renaissance. Visions of a contemporary pagan world 1300–1600. London/New York 2016, S. 164–187.

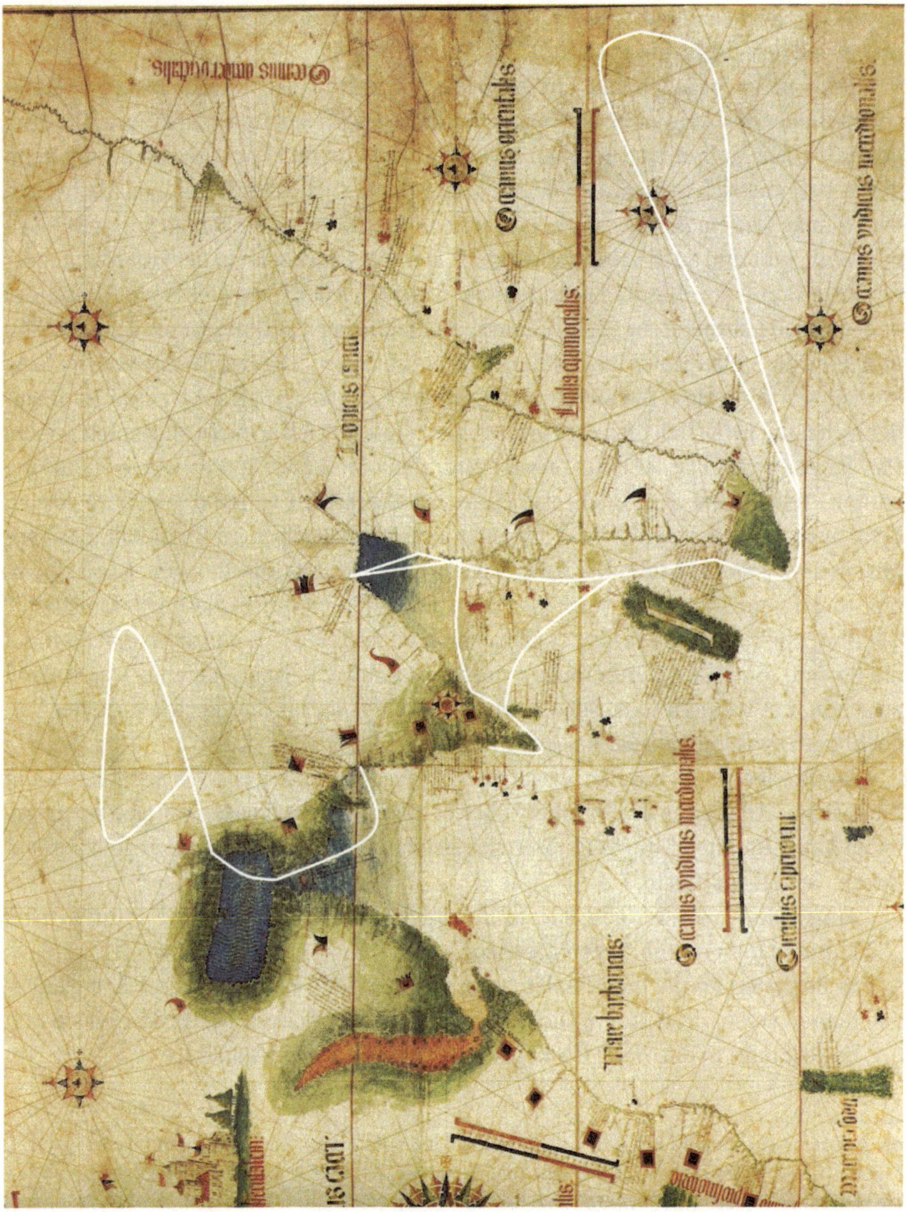

**Abb. 4:** Ludovico de Varthemas angebliche Reisen in Persien und Südostasien (Entwurf: Folker Reichert)

er sogar das in Südwestindien gesprochene Idiom, Malayalam, erlernt. In Europa wurde damals viel über das reiche Calicut und die Rolle des dortigen Raja, des

„Samorin" (Samudrin), diskutiert. Ludovico hat die Stadt mit eigenen Augen gesehen und gegen den Herrscher gekämpft.[46]

Sehr wahrscheinlich hat Ludovico de Varthema auch Mekka besucht. Dafür spricht folgendes Argument: Wer wie Arnold von Harff behauptet, in Mekka das Grab des Propheten Mohammed gesehen zu haben, der kann nicht dort gewesen sein. Denn dieses befindet sich in Medina. Ludovico dagegen besuchte beide heiligen Städte, sah das Grab an seinem richtigen Ort und versicherte, „dass es dort keinen Sarg aus Eisen oder Stahl gibt und auch keinen Magneten", der ihn schwebend in der Luft hält. Er war der erste Europäer, der die Legende dementierte.[47] Allerdings kleidete er diese und andere Beobachtungen in eine fortlaufende Erzählung mit Dialogen und szenischen Einlagen, die stellenweise ins Komödiantische abgleiten. Die Geschichte von der Frau des Sultans von Aden, die sich in den fremden Gast wegen seiner weißen Haut verliebte, hat nachweislich die Leser erfreut; aber sie wird sich so nicht abgespielt haben. Das ganze Persienkapitel hatte offenbar nur den einen Zweck, die weitere Handlung voranzutreiben. Bei dem Buch, das Ludovico schließlich vorlegte, handelte es sich denn auch nicht um einen Reisebericht von dokumentarischem Charakter, sondern um einen Reiseroman mit pikaresken Zügen, gespickt mit unterhaltsamen, oft pikanten Anekdoten. Man kann von einer „narrativen [Selbst-]Inszenierung" sprechen.[48] Glaubwürdigkeit wurde zwar beansprucht, und Ludovicos Kenntnisse machten auf die Kosmo-, Geo- und Kartographen durchaus Eindruck. Aber manches war einfach zu schön, um wahr zu sein. Schon um die Mitte des 16. Jahrhunderts wurde der Verdacht laut, dass auch dieser Reisende lügt.[49]

Heute wissen wir, dass Ludovico de Varthema über die indische Westküste nicht hinauskam. Alles, was er über die weiter östlich gelegenen Orte und Länder mitzuteilen hatte, konnte er nur vom Hörensagen wissen. Überall aber will er selbst erlebt haben, wovon er sprach:

- Auf Ceylon habe er jede Menge Elefanten und außerdem das Schürfen nach Rubinen mit eigenen Augen gesehen.
- In Bengalen könne man beobachten, wie wertvolle Waren in alle Himmelsrichtungen verschifft würden. Die Hauptstadt sei „zum Leben die angenehmste und beste [Stadt] in der Welt" (*la megliore del mondo, zoe per uiuere*).

46 Zu Calicut vgl. Donald F. LACH, Asia in the Making of Europe I. The Century of Discovery, Bd. 1. Chicago/London 1965, S. 154–171, 353–358; Gita DHARAMPAL-FRICK, Indien im Spiegel deutscher Quellen der Frühen Neuzeit (1500–1750). Tübingen 1994 (Frühe Neuzeit 18), S. 274–282, 318–325; REICHERT, Erfahrung (wie Anm. 4), S. 172–176; Martin KRIEGER, Calicut (Kozhikode). In: Lexikon zur Überseegeschichte (wie Anm. 39), S. 148.

47 Varthema, Reisen (wie Anm. 40), S. 64.

48 Elke WAIBLINGER, Reisende des Cinquecento. Sozialer Typus und literarische Gestalt. Heidelberg 2003, S. 208–219. Zur literarischen Gestaltung des Werks vgl. auch REICHERT, Von Mekka (wie Anm. 40), S. 365–371.

49 Jean AUBIN, Deux Chrétiens au Yémen Tāhiride. In: Journal of the Royal Asiatic Society III 3 (1993), S. 33–52, hier S. 35 (nach João de Barros).

- In Tenasserim (im heutigen Myanmar) habe er nicht nur gesehen, wie junge Männer auf schmerzhafte Weise ihre Liebe beweisen, und auch Näheres über die Vorgänge bei einer Witwenverbrennung erfahren, sondern ihm sei auch eine junge Frau kurz vor ihrer Hochzeit als Gastgeschenk angeboten wurden: „denn das ist so üblich in diesem Land“ (*che questa è usanza della terra*).
- In Pegu (im zentralen Myanmar) habe er erlebt, wie der König mit einem Kaufmann einen Wettkampf im Schenken austrug (und gewann); aber die Bewohner des Landes liebten das Laster (*la gente* [...] *ama il lusso*).
- In Malakka (an der gleichnamigen Meerenge zwischen der malaiischen Halbinsel und Sumatra) erhielt Ludovico de Varthema einen Eindruck davon, wie die Stadt als Handelsemporium und Umschlagplatz zwischen Indien und China fungierte; aber wegen der Sittenlosigkeit und Grausamkeit der Leute habe man bald Reißaus nehmen müssen.
- Auch auf der Insel Java sei er nur mit knapper Not den dort lebenden Anthropophagen entkommen.
- Auf Banda-Inseln und Molukken im heutigen Indonesien, dem äußersten Punkt und eigentlichen Ziel von Varthemas angeblicher Reise, habe er sich zeigen lassen, wie man Muskatnüsse pflückt und die Gewürznelken von den Bäumen schlägt.[50]

Der Erstausgabe des Buchs von 1510 steht ein apostolisches Druckprivileg voran, das die Verdienste des Autors hervorhebt: Er habe die Kenntnisse eines Plinius, Ptolemäus oder Strabo korrigiert und weiter vermehrt, was diese und alle späteren Schriftsteller mitzuteilen hatten.[51] Das entspricht zwar einem seinerzeit gebräuchlichen Topos und bringt das Selbstverständnis humanistischer Gelehrsamkeit zum Ausdruck: Man habe die Alten übertroffen. Doch Ludovico ist das tatsächlich gelungen. Die Grenzen des geographischen Wissens wurden durch die Veröffentlichung seiner Erlebnisse deutlich nach Osten verschoben. Da das außerdem in unterhaltsamer Form geschah, wurde ihm sowohl Erfolg beim Publikum als auch wissenschaftliche Wertschätzung zuteil.[52] Ein solcher Spagat war auch damals nicht üblich und alles andere als einfach.

Das empirische Wissen von den Ländern Asiens reichte nun bis in den arabischen (Mekka!) und indischen Raum hinein. Erneut half eine fingierte Exkursion, um den Blick noch weiter nach Osten zu richten. Sogar vom Königreich Siam und seiner Hauptstadt Ayutthaya war wenigstens andeutungsweise die Rede.[53] Ludovico stützte sich dabei nicht auf literarische Quellen, sondern auf Informationen vor Ort,

**50** Varthema, Reisen (wie Anm. 40), S. 188–240.

**51** Varthema, Itinerario (wie Anm. 43), S. 33f. Anm. 2.

**52** Zu den Wirkungen des Buchs vgl. Reichert, Von Mekka (wie Anm. 40), S. 371–376.

**53** Vgl. Folker Reichert, Baumharz, Polygamie und großer Verstand. Die Anfänge des deutschen Bildes von Siam. In: Deutschland und Thailand. 150 Jahre Diplomatie und Völkerfreundschaft. Hg. von Volker Grabowsky. Segnitz 2014, S. 127–147, hier S. 127–130.

auf Auskünfte von Einheimischen und Händlern oder von Portugiesen, die sich ihrerseits hatten informieren lassen, aber nichts davon der europäischen Öffentlichkeit mitteilten. Durch Varthemas Buch war das allgemeine theoretische Wissen dem empirischen um eine Nasenlänge voraus. Wenig später fuhren portugiesische Schiffe nach Malakka, Java, Timor wie zu den Molukken und holten so den Vorsprung der Theoretiker rasch wieder auf.

# 4 Ergebnisse

Ich fasse zusammen:

- Der Sinai war im 15. Jahrhundert ein privilegierter Ort für die Erfahrung geographischer Grenzen. Weiter ging es von da nicht mehr oder nur noch in Gedanken.
- Um 1500, im Zug der iberischen, hier der portugiesischen Expansion, verschoben sich die Grenzen der physischen Erreichbarkeit, im Osten zunächst bis nach Indien, bald noch viel weiter. Gleichzeitig erweiterte sich der Horizont des Wissens über die bisherigen Grenzen hinaus. Bislang völlig unbekannte Weltgegenden kamen in den Blick. Biblische und literarische Kenntnisse waren dann nur noch bedingt hilfreich.
- Man kann Reiserouten und die an sie anknüpfenden Weltbilder auf zeitgenössische Karten projizieren. Aber Reisebeschreibungen unterscheiden sich insofern von Karten, als sie keine Vollständigkeit anstreben. Stattdessen bieten sie subjektive Ausschnitte, gerne in Gestalt eines autobiographischen Berichts. Auch fingierte Partien erhalten so eine Funktion: Sie vermitteln Informationen über ferne Völker und Länder, die der Reisende nicht hatte aufsuchen können.
- Grundsätzlich muss man mit einem doppelten Limit rechnen: einem Limit des Reisens und einem Limit des Wissens. Wie mit der Differenz umgegangen wird, wie Empirie und Theorie zueinander in ein Verhältnis gebracht werden, charakterisiert den jeweiligen Autor, sein Werk, sein Publikum und sogar seine Zeit. In jedem einzelnen Fall reichte das geographische Wissen viel weiter als die physische Erfahrung. Empirie ist das Wenigste, was uns beschäftigt. Das wird oft übersehen.

M. Elisabeth Schwab

# Römischer Antiquarianismus im 15. Jahrhundert

## Reichweiten und Grenzen

Im ‚kulturellen Gepäck' reisender Italiener des 15. Jahrhundert verließ auch ihr Interesse für die Antike das ehemalige Zentrum des römischen Imperiums und richtete sich in der Ferne auf antike Texte und Artefakte. Die Reichweiten dieses römisch-italienischen Antiquarianismus des Quattrocento wurden auf prominente Weise von zwei seiner berühmtesten Vertreter erprobt: Ciriaco d'Ancona (1391–1455 ca.) und Poggio Bracciolini (1380–1459). Beide gingen über die Grenzen der italienischen Halbinsel hinaus mit der Erwartung, mehr über ihre Antike zu erfahren. Während Ciriaco als Händler den gesamten Mittelmeerraum bereiste und sich die Altertümer Kleinasiens und Griechenlands zeigen ließ,[1] versuchte Poggio, in Großbritannien seine Handschriftenjagden fortzusetzen, die ihm in den Klöstern nördlich der Alpen so viel Erfolg beschieden hatten.[2]

## 1 Über das kulturelle Phänomen des römischen Antiquarianismus

Ihre Begeisterung für antike Dinge teilten Poggio Bracciolini und Ciriaco d'Ancona mit einem kleinen elitären Kreis. Allerdings scheint es in Rom zugleich auch eine breitere Übereinkunft gegeben zu haben, dass Entdeckungen antiker Artefakte Sensationen darstellten. Poggio berichtet etwa von dem Fund einer Minerva-Statue mit riesigen Ausmaßen, die zufällig beim Ausheben von Gruben für frisch einzupflanzende Bäume entdeckt wurde. Der daraufhin einsetzende Menschenauflauf, der von Tag zu Tag größer wurde, war für den Eigentümer des Grundstücks derart störend, dass er veranlasste, die Statue wieder einzugraben.[3] Als im Jahr 1485 auf dem Kapitol

1 Arnold Esch, Landschaften der Frührenaissance: auf Ausflug mit Pius II. München 2008, S. 96–109. Folker Reichert, Das Land der Griechen mit der Seele suchend. Cristoforo Buondelmonti und Ciriaco d'Ancona in der Ägäis. In: Frühneuzeitliche Bildungsreisen im Spiegel lateinischer Texte. Hg. von Gerlinde Huber-Rebenich/Walther Ludwig. Weimar 2007 (Humanismusstudien 2, Acta Academiae Scientiarum 11), S. 57–73.

2 Ernst Walser, Poggius Florentinus, Leben und Werke. Hildesheim/New York 1974, S. 71–83; zu den ‚Bücherjagden' siehe S. 48–61.

3 Poggio Bracciolini, De varietate fortunae. Hg. und kommentiert von Outi Merisalo. Helsinki 1993, Z. 126–30: *Prope porticum Minerve statua est recubantis, cuius caput integra effigie tanteque magni-*

https://doi.org/10.1515/9783110740509-012

eine an der Via Appia entdeckte mumifizierte Mädchenleiche ausgestellt wurde, verglichen die Chronisten den deshalb ausgelösten Menschenstrom mit den Massen, die sich bei einem Ablassversprechen auf den Weg machten.[4] Aber das war nicht immer so gewesen, denn erst um 1400 hatten die römischen Einheimischen die Künstler Filippo Brunelleschi und Donatello bei ihrem Ruinenstudium in Rom versehentlich für Schatzgräber gehalten.[5] So wirkte die aktive Suche nach nutzlosen Relikten aus der Antike wohl andernorts erst recht verschroben und beinahe unheimlich.[6]

Es handelt sich bei dieser Art von Antiquarianismus um eine Faszination für die Größe und kulturelle Überlegenheit der Antike. Aus Bewunderung wurde sie untersucht, nachgeahmt, ergänzt. Ihr wurde nachgeeifert und ihre vielen unwiederbringlichen Lücken und Fehlstellen bitterlich beweint. Doch der Blick zurück war immer auch eine Form der Gegenwartsbewältigung. In dieser Hinsicht sind die Reisen des 15. Jahrhunderts vergleichbar mit Helenas Suche nach Jesu Kreuz in Jerusalem. Als Mutter des ersten christlichen Kaisers zog sie aus, um ein antikes Artefakt zu finden, das für sie höchste religiöse und politische Bedeutung trug. Die spätantiken Berichte von Ambrosius und Rufin erzählen, dass Helena nach Jerusalem eilte und dort den Ort der Kreuzigung genau erforschte, bevor sie in Staub und Geröll nach dem Kreuz grub.[7] Als ähnlich christlich-politisch motiviert muss wohl zum Ende des 15. Jahrhun-

---

*tudinis, ut signa omnia urbis excedat, quidam ad plantandas arbores scrobes faciens detexit. Ad hoc uisendum cum plures in dies magis concurrerent, strepitum adeuntium fastidiumque pertesus orti patronus congesta humo texit.*

4 Il Diario Romano di Gaspare Pontani, Già riferito al „Notaio del Nantiporto" [30. gennaio 1481 – 25. luglio 1492]. Hg. von Diomede Toni. Città di Castello 1908, S. 47: [...] *fu portato lo detto corpo in casa delli conservatori, et andava tanta gente a vederlo che pareva ce fusse la perdonanza* [...]; vgl. Diaria rerum Romanarum (Diario della Città di Roma) di Stefano Infessura. Hg. von Oreste Tommasini. Rom 1890, S. 179. Für eine Zusammenstellung fast aller zum Leichenfund erhaltenen Texte siehe Christian Hülsen, Die Auffindung der römischen Leiche vom Jahre 1485. In: Mittheilungen des Instituts für österreichische Geschichtsforschung, Bd. 4 (1883), S. 433–449, und zuletzt Elisabeth Schwab, Antike begreifen. Antiquarische Texte und Praktiken in Rom von Francesco Petrarca bis Bartolomeo Marliano. Stuttgart 2019, S. 109–165.

5 Antonio Manetti, The Life of Brunelleschi. Hg. und eingeleitet von Howard Saalman, engl. übersetzt von Catherine Enggass. University Park/London 1970, Z. 388–389.

6 Vgl. Stephen Greenblatt, Die Wende. Wie die Renaissance begann. München 2013, S. 26–27. Siehe gleichwohl zu den frühhumanistischen Kreisen in Süddeutschland um Sigismund Gossembrot (1417–1493) in Augsburg und Gregor Heimburg (1400–1472) in Nürnberg Paul Joachimsen, Geschichtsauffassung und Geschichtsschreibung in Deutschland unter dem Einfluß des Humanismus. Leipzig 1910 (Neudruck: Aalen 1968), S. 37–78. Zu den ersten Münzsammlern in Deutschland siehe Johannes Helmrath, Die Aura der Kaisermünze. Bild-Text-Studien zur Historiographie der Renaissance und zur Entstehung der Numismatik als Wissenschaft. In: Medien und Sprachen humanistischer Geschichtsschreibung. Hg. von Johannes Helmrath/Albert Schirrmeister/Stefan Schlelein. Berlin 2009, S. 99–138. Zum ersten nicht von einem Italiener, sondern von dem Deutschen Jacob Aurelius Questenberg verfassten Münztraktat ‚De talento et sestertio' (1499) siehe ebd., S. 114–116.

7 Sancti Ambrosii oratio de obitu Theodosii. Hg., übersetzt, eingeleitet und kommentiert von Mary Dolorosa Mannix. Washington D.C. 1925, S. 41–46. Bei Rufin heißt es, Helena habe die Einheimischen nach dem richtigen Ort gefragt (Migne, Patrologia Latina, Bd. 21, Sp. 475–478 (*hist. eccl.* 1, Kap. 7-8).

derts die Auffindung des Kreuzes-Titulus interpretiert werden.[8] Von dem oft auch als INRI-Tafel bezeichneten Titulus berichtet Ambrosius, er habe Helena dabei geholfen, unter den drei entdeckten Kreuzen das wahre Kreuz Christi von den beiden der Verbrecher zu unterscheiden. Die Holztafel, die 1492 bei Bauarbeiten in der römischen Kirche Santa Croce in Gerusalemme wieder zu Vorschein kam – aller Wahrscheinlichkeit nach eine Fälschung aus dem 12. Jahrhundert – tauchte auf geradezu wundersame Weise pünktlich zu den Feierlichkeiten zum Ende der Reconquista in Spanien wieder auf. So trafen sich an dem Fundstück religiöse und politische Interessen mit dem antiquarischen Geschmack nach schwer zu entziffernden antiken Inschriften.

Die Bezeichnung ‚antiquarisch' hat allerdings über die Jahrhunderte hinweg immer wieder ihre Bedeutung verändert und bedarf daher besonderer Erläuterung. Während etwa in der Spätantike unter einem *antiquarius* ein Schreiber[9] bzw. ein Bibliothekar zu verstehen war, der „mit der Verwahrung des Schrifttums betraut" war,[10] finden sich im 15. Jahrhundert Hinweise darauf, dass es den Begriff *antiquarius* als Selbstbezeichnung einer bestimmten Gruppe von Gelehrten gab: Beispielsweise Felice Feliciano (1433–1479), einer der ersten Inschriftensammler, wurde von seinen Zeitgenossen ‚antiquario' genannt, „weil er seine Jahre damit hinbrachte nach den üppigen *antiquitates* (‚antiquità') von Rom, Ravenna und von ganz Italien zu forschen."[11] Sein Kollege Fra Giovanni Giocondo (ca. 1433–1515), der sich ebenfalls dem Studium antiker Inschriften und Architektur widmete, wurde sogar als *antiquarius princeps* bezeichnet.[12] Hinzu kommen Bemerkungen über einen Jacopo Antiquari

---

Zur im 15. Jahrhundert beliebtesten Legende von der Auffindung des Kreuzes in der ‚Legenda aurea' siehe Barbara Baert, A Heritage of Holy Wood. The Legend of the True Cross in Text and Image (engl. übersetzt von Lee Preedy). Leiden/Boston 2004, S. 350–451.

8 Alexander Nagel/Christopher S. Wood, Anachronic Renaissance. New York 2010, S. 218–239.

9 Vgl. *antīquārius* II. In: Thesaurus Linguae Latinae, Bd. 2, Sp. 173–174.

10 Jan Marco Sawilla, Antiquarianismus, Hagiographie und Historie im 17. Jahrhundert. Zum Werk der Bollandisten. Ein wissenschaftshistorischer Versuch. Tübingen: 2009, S. 237–241, zeichnet diese Bedeutung des ‚librarius' bzw. ‚kalligraphos' nach, indem er Guido Pancirolis und Joseph Justus Scaligers Definition des ‚antiquarius' in der zweiten Hälfte des 16. Jahrhunderts untersucht, die sie aus der Lektüre spätantiker Werke, des ‚Codex Iustinianus' und der Briefe des Ausonius, abgeleitet hatten. Siehe auch Peter N. Miller, History and its Objects. Antiquarianism and material culture since 1500. Ithaca/London 2017, S. 55–57.

11 Vgl. die Novelle (novella III, 1487) von Giovanni Sabadino degli Arienti, Novelle Porretane. Hg. von Pasquale Stoppelli. L'Aquila 1975, S. 17–19, hier S. 17: [*Feliciano da Verona*] *cognominato Antiquario per aver lui quasi consumato gli anni suoi in cercare le generose antiquità de Roma, de Ravenna e de tutta l'Italia*. Siehe auch Cyriac of Ancona, Life and Early Travels. Hg. und engl. übersetzt von Charles Mitchell/Edward W. Bodnar/Clive Foss. Cambridge (MA)/London 2015 (The I Tatti Renaissance Library 65), S. 300–303, hier Kap. 2 (Antonio Leonardi bezeichnet Ciriaco d'Ancona in einem Brief an Felice Feliciano vom 4. Oktober 1457 als *inter antiquos antiquissimus*).

12 Siehe für Alessandro Corteses Brief Armando F. Verde, Lo studio Fiorentino, 1473–1503. Ricerche e documenti, 5 Bde. Florenz 1973–1994, Bd. 3, S. 26, und William Stenhouse, Reading Inscriptions and Writing Ancient History. Historical Scholarship and the Late Renaissance. London 2005, S. 24, Anm. 17. Vgl. auch die Verwendung des Begriffs ‚antiquarii' in dem Brief des ominösen Ombrone an Filoteo

(ca. 1445–1512), einen Sekretär des Fürsten von Mailand, der sich wohl eigentlich nicht durch besondere Studien auszeichnete,[13] aber aufgrund seines Namens und seines politischen Engagements von Marsilio Ficino mit dem Epitheton *antiquarius et novarius* bedacht wurde.[14] Im darauffolgenden 16. Jahrhundert war *antiquarius* eine Berufsbezeichnung, unter der etwa Pirro Ligorio (1514–1583) in die Dienste des Kardinals Ippolito d'Este trat. Zu seinen Aufgaben zählten die Ausgrabungsarbeiten der Villa Adriana und die Gestaltung der Gärten der modernen Villa d'Este.[15] Wiederum unter etwas gewandelter Bedeutung betitelt der Plautus-Editor Friedrich Taubmann (1565–1613) andere Schriftsteller seiner Zeit abfällig als *antiquarii*, weil sie in ihren lateinischen Texten im Übermaß archaische Formen und Wörter verwendeten. In diesem Sinne plädiert er damit für einen vorsichtigeren antiquarischen Schreibstil.[16] Ab dem 17. und vor allem im 18. Jahrhundert mutierte der Begriff ‚Antiquar' endgültig zu einem Schimpfwort, und zwar für einen maßlosen Antikensammler, der in seiner Leidenschaft keiner konkreten, zielorientierten Fragestellung folgte.[17] Zugleich ist

Achillini, datiert zu Beginn des 16. Jahrhunderts aus dem antiquarischen Sammlermilieu Bolognas, Claudio Franzoni, Le raccolte del Theatro di Ombrone e il viaggio in oriente del pittore: le epistole di Giovanni Filoteo Achillini. In: Rivista di Letteratura Italiana 8.2 (1990), S. 287–335, hier S. 318, Z. 148.

13 Giovanni Battista Vermiglioli, Memorie di Iacopo Antiquari e degli studi di amena litteratura esercitati in Perugia nel secolo XV: Con un app. di monumenti. Perugia 1813, S. 77–78; für Biographisches siehe Emilio Bigi, Antiquari, Iacopo. In: Dizionario Biografico degli Italiani 3 (1961), S. 470–472.

14 Epistolae Marsilii Ficini Florentini. Venedig: Matheus Capcasa impensa Hieronymi Blondi 1495, l. 7, S. 139r/v: *Ceteri te Iacobe tantum cognominant antiquarium; academia vero et antiquarium pariter et novarium tamquam antiquitatis innovatorem atque cultorem. Quid autem esse aliud opinamur renovare antiqua quam aurea illa saecula revocare regnante quondam Saturno felicia.* [...] *fave (uti facis) antiquis: fave aureis atque ita pro antiquario nobis aureus eris* [...]; siehe auch I. Baptistae Mantvani Carmelitae, Theologi, Philosophi, Poëtae & Oratoris clarissimi, Opera Omnia, 4 Bde. Antwerpen: Bellerus 1576, Bd. 3, S. 316v–317r. Für eine weitere Zitatsammlung zum Umgang mit dem Begriff ‚antiquarius' siehe Arnaldo Momigliano, Ancient History and the Antiquarian. In: Journal of the Warburg and Courtauld Institutes 13.3/4 (1950), S. 285–315, hier S. 290, Anm. 2.

15 Erna Mandowsky/Charles Mitchell, Pirro Ligorio's Roman Antiquities. The drawings in MS XIII. B 7 in the National Library in Naples. London 1963, S. 1–6; Vincenzo Pacifici, Ippolito II d'Este, Cardinale di Ferrara. Tivoli 1920, S. 146, Anm. 1.

16 Marc Laureys, Friedrich Taubmann's views on Latin style and poetic composition. In: Una lingua morta per letterature vive: il dibattito sul latino come lingua letteraria in età moderna e contemporanea. Hg. von Valerio Sanzotta. Leuven 2020 (Suppl. Humanistica Lovaniensia XLV), S. 91–106. Zu den gerügten ‚antiquarii' gehörten wohl Filippo Beroaldo (1453–1505), Giovann Battista Pio (1460–1540) und, zu Taubmanns Lebzeiten, Johann Lauremberg (1590–1658). Siehe dazu auch Tom Deneire, Antiquarian Latin and the materiality of late humanist culture: the case of Johann Lauremberg's play ‚Pompejus Magnus' (1610). In: Neo-Latin philology: old tradition, new approaches. Hg. von Marc Van der Poel. Leuven 2014, S. 165–182.

17 Ingo Herklotz, Der Antiquar als Komische Figur. Ein literarisches Motiv zwischen Querelle und altertumswissenschaftlicher Methodenreflexion. In: Welche Antike? Konkurrierende Rezeptionen des Altertums im Barock. Hg. von Ulrich Heinen. Wiesbaden 2011 (Wolfenbütteler Arbeiten zur Barockforschung 47.1), S. 141–182.

dies die Zeit, welche oft zuerst mit dem Antiquarianismus assoziiert und als dessen „goldenes Zeitalter" angesehen wird.[18]

Der römische Antiquarianismus des 15. Jahrhunderts, d.h. in etwa in der Zeit nach Francesco Petrarca (1304–1374) bis zu den großen Werken Biondo Flavios (1392–1463), wird gemeinhin auf Terrentius Varro als Gründungsvater zurückgeführt. Dies geht auf Onofrio Panvinio zurück, der in ‚De his qui Romanas antiquitates scripto comprehenderunt' (1558) erstmals eine Geschichte der Beschreibungen des antiken Rom skizziert, indem er Varro als antiken Eckpunkt und Biondo als dessen moderne Entsprechung anführt.[19] Aufwind bekam diese Sichtweise durch den bis heute grundlegenden Artikel Arnaldo MOMIGLIANOs ‚Ancient History and the Antiquarian' (1950), der die Forschungen zum Antiquarianismus im 20. Jahrhundert wieder ins Leben rief.[20] Doch die Erbschaft von Varros *Antiquitates* ist aufgrund der spärlichen Überlieferungslage letztlich nur schwer einzuschätzen.[21] Varros Vorstellungen von der Rekonstruktion einer früheren Kultur sind uns nur durch Augustinus ‚De civitate Dei' (6.3) als Kapitelaufriss überliefert.[22] Ob die Bemühungen der Antiquare im 15. Jahrhundert tatsächlich darauf zurückzuführen sind, muss wohl offenbleiben. Unbestreitbar ist dagegen, dass sich in Italien innerhalb der humanistischen Studien zu dieser Zeit ein Interessenszweig ausbildete, der das Studium der Antike mit einer neuen Qualität betrieb. Wie das oben bereits angerissene Beispiel zum Kreuzestitulus illustriert, spielten dabei nicht nur antike Texte eine große Rolle, sondern auch haptisch erfahrbare Artefakte: Man wollte nicht nur lesen, sondern auch etwas in die Hand nehmen. Zu den Texten gesellten sich zunehmend auch Ruinen, Inschriften, Münzen und alle erdenklichen weiteren Artefakte als materiale Zeugnisse aus der bewunderten antiken Kultur hinzu, die mit ähnlicher Begeisterung entdeckt, gesammelt und untersucht wurden. Antiquarische Praktiken waren hier nicht verknöchert und rückwärtsgewandt, sondern kreativ und zukunftsorientiert.

---

**18** Kelsey Jackson WILLIAMS, Antiquarianism: A Reinterpretation. In: Erudition and the Republic of Letters 2 (2017), S. 56–96.

**19** Onofrio Panvinio, De his qui Romanas antiquitates scripto comprehenderunt (1558). Hg. und kommentiert von Jean-Louis Ferrary. In: DERS., Onofrio Panvinio et les antiquités romaines. Rom 1996, S. 49–132, hier S. 49–50, 53–54 (Kap. 2, 7, 8): *Vetustissimus igitur omnium (ut VI libro De ciuitate Dei, cap. III tradit Diuus Augustinus) est M. Varro, qui Caesaris dictatoris aetate uixit.* [...] *primus omnium ex recentioribus Blondus Flavius Foroliuiensis urbis descriptionem ex instituto facere aggressus est* [...].

**20** MOMIGLIANO, Ancient History and the Antiquarian (wie Anm. 14). Aus der großen Menge an Literatur zum Antiquarianismus verweise ich hier nur auf die Überblicksversuche von Anthony GRAFTON, Bring Out Your Dead: the Past as Revelation. Cambridge (MA) 2001, S. 31–52, und von Peter N. MILLER, A Tentative Morphology of European Antiquarianism, 1500–2000. In: World Antiquarianism, Comparative Perspectives. Hg. von Alain SCHNAPP. Los Angeles 2013, S. 67–87.

**21** Vgl. Riccardo FUBINI, Biondo Flavio e l'antiquaria romana. In: Storiografia dell'umanesimo in Italia da Leonardo Bruni ad Annio da Viterbo. Hg. von DERS. Rom 2003, 77–89, hier 89, über die Fragen nach dem „mito di Varrone come fondatore della scienza antiquaria".

**22** Ebd., S. 78–80, kritisiert Momiglianos eng gezogene Traditionslinie zwischen Varro und Biondo, die seines Erachtens zumindest für Biondos *Roma triumphans* nicht zutrifft.

## 2 Reichweiten

Die ‚Reichweite' des römischen Antiquarianismus im Sinne seiner räumlichen Ausbreitung ist bisher vor allem für das 16. Jahrhundert bemerkt worden.[23] Zwar bescheinigt RAUSA auch den Antiquaren des Cinquecento eine „mainly ‚Romanocentric' vision of the ancient world"[24], doch beschreibt MOMIGLIANO in seiner schon erwähnten Studie zum Antiquarianismus, wie sich das Interesse nach und nach auf weitere Provinzen des römischen Reiches ausweitete. Er bezieht sich dabei sowohl auf Antiquare aus Italien – Fulvio Orsini aus Rom (1529–1600) und Carlo Sigonio aus Norditalien (1524–1584) – als auch auf Antiquare von außerhalb wie den Spanier Antonio Agustín (1517–1586) und den berühmten Flamen Justus Lipsius (1547–1606). Für sie stellt er fest:

> „They slowly pieced together Roman chronology, topography, law and religion: they discovered 'Roma sotterranea.' They progressively occupied new provinces by extending their research to Greece, to the local antiquities of France, Germany and England and to the oriental kingdoms."[25]

Da es Momigliano vor allem darauf ankommt, den Antiquar als einen abgrenzbar ausgeprägten Gelehrten neben dem Historiker zu installieren, ist es bemerkenswert, dass er sich überhaupt zur räumlichen Ausbreitung äußert.[26] Seiner Auffassung nach war das antiquarische Interesse zuerst ganz auf Rom gerichtet und hat sich nach dessen stückweiser Zusammensetzung („slowly pieced together", wie er formuliert) auch den Gebieten außerhalb Italiens zugewandt. Dies deckt sich mit dem Bild der antiquarischen Studien, das SCHNAPP und VINE jeweils von Gallien bzw. Britannien zeichnen. SCHNAPP beobachtet, dass die älteste Studie zum antiken Gallien, ‚De Anti-

---

23 Der Antiquarianismus hat in einer sehr allgemeinen Definition von Neugierde und Sammelleidenschaft für Dinge aus der Vergangenheit auch seine Globalisierung und daher Vergleiche mit ‚Antiquarianismen' weltweit erfahren. Siehe dazu die beiden Sammelbände World Antiquarianism. Comparative Perspectives. Hg. von Alain SCHNAPP. Los Angeles 2013; und Antiquarianisms. Contact, Conflict, Comparison. Hg. von Benjamin ANDERSON/Felipe ROJAS. Havertown (PA) 2017.

24 Federico RAUSA, Pirro Ligorio and Sicilian Antiquities: Indifference or an Unwitting „Short Circuit"? In: Pirro Ligorio's Worlds: Antiquarianism, Classical Erudition and the Visual Arts in the Late Renaissance. Hg. von Fernando LOFFREDO/Ginette VAGENHEIM. Leiden/Boston 2019 (Brill's Studies on Art, Art History, and Intellectual History 34), S. 98–145, hier S. 110.

25 MOMIGLIANO, Ancient History and the Antiquarian (wie Anm. 14), S. 290–291. Das gleichnamige Werk, auf welches hier angespielt wird, die ‚Roma sotterranea', erschien allerdings erst 1632 in Rom auf der Grundlage der Arbeiten von Antonio Bosio (1575–1629).

26 Weder der Momigliano-Kritiker HERKLOTZ noch der Antiquarianismus-Forscher MILLER gehen in ihren Studien auf die räumliche Ausbreitung und Reichweite des Phänomens ein. Siehe gleichwohl für die grundlegende Kritik an Momigliano den Beitrag von Ingo HERKLOTZ, Arnaldo Momigliano's ‚Ancient History and the Antiquarian': A Critical Review. In: Momigliano and Antiquarianism, Foundations of the modern cultural sciences. Hg. von Peter N. MILLER. Toronto 2007, S. 127–153.

quitate Galliarum' (Lyon 1485), von dem Veronesen Paolo Emili angefertigt wurde.[27] Die zögerliche Verbreitung antiquarischer Studien in Frankreich selbst versucht er zu erklären, indem er sie „sans nul doute" auf das „sentiment d'infériorité des antiquaires européens face à l'avance de la science en Italie" zurückführt.[28] Erst danach hätten auch Humanisten und Antiquare außerhalb Italiens damit begonnen, sich für die Geschichte ihrer antiken Vergangenheit zu interessieren, etwa in Skandinavien und Spanien.[29] VINE zeichnet in ‚Defiance of time' nach, wie die ersten Antiquare der britischen Insel ihre Methoden und Zugangsweisen von den italienischen Humanisten übernahmen. Die Gelehrten, mit denen er seine Studie beginnen lässt, John Leland, John Twyne und John Stow, stammen aus dem 16. Jahrhundert.[30]

Ein weiteres Beispiel hierfür bietet die Entdeckung des antiken Siziliens. Tatsächlich gilt ein lokal ansässiger Antiquar, der Dominikaner Tommaso Fazello (1498–1570, geb. in Sciacca), als der erste, der sich in seinem Werk ‚De rebus siculis decades duae' der Altertümer Siziliens annahm. Es erschien zuerst 1558, dann mit Korrekturen 1560 und 1568, bis es schließlich 1573 in der italienischen Übersetzung des Florentiners Remigio Nannini herauskam.[31] Anhand von Sizilien lässt sich illustrieren, wie das Interesse der an Rom ausgerichteten berühmten Antiquare begrenzt war, sodass gewissermaßen ihre innerliche Einstellung die Reichweite und Intensität antiquarischer Studien einschränkte. Pirro Ligorio (1514–1583) erfand zwar ein neues Ordnungssystem für die Altertümer Italiens, indem er sie in seinem enzyklopädischen

---

**27** Alain SCHNAPP, La conquête du passé: aux origines de l'archéologie. Paris 1993. S. 156–165. Zur Diffusion des italienischen Humanismus in die nördlichen europäischen Länder siehe ferner Johannes HELMRATH, Diffusion des Humanismus. Zur Einführung. In: Diffusion des Humanismus. Studien zur nationalen Geschichtsschreibung europäischer Humanisten. Hg. von Johannes HELMRATH/Ulrich MUHLACK/Gerrit WALTHER. Göttingen 2002, S. 9–29; Gerrit WALTHER, Nation als Exportgut. Mögliche Antworten auf die Frage: Was heißt ‚Diffusion des Humanismus'? In: ebd., S. 436–446.

**28** SCHNAPP, La conquête du passé (wie Anm. 27), S. 156.

**29** Margarita DÍAZ-ANDREU, A World History of Nineteenth-Century Archaeology: Nationalism, Colonialism, and the Past. Oxford u. a. 2007, S. 34–38.

**30** Angus VINE, In Defiance of Time, Antiquarian Writing in Early Modern England. Oxford u. a. 2010, S. 5, 22–50. Über einen ersten nationalistischen Schub durch die zunehmenden humanistischen Regionalforschungen und ihre Geschichtsschreibung siehe Johannes HELMRATH, Probleme und Formen nationaler und regionaler Historiographie des deutschen und europäischen Humanismus um 1500. In: DERS., Wege des Humanismus. Studien zu Praxis und Diffusion der Antikeleidenschaft im 15. Jahrhundert. Tübingen 2013 (Spätmittelalter, Humanismus, Reformation 72), S. 213–278; Thomas MAISSEN, Worin gründete der Erfolg der humanistischen Historiographie? Überlegungen zur Rolle der Geschichtsschreibung im „Wettkampf der Nationen". In: Historiographie des Humanismus. Literarische Verfahren, soziale Praxis, geschichtliche Räume. Hg. von Johannes HELMRATH/Albert SCHIRRMEISTER/Stefan SCHLELEIN. Berlin/Boston 2013 (Transformation der Antike 12), S. 49–83.

**31** Zu den Anfängen der Beschäftigung mit dem antiken Sizilien siehe Arnaldo MOMIGLIANO: La riscoperta della Sicilia antica da T. Fazello a P. Orsi. In: Rosario ROMEO, La storia della Sicilia, Bd. 1. Neapel 1979, S. 768–780. Zu Vergleichen sizilianischer Monumente mit römischen Antiquitäten wie dem Kolosseum und Aquädukten bei Fazello siehe RAUSA, Pirro Ligorio and Sicilian Antiquities (wie Anm. 24), S. 101–103.

Werk alphabetisch auflistete, doch überraschenderweise klafft eine Lücke an der Stelle, an der Sizilien behandelt werden sollte.[32] Dies ist insbesondere deswegen verwunderlich, weil er sowohl auf Fazellos Arbeit wie auch auf dessen Vorläufer, Claudio Mario Arezzos ‚De situ Siciliae' (1537), und das Werk von Francesco Maurolico, das ‚Sicanicarum Rerum compendium' (1553), hätte zurückgreifen können. RAUSA konstatiert nach seiner Abwägung der möglichen Gründe für die auffällige Auslassung bei Pirro Ligorio, dass dieser schlicht kein Interesse für sizilianische Altertümer gehabt habe. Er fasst zusammen:

> „As is well known, Ligorio's research was exclusively centred on Roman antiquities, especially regarding the study of archaeological evidence, an absolutely predominant interest which made him indifferent – with a few exceptions for inscriptions – to Greek antiquities, including those of the kingdom of Naples, the ancient Magna Graecia, conjured up solely by means of the information provided by literary sources [...] he ignores the discoveries in Sicily, as attested [...] by Fazello, and he does not in any way emphasize the sensational 1539 discovery of ancient painted vases near Policoro [...]."[33]

Ungefähr zur selben Zeit reiste Antonio Agustín (1516–1586), der durchaus ein Bewunderer der numismatischen Studien Ligorios war,[34] nach Sizilien. Er hatte als junger Mann zuerst an verschiedenen Universitäten in seiner spanischen Heimat und dann in Norditalien studiert. Seit 1544 war er in Rom, wo er eine steile kirchliche Karriere antrat, an deren Ende er 1576 zum Erzbischof von Tarragona ernannt wurde. Zuvor jedoch, als er noch Bischof von Alife war, wurde er zur Visitation nach Sizilien geschickt, von wo aus er Briefe an seinen Freund Fulvio Orsini schrieb.[35] Von seiner Ankunft auf *Carybdi e Scylla*, wie er Sizilien umschreibt, erfahren wir in einem Brief vom 5. Juni 1559, in welchem er auf die antiquarischen Fragen seines Freundes zur Interpretation von Münzen und römischer Geschichtsschreibung antwortete.[36]

Agustín hatte enge Kontakte zu den Kreisen humanistisch und antiquarisch gebildeter Gelehrter in Italien zu seiner Zeit.[37] Doch auf Sizilien interessierte er sich offenbar ausschließlich für den Markt antiker Münzen, der auf der Insel blühte. In der Tat wurde Agustín als Antiquar bekanntlich vor allem für seine postum erschienenen ‚Dialogos de medallas, inscriciones y otras antiguedades' berühmt. Dennoch ist es

32 Diese alphabetische Enzyklopädie ist erstmals ausschnittsweise aus den Turiner Manuskripten veröffentlicht und ins Englische übersetzt worden von RAUSA, Pirro Ligorio and Sicilian Antiquities (wie Anm. 24), S. 115–145.

33 Ebd., S. 110–111.

34 Anna SCHREURS, Antikenbild und Kunstanschauung des neapolitanischen Malers, Architekten und Antiquars Pirro Ligorio (1513–1583). Köln 2000 (Bonner Beiträge zur Renaissanceforschung 3), S. 30–32.

35 Antonii Augustini archiepiscopi Tarraconensis Opera Omnia, Bd. 7. Lucae 1772, S. 239–244 (Lettere Italiane).

36 Ebd., S. 240.

37 Zum Farnese-Kreis siehe SCHREURS, Antikenbild (wie Anm. 34), S. 109–114.

enttäuschend zu lesen, welches Bild er sich nach den ersten zwei Wochen seines Aufenthalts von Messina gemacht hat, wenn er am 20. Juni schreibt:

> „Ich werde diesen Sommer über in dieser Stadt Zancle, oder Messina, bleiben, die von allen Schriftstellern so sehr gerühmt wird, jedoch 1000mal zerstört wurde und daher keine Dinge von Gelehrsamkeit hat und auch keine öffentlichen Gebäude und Bibliotheken. An Münzen habe ich zwei silberne erworben, die mir sehr lieb sind."[38]

Im Vergleich dazu hatte Fazello sehr viel mehr über die antiken Reste rund um Messina zu berichten, etwa dass bei der Gründung der alten Stadt Zancla auch ein Hafen gebaut wurde,

> „ein Werk aus dicken und quadratischen Ziegeln, von dem (wenn ich mich nicht täusche) zwischen der Kirche S. Salvator und dem Turm, der den Schiffern Licht spendet, bis heute Reste aus diesen gewaltigen Steinen sichtbar sind."[39]

Fazello fährt fort, dass als nächstes Manticlus Messeni von der Peloponnes das antike Zancla zerstört und wiederum eine Stadt errichtet habe, die er nach seinem Namen „Messenia" benannte. Zu dieser Zeit sei ein Herkulestempel in der Stadt gebaut worden, dessen Ruinen heute unter der Kirche San Michele verborgen seien.[40] Als nächstes sei die Stadt von Mamertinern besetzt worden. Cicero beschreibe in seiner zweiten Rede ‚In Verrem' das Haus des hochgeachteten Mamertiners Gaius Heius (Kap. 3–5), der eine wertvolle Statuensammlung besaß. Fazello weiß darüber zu sagen, dass sich dessen Haus, obgleich es Alterserscheinungen zeige, noch nach Meinung der Bewohner Messinas gegenüber dem Bischofspalast befinden soll.[41] Darüber hinaus erwähnt er zwei antike Statuen von Hannibal und Scipio, die vor dem Dom zu bewundern seien.

Doch Agustín hält sich mit diesen antiken Monumenten nicht auf. Er hat nur seine wachsende Münzsammlung im Sinn. Penibel beschreibt er seine Neuerwerbungen und berichtet auch von Schwierigkeiten: Im nächsten Brief vom 22. Juli 1595 nennt er einen Konkurrenten beim Erwerb von seltenen antiken Münzen, einen gewissen Lautenspieler:

---

**38** Agustín, Lettere Italiane (wie Anm. 35), S. 240: [...] *starò questa state in questa Zancle, ò Messana* [*i.e. Messina*] *tanto celebrata da tutti Scrittori, ma distrutta mille volte, e così non hà cose di lettere, & edificij publici, pure si cercaranno, e le librarie. Di medaglie hò avuto due d'argento, le quali hò molto care,* [...] Siehe gleichwohl für eine Inschrift, die Agustín in Messina dokumentierte Turin, Archivio di Stato, a.III.13.J.11, c. 111 (Rausa, Pirro Ligorio and Sicilian Antiquities [wie Anm. 24], S. 127).

**39** Tommaso Fazello, De rebus Siculis decades duae. Palermo 1560, S. 43: *cuius operis (ni fallimur) inter aedem S. Salvatoris, & turrim, quae navigantibus lumen praebet, ex crassis lateribus, quadratisq*[*ue*]*; & ijs ingentibus lapidibus vestigia adhuc cernuntur.*

**40** Ebd., S. 44–45.

**41** Ebd., S. 47: *Heij aute*[*m*] *domus ea est (ut ipse Messanenses praedicant) quae vetustate confecta à fronte Praesulis aedes spectat,* [...].

> „An Münzen habe ich hier herrliche Dinge gesehen, auch griechische, die ich noch nie gesehen hatte. Es gibt einen Lautenspieler, der sich in diese verliebt hat, besser gesagt: er ist verrückt nach ihnen, und er gibt hunderte von Scudi dafür aus und besitzt die seltensten Dinge.“[42]

Auch stört es Agustín, dass er die Inschriften auf den Münzen nicht richtig deuten kann, weil ihm die notwendigen Bücher und Nachschlagewerke auf der Insel fehlen.[43] Am 20. Juli 1560 schickt er aus Palermo seinen letzten überlieferten Brief von der Insel. Er bedauert darin, dass er eine Münze mit der griechischen Inschrift *PANORMITAN* weder in Palermo noch anderswo auf der Insel Sizilien finden kann.[44] Wir sehen also an Agustíns Briefen, wie er mit seinen antiquarischen Interessen und Vorstellungen, die er auf dem italienischen Festland erworben hatte, nach Sizilien reiste und dort neben seinen Geschäften für die Kirche dieser Leidenschaft weiterhin nachging. Zugleich wird die Beschränkung der eigentlich zu dieser Zeit schon breit entwickelten antiquarischen Studien deutlich: Pirro Ligorio scheint sich überhaupt nicht für sizilianische *antiquitates* zu interessieren, Agustín kümmert sich ausschließlich um seine Münzstudien. Über einen Austausch mit den Einheimischen der Insel über antiquarische Fragestellungen erfahren wir nichts.

Auch im 15. Jahrhundert dienen uns Briefe als Hilfe, um die räumlichen Reichweiten des römischen Antiquarianismus auszuloten. Vielleicht könnte man sogar behaupten, dass gerade italienische Antiquare der ersten Generation sich weniger mit der Antike vor ihrer Haustür und in Rom zufriedengaben als ihre unmittelbaren Nachfolger. Sie nutzten Handels- und Geschäftsreisen, um ihren Interessen auch außerhalb der italienischen Halbinsel nachzugehen. Der weniger bekannte Enoch d'Ascoli (ca. 1400–1457) wurde sogar eigens von Papst Nikolaus V. damit beauftragt, im Mittleren Osten und im Norden Europas nach Handschriften antiker Texte zu suchen.[45] 1455 traf Enoch im Kloster St. Ulrich und Afra in Augsburg mit dem Benediktiner und Historiographen Sigismund Meisterlin (1435–1497 ca.) zusammen, nachdem er gerade den Hersfelder Codex mit der ‚Germania' des Tacitus gefunden hatte. Wie MERTENS nachzuweisen vermag, beschäftigte sich Meisterlin offenbar mit der ‚Germania', denn für die Anfänge Augsburgs nannte er in seiner ‚Chronographia', an der er in dieser Zeit gerade schrieb, als Ureinwohner die Schwaben. Auf ein solches Konzept von Auto-

42 Agustín, Lettere Italiane (wie Anm. 35), S. 241: *Alle medaglie hò visto qui cose stupende delle Greche mai viste, delle quali cè un Sonatore di Liuto di esse innamorato, anzi pazzo, e spende le centinara di scudi, & ha cose rarissime.*

43 Ebd., S. 242: *che io sono quà senza libri, & il vostro e nostro Onomastico* (Brief vom 2. Dez. 1559).

44 Ebd., S. 244: *Quella vostra ΠΑΝΟΡΜΙΤΑΝ non si trova ne in questa Città, ne in quest'Isola, che io sappia.*

45 Siehe zu diesem Handschriftenjäger Brunori A. ROSSI, Enoc d'Ascoli. Ascoli Piceno 1906; der einzige erhaltene kurze Brief aus der Hand Enochs wurde aus Roskilde zusammen mit einem Brieffund des Sidonius Apollinaris verschickt, ebd., S. 29.

chthonie konnte er wohl nur in Anlehnung an ‚Germania' 2.1 gestoßen sein.[46] Wir sehen also geradezu, wie Enoch und Sigismund sich über das frisch entdeckte Manuskript beugten und nach Lösungen für Sigismunds Augsburger Geschichte suchten. Der Austausch und die Verbreitung antiquarischen Wissens lassen sich am besten anhand konkreter Beispiele nachzeichnen. Im Folgenden wollen wir die beiden prominenten Antiquare Ciriaco d'Ancona und Poggio Bracciolini auf ihren Reisen begleiten, zuerst nach Rom und dann außerhalb Italiens.

# 3 Ciriaco d'Ancona und Poggio Bracciolini in Rom

Um im 15. Jahrhundert als Spezialist für Altertümer wahrgenommen und als Antiquar bezeichnet zu werden, musste man sich in Rom aufgehalten haben. Diese Überzeugung findet sich beispielsweise in der Sammlung ‚De politia litteraria' von Angelo Decembrio (1415–1467 ca.) in einer Passage über den Vatikanischen Obelisken (lib. 5.55.1). Darin äußert Giovanni Gualengho gegenüber Guarino da Verona, dass wohl kein Italiener rechtmäßig ein erfahrener Gelehrter des Altertums genannt werden könne, der nicht Rom gesehen habe: *Nam ex italicis neminem ego rite peritum senem et antiquitatis studiosum existimo qui eam urbem non viderit.*[47] Wie Decembrios Dialog selbst beweist, da er einen Einblick in den gelehrten Kreis am Hof von Leonello d'Este in Ferrara gewährt, war das Phänomen keineswegs ganz auf Rom beschränkt. Denn auch andere Städte in Italien luden mit sichtbaren antiken Relikten dazu ein, antiquarisch tätig zu werden. Aber ein wesentlicher Abschnitt der Karriere musste mit der Hauptstadt des Antiquarianismus verbunden sein. Der oben erwähnte Paolo Emili aus Verona etwa studierte in Rom Theologie, Enoch d'Ascoli war Grammatiklehrer in Rom. Ciriaco d'Ancona wirkte, wie sein Name schon sagt, zuerst in Ancona, wo er bei den Arbeiten am antiken Hafen der Stadt anhand des dortigen Trajan-Bogens seine Begeisterung für die Antike entdeckte. Und doch ist auch er ohne einen zumindest ideologisch-mentalen Hauptbezugspunkt in Rom nicht denkbar, lernte er doch angeblich ausschließlich mithilfe der ‚Aeneis' die lateinische Sprache[48] und fuhr,

---

46 Dieter Mertens, Die Instrumentalisierung der „Germania" des Tacitus durch die deutschen Humanisten. In: Zur Geschichte der Gleichung „germanisch-deutsch". Sprache und Namen, Geschichte und Institutionen. Hg. von Heinrich Beck/Dieter Geuenich/Heiko Steuer/Dietrich Hakelberg. Berlin/New York 2004 (Ergänzungsbände zum Reallexikon der Germanischen Altertumskunde 34), S. 37–101, hier S. 64–67.

47 Anthony Grafton/Brian Curran, A Fifteenth-Century Site Report on the Vatican Obelisk. In: Journal of the Warburg and Courtauld Institutes, Bd. 58 (1995), S. 234–248 (Vat. lat. 1794, folios 137v–139v). Siehe für eine Gesamtedition Angelo Camillo Decembrio, De politia litteraria. Hg. und eingeleitet von Norbert Witten, München/Leipzig 2002, hier S. 380, Z. 24–25.

48 Francesco Scalamonti, Vita Clarissimi et Famosissimi Viri Kyriaci Anconitani. In: Cyriac of Ancona, Life and Early Travels (wie Anm. 11), S. 2–171, hier S. 42–45 (Kap. 53).

nachdem der antike Triumphbogen seiner Heimatstadt sein Interesse geweckt hatte, zuallererst für einen Forschungsaufenthalt nach Rom – und von dort in die Welt.[49]

Dieses weitreichende räumliche Ausweiten seines Interesses für antike Monumente schildert Ciriacos Freund Francesco Scalamonti auf eindrucksvolle Weise in dessen ‚Vita'. Alles beginnt demnach mit dem Studium jenes berühmten, auffallenden marmornen Bogens des göttlichen Kaisers Trajan am Hafen von Ancona.[50] Mit Bewunderung staunt Ciriaco über den Statuenschmuck, den er genau beschreibt, und die Inschriften, von denen er eine Transkription anfertigt. Von hier aus fasst er, so habe er es Scalamonti oftmals erklärt, den Beschluss, die übrigen Altertümer des Erdkreises (*per orbem*) ebenfalls zu erforschen:

> „Eben dieses so gewaltige und bewundernswerte und unter den Architekturstücken herausragende Werk, und auch die so gewichtige Inschrift in ausgezeichneten lateinischen Lettern, war für die edle Seele des jugendlichen Ciriaco – wie wir es oftmals aus seinem eigenen Munde gehört haben – gewissermaßen der erste passende und äußerst würdige Anfang gewesen, um die übrigen vorzüglichen Monumente der Alten auf dem Erdkreis zu suchen und zu erforschen."[51]

Ciriacos erste Station ist daraufhin Rom mit seinen antiken Zeugnissen, wo er 1425 seinen Freund besucht, den Kardinal Gabriele Condulmer und späteren Papst Eugen IV. Von hier geht es wiederum, in der Darstellung Scalamontis, sogleich in die Welt hinaus:

> „Doch als er die gewaltigen Reste des so edlen Volkes überall in der Stadt auf dem Boden verstreut erblickt hatte, da schien es ihm, dass die Steine dem Betrachter bei weitem mehr von den wichtigen Taten zeigten als die zuverlässige Nachricht eines Buches. Deswegen nahm er sich vor, auch das übrige, was noch auf der Welt verstreut war, zu sehen und aufzuschreiben."[52]

Diese berühmte Passage zeigt, dass sich das Interesse Ciriacos ganz explizit nicht nur auf antike Texte bezog, sondern vorrangig auf die materialen Spuren, die verstreuten

---

**49** Ebd., Kap. 54–58.

**50** Ebd., Kap. 54: *Interea cum apud Anconitanum <portum> insignem illum marmoreum divi Traiani Caesaris arcum diligentius inspexisset, mirificum opus admirans, cognovit* [...]. Zu diesem Schlüsselerlebnis und zur Biographie Ciriacos siehe auch Andreas Grüner, Archäologie als Kapital – die medialen Strategien des Cyriacus von Ancona (1390–1452). In: Münchner Jahrbuch der Bildenden Kunst, dritte Folge Bd. 63 (2012), S. 7–35, hier S. 8–9.

**51** Scalamonti, Vita (wie Anm. 48), Kap. 54: *Hoc ipsum tam ingens et mirabile architectorumque conspicuum opus, et ipsum et tam grave Latinis insignibus litteris epigramma, generoso Kiriaci adolescentis animo ad reliqua per orbem nobilia vetustatum monumenta perquirenda scrutandaque, ut suo saepius ore percepimus, primum quoddam idoneum atque praedignum seminarium fuerat.*

**52** Scalamonti, Vita (wie Anm. 48), Kap. 56: *At et cum maximas per urbem tam generosissimae gentis reliquias undique solo disiectas aspexisset, lapides et ipsi magnarum rerum gestarum maiorem longe quam ipsi libri fidem et notitiam spectantibus praebere videbantur. Quam ob rem et reliquia per orbem diffusa videre atque litteris mandare praeposuit,* [...].

Trümmer und Ruinen, gerichtet war.[53] In der Tat kannte sich Ciriaco so gut mit den Ruinen aus, dass er 1433 für den ungarischen König Sigismund eine Führung veranstaltete, bei der er eine entrüstete Rede über die fortwährende Zerstörung der antiken Überreste in den Kalköfen der Bewohner der Stadt hielt. Der König stimmt ihm daraufhin zu und lobt seine große Neugierde für diese Dinge.[54] Darüber hinaus veranschaulicht das obige Zitat, wie sich sein Interesse ohne Umschweife vom Zentrum auf den Erdkreis ausweitete, wie das Wortspiel ‚*per urbem – per orbem*' verdeutlicht. Poggio Bracciolinis enge Verbindungen mit Rom bedarf dagegen kaum der Erklärung. Er begann zwar seine Karriere mit einem Studium in Florenz, trat jedoch schon 1403 in die Römische Kurie ein, wo er zunächst als Schreiber und, unter Johannes XXIII., als Sekretär arbeitete. Dies wurde ihm auf dem Konstanzer Konzil zum Verhängnis, als das Schisma überwunden und die drei bis dahin konkurrierenden Päpste durch Martin V. ersetzt wurden. So kam es, dass er sich für vier Jahre nach England, in die Dienste des Bischofs Beaufort begab. Während er vor dem Konzil seine Entdeckungsreisen unternahm, schrieb er nach der Rückkehr aus England seine Werke, darunter auch seine antiquarischen Schriften: seine Inschriftensammlung (1429) und seine Beschreibung Roms, die den Beginn seines vier Bücher umfassenden ‚De varietate fortunae' bildet, das er 1448 Nikolaus V. widmete.[55] Erst am Ende seines Lebens kehrte er als Kanzler dauerhaft wieder nach Florenz zurück.

## 4 Auf Reisen

Ciriaco d'Ancona und Poggio Bracciolini waren vermutlich nicht die besten Freunde. Während Ciriaco mit Eugen IV. schon befreundet war, als dieser noch Kardinal Condulmer hieß und als Legat der Marken die Erneuerung des Hafens von Ancona veranlasste, sparte Poggio nicht mit Kritik an dessen Pontifikat (‚De varietate fortunae', lib. 3). Er fühlte sich erst unter dem Humanistenpapst Nikolaus V. an der Kurie wieder wohl, der ihn zum Kreis seiner alten Freunde zählte, nachdem ihm Poggio zuvor, als er sich noch Tommaso Parentucelli nannte, einen Dialog über das Fürstenunglück (‚De infelicitate principum', 1440) gewidmet hatte. In den Fazetien, einer Sammlung mit Anekdoten und Witzen, die Poggio während seiner Kurienzeit zusammenstellte, äußert er sich an einer Stelle spöttisch über Ciriaco, indem er dessen Trauer über den Sturz des römischen Reiches mit der eines dümmlichen Florentiners verglich, der

53 Siehe dazu SCHNAPP, La conquête du passé (wie Anm. 27), S. 136–137; GRÜNER, Archäologie als Kapital (wie Anm. 50), S. 13: „Das Objekt dient nicht, wie meist der Fall, dem Text, sondern der Text dem Objekt" (über Ciriacos Beschreibung der Gemme des Eutyches, heute in der Antikensammlung in Berlin).

54 Scalamonti, Vita (wie Anm. 48), Kap. 99.

55 Siehe zu Poggio als antiquarischem Schriftsteller SCHWAB, Antike begreifen (wie Anm. 4), S. 36–57.

nach dem Vortrag eines Bänkelsängers über den 700 Jahre zurückliegenden Tod des Königs Roland vor lauter Kummer bitterlich weinte und nichts mehr essen mochte.[56]

Auch kam es 1436/37 zu einer Kontroverse zwischen Ciriaco und Poggio, in der es um die Bewertung der Rolle Julius Caesars bzw. Scipios ging. In einer ersten Streitrunde hatte Guarino da Verona Partei für Caesar ergriffen, was Poggio daraufhin zurückgewiesen hatte, da dieser für das Ende der römischen Republik, der Beredsamkeit und der Freiheit insgesamt verantwortlich gewesen sei. Die Wogen hatten sich gerade wieder geglättet, als Ciriaco auf Seiten der Caesar-Verteidiger einsprang und einen Brief an Leonardo Bruni über einen Traum verfasste, den er angeblich auf der Rückreise von Griechenland gehabt hatte. Darin habe Merkur die Tugenden Caesars referiert und die Musen hätten sich bei Ciriaco über das Unrecht beklagt, das Poggio ihm angetan hätte. Poggio reagierte mit einem zwar kurzen, aber umso saftigeren Brief, den er ebenfalls an Bruni richtete, in welchem er sich nicht nur über Ciriacos Schreibstil ausgiebig lustig machte – er habe die Musen mit Krähen und Fröschen verwechselt –, sondern ihn auch als „bärtigen Satyr", „zweibeinigen Esel", als „lästiger als eine Fliege" usf. bezeichnete.[57] Ebenso wie den Traum habe Ciriaco auch seine Seichtigkeit und seinen Irrsinn (*levitatem et insanitatem*) aus Griechenland bezogen. Aus dieser Bemerkung schließt Grüner auf eine negative Bewertung nicht nur des Ciriaco, sondern des östlichen Mittelmeerraumes im Allgemeinen.[58] Tatsächlich belegen mehrere Briefe, wie Poggio sich erleichtert darüber zeigte, dass sein Freund Niccolò Niccoli die Pläne für eine Griechenlandreise aufgab. Allerdings scheinen hierfür die Gründe bei der schwachen Gesundheit seines Freundes zu liegen, der den Strapazen der Reise nicht gewachsen gewesen wäre. Wie auch immer Poggios polemisch überzeichnete Äußerung über Ciriacos Griechenlandaufenthalt zu verstehen ist, so steht fest, dass er in entgegengesetzter Richtung aufbrach und nach seiner Zeit auf der britischen Insel weitere Schiffsreisen mied, während Ciriaco davon kaum genug bekommen konnte.

---

**56** Poggio Bracciolini, Facéties / Confabulationes. Hg., eingeleitet und frz. übersetzt von Stefano Pittaluga/Étienne Wolff. Paris 2005, Nr. 82.

**57** Poggio Bracciolini, Epistolae. In: Opera omnia. Hg. von Riccardo Fubini, Bd. 3. Turin 1964, lib. 7, S. 161 (Brief 9). Siehe auch Walser, Poggius Florentinus (wie Anm. 2), S. 169–171. Ciriacos fragmentarisch in seinen Notizbüchern überlieferte Vorarbeiten seines Briefs sind teilweise ediert und kommentiert von Paul Maas, Ein Notizbuch des Cyriacus von Ancona aus dem Jahre 1436. In: Beiträge zur Forschung. Studien und Mitteilungen aus dem Antiquariat Jacques Rosenthal München, 1.1 (1913), S. 5–15. Zur Invektive allgemein siehe The Art of Arguing in the World of Renaissance Humanism. Hg. von Marc Laureys/Roswitha Simons. Leuven 2013 (Humanistica Lovaniensia 34).

**58** Grüner, Archäologie als Kapital (wie Anm. 50), S. 25 mit Anm. 145.

## 4.1 Ciriaco am Grab Homers

Dem Kaufmann Ciriaco d'Ancona bot sich – noch vor der Eroberung Konstantinopels 1453 – die Möglichkeit, sein Interesse für die Antike in den gesamten Mittelmeerraum zu tragen und die über den Erdkreis, d.h. zumindest in Italien, Griechenland und Kleinasien, verstreuten Ruinenreste zu sehen (*videre*) und darüber zu schreiben (*litteris mandare*).[59] Seine Reisenotizen trug er in neun Bänden zusammen, den sogenannten ‚Commentarii' – kein Wunder, dass er in der oben skizzierten Kontroverse für Caesar Partei ergriffen hatte –, in denen Tausende von Gebäuden, Statuen, Reliefs und Inschriften verzeichnet waren. Und nicht nur das: Ciriaco beschrieb, vermaß, zeichnete, transkribierte und kommentierte. Dieses Werk wurde jedoch nie gedruckt, und die handschriftlichen Aufzeichnungen wurden durch einen verheerenden Brand in der Bibliothek des Herzogspalasts in Pesaro im Jahr 1514 vernichtet, sodass nur noch vereinzelte Fragmente davon übrig geblieben sind.[60] Glücklicherweise sind jedoch Ciriacos Briefe auf uns gekommen, aus denen wir einiges über seine Reisen wissen, die ihn außer in beinahe sämtliche Gegenden Italiens auch nach Ägypten, Zypern, die griechischen Inseln und sogar nach Syrien führten.[61]

Interessant an Ciriacos Vorgehensweise ist, dass er sich stets mit den Menschen vor Ort bekannt machte, bei ihnen zu Gast war und sich die Altertümer von ihnen zeigen ließ. Die byzantinischen Gelehrten, die er dabei traf, interessierten sich selbst für ihre antike Vergangenheit. Dies galt ein Stück weit auch für die Bevölkerung von Bauern und Fischern, die zumindest die Legenden über bestimmte sagenumwobene Orte kannten.

Besonders reich sind in dieser Hinsicht die Berichte in den ‚Commentaria' über seine späten Reisen, aus denen hier nur einige Unternehmungen genannt werden können: Ende September 1444 etwa reitet Ciriaco mit dem Historiographen Michael Kritoboulos, einem *vir doctus et nobilis*, über die steilen Hügel der Insel Imbros, wo sie sowohl einen zeitgenössischen Neubau als auch antike Mauern und Hafenanlagen besichtigen.[62] Im April 1445 ist er auf der Insel Mykonos zu Gast bei Francesco Nani, Gouverneur aus Venedig, der ihm die nahegelegene Insel Delos zeigt.[63] Im Sommer

---

**59** Siehe Scalamonti, Vita (wie Anm. 48), Kap. 55–56; und oben Anm. 54.

**60** GRÜNER, Archäologie als Kapital (wie Anm. 50), S. 7–8. Vor dem Brand waren vermutlich 25 Folioblätter aus dem Reisetagebuch herausgerissen worden. Die Überlieferung dieser Fragmente ist derart kompliziert, dass die Beschäftigung damit laut GRÜNER einer „Geheimwissenschaft" gleicht. Für eine Würdigung der archäologischen Methoden Ciriacos und warum er dennoch nicht als Begründer der modernen Archäologie gelten sollte, siehe ebd., S. 9–19.

**61** Cyriac of Ancona, Later Travels. Hg. und engl. Übersetzt von Edward W. BODNAR/Clive FOSS. Cambridge (MA)/London 2003 (The I Tatti Renaissance Library 10) und Cyriac of Ancona, Life and Early Travels (wie Anm. 11), S. 174–Ende. Zur Reichweite von Ciriacos Reisen siehe REICHERT, Das Land der Griechen (wie Anm. 1), S. 59.

**62** Ciriaco, Later Travels (wie Anm. 61), S. 92–97.

**63** Ebd., S. 148–149, für ein Gebet an Merkur, der diese Fahrt begünstigen soll, siehe ebd., 160–161.

1447 reist er mit Thomas Palaiologos nach Mistra, wo er bei dessen berühmtem Bruder Konstantin zu Gast ist. Dort lernt er auch Gemistos Plethon und den jungen Nikolaus Chalkokondyles kennen. Letzterer begleitet ihn bei der Besichtigung Spartas und seiner griechischen Inschriften. Die Monumente und friedvollen Gärten der fränkischen Stadt Messanea lässt sich Ciriaco von einem Freund namens Christophorus zeigen, den er als äußerst gewitzt und fröhlich charakterisiert.[64] Auf der Halbinsel Tainaros trifft er auf Johannes Palaiologos, unter dessen Führung er Mauerreste, eine Inschrift, Zisternen und Sarkophage betrachtet. Doch zugleich vergisst Ciriaco nicht, den Schiffer mit Namen zu nennen, der ihn nach Bitylos gebracht hatte und von dort weiter nach Dry segelte: *Johannes Rosea ducente Taenareo sollertissimo nauta*.[65] Mit Pietro Rangano und Johannes Brendamon zusammen besichtigt er auf Nauplion die Reste von dem, was sie für das alte Mykene halten, bevor Ciriaco mit seinem „alten Freund aus Patras", Johannes Kantakouzenos zusammentrifft, den Gouverneur der Provinz Korinth, der ihn in Akrokorinth äußerst wohlwollend empfängt und ihm die Leckerbissen seiner letzten Jagd zum Essen vorsetzt.[66]

Berühmte Gelehrte, einflussreiche Politiker und vollkommen unbekannte Persönlichkeiten stehen nebeneinander. Wo auch immer Ciriaco hinkommt, trifft er Freunde, verteilt Komplimente und genießt den Aufenthalt, ohne sich auch nur eine Attraktion entgehen zu lassen. Eindrucksvoll ist seine Schilderung der Reise zum Berg Athos, in der er jeden der angetroffenen Mönche mit seinem Namen notiert. Sie zeigen ihm die Schätze ihrer Klöster, insbesondere ihre wertvollen Handschriften. Aber Ciriaco erzählt auch davon, wie er mit ihnen gemeinsam uralte, noch gefüllte Weinfässer vermisst.[67] Zuvor bringt ihn ein kretischer Fischer namens Phantasios mit seinem Boot bis nach Maroneia, wo er eine Hafenkonstruktion bewundert, die aus antiken Marmorresten, Sarkophagen, Säulen und Statuenbasen zusammengesetzt ist.[68] Auf der Insel Chios schließlich geht Ciriaco am 15. und 16. April 1447 der Frage nach, wo sich das Grab Homers befunden habe, wie er in einem Brief an seinen Freund Andreolo Giustiniani-Banca darlegt, der mit seiner kinderreichen Familie auf eben dieser Insel lebte, die zu dieser Zeit eine Genuesische Kolonie war.[69] Ciriaco macht sich mit zwei Freunden aus Genua, Giovanni Mulasanio und Lorenzo Taurico, sowie einem Sohn des Andreolos namens Angelo auf zu dem Dorf mit dem verheißungsvollen Namen Homerica. Am nächsten Tag konsultiert er die älteren Bewohner des Dorfes, die ihm die richtige Stelle zeigen (*longaevis plerisque indicantibus indigenis accolis*). Dort, „wo – nach der Tradition des Dorfes unter den alten Bauern – die Stelle des Grabes sein

---

64 Ebd., S. 299–307, hier S. 306: *Sed eo in Franco oppido Xpistophorum, strategeum amicum laepidissimum nostrum perquam iucundum, revisimus* [...].

65 Ebd., S. 310–311.

66 Ebd., S. 336–339.

67 Ebd., S. 120–135; zu den Weinfässern S. 122–125.

68 Ebd., S. 106–107.

69 Zu Chios als Zentrum des Antikenhandels und Andreolos Rolle dabei siehe Esch, Landschaften der Frührenaissance (wie Anm. 1), S. 84.

soll", führt Ciriaco eine kleine Grabung durch.[70] Doch findet er dabei nichts, was er der Aufzeichnung für würdig befindet. Dies tut aber seiner Freude über den herrlichen Ort, den der größte aller Dichter für seine letzte Ruhestätte ausgewählt hatte, keinerlei Abbruch, die sich in einer panegyrischen Beschreibung der Insel Bahn bricht.

## 4.2 Poggio auf der großen Britischen Insel

Diese topische Beschreibung der herrlichen Insel Chios steht in starkem Kontrast zu Poggio Bracciolinis Erfahrungen auf der kalten Insel im Norden. In den Jahren 1418 bis 1422 befand er sich auf Einladung und im Dienste des Bischofs Henry Beaufort in England und fühlte sich dort denkbar unwohl. Ohne ein richtiges Amt mit einer erfüllenden Aufgabe vereinsamte er in der Fremde. Anders als Ciriaco traf Poggio nicht auf ein Netz von Leuten, die ihm wohlgesinnt waren und ihn bei seinen Studien unterstützten. Sein in Florenz zurückgebliebener Freund Niccolò Niccoli dagegen wartete auf Nachricht über weitere Entdeckungen, wie er es von dem erfolgreichen Bücherjäger aus den Jahren davor gewöhnt war. Auch Poggio hatte diese Erwartung, die offenbar von seinem Griechischlehrer Emanuel Chrysoloras (ca. 1350–1415 in Konstanz) genährt worden war, der nach einer Englandreise im Jahre 1409 behauptet hatte, es müsse dort Schätze zu heben geben.[71] Aber Poggio konnte selbst die Origines-Bände, von denen Chysoloras wohl konkret gesprochen hatte, auch nach skrupulöser Suche nicht finden.[72]

In seinen Briefen an Niccolò Niccoli aus dieser Zeit berichtet Poggio, wie er sich sogar vom Studium der klassischen Antike zurückzog und stattdessen geistige Nahrung in der intensiven Lektüre der Kirchenväter suchte. Immer wieder betont er, dass er von dieser erbaulichen Lektüre sehr profitiere.[73] Ganz ernst scheint es ihm jedoch nicht zu sein, denn sobald er 1423 wieder nach Rom zurückkehrte, streifte er in seiner Freizeit wieder durch die Ruinen und sammelte Inschriften, ja, noch auf

---

**70** Ebd., S. 288–293, Zitat S. 290: [...] *ubi locum tumuli esse fama per villam et longaevos inter agrestes indigenas vulgatum erat, cum aliquantum effodere fecissem, nil penitus aliud praeter terram solidam lapidumve congeriem annotatione dignum comperimus.* GRÜNER, Archäologie als Kapital (wie Anm. 50), S. 11, weist darauf hin, dass Ciriaco der erste frühneuzeitliche Forscher war, der systematisch Grabungen zu archäologischen Zwecken durchführte. Siehe zu diesem Brief auch ESCH, Landschaften der Frührenaissance (wie Anm. 1), S. 105.

**71** Leider wissen wir über diese Reise des Byzantiners sehr wenig, siehe Lydia THORN-WICKERT, Manuel Chrysoloras (ca. 1350–1415). Eine Biographie des byzantinischen Intellektuellen vor dem Hintergrund der hellenistischen Studien in der italienischen Renaissance. Frankfurt am Main/Berlin u. a. 2006 (Bonner romanistische Arbeiten 92), S. 77. WALSER, Poggius Florentinus (wie Anm. 2), S. 82.

**72** Poggio Bracciolini, Lettere a Niccolò Niccoli. Hg. von Helene HARTH. Florenz 1984, S. 20 (Nr. 7): *Quid Manuel viderit olim nescio; hoc unum scio, libros Origenis nullos ibidem esse et tamen non leviter quesivi neque erat quisquam, qui illos diceret se vidisse.*

**73** Vgl. etwa die Briefe vom 21. Januar 1420 und 13. Juni desselben Jahres (ebd., S. 5–7, 10–14 [Nr. 2, 4]).

der Rückreise entdeckte er in Köln ein Fragment von Petrons ‚Gastmahl'.[74] Auch stieg Niccolò keineswegs in das Gespräch über Hieronymus und Augustinus ein, sondern fragte ein aufs andere Mal nach möglichen Funden aus englischen Klosterbibliotheken. Doch Poggio reagierte darauf zunehmend gereizt, schließlich war sein Arbeitgeber ständig abwesend und zahlte ihm so wenig Lohn, dass er kaum reisen konnte und etwa die Bibliotheken von Oxford nicht einmal zu Gesicht bekam.[75] Schließlich brach auch noch die Pest aus, weshalb Poggio sich aus London flüchten musste. So schrieb er am 13. Juni 1420 sichtlich frustriert:

> „Für die Reise, zu der du mich ermunterst, wegen der Suche nach Büchern ist keinesfalls die richtige Zeit. Fast die ganze Insel wird von der Pest gequält, und es ist nicht so wie du hoffst, dass man hier große Dinge finden könne. Ich habe dafür gesorgt, dass ich die Inventare von einigen Klöstern bekomme, die man für berühmt und altehrwürdig hält. Es gibt in ihnen nichts Besonderes. Diese Insel haben viele Barbaren besetzt und zugrunde gerichtet."[76]

Wie genau Poggio sich nach den Inventaren erkundigte, erfahren wir leider nicht. Mit den Einheimischen und den fremden Gelehrten pflegte er offenbar kaum Austausch. In den Briefen an Niccolò hat er für ihren Lebens- und Arbeitsstil höchstens Spott und Verachtung übrig:

> „Wir können hier genügend Menschen finden, die ihrem Magen und Geschlechtsteil verfallen sind; doch Liebhaber von Literatur nur sehr wenige und diese sind Barbaren, die eher in Disputatiönchen und Sophismata[77] gebildet sind als in der Gelehrsamkeit. Ich habe sehr viele Klöster gesehen; sie sind allesamt vollgestopft mit neuen Doktoren, die du nicht einmal für wert hältst anzuhören. Es gibt wenige Bände der Alten, und von diesen gibt es bei uns bessere."[78]

---

**74** WALSER, Poggius Florentinus (wie Anm. 2), S. 78. Auch scheint es, dass die Zeit in England zumindest für Poggios Karriere an der Kurie sehr nützlich war, da er einen Großteil der Korrespondenz mit den Briten besorgte, wie herausgefunden wurde von Susanne SAYGIN, Humphrey, Duke of Gloucester (1390–1447) and the Italian humanists. Leiden/Köln u.a. 2002 (Brill's studies in intellectual history 105), S. 237–254.

**75** Poggio Bracciolini, Lettere a Niccolò Niccoli (wie Anm. 72), S. 20 (Nr. 7): *Oxoniam non vidi, quia requiritur aliud quam mera voluntas ad peregrinandum.*

**76** Ebd., S. 14 (Nr. 4): *De peregrinatione autem quod me hortaris propter inquisitionem librorum nequaquam est tempus. Omnem fere insulam pestis vexat, neque est quod speres hic magnalia reperiri posse. Procuravi, ut haberem inventaria nonnullorum monasteriorum, que preclara habentur et antiqua. Nihil est in illis exquisitum. Hanc insulam multe olim barbare nationes occuparunt et subruerunt.* Die Klage von den recht neu gegründeten Klöstern, die vor allem kirchliche Literatur vorweisen, aber keine antike pagane, und das Argument der barbarischen Völker, die England besetzt und jede Spur des Altertums dabei beseitigt hätten, wiederholt Poggio mehrfach.

**77** Hier findet sich ein frühes Beispiel für die Kritik der Humanisten an Sophismata, siehe Sten EBBESEN, Sophisma; Sophismata. In: Historisches Wörterbuch der Philosophie. Hg. von Joachim RITTER/Karlfried GRÜNDER/Gottfried GABRIEL, Bd. 9. Basel 1995, Sp. 1069–1075.

**78** Poggio Bracciolini, Lettere a Niccolò Niccoli (wie Anm. 72), S. 20 (Nr. 7): *Homines ventri deditos et peni satis reperire possumus; amatores verum litterarum perpaucos et eos barbaros ac disputatiunculis et sofismatibus eruditos potius quam doctrina. Monasteria vidi complura; referta sunt omnia novis*

So fand Poggio auf der britischen Insel keinerlei Freunde oder Bücher, noch ging er seinem gewohnten Interesse für Altertümer nach. Anstatt sich mit britischen Gelehrten auszutauschen, fühlte er sich einsam und urteilte arrogant über seine Umgebung. Schließlich zweifelte er selbst an seinen Bemühungen, wenn er dem Freund kleinlaut zugeben musste: „Aber auch ich, mein Niccolò, bin ein wenig lauwarm geworden bei meiner Sorge um die Jagd nach neuen Büchern.“[79]

# 5 Ausblick

Die Reichweiten des römischen Antiquarianismus im 15. Jahrhundert erscheinen zunächst überraschend groß. Mit Ciriaco d'Ancona und Poggio Bracciolini konnte an zwei seiner berühmtesten Vertreter gezeigt werden, dass das Interesse für antike Altertümer nicht auf das römische Zentrum und auch nicht auf die italienische Halbinsel beschränkt war, sondern auch auf den Reisen der beiden Protagonisten – zum einen nach Griechenland, zum anderen auf die britische Insel – eine wichtige Rolle spielte. Im Kontrast dazu gehörte im 16. Jahrhundert für Pirro Ligorio und Antonio Agustín offenbar sogar Sizilien schon zur Peripherie ihrer Studieninteressen. Für den Kaufmann Ciriaco boten die Handelsbeziehungen die nötige Infrastruktur für ausgedehnte Reisen, für Poggio war seine Notlage nach dem Konstanzer Konzil und das gönnerhafte Angebot des Bischofs Beaufort der Grund für den Aufenthalt in England. Das antiquarische Gedankengut der beiden Italiener prallte also weit entfernt vom Zentrum Rom auf neue Resonanzkörper. Beide berichteten ihren gleichgesinnten Landsleuten davon in Briefen, bzw. im Fall Ciriacos auch in den ‚Commentarii'.

In diesen Texten werden jedoch die Grenzen deutlich, die diesem Antiquarianismus gesteckt waren. In England befand sich Poggio an der Peripherie des einstigen römischen Imperiums. Seine Bemühungen beschränkten sich ganz auf die Suche nach Handschriften in den dortigen Klöstern. Anstatt dabei das Gespräch mit den Einheimischen zu suchen und so gegebenenfalls zu einer Anpassung und Transformation seiner Interessen an die hiesigen Gegebenheiten zu gelangen, reagierte Poggio mit Ablehnung und erreichte sogar eine gewisse Identitätskrise, in der er sich seiner eigenen Studieninteressen nicht mehr sicher war. Ciriaco d'Ancona verhielt sich ganz anders. Allerdings befand er sich in einem Gebiet, das zahlreiche sichtbare Reste der griechisch-römischen Vergangenheit zu bieten hat. Er war außerdem umgeben von befreundeten Landsleuten und gelehrten Byzantinern, mit denen er gemeinsam Besichtigungstouren durchführte. Während Poggio mit seinen Interessen also wohl keinen bleibenden Eindruck hinterließ, ist es schwer einzuschätzen, inwiefern man

*doctoribus, quos ne auditu quidem dignos putas. Antiquorum pauca volumina, que et ipsa sunt penes nos meliora.*

**79** Ebd., S. 35 (Nr. 10): *Sed et ego, mi Nicolae, paulo tepidior factus sum in hac cura perquirendi novos libros.*

bei Ciriaco von ‚Reichweite' sprechen kann. Schließlich sind uns kaum Zeugnisse darüber erhalten, wie die vielen Menschen, die er getroffen und dazu gebracht hat, ihm antike Monumente zu zeigen, seinen Eifer und sein Interesse aufgenommen haben. Lediglich von einem begeisterten Zeugen in Volterra ist überliefert, dass ihm Ciriaco die Augen für die Menge antiker Zeugnisse öffnete:

> „[...] dieser Mann [i.e. Ciriaco] aber hat innerhalb von zwei Tagen durch höchste Aufmerksamkeit und mit unglaublichem Eifer so viel gefunden, erkannt und interpretiert, wie ich vorher in ganz Etrurien nicht vermutet hatte. Diese Sachen also lernte ich mit ihm, genauer gesagt: durch ihn kennen."[80]

Aber was dachten und lernten wohl die Athos-Mönche, als der Fremde, den sie freundlich aufgenommen hatten, mit ihnen zusammen die genaue Größe der alten Weinfässer in ihrem Kloster vermaß? In seiner Heimat haben Ciriacos Schriften jedenfalls kaum überdauert, was vermutlich an den vielen Zeichnungen gelegen haben mag, die sich nur schwer vervielfältigen ließen, aber auch an seinem Desinteresse, den Studienergebnissen eine gewisse Ordnung zu verleihen, abgesehen von einer chronologischen Abfolge.[81] Zudem gab es kaum Nachahmer: Nach dem Sturz von Konstantinopel reiste niemand mehr nach Kleinasien oder Griechenland, um die dortigen antiken Monumente zu erforschen.[82] Für seine Zeitgenossen war Ciriacos Stil zu unkonventionell, wie Poggios Polemiken verdeutlichen. So vermochte es der Antiquarianismus zwar in Gestalt faszinierender Persönlichkeiten weit über seinen Tellerrand hinauszublicken, blieb jedoch letztlich ein romzentriertes Phänomen, das erst in seiner späteren Ausprägung des 16. Jahrhunderts vor allem durch Rom-Reisende aus anderen Ländern Nachahmung und Verbreitung fand.

---

**80** Aus dem Brief des Hieronymus Rhonco (22. August 1442). In: Commentariorum Cyriaci Anconitani nova fragmenta notis illustrata. Pesaro 1763, S. 8–9, hier S. 8: [...] *hic* [i.e. Cyriacus] *intra biduum summa diligentia, incredibili studio tam multa invenit, cognovit, explicavit, quot vix in Etruria quidam tota prius putassem, quibus cum eo, imo vero per eum intellectis*. Siehe auch Grüner, Archäologie als Kapital (wie Anm. 50), S. 10 mit Anm. 48.

**81** Grüner, Archäologie als Kapital (wie Anm. 50), S. 22–25; Reichert, Das Land der Griechen (wie Anm. 1), S. 67.

**82** Als Vorgänger Ciriacos gilt dagegen Cristoforo Buondelmonti (um 1385–um 1430), siehe Esch: Landschaften der Frührenaissance (wie Anm. 1), S. 88–96; für einen Vergleich der Reisen zum Berg Athos von Ciriaco und Buondelmonti siehe Reichert, Das Land der Griechen (wie Anm. 1), S. 61–63.

# Personen- und Ortsregister

## Personen



https://doi.org/10.1515/9783110740509-013

## Orte

# Abhandlungen der Akademie der Wissenschaften zu Göttingen Neue Folge

*Wer kauft Liebesgötter? Metastasen eines Motivs*
Dietrich Gerhardt, Berlin/New York 2008
ISBN 978-3-11-020291-5, AdW. Neue Folge 1

*Römisches Zentrum und kirchliche Peripherie. Das universale Papsttum als Bezugspunkt der Kirchen von den Reformpäpsten bis zu Innozenz III.*
Hrsg. von Jochen Johrendt und Harald Müller, Berlin/New York 2008
ISBN 978-3-11-020223-6, AdW. Neue Folge 2

*Gesetzgebung, Menschenbild und Sozialmodell im Familien- und Sozialrecht*
Hrsg. von Okko Behrends und Eva Schumann, Berlin/New York 2008
ISBN 978-3-11-020777-4, AdW. Neue Folge 3

*Wechselseitige Wahrnehmung der Religionen im Spätmittelalter und in der Frühen Neuzeit I. Konzeptionelle Grundfragen und Fallstudien (Heiden, Barbaren, Juden)*
Hrsg. von Ludger Grenzmann, Thomas Haye, Nikolaus Henkel u. Thomas Kaufmann, Berlin/New York 2009
ISBN 978-3-11-021352-2, AdW. Neue Folge 4

*Das Papsttum und das vielgestaltige Italien. Hundert Jahre Italia Pontificia*
Hrsg. von Klaus Herbers und Jochen Johrendt, Berlin/New York 2009
ISBN 978-3-11-021467-3, AdW. Neue Folge 5

*Die Grundlagen der slowenischen Kultur*
Hrsg. von France Bernik und Reinhard Lauer, Berlin/New York 2010
ISBN 978-3-11-022076-6, AdW. Neue Folge 6

*Studien zur Philologie und zur Musikwissenschaft*
Hrsg. von der Akademie der Wissenschaften zu Göttingen, Berlin/New York 2009.
ISBN 978-3-11-021763-6, AdW. Neue Folge 7

*Perspektiven der Modernisierung. Die Pariser Weltausstellung, die Arbeiterbewegung, das koloniale China in europäischen und amerikanischen Kulturzeitschriften um 1900*
Hrsg. von Ulrich Mölk und Heinrich Detering, in Zusammenarb. mit Christoph Jürgensen, Berlin/New York 2010
ISBN 978-3-11-023425-1, AdW. Neue Folge 8

*Das strafende Gesetz im sozialen Rechtsstaat. 15. Symposion der Kommission: „Die Funktion des Gesetzes in Geschichte und Gegenwart"*
Hrsg. von Eva Schumann, Berlin/New York 2010
ISBN 978-3-11-023477-0, AdW. Neue Folge 9

*Studien zur Wissenschafts- und zur Religionsgeschichte*
Hrsg. von der Akademie der Wissenschaften zu Göttingen, Berlin/New York 2011
ISBN 978-3-11-025175-3, AdW. Neue Folge 10

*Erinnerung – Niederschrift – Nutzung. Das Papsttum und die Schriftlichkeit im mittelalterlichen Westeuropa*
Hrsg. von Klaus Herbers und Ingo Fleisch, Berlin/New York 2011
ISBN 978-3-11-025370-2, AdW. Neue Folge 11

*Erinnerungskultur in Südosteuropa*
Hrsg. von Reinhard Lauer, Berlin/Boston 2011
ISBN 978-3-11-025304-7, AdW. Neue Folge 12

*Old Avestan Syntax and Stylistics*
Martin West, Berlin/Boston 2011
ISBN 978-3-11-025308-5, AdW. Neue Folge 13

*Edmund Husserl 1859-2009. Beiträge aus Anlass der 150. Wiederkehr des Geburtstages des Philosophen*
Hrsg. von Konrad Cramer und Christian Beyer, Berlin/Boston 2011
ISBN 978-3-11-026060-1, AdW. Neue Folge 14

*Kleinüberlieferungen mehrstimmiger Musik vor 1550 in deutschem Sprachgebiet. Neue Quellen des Spätmittelalters aus Deutschland und der Schweiz*
Martin Staehelin, Berlin/Boston 2011
ISBN 978-3-11-026138-7, AdW. Neue Folge 15

*Carl Friedrich Gauß und Russland. Sein Briefwechsel mit in Russland wirkenden Wissenschaftlern*
Karin Reich und Elena Roussanova, unter Mitwirkung von Werner Lehfeldt, Berlin/Boston 2011
ISBN 978-3-11-025306-1, AdW. Neue Folge 16

*Der östliche Manichäismus – Gattungs- und Werksgeschichte. Vorträge des Göttinger Symposiums vom 4./5. März 2010*
Hrsg. von Zekine Özertural und Jens Wilkens, Berlin/Boston 2011
ISBN 978-3-11-026137-0, AdW. Neue Folge 17

*Studien zu Geschichte, Theologie und Wissenschaftsgeschichte*
Hrsg. von der Akademie der Wissenschaften zu Göttingen, Berlin/Boston 2012
ISBN 978-3-11-028513-0, AdW. Neue Folge 18

*Wechselseitige Wahrnehmung der Religionen im Spätmittelalter und in der Frühen Neuzeit. II. Kulturelle Konkretionen (Literatur, Mythographie, Wissenschaft und Kunst)*
Hrsg. von Ludger Grenzmann, Thomas Haye, Nikolaus Henkel u. Thomas Kaufmann, Berlin/Boston 2012
ISBN 978-3-11-028519-2, AdW. Neue Folge 4/2

*Rom und die Regionen. Studien zur Homogenisierung der lateinischen Kirche im Hochmittelalter*
Hrsg. von Jochen Johrendt und Harald Müller, Berlin/Boston 2012
ISBN 978-3-11-028514-7, AdW. Neue Folge 19

*Die orientalistische Gelehrtenrepublik am Vorabend des Ersten Weltkrieges. Der Briefwechsel zwischen Willi Bang(-Kaup) und Friedrich Carl Andreas aus den Jahren 1889 bis 1914*
Michael Knüppel und Aloïs van Tongerloo, Berlin/Boston 2012
ISBN 978-3-11-028517-8, AdW. Neue Folge 20

*Homer, gedeutet durch ein großes Lexikon*
Hrsg. von Michael Meier-Brügger, Berlin/Boston 2012
ISBN 978-3-11-028518-5, AdW. Neue Folge 21

*Die Göttinger Septuaginta. Ein editorisches Jahrhundertprojekt*
Hrsg. von Reinhard G. Kratz und Bernhard Neuschäfer, Berlin/Boston 2013
ISBN 978-3-11-028330-3, AdW. Neue Folge 22

*Geld, Handel, Wirtschaft. Höchste Gerichte im Alten Reich als Spruchkörper und Institution*
Hrsg. von Wolfgang Sellert, Anja Amend-Traut und Albrecht Cordes, Berlin/Boston 2013
ISBN 978-3-11-026136-3, AdW. Neue Folge 23

*Osmanen und Islam in Südosteuropa*
Hrsg. von Reinhard Lauer und Hans Georg Majer, Berlin/Boston 2013
ISBN 978-3-11-025133-3, AdW. Neue Folge 24

*Das begrenzte Papsttum. Spielräume päpstlichen Handelns. Legaten – delegierte Richter – Grenzen*
Hrsg. von Klaus Herbers, Fernando López Alsina und Frank Engel, Berlin/Boston 2013
ISBN 978-3-11-030463-3, AdW. Neue Folge 25

*Von Outremer bis Flandern. Miscellanea zur Gallia Pontificia und zur Diplomatik*
Hrsg. von Klaus Herbers und Waldemar Könighaus, Berlin/Boston 2013
ISBN 978-3-11-030466-4, AdW. Neue Folge 26

*Ist die sogenannte Mozartsche Bläserkonzertante KV 297b/Anh. I,9 echt?*
Martin Staehelin, Berlin/Boston 2013
ISBN 978-3-11-030464-0, AdW. Neue Folge 27

*Die Geschichte der Akademie der Wissenschaften zu Göttingen. Teil 1*
Hrsg. von Christian Starck und Kurt Schönhammer, Berlin/Boston 2013
ISBN 978-3-11-030467-1, AdW. Neue Folge 28

*Vom Aramäischen zum Alttürkischen. Fragen zur Übersetzung von manichäischen Texten*
Hrsg. von Jens Peter Laut und Klaus Röhrborn, Berlin/Boston 2014
ISBN 978-3-11-026399-2, AdW. Neue Folge 29

*Das erziehende Gesetz. 16. Symposion der Kommission „Die Funktion des Gesetzes in Geschichte und Gegenwart"*
Hrsg. von Eva Schumann, Berlin/Boston 2014
ISBN 978-3-11-027728-9, AdW. Neue Folge 30

*Christian Gottlob Heyne. Werk und Leistung nach zweihundert Jahren*
Hrsg. von Balbina Bäbler und Heinz-Günther Nesselrath, Berlin/Boston 2014
ISBN 978-3-11-034469-1, AdW. Neue Folge 32

*„ins undeudsche gebracht". Sprachgebrauch und Übersetzungsverfahren im altpreußischen „Kleinen Katechismus"*
Pietro U. Dini, Berlin/Boston 2014
ISBN 978-3-11-034789, AdW, Neue Folge 33

*Albert von le Coq (1860-1930). Der Erwecker Manis im Spiegel seiner Briefe an Willi Bang Kaup aus den Jahren 1909-1914*
Michael Knüppel und Aloïs van Tongerloo, Berlin/Boston 2014
ISBN 978-3-11-034790-6, AdW, Neue Folge 34

*Carl Friedrich Gauß und Christopher Hansteen. Der Briefwechsel beider Gelehrten im historischen Kontext*
Karin Reich und Elena Roussanova, Berlin/Boston 2015
ISBN 978-3-11-034791-3, AdW, Neue Folge 35

*Alexander der Große und die „Freiheit der Hellenen". Studien zu der antiken historiographischen Überlieferung und den Inschriften der Alexander-Ära*
Gustav Adolf Lehmann, Berlin/Boston 2015
ISBN 978-3-11-040552-1, AdW, Neue Folge 36

*„Über die Alpen und über den Rhein ..." Beiträge zu den Anfängen und zum Verlauf der römischen Expansion nach Mitteleuropa*
Hrsg. von Gustav Adolf Lehmann und Rainer Wiegels, Berlin/Boston 2015
ISBN 978-3-11-035447-8, AdW, Neue Folge 37

*Hierarchie, Kooperation und Integration im Europäischen Rechtsraum. 17. Symposion der Kommission „Die Funktion des Gesetzes in Geschichte und Gegenwart"*
Hrsg. von Eva Schumann, Berlin/Boston 2015
ISBN 978-3-11-041000-6, AdW, Neue Folge 38

*Gottfried Ernst Groddeck und seine Korrespondenten*
Hans Rothe, Berlin/Boston 2015
ISBN 978-3-11-040658-0, AdW, Neue Folge 39

*Geschichtsentwürfe und Identitätsbildung am Übergang zur Neuzeit,*
*Band 1: Paradigmen personaler Identität*
Hrsg. von Ludger Grenzmann, Burkhard Hasebrink und Frank Rexroth
Berlin/Boston 2016
ISBN 978-3-11-049698-7, AdW, Neue Folge 41/1

*Lesendes Bewusstsein. Untersuchungen zur philosophischen Grundlage der Literaturwissenschaft*
Horst Jürgen Gerigk
Berlin/Boston 2016
ISBN 978-3-11-051560-2, AdW, Neue Folge 42

*Justiz und Verfahren im Wandel der Zeit. Gelehrte Literatur, gerichtliche Praxis und bildliche Symbolik*
Hrsg. von Eva Schumann
Berlin/Boston 2017
ISBN 978-3-11-052831-2, AdW, Neue Folge 44

*Lotharingien und das Papsttum im Früh- und Hochmittelalter*
Hrsg. von Klaus Herbers und Harald Müller
Berlin/Boston 2017
ISBN 978-3-11-055051-1, AdW, Neue Folge 45

*Die Kreuzfahrerherrschaften von Maraclea und Nephin*
Hans Eberhard Mayer
Berlin/Boston 2018
ISBN 978-3-11-058021-1, AdW, Neue Folge 46

*Der östliche Manichäismus im Spiegel seiner Buch- und Schriftkultur. Vorträge des Göttinger Symposiums vom 11./12. März 2015*
Hrsg. v. Zekine Özertural und Gökhan Şilfeler
Berlin/Boston 2018
ISBN 978-3-11-059145-3, AdW, Neue Folge 47

*Gesetz und richterliche Macht. 18. Symposion der Kommission „Die Funktion des Gesetzes in Geschichte und Gegenwart".*
Hrsg. von Eva Schumann, Berlin/Boston 2021
ISBN 978-3-11-064999-4, ADW, Neue Folge 48

*Reichweiten. Grenzüberschreitungen und Partikularisierung*
*Band 1: Internationale Stile - Vorausetzungen, soziale Verankerungen, Fallstudien*
Hrsg. von Nikolaus Henkel, Thomas Noll und Frank Rexroth, Berlin/Boston 2019
ISBN 978-3-11-065001-3, ADW, Neue Folge 49/1

*Reichweiten. Grenzüberschreitungen und Partikularisierung*
Hrsg. von Berndt Hamm, Frank Rexroth und Christine Wulf, Berlin/Boston 2021
ISBN 978-3-11-074037-0, ADW, Neue Folge 49/2

*Papsturkunden in Spanien. Vorarbeiten zur Hispania (Iberia) Pontificia. III. Kastilien*
Hrsg. von Daniel Berger, Klaus Herbers und Torsten Schlauwitz, Berlin/Boston 2020
ISBN 978-3-11-065297-0, ADW, Neue Folge 50

*Les actes pontificaux. Un trésor à exploiter*
Hrsg. von Rolf Große, Olivier Guyotjeannin und Laurent Maurelle, Berlin/Boston 2021
ISBN 978-3-11-069758-2, ADW, Neue Folge 51

*Kultureller Transfer und religiöse Landschaften. Zur Begegnung zwischen Imperium und Barbaricum in der römischen Kaiserzeit*
Hrsg. von Kresimier Matijevic und Rainer Wiegels, Berlin/Boston 2021
ISBN 978-3-11-071644-3, ADW, Neue Folge 52